名师名校新形态
通识教育系列教材

大学物理学

上册 | 微课版

颜晓红 王登龙 谢月娥 ◉ 主编

COLLEGE
PHYSICS

人民邮电出版社
北京

图书在版编目（CIP）数据

大学物理学 : 微课版. 上册 / 颜晓红, 王登龙, 谢月娥主编. -- 北京 : 人民邮电出版社, 2023.4
名师名校新形态通识教育系列教材
ISBN 978-7-115-60037-0

Ⅰ. ①大… Ⅱ. ①颜… ②王… ③谢… Ⅲ. ①物理学－高等学校－教材 Ⅳ. ①O4

中国版本图书馆CIP数据核字(2022)第168680号

内 容 提 要

本书分为上、下两册，上册包括力学基础和热学两大部分，下册包括电磁学、光学和量子力学三大部分．本册为上册，共8章，主要内容包括质点运动学、质点动力学、刚体力学基础、相对论、机械振动、机械波、气体动理论基础、热力学基础等．

本书采用经典知识体系，反映新科技发展方向，注重体现各部分知识之间的内在联系，同时保持难度适中．本书结构清晰、表述精练，理论与实际结合紧密；本书的重点和难点内容被录制成微课视频进行讲解，方便学生自学．

本书可作为高等院校理工类专业大学物理课程的教材．

◆ 主　　编　颜晓红　王登龙　谢月娥
责任编辑　曾　斌
责任印制　王　郁　陈　犇
◆ 人民邮电出版社出版发行　　北京市丰台区成寿寺路 11 号
邮编　100164　　电子邮件　315@ptpress.com.cn
网址　https://www.ptpress.com.cn
三河市中晟雅豪印务有限公司印刷
◆ 开本：787×1092　1/16
印张：18.75　　2023 年 4 月第 1 版
字数：362 千字　　2025 年 1 月河北第 4 次印刷

定价：59.80 元

读者服务热线：(010)81055256　印装质量热线：(010)81055316
反盗版热线：(010)81055315
广告经营许可证：京东市监广登字 20170147 号

前言
PREFACE

本书由一群科研活跃且长期从事大学物理教学的中青年教师在赵近芳教授等编著的《大学物理学》基础上重新编写而成，这不禁使我想起在这个群体中成长的故事．1986年，我从武汉大学毕业后即加入湘潭大学基础物理教研室．当时的教研室主任盛家铁教授是湘潭大学“三张教学名嘴”之一，教学成效好，并且非常重视教学质量和教学改革．教研室对青年教师宽严兼备，要求青年教师一律通过竞争上岗．教研室每学期都对青年主讲教师逐一进行教学讲评、对助教逐一进行教学试讲．教研室注重教学研究，每学期都安排不同主题，分组进行教学研究，并实行集体备课，组织大家共同编写讲义．我第一次主讲大学物理是在1987年第二学期，因一位老教师突然生病，我竞争上岗担任应急主讲．为讲好这门课，上课之余，我一方面注意讲义补充资料的收集，到图书馆阅读不同版本物理教材和物理史学方面的书，撰写教材之外的补充教学内容；另一方面注意改进和提高自己的教学方法和讲课技巧，主动旁听教学效果好的老教师的课，学习他们好的教学方法．持续10余年的集体教研活动、教育教学改革积累和共同补充讲义为教研室在2000年获批教育部世行贷款21世纪初高等教育教学改革项目“工科物理理论课与实验课的整体优化”（1282B02031）奠定了坚实基础．我牵头的这个国家教改项目进一步激发了教研室一体化深入开展大学物理和大学物理实验教学改革的热情，项目的立项经费和配套经费也为高质量教育教学改革提供了支撑和保障．该项目的直接成果之一是由赵近芳教授等主编的《大学物理学》教材．该教材由北京邮电大学出版社于2002年首次出版，具有新的内容组织形式、新的习题题库．该教材在行业内产生了一定影响，不仅被广泛使用，而且连续被评为“十一五”“十二五”国家级规划教材．后来，编写团队完成了从赵近芳教授到王登龙教授的新老交替，内容也与时俱进更迭到了第6版，质量和影响在逐步提升．

对大学物理课程的深刻认识

我执教35年来，授课对象涵盖专、本、硕、博不同层次学生（1988—1989年在湖南省直讲师团支教时，曾从事专科教学），所授课程涉及本科的大学物理课程、物理和材料学类的专业基础课和专业课、相关学科的研究生学位课程和方向课程，但我感觉最难讲的还是本科的大学物理课程．之所以说难，在于大学物理虽然是一门基础课，但其承载的内容和职责却很重，它是帮助大学生完成从中学学习方法向大学学习方法转变的主干课程之一，是提升大学生科学素质、培养大学生科学思维、训练大学生创新方法的主干基础课程之一，是很多专业进入专业课学习前重要的先修课程之一．以上还只是大学物理课程的显性职责，从育人角度讲，大学物理课程还承担“课程思政”的重任，发挥其在大学生价值观念、意志品质、美育教育、社会责任等非智力教育中的隐性作用．说大学物理课程难讲，还在于学生的物理知识基础不一、学习能力不一、自我要求不一．作为课堂的演讲者、教学的组织者、课外研修的指导者、知识拓展的促进者，教师既要让绝大多数学生听得进、听得懂，又要让少数有更高需求的优秀学生学得过瘾．一门课程的教学质量的好坏取决于教材、教师、教学环境3个要素，作为公共基础课的大学物理，其普通任课教师对教材的建议权多、决定权少，要保证教学质量，就要尽最大努力提升教师的学术水平、教学能力和授课技巧，还要尽最大努力改善课程的教学环境．教学硬环境如教室环境、板书和显示条件、仪器和网络支撑等取决于学校而不是教师，做好教学资料资源收集、教案及辅助教材编写、教学方法和教学技巧改进优化等教学软环境建设则是教师的职责所在，教师对教学内容的理解、把握、组织等对教学质量的影响非常大．

对授课教师的教学建议

大学物理授课教师要练好3方面的基本功，才能讲好大学物理课程．

一是丰富的关联知识，既包括授课知识内容（大学物理）的概念、理论及其历史背景、功能意义、应用与拓展，也包括因材施教、必备的专业背景、知识结构和职业发展等知识．

二是科学的教学组织，按照OBE（outcome based education，基于学习产出的教育模式）理念编制教学大纲和教学计划，推广PBL（problem based learning，基于问题的教学方法）提出问题、分析推导、总结提炼、应用推广的课程教学方法，实施IBP（inspiration based practice，基于灵感的实践）以提高学生的学习兴趣、物理领悟力和创新探索思维能力．

三是先进的教学辅助，包括与时俱进准备先进的教学课件、虚实结合展示科学的实验教具演示、开放直观演示仿真的模拟教学程序、分级实用提供课外助学进修的课外辅助资源等．

以上3方面是教师应具备的基本能力．要成为优秀的教师，就要不断进行教育教学研究，还要在理念、内容、组织等方面与时俱进．

一要吸收先进教育学理论、更新教育理念，如中国工程教育加入《华盛顿协议》，实施工程教育专业认证与国际实质等效，工程教育质量体系严格贯彻OBE理念，它要求全体毕业学生具有应用自然科学基础和科学原理处理复杂工程问题的能力，毕业要求要素符合能落实、可评价的可衡量要求，支撑毕业要求的所有课程对毕业要求有好的有效度、达成度和学生满意度，这就要求任课教师据此更新教育理念，改进教学方法和课程考试评价方式．

二要根据授课对象和培养计划的课程要求科学组织知识体系和教学内容，如对于物质运动、带电体的电场和磁场问题，一般按照物理学“还原论范式”从“点”到“线”到“面”再到“体”进行讲解，以“点”为基础训练逻辑思维；也可以应用有限元计算给出以“线”为基础的计算去解决“点、线、面、体”的物理现象，使学生对物理思想、计算方法、解析公式等有整体认识，而且学会了科学研究的基本方法．教学内容的这两种组织方式适用于不同能力的学生．

三要构建立体化课程教学体系，教师要树立潜心教学、全过程育人的从教态度，自然科学知识和创新思维能力同步推进，在物理学知识教学中培养科学精神、培育解决问题能力、训练创新思维；课内教学组织与课外辅导研修一体部署，制作课内教学课件的同时准备课外作业、辅导资料、自主研修补充知识；稳固物理基础与预留畅想空间相得益彰，既注重教学内容的完整性，夯实物理基础，又“言犹未尽”地为学生留下课后质疑、思考问题、发表己见的训练空间.

论“好”教材的重要特征

一本好的大学物理教材对教师的教学有重要支撑作用. 从国家级规划教材到优秀教材，国家有科学的评价指标，这也是好教材的标准. 一般而言，一本好的大学物理教材应具有3方面特征.

首先，它要具有优秀教材的基本特征，主干内容应符合教育部大学物理课程教学指导委员会最新发布的“大学物理课程教学基本要求”，体例上应体系完备、结构严谨、科学规范、表述清晰、语言精练.

其次，它要具有好教材的改革特征，应兼顾4个统一.

一要兼顾通识性和学科性的统一. 早在21世纪来临之初，美、英、加等国不约而同地在国家教育政策（教育法）中提出了增强全国公民科学素质和科技能力的科技教育，都强调要加强物理学教育. 1999年联合国教科文组织召开的“世界科学大会”也用数据强调物理学在科学技术上的绝对主导地位，这充分说明了物理学在大学教育中的通识性. 但大学物理本身就是物理学的基本概要，其基本原理、基本逻辑、基本方法具有典型的学科特点和学科完整性.

二要兼顾基础性和科学性的统一. 物理学是研究物质、能量及其相互作用的学科，有物质就有物理理论及其应用，大学物理理论涵盖力、热、电、光、磁、量子、相对论等，对象从微观基本粒子到宇宙，空、天、网、地无所不达，大学物理的基础性无法撼动. 但同时，物理学本身又是与数学等其他自然科学高度融合、与实验高度结合的学科，大学物理教学也包括培养大学生的科学精神、科学思维、科学方法，其科学指引性对大学生具有特别重要的意义.

三要兼顾系统性与开放性的统一. 大学物理是一门课程，理应具有其系统性. 但大学物理又是专业基础课和专业课的先修课程，它应支撑起不同专业、不同层次学生学习的需要，而且物理学本身也在不断发展之中，这就要求大学物理教材要开窗留缝、体现开放性.

四要兼顾课程显性和育人隐性的统一. 教材要系统提供大学物理知识体系、物理学前沿发展成果、课外辅助研修资料、课外作业及实习实践资料等，完整、有效支撑大学物理课程的教学，保证其作为一门课程的显性作用. 同时，大学物理从物理现象的发现过程、物理理论的创新过程到基本概念、基本结构、基本现象、基本图表结论等都蕴含丰富的“课程思政”元素，除广受称颂的科学精神、科学思维、科学方法等科学要素，还有物理概念创造本身体现的世界观、人生观和价值观，有科学家的人格魅力和榜样作用，有科学发现的团队创新精神，也有结构、结论的美育功能，等等，这些隐形元素是教学中育人的宝贵要素.

最后，它要具有符合高等教育发展要求的时代特征. 教材要符合国家经济社会发展的人才要求、符合学科专业发展的定位要求、符合科学技术进步的时代要求.

21世纪初，赵近芳教授任主编的《大学物理学》教材既保持了大学物理教材系统性、科学性强的传统，又大幅引入相对论、量子论和反映高新科技物理基础的内容，同时符合普通物理层面的要求，使教材既不同于国外教材那样内容广泛，又区别于国内清华大学、北京大学等名校的教材那样内容高深．该教材主要面向地方院校理工科专业，具有较强的适用性，受到数十所高校及任课教师的欢迎和好评．该教材以全新的教材体系、丰富的内容补充、实用的教学体例、开放的平台功能而被评为普通高等教育“十一五”国家级规划教材，被用书院校评为好学、好用的教材．该教材分为上、下两册，上册聚焦力学和热学知识，使学生了解经典时空观和相对论时空观的区别，能运用宏观热力学方法和从微观出发的统计方法来处理热现象问题；下册包括电磁学、光学、量子物理和现代物理等知识，使学生对生产生活中出现的电磁现象能够准确认识和分析，掌握光传播过程中的波动性在实际中的应用，了解量子力学的形成过程与基本规律及其在微观领域所取得的成就，了解物理学的新成就和新方向，拓展视野，培养创新意识，为后续其他课程的学习和将来进一步发展奠定良好的物理基础．之后，作者团队进行了代际传承，教材从内容和组织形式都与时俱进，先后修订5版，质量和受欢迎程度进一步提升，使用院校超过100所，其中第4版教材被评为“十二五”普通高等教育本科国家级规划教材．

论打造新时代大学物理课程新形态教材的必要性

2007年，《失去灵魂的卓越》[哈瑞 · 刘易斯（Harry Lewis）]拷问研究型大学的“本科教育”育人使命，引发全球对大学定位的再思考，回归“学生教育”成为一种办学趋势和大学行为校正．2015年，联合国教科文组织第三次发布有关全球教育的白皮书*Rethinking Education-Towards a global common goods?*提出，教育应该为人类的可持续发展服务，应该把经济的发展、社会的包容性、环境的可持续性三者的协调作为教育的立足点．其教育理念由“公共利益”上升为“全球的共同利益”，指引高等教育发展的重大变革——办学主体多元化、学习形式多样化、教育形态国际化成为趋势，也推动高等教育更加重视本科，更加重视质量，更加重视包容，更加重视共同．十八大以来我国高等教育也发生深层次变革，“立德树人”和“双一流”作为两个高频词说明了我国高等教育内涵的发展路径：一方面，高校的核心使命是“人才培养”，科学研究、社会服务、文化传承与创新、国际合作与交流都是围绕“人才培养”核心功能的辅助或衍生功能，“全国本科教育大会”的“以本为本，四个回归”和“新时期高教六十条”等的落点都是校正高校“立德树人”核心使命；另一方面，高校办学方向要体现建设“社会主义高等教育强国”，在目标追求、学科专业、课程教材、大学治理、质量效益等诸方面都要在各自学校定位领域力求一流和卓越，用一流的理念引领学校高质量发展，用一流的人才培养体系培养拔尖创新人才，用一流的治理实现高校高水平的办学效能．

新时代高等教育的高质量要求，不同层次高校对大学生的知识、素质、能力培养的要求，不同学科专业学生对大学物理的需求，现代信息技术对教材编写形式多样化的支撑，这些都需要《大学物理学》教材根据不同的需求进行不同的改编．2020年中国高等教育毛入学率达54.4%，高等教育进入普及化，其中承担95%本科人才培养的任务落在一般本科院校．可以说，一般本科院校高等教育的质量对中国高等教育的高质量发展起着决定而关键性作用．因此，编写一本符合新时代自立自强创新人才培养要求、面向一般本科院校大学生的高质量

《大学物理学》教材很有意义.

教材全新升级后的主要特点

我们在赵近芳教授等编著的国家级规划教材《大学物理学》的基础上，结合对新时代人才要求的理解和教育教学改革的积累，组织大学物理和大学物理实验课程教学经验丰富且在物理学科学研究领域活跃的一批中青年骨干教师，根据人民邮电出版社的市场调研和我们对多所高校的教学调研、会议调研，重新编写本教材，并邀请部分大学物理教学专家及教学一线经验丰富的资深教师参与稿件审议，最终定型本教材内容. 结合教育部对高等教育优质课程“金课”建设的要求，以及为适应目前基于移动互联网和智慧教室等手段的混合式教学需求，编写团队在教材内容选取上注重主要内容的经典性、体系难度的适宜性、新科技的关联性、内容取舍的活化性，在教学资源建设上注重加强教学资源与课程设计、教材内容与课程设计、教学资源与教材内容等教学各元素之间的融合，全方位立体化打造基于互联网技术的辅助教学资源，在教材组织上注重帮助师生在教学过程中提高效率和兴趣、增加教学手段和扩充知识. 编写细节进一步体现了教材好教、好学.

一是在重点内容的表述形式上进行整合，如在大学物理教材中对于矢量采用“箭头”标出，而不是采用粗体和白体区分矢量和标量，便于学生对矢量有一个完整清晰的认识.

二是在重点公式的理解上进行详细剖析，如在教材中强调“牛顿第二定律并不能简单地记忆”，要根据力函数的不同形式选用不同形式的方程，方便学生掌握.

三是在重要物理概念的理解上进行规范，如在光的干涉中，若中央是明纹，暗纹标为$2k-1$，中央若是暗纹，暗纹标为$2k+1$，这样，其他各级明（暗）纹就是第k级，方便学生理解和记忆.

四是在例题方面做适当调整，如替换了部分运算复杂、综合性较强的例题，选用了一些重在物理思想和方法应用的例题，增加学生对基本概念的理解.

五是提供新形态教学资源，读者扫描二维码可以观看视频、阅读文本，帮助教师补充教学内容，帮助学生开拓视野.

六是对每章中重难点内容重构学习视频，录制了知识点微课，视频内容精挑细选、视频讲解清晰到位、视频声音吸引力强，可以满足不同层次学生对大学物理课程的学习需求，教师也可以用来组建课前预习云课.

七是对重难点物理概念、物理现象采用3D建模动画演示，使读者更加直观地理解物理知识，帮助教师解决晦涩知识点教学的难题.

八是丰富了拓展知识、科学家尤其是中国科学家背后的故事等内容，体现二十大精神，讲好中国故事，展示中国形象，为教师提供大量的教学素材，帮助学生扩展知识面、提高思想政治觉悟.

九是章节内容既注重衔接，又各自相对独立，教师可以根据不同专业对大学物理课程的不同需求对教学内容进行重组和取舍.

十是配备了一套独具特色的教学资源，包括PPT课件、电子教案、教学大纲、组卷题库系统、学习指导书等教学辅助资源和平台等.

党的二十大报告指出，教育、科技、人才是全面建设社会主义现代化国家的基础性、战略性支撑．我国要实现高水平科技自立自强，归根结底要依靠高水平创新人才．“要更加重视人才自主培养，更加重视科学精神、创新能力、批判性思维的培养培育”“努力造就一批具有世界影响力的顶尖科技人才”“培养更多高素质技术技能人才、能工巧匠、大国工匠”，大学的科学素质素养教育要符合时代要求，大学物理课程和教材要承载这一使命担当．一本高质量、好学好用的《大学物理学》教材对师生而言是所谓的“问渠那得清如许?为有源头活水来”，对高水平创新人才培养而言犹如“书卷多情似故人，晨昏忧乐每相亲”．让我们期待，更希望编者精益求精．

2023年2月

目录

CONTENTS

第一篇 力学基础

第二篇 热学

第8章 热力学基础 240

二维码数字资源目录

第一篇
力学基础

力学是物理学最古老和发展最完美的学科，贯穿了整个人类文明的发展历史．公元前200多年的古希腊数学家、物理学家阿基米德创立了“静态力学”，被誉为“力学之父”；事实上，比他更早的古希腊学者亚里士多德提出的“力是维持物体运动状态的原因”这一重要观点更是统治了物理学近2000年的时间，直到17世纪伽利略发现了其中的谬误．在我国，战国初期的思想家和自然科学家墨子在《墨经》中记载了他的力学观点：“力，形之所以奋也．”这一观点与后来伽利略和牛顿的观察研究结果相同．墨子对杠杆、斜面、重心、滚动摩擦等力学问题的研究，为我国古代的工程建筑、兵器制造、机械制造等方面作出了创造性的贡献．2016年，我国将世界首枚量子科学实验卫星命名为“墨子号”，以纪念这位“中国科学家”．

力学成为一门真正意义上的学科，则始于17世纪伽利略论述惯性运动，继而牛顿提出力学的3个运动定律．以牛顿运动定律为基础的力学理论称为牛顿力学或经典力学，它所研究的对象是物体的机械运动．经典力学有严谨的理论体系和完备的研究方法，如观察现象，分析和综合实验结果，建立物理模型，应用数学表述，做出推论和预测，实践检验和校正结果等．它曾被誉为完美普遍的理论，兴盛了约300年．直到20世纪初，科学家在高速和微观领域中发现了它的局限性，从而使其被相对论和量子力学所取代．但是在一般的技术领域，如机械制造、土木建筑、水利设施、航空航天等工程技术中，经典力学仍然是必不可少的重要的基础理论．

力学基础主要讲述质点力学、刚体的定轴转动及机械振动和机械波，着重阐述动量、角动量和能量等系列概念及相对应的守恒定律．相对论的时空观和牛顿力学紧密相连，因而也被归入力学范畴．

第 1 章
质点运动学

我国实施科教兴国战略，坚持科技自立自强，加强基础学科、新兴学科、交叉学科建设。物理学是研究物质运动中最普遍、最基本运动形式的规律的一门基础学科，这些运动包括机械运动、分子热运动、电磁运动、原子和原子核运动，以及其他微观粒子运动等．机械运动是这些运动中最简单、最常见的运动形式，其基本形式有平动和转动．在力学中，研究物体的空间位置随时间的变化情况，而不涉及引发物体运动和改变运动状态的原因，这称为运动学．

本章讨论质点运动学，主要内容为：位置矢量、位移、速度、加速度、质点的运动方程、切向加速度、法向加速度、相对运动等．

1.1 参考系、坐标系和物理模型

一、参考系

自然界中所有的物体都在不停地运动，绝对静止不动的物体是没有的．在观察一个物体的位置及位置的变化时，总要选取其他物体作为标准，这个被选定作为标准的物体（或物体群），就称为参考系．

同一物体的运动，由于所选参考系不同，对其运动的描述就会不同．例如，在匀速直线运动的车厢中，物体的自由下落，相对于车厢是做直线运动；相对于地面，却是做抛物线运动；相对于太阳或其他天体，对该物体运动的描述更为复杂．这一事实充分说明了对物体运动的描述具有相对性．

从运动学的角度讲，参考系的选择是任意的，通常以对问题的研究最为方便、简单的物体作为参考系．研究地球上物体的运动，多数以地球（或地面上不动的物体，如房屋、树木等）为参考系．但是，当在地球上发射人造宇宙小天体时，则应以太阳系为参考系.例如，2020年发射的“嫦娥五号”探测器在月球上着陆；2021年发射的“天问一号”探测器绕火星运转等．

二、坐标系

描述物体的运动必须选定参考系．在参考系选定以后，为定量描述物体的位置及其随时间的变化，有时必须在参考系上选择一个坐标系．在力学中常用的是直角坐标系．根据需要，也可选用极坐标系、自然坐标系、球面坐标系或柱面坐标系等．

总的来说，在参考系选定以后，无论选择何种坐标系，物体的运动性质都不会改变．然而，坐标系选择得当，可使计算量大大减少．

三、物理模型

任何一个真实的物理过程都是极其复杂的，为了寻找某过程中最本质、最基本的规律，人们总是根据所提问题（或所要回答的问题），对真实过程进行理想化的简化，然后经过抽象提出一个可供数学描述的物理模型．

当物体的线度比它运动的空间范围小很多时，如绕太阳公转的地球、调度室中铁路运行图上的列车等；或当物体做平动时，物体上各部分的运动情况（轨迹、速度、加速度）完全相同，这时可以忽略物体的形状、大小，而把它看作一个具有一定质量的几何点，称之为质点．

把物体当作质点是有条件的、相对的，而不是无条件的、绝对的，因而对于具体情况要做具体分析. 在本书有关力学的各章中, 除"刚体转动和流体运动"章节外, 都是把物体当作质点来处理的.

若物体的运动在上述两种情形之外, 还可推出质点系的概念, 即把这个物体看成由许许多多满足第一种情况的质点所组成的系统. 如果弄清楚了组成这个物体的各个质点的运动情况, 那么也就弄清楚了整个物体的运动情况.

综上所述, 选择合适的参考系, 以方便确定物体的运动性质; 建立恰当的坐标系, 以定量描述物体的运动; 提出较准确的物理模型, 以确定物体最基本的运动规律.

1.2 位置矢量、位移、速度和加速度

一、位置矢量、运动方程和轨道方程

为了表示运动质点的位置, 首先应该选参考系, 然后在参考系上选定坐标系的原点和坐标轴, 如图1.1所示. 质点P在直角坐标系中的位置可由P所在点的3个坐标x, y, z来确定, 或者用从原点O到P点的有向线段$\overrightarrow{OP}=\vec{r}$来表示, 矢量$\vec{r}$叫作位置矢量(简称位矢, 又称矢径). 相应地, 坐标x, y, z也就是位矢$\vec{r}$在坐标轴上的3个分量.

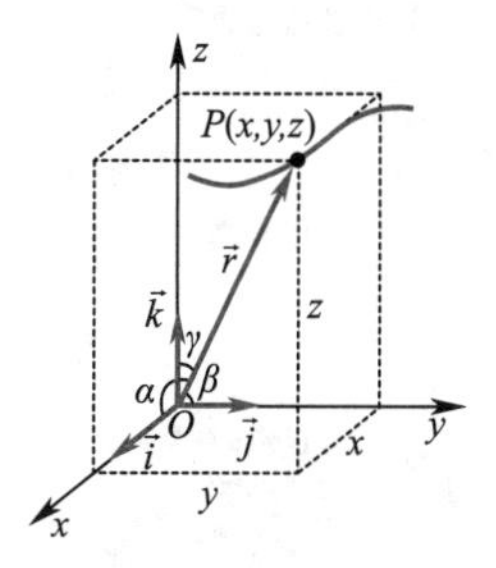

图1.1 空间直角坐标系下的位矢

在空间直角坐标系中, 位矢$\vec{r}$可以表示成

$$\vec{r}=x\vec{i}+y\vec{j}+z\vec{k}, \tag{1.1}$$

式中$\vec{i},\vec{j},\vec{k}$分别表示位矢沿x, y, z三轴正方向的单位矢量. 位矢$\vec{r}$的大小为

$$|\vec{r}|=r=\sqrt{x^2+y^2+z^2}. \tag{1.2}$$

位矢的方向余弦为

$$\cos\alpha=\frac{x}{r}, \ \cos\beta=\frac{y}{r}, \ \cos\gamma=\frac{z}{r}.$$

质点的运动是质点的空间位置随时间变化的过程. 这时质点的坐标x, y, z和位矢$\vec{r}$都是时间t的函数. 表示运动过程的函数式称为运动方程, 可以写作

$$x=x(t), \ y=y(t), \ z=z(t), \tag{1.3a}$$

或

$$\vec{r}=\vec{r}(t)=x(t)\vec{i}+y(t)\vec{j}+z(t)\vec{k}. \tag{1.3b}$$

知道了质点的运动方程就能确定任一时刻质点的位置, 从而确定质点的运动. 力学的主要任务之一, 正是根据各种问题的具体条件, 求解质点的运动方程.

质点在空间的运动路径称为轨道. 质点的运动轨道为直线时, 称为直线

运动．质点的运动轨道为曲线时，称为曲线运动．从式（1.3）中消去t即可得到轨道方程．式（1.3a）是轨道的参数方程．

图1.2 位移和路程

轨道方程和运动方程最明显的区别，就在于轨道方程不是时间t的显函数，而运动方程是时间t的显函数．例如，已知某质点的运动方程为

$$x=3\sin\frac{\pi t}{6},\ y=3\cos\frac{\pi t}{6},\ z=0,$$

式中t以s为单位，x, y, z以m为单位．上式消去t后，得轨道方程为

$$x^2+y^2=9,\ z=0.$$

该轨道方程表明该质点在$z=0$的平面内，做以原点为圆心、半径为3 m的圆周运动．

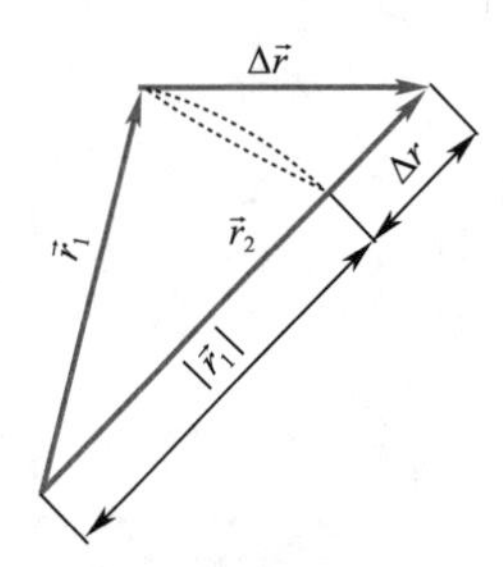

二、位移和路程

如图1.2所示，设质点沿曲线轨道$\widehat{AB}$运动，在t时刻，质点在A处，在$t+\Delta t$时刻，质点运动到B处，A点和B点的位矢分别由$\vec{r}_1$和$\vec{r}_2$表示，质点在Δt时间间隔内位矢的增量

$$\Delta\vec{r}=\vec{r}_2-\vec{r}_1, \tag{1.4}$$

称为位移，它是描述物体位置变化大小和方向的物理量，在图1.2中就是由起始位置A指向终止位置B的一个矢量．位移是矢量，它的运算遵守矢量的叠加法则，即平行四边形法则（或三角形法则）．

图1.3 "矢量增量的模"与"矢量模的增量"

如图1.3所示，位移的大小只能记作$|\Delta\vec{r}|$，不能记作Δr. Δr通常表示位矢大小的改变量，即$\Delta r=|\vec{r}_2|-|\vec{r}_1|$，称为矢量模的增量．而$|\Delta\vec{r}|=|\vec{r}_2-\vec{r}_1|$是矢量增量的模（即位移的大小），并且通常情况下$|\Delta\vec{r}|\neq\Delta r$.

路程和位移的对比

必须注意，位移表示物体位置的改变，并非质点所经过的路程．在图1.2中，位移是有向线段$\overrightarrow{AB}$，它的量值$|\Delta\vec{r}|$为线段AB的长度．路程是标量，即曲线弧$\widehat{AB}$的长度，通常记作Δs．一般来说，$|\Delta\vec{r}|\neq\Delta s$．例如，当质点经一闭合路径回到原来的起始位置时，其位移为零，而路程不为零，所以质点的位移和路程是两个完全不同的概念．只有当Δt趋近于零时，才有$|\mathrm{d}\vec{r}|=\mathrm{d}s\neq\mathrm{d}r$．应当注意的是，$\Delta t\to0$时，$|\mathrm{d}\vec{r}|=\mathrm{d}s$.

位矢、位移及其模的对比

在直角坐标系中，位移的表达式为

$$\Delta\vec{r}=(x_2-x_1)\vec{i}+(y_2-y_1)\vec{j}+(z_2-z_1)\vec{k}=\Delta x\vec{i}+\Delta y\vec{j}+\Delta z\vec{k}, \tag{1.5}$$

位移的模为

$$|\Delta\vec{r}|=\sqrt{(x_2-x_1)^2+(y_2-y_1)^2+(z_2-z_1)^2}. \tag{1.6}$$

位移和路程的单位均是长度的单位，在国际单位制（SI）中为m.

三、速度和速率

研究质点的运动，不仅要知道质点的位移，还必须知道质点在多长一

段时间内通过这段位移，即要知道质点运动的快慢程度，通常用速度表示．在力学中，只有当质点的位矢和速度同时被确定时，质点的运动状态才被确定．所以，位矢和速度是描述质点运动状态的两个物理量．

速度与速率

假设质点在平面直角坐标系的xOy平面上沿轨迹$\overset{\frown}{AB}$做曲线运动．在t时刻，它处于A点，其位矢为$\vec{r}_1(t)$；在$t+\Delta t$时刻，它处于B点，其位矢为$\vec{r}_2(t+\Delta t)$．从而t到$t+\Delta t$时间段内，质点的位移为$\Delta\vec{r}=\vec{r}_2-\vec{r}_1$．$\Delta\vec{r}$与$\Delta t$的比值，称为质点在$t$时刻附近$\Delta t$时间内的平均速度，即

$$\bar{\vec{v}}=\frac{\overrightarrow{AB}}{\Delta t}=\frac{\Delta\vec{r}}{\Delta t}. \tag{1.7}$$

由于$\Delta\vec{r}$是矢量，而$\frac{1}{\Delta t}$是标量，故平均速度$\bar{\vec{v}}$是矢量，且其方向与$\Delta\vec{r}$的方向相同．

考虑到$\Delta\vec{r}=(x_2-x_1)\vec{i}+(y_2-y_1)\vec{j}=\Delta x\vec{i}+\Delta y\vec{j}$，平均速度可写成

$$\bar{\vec{v}}=\frac{\Delta\vec{r}}{\Delta t}=\frac{\Delta x}{\Delta t}\vec{i}+\frac{\Delta y}{\Delta t}\vec{j}=\bar{v}_x\vec{i}+\bar{v}_y\vec{j},$$

其中$\bar{v}_x$和$\bar{v}_y$是平均速度$\bar{\vec{v}}$在x轴和y轴上的分量．显然，用平均速度描述物体的运动是比较粗糙的．因为在Δt时间内，质点在各个时刻的运动情况不一定相同，质点的运动可以时快时慢，方向也可以不断改变，所以平均速度不能反映质点运动的真实状态．如果要精确地知道质点在某一时刻或某一位置的实际运动状态，应使Δt尽可能减小，即$\Delta t\to 0$，用平均速度的极限值——瞬时速度（简称速度）来描述．

质点在某时刻或某位置的瞬时速度，等于该时刻附近$\Delta t\to 0$时平均速度的极限值，数学表示式为

$$\vec{v}=\lim_{\Delta t\to 0}\frac{\Delta\vec{r}}{\mathrm{d}t}=\frac{\mathrm{d}\vec{r}}{\mathrm{d}t}, \tag{1.8a}$$

或

$$\vec{v}=\lim_{\Delta t\to 0}\frac{\Delta x}{\mathrm{d}t}\vec{i}+\lim_{\Delta t\to 0}\frac{\Delta y}{\mathrm{d}t}\vec{j}=v_x\vec{i}+v_y\vec{j}, \tag{1.8b}$$

其中$v_x=\frac{\mathrm{d}x}{\mathrm{d}t}$，$v_y=\frac{\mathrm{d}y}{\mathrm{d}t}$，$v_x$和$v_y$是速度$\vec{v}$在$x$轴和$y$轴上的分量．显然，如以$\vec{v}_x$和$\vec{v}_y$分别表示速度$\vec{v}$在$x$轴和$y$轴上的分速度（注意它们是分矢量），那么有$\vec{v}_x=v_x\vec{i}$和$\vec{v}_y=v_y\vec{i}$．式（1.8b）也可写成

$$\vec{v}=\vec{v}_x+\vec{v}_y. \tag{1.8c}$$

显然，质点在直角坐标系中的速度为

$$\vec{v}=v_x\vec{i}+v_y\vec{j}+v_z\vec{k}. \tag{1.9}$$

速度的方向就是$\Delta t\to 0$时，平均速度$\frac{\Delta\vec{r}}{\Delta t}$或位移$\Delta\vec{r}$的极限方向，即质点所在处轨道的切线方向，并指向质点前进的一方．

速度是矢量，具有大小和方向．描述质点运动时，也常采用一个叫作速率的物理量．速率是标量，等于质点在单位时间内所经过的路程，而不考虑

质点运动的方向．如图1.2所示，在Δt时间内质点所经过的路程为曲线弧$\widehat{AB}$．设曲线弧$\widehat{AB}$的长度为Δs，那么Δs与Δt的比值就称为质点在t时刻附近Δt时间内的平均速率，即

$$\bar{v}=\frac{\Delta s}{\Delta t}. \tag{1.10}$$

平均速率与平均速度不能等同看待．例如，在某一段时间内，质点环行了一个闭合路径，显然质点的位移等于零，平均速度也为零，而质点的平均速率不等于零．

尽管如此，但在$\Delta t\to 0$的极限条件下，曲线弧$\widehat{AB}$的长度Δs与直线段AB的长度$|\Delta\vec{r}|$相等，即在$\Delta t\to 0$时，$\mathrm{d}s=|\mathrm{d}\vec{r}|$，所以瞬时速率

$$v=\lim_{\Delta t\to 0}\frac{\Delta s}{\Delta t}=\frac{\mathrm{d}s}{\mathrm{d}t}=\frac{|\mathrm{d}\vec{r}|}{\mathrm{d}t}=|\vec{v}|, \tag{1.11}$$

即瞬时速率就是瞬时速度的大小．由式（1.9）可知

$$v=|\vec{v}|=\sqrt{v_x^2+v_y^2+v_z^2}. \tag{1.12}$$

速度和速率在量值上都是长度与时间之比，其单位在国际单位制（SI）中均为$\mathrm{m\cdot s^{-1}}$．

四、加速度

在力学中，位矢$\vec{r}$和速度$\vec{v}$都是描述物体机械运动的状态参量．即$\vec{r}$和$\vec{v}$已知，质点的力学运动状态就确定了．即将引入的加速度概念则是用来描述速度矢量随时间的变化率的物理量．

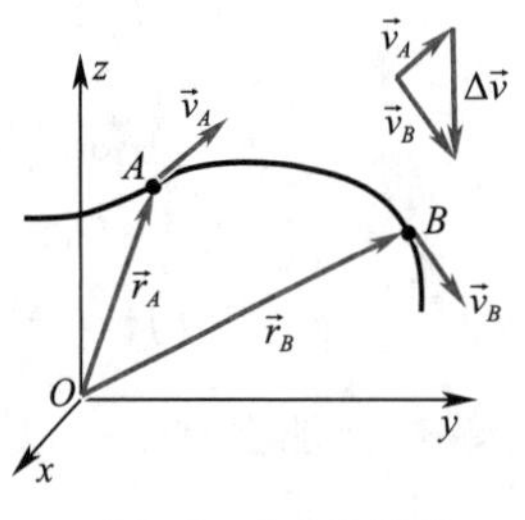

图1.4　速度的增量

在变速运动中，物体的速度是随时间变化的．这种变化可以是运动快慢的变化，也可以是运动方向的变化，一般情况下速度的方向和大小都在变化．加速度就是描述质点的速度（大小和方向）随时间变化快慢的物理量．如图1.4所示，$\vec{v}_A$表示质点在时刻t、位置A处的速度，$\vec{v}_B$表示质点在时刻$t+\Delta t$、位置B处的速度．从速度矢量图可以看出，在时间Δt内质点速度的增量为

$$\Delta\vec{v}=\vec{v}_B-\vec{v}_A.$$

与平均速度的定义相类似，比值$\dfrac{\Delta\vec{v}}{\Delta t}$称为质点在$t$时刻附近$\Delta t$时间内的平均加速度，即

$$\bar{\vec{a}}=\frac{\vec{v}_B-\vec{v}_A}{\Delta t}=\frac{\Delta\vec{v}}{\Delta t}. \tag{1.13}$$

平均加速度只反映在时间Δt内速度的平均变化率．为了准确地描述质点在某一时刻t（或某一位置处）的速度变化率，必须引入瞬时加速度．

伽利略

质点在某时刻或某位置处的瞬时加速度（简称加速度）等于该时刻附近

$\Delta t \to 0$时平均加速度的极限值，其数学表示式为

$$\vec{a} = \lim_{\Delta t \to 0} \frac{\Delta \vec{v}}{\Delta t} = \frac{d\vec{v}}{dt} = \frac{d^2\vec{r}}{dt^2}. \tag{1.14}$$

可见，加速度是速度对时间的一阶导数，或位矢对时间的二阶导数.

在空间直角坐标系中，加速度的数学表示式为

$$\begin{aligned}\vec{a} &= \frac{dv_x}{dt}\vec{i} + \frac{dv_y}{dt}\vec{j} + \frac{dv_z}{dt}\vec{k} \\ &= \frac{d^2x}{dt^2}\vec{i} + \frac{d^2y}{dt^2}\vec{j} + \frac{d^2z}{dt^2}\vec{k} \\ &= a_x\vec{i} + a_y\vec{j} + a_z\vec{k}.\end{aligned} \tag{1.15}$$

加速度的模为

$$a = |\vec{a}| = \sqrt{a_x^2 + a_y^2 + a_z^2}. \tag{1.16}$$

加速度的方向是当$\Delta t \to 0$时平均加速度$\frac{\Delta \vec{v}}{\Delta t}$或速度增量的极限方向.

例1.1　设质点的运动方程为$\vec{r}(t) = x(t)\vec{i} + y(t)\vec{j}$，其中$x(t) = 1.0t + 2.0$，$y(t) = 0.25t^2 + 2.0$，$x$和$y$的单位为m，$t$的单位为s.求：（1）质点的轨道方程；（2）$t$=0s及$t$=3s时质点的位矢；（3）由$t$=0s到$t$=3s时质点的位移$\Delta\vec{r}$；（4）$t$=3s时的速度和加速度.

解　（1）已知运动方程$x(t) = 1.0t + 2.0$, $y(t) = 0.25t^2 + 2.0$，消去t可得轨道方程

$$y(t) = 0.25x^2 - x + 3.0.$$

（2）由题意可得质点的运动方程是

$$\vec{r}(t) = (1.0t + 2.0)\vec{i} + (0.25t^2 + 2.0)\vec{j},$$

t=0s时质点的位矢是

$$\vec{r}(0) = 2.0\vec{i} + 2.0\vec{j},$$

t=3s时质点的位矢为

$$\vec{r}(3) = 5.0\vec{i} + 4.25\vec{j}.$$

（3）由t=0s到t=3s时质点的位移是

$$\Delta\vec{r} = \vec{r}(3) - \vec{r}(0) = 3.0\vec{i} + 2.25\vec{j}.$$

（4）由速度定义有

$$\vec{v} = \frac{d\vec{r}}{dt} = 1.0\vec{i} + 0.5t\vec{j},$$

进而可得加速度的表达式是

$$\vec{a} = \frac{d\vec{v}}{dt} = 0.5\vec{j}.$$

所以t=3s时的速度和加速度分别是

$$\vec{v}(3) = 1.0\vec{i} + 1.5\vec{j},$$

$$\vec{a} = 0.5\vec{j}.$$

例1.2　如图1.5所示，A和B两圆环通过一长为l的刚性细杆相连，且圆环可在光滑轨道上滑行. 如果圆环A以恒定的速度$\vec{v}$向左滑行，则当α=60° 时，圆环B的速度为多少？

解 建立图1.5所示的坐标系，圆环A的速度为

$$\vec{v}_A=\vec{v}_x=\frac{\mathrm{d}x}{\mathrm{d}t}\vec{i}=-v\vec{i}. \quad ①$$

①中"–"表示A沿x轴负方向运动．圆环B的速度为

$$\vec{v}_B=\vec{v}_y=\frac{\mathrm{d}y}{\mathrm{d}t}\vec{j}. \quad ②$$

由于$\triangle OAB$为一直角三角形，因此$x^2+y^2=l^2$．考虑到细杆是刚性的，其长度l为一常量，但x, y是时间的函数，故有

$$2x\frac{\mathrm{d}x}{\mathrm{d}t}+2y\frac{\mathrm{d}y}{\mathrm{d}t}=0,$$

可得

$$\frac{\mathrm{d}y}{\mathrm{d}t}=-\frac{x}{y}\frac{\mathrm{d}x}{\mathrm{d}t},$$

代入②中，得圆环B的速度为

$$\vec{v}_B=-\frac{x}{y}\frac{\mathrm{d}x}{\mathrm{d}t}\vec{j}.$$

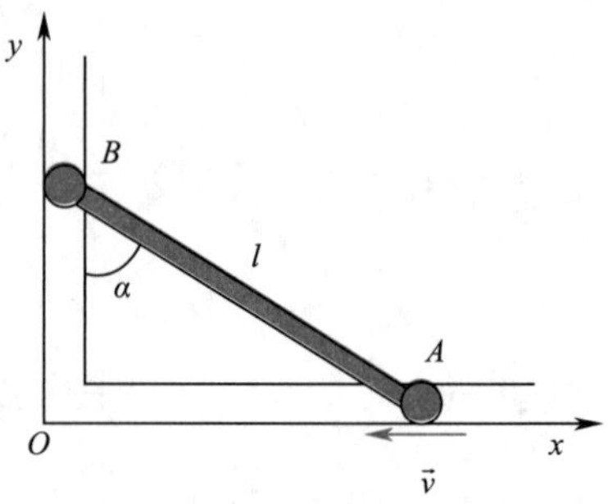

图1.5 例1.2图

因为$\frac{\mathrm{d}x}{\mathrm{d}t}=-v, \tan\alpha=\frac{x}{y}$，所以当$\alpha=60°$时，有

$$\vec{v}_B=v\tan\alpha\vec{j}=v\tan 60°\ \vec{j}=1.73v\vec{j}.$$

1.3 质点的曲线运动描述

一、曲率和曲率半径

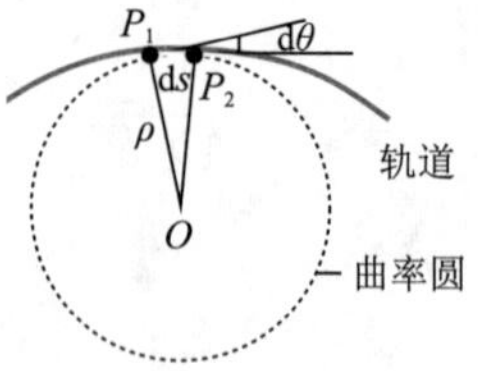

图1.6 曲率、曲率圆、曲率半径

若质点的运动轨迹为曲线，则称为曲线运动．为了描述曲线的弯曲程度，通常引入曲率和曲率半径．这里仅讨论平面上的二维曲线运动．

从曲线上邻近的两点P_1, P_2各引一条切线，这两条切线间的夹角为$\Delta\theta$, P_1, P_2两点间的弧长为Δs，则P_1点的曲率定义为

$$k=\lim_{\Delta s\to 0}\frac{\Delta\theta}{\Delta s}=\frac{\mathrm{d}\theta}{\mathrm{d}s}. \quad (1.17)$$

若将曲线上无限邻近的两点上的两条切线的夹角$\mathrm{d}\theta$称为邻切角，则式（1.17）表明，曲线上某点的曲率等于邻切角$\mathrm{d}\theta$与所对应的元弧$\mathrm{d}s$之比．

一般情况下，曲线在不同点处有不同的曲率．曲率越大，则曲线弯曲得越厉害．显然，同一圆周上各点的曲率都相同．

过曲线上某点作一圆，该圆的圆心在曲线上该点处的法线上，且在曲线凹的一侧，称该圆为该点的曲率圆，且圆心O和半径ρ（见图1.6）分别称为曲线上该点的曲率中心和曲率半径，且有

$$\rho=\frac{1}{k}=\frac{\mathrm{d}s}{\mathrm{d}\theta}.\tag{1.18}$$

图1.7 自然坐标系中切向单位矢量$\vec{e}_t$和法向单位矢量$\vec{e}_n$垂直

二、自然坐标系

如图1.7所示，以动点A为原点，以切向单位矢量$\vec{e}_t$和法向单位矢量$\vec{e}_n$建立的二维坐标系，称为自然坐标系．在讨论平面曲线运动时，我们经常采用这种坐标系．

自然坐标系

三、平面曲线运动

质点做曲线运动时，$\Delta\vec{v}$的方向和$\dfrac{\Delta\vec{v}}{\Delta t}$的极限方向一般不同于速度$\vec{v}$的方向，而且在曲线运动中，加速度的方向总是指向曲线凹的一侧．如果速率减慢，则$\vec{a}$与$\vec{v}$成钝角；如果速率加快，则$\vec{a}$与$\vec{v}$成锐角；如果速率不变，则$\vec{a}$与$\vec{v}$成直角，如图1.8所示．

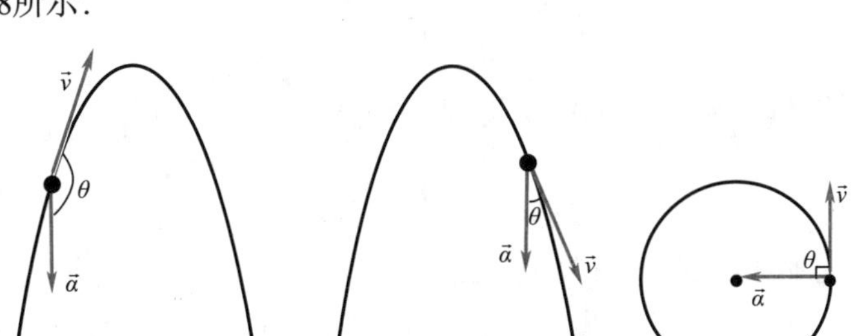

图1.8 曲线运动中的加速度

为运算方便起见，常采用平面自然坐标系予以讨论，即将加速度沿着质点所在处轨道的切线方向和法线方向进行分解，这样得到的加速度分量分别叫作切向加速度和法向加速度．

设质点的运动轨道如图1.9（a）所示，t时刻质点在P_1点，速度为$\vec{v}_1$；$t+\Delta t$时刻，质点运动到P_2点，速度为$\vec{v}_2$，P_1和P_2两点的邻切角为$\Delta\theta$，在Δt时间内，速度增量为$\Delta\vec{v}$.

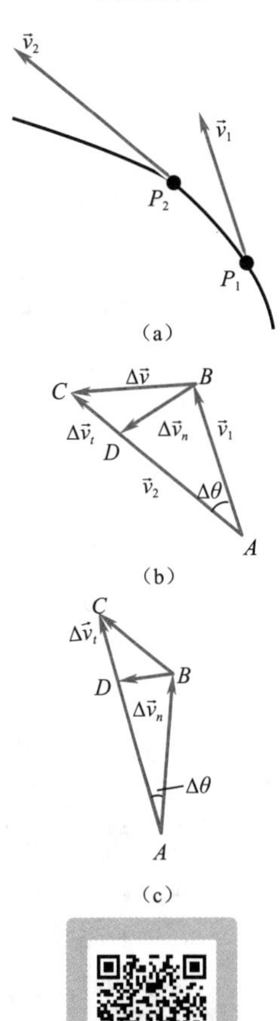

图1.9（b）展示了$\vec{v}_1,\vec{v}_2,\Delta\vec{v}$三者之间的关系．图中$\Delta\vec{v}$就是$\overrightarrow{BC}$矢量．如果在$\overrightarrow{AC}$上截取$|\overrightarrow{AD}|=|\overrightarrow{AB}|=|\vec{v}_1|$，则剩下的部分

$$|\overrightarrow{DC}|=|\overrightarrow{AC}|-|\overrightarrow{AB}|=|\vec{v}_2|-|\vec{v}_1|=|\Delta\vec{v}_t|=\Delta v,$$

即$|\Delta\vec{v}_t|=\Delta v$反映了速度模的增量．连接$B$点和$D$点，构造$\overrightarrow{BD}$，并记作$\Delta\vec{v}_n$，其反映了速度方向的增量．于是速度增量$\Delta\vec{v}$所包含的速度大小的增量和速度方向的增量这两个方面的含义，通过$\Delta\vec{v}_t$和$\Delta\vec{v}_n$得到了定量描述，即$\Delta\vec{v}=\Delta\vec{v}_t+\Delta\vec{v}_n$.

图1.9 切向加速度与法向加速度

由图1.9（c）可看出，当$\Delta t\to 0$时，$\Delta\theta\to 0$，则$\angle ABD\to\dfrac{\pi}{2}$，即在极限条件下，$\Delta\vec{v}_n$的方向垂直于过$P_1$点的切线，亦即沿曲线在$P_1$点的法线方向；同

时，在$\Delta\theta\to 0$的极限条件下，$\Delta\vec{v}_n$的方向就是$\vec{v}_1$的方向，亦即沿P_1点的切线方向.

由图1.9（c）还可看出，$\Delta\theta\to 0$时，$|\Delta\vec{v}_n| = v\Delta\theta$，如果以$\vec{e}_n$表示$P_1$点内法线方向的单位矢量，以$\vec{e}_t$表示$P_1$点切线方向（且指向质点前进方向）的单位矢量，则有

$$\vec{a} = \lim_{\Delta t\to 0}\frac{\Delta\vec{v}}{\Delta t} = \lim_{\Delta t\to 0}\frac{\Delta\vec{v}_t}{\Delta t} + \lim_{\Delta t\to 0}\frac{\Delta\vec{v}_n}{\Delta t} = \frac{\mathrm{d}v}{\mathrm{d}t}\vec{e}_t + v\frac{\mathrm{d}\theta}{\mathrm{d}t}\vec{e}_n. \tag{1.19}$$

由于$\frac{\mathrm{d}\theta}{\mathrm{d}t} = \frac{\mathrm{d}\theta}{\mathrm{d}s}\cdot\frac{\mathrm{d}s}{\mathrm{d}t} = \frac{1}{\rho}\cdot v$，式中$\rho$为过$P_1$点的曲率圆的曲率半径，则式（1.19）可写为

$$\vec{a} = \frac{\mathrm{d}v}{\mathrm{d}t}\vec{e}_t + \frac{v^2}{\rho}\vec{e}_n = \vec{a}_t + \vec{a}_n, \tag{1.20}$$

式中$\vec{a}_t = \frac{\mathrm{d}v}{\mathrm{d}t}\vec{e}_t$和$\vec{a}_n = \frac{v^2}{\rho}\vec{e}_n$即为加速度的切向分量和法向分量. $a_t = \frac{\mathrm{d}v}{\mathrm{d}t}$反映速度大小的变化；$a_n = \frac{v^2}{\rho}$反映速度方向的变化. 加速度的模为

$$|\vec{a}| = \sqrt{a_t^2 + a_n^2}. \tag{1.21}$$

在国际单位制（SI）中，加速度的单位是$\mathrm{m\cdot s^{-2}}$.

例1.3　以速度$\vec{v}_0$平抛一小球，不计空气阻力，求t时刻小球的切向加速度量值a_t、法向加速度量值a_n和轨道的曲率半径ρ.

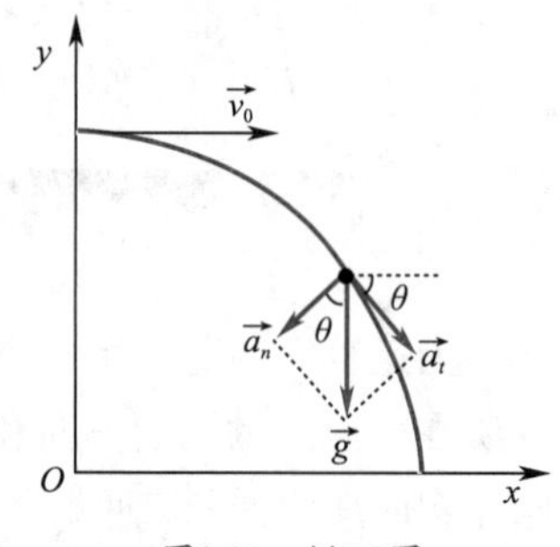

图1.10　例1.3图

解　由图 1.10 可知，

$$a_t = g\sin\theta = g\frac{v_y}{v} = g\frac{gt}{\sqrt{v_0^2 + g^2t^2}} = \frac{g^2t}{\sqrt{v_0^2 + g^2t^2}},$$

$$a_n = g\cos\theta = g\frac{v_x}{v} = \frac{gv_0}{\sqrt{v_0^2 + g^2t^2}},$$

$$\rho = \frac{v^2}{a_n} = \frac{v_x^2 + v_y^2}{a_n} = \frac{\left(v_0^2 + g^2t^2\right)^{\frac{3}{2}}}{gv_0}.$$

例1.4（平面抛体运动）　如图1.11所示，一抛体在地球表面附近，从坐标原点O以初速度$\vec{v}_0$沿与水平面上x轴正向成α角的方向抛出. 若略去抛体在运动过程中空气的阻力作用，求抛体的轨道方程、最大射高和最远射程.

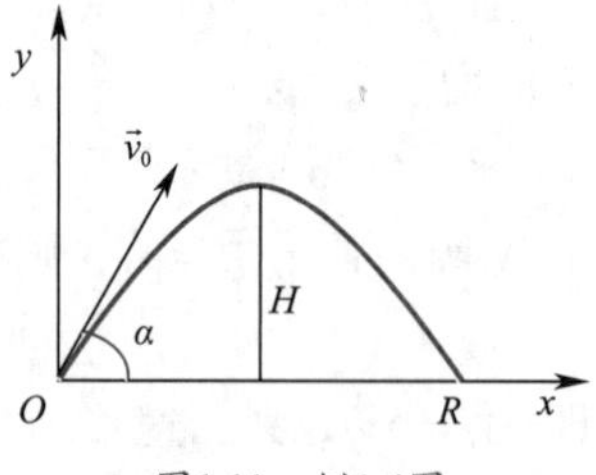

图1.11　例1.4图

解　由题意知，抛体运动过程中的加速度$\vec{a} = \vec{g} = -g\vec{j} = a_y\vec{j}$，且$a_x = 0$，故抛体以恒定加速度$\vec{a} = \vec{g}$做斜抛运动. 在$t = 0$时抛体位于原点$O$，其位矢$\vec{r}_0 = 0$. 其后抛体的位矢是沿与$x$轴成$\alpha$角方向匀速直线运动所产生的位移$\vec{v}_0t$和沿$y$轴匀加速直线运动所产生的位移$\frac{\vec{g}t^2}{2}$二者的矢量和，即抛体的运动方程是

$$\vec{r} = \vec{v}_0t + \frac{\vec{g}t^2}{2}.$$

按照图1.11所选定的坐标轴及初始条件，抛体运动的速度大小是

$$\begin{cases} v_x = v_0 \cos\alpha, \\ v_y = v_0 \sin\alpha - gt, \end{cases}$$

抛体的运动方程是

$$\begin{cases} x = v_0 t \cos\alpha, \\ y = v_0 t \sin\alpha - \dfrac{1}{2} g t^2, \end{cases}$$

消去运动方程中的t，得

$$y = x\tan\alpha - \frac{g}{2v_0^2 \cos^2\alpha} x^2.$$

这就是抛体的轨道方程．它表明在略去空气阻力的情况下，抛体在空间所经过的路径为一抛物线．

当抛体到达最高点时，其距水平面的距离称为最大射高．抛体在最高点沿y轴的速度大小是$v_y = 0$，从而可以得到抛体从抛出到到达最高点的时间间隔是

$$t_H = \frac{v_0 \sin\alpha}{g},$$

将其代入运动方程中，就可以得到抛体的射高方程为

$$H = \frac{v_0^2 \sin^2\alpha}{2g}.$$

事实上，这可看成抛体以$v_0 \sin\alpha$的速度大小竖直上抛．当$\alpha = \dfrac{\pi}{2}$时，抛体的射高最大，最大射高为$H = \dfrac{v_0^2}{2g}$.

当抛体落回到水平面上时，$y = 0$. 抛体落地点与原点O之间的距离d_0称为射程，射程表达式是

$$d_0 = \frac{2v_0^2 \cos^2\alpha}{g} \tan\alpha = \frac{2v_0^2 \sin\alpha\cos\alpha}{g} = \frac{v_0^2 \sin 2\alpha}{g}.$$

可以看出，当$\alpha = \dfrac{\pi}{4}$时，抛体的射程最大，最大射程为$d_{0\max} = \dfrac{v_0^2}{g}$.

四、平面极坐标系

设有一质点在图1.12所示的xOy平面上运动．某时刻它位于A点，它相对于原点O的位矢$\vec{r}$与x轴之间的夹角为θ．于是，质点在A点的位置可由(r, θ)来确定．这种以(r, θ)为坐标的坐标系称为平面极坐标系．而在平面直角坐标系内，A点的坐标为(x, y)．这两种坐标系之间的变换关系为$x = r\cos\theta$，$y = r\sin\theta$.

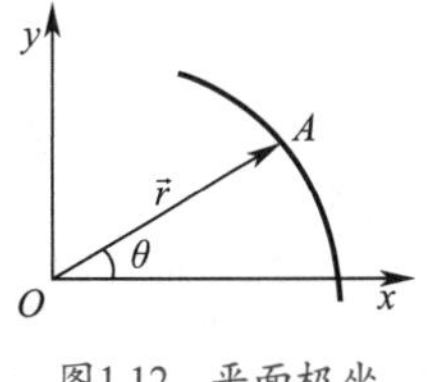

图1.12 平面极坐标系

五、圆周运动

质点做圆周运动时，由于其轨道的曲率半径处处相等，而速度方向始终在圆周的切线上，因此对圆周运动的描述，常常采用以平面自然坐标系为基础的线量描述和以平面极坐标系为基础的角量描述，现分别简单介绍如下．

在自然坐标系中，位矢$\vec{r}$是路程s的函数，即

$$\vec{r}=\vec{r}(s).$$

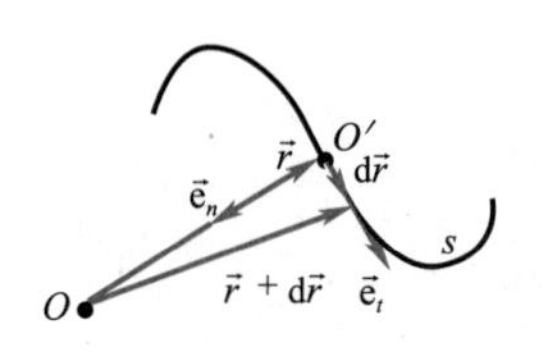

图1.13　用自然坐标系表示

如图1.13所示，O'为自然坐标系原点，$\vec{e}_t$和$\vec{e}_n$分别为切向单位矢量和法向单位矢量．由于$|\mathrm{d}\vec{r}|=\mathrm{d}s$，在自然坐标系中，位移、速度可分别表示为

$$\mathrm{d}\vec{r}=\mathrm{d}s\vec{e}_t,\tag{1.22}$$

$$\vec{v}=\frac{\mathrm{d}\vec{r}}{\mathrm{d}t}=\frac{\mathrm{d}s}{\mathrm{d}t}\vec{e}_t=v\vec{e}_t.\tag{1.23}$$

根据式（1.20），圆周运动中的切向加速度和法向加速度分别为

$$\vec{a}_t=\frac{\mathrm{d}v}{\mathrm{d}t}\vec{e}_t=\frac{\mathrm{d}^2s}{\mathrm{d}t^2}\vec{e}_t,\tag{1.24a}$$

$$\vec{a}_n=\frac{v^2}{\rho}\vec{e}_n=\frac{v^2}{R}\vec{e}_n,\tag{1.24b}$$

式中R是圆半径．于是，所谓的匀速圆周运动，就是指切向加速度为零的圆周运动，即匀速率圆周运动．

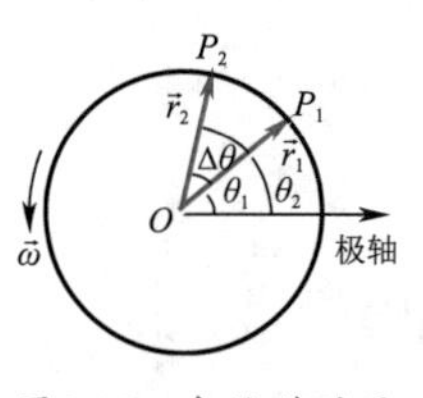

图1.14　角位移的平面极坐标表示

如果以圆心为极点，并任引一条射线为极轴，那么质点位置对极点的矢径$\vec{r}$与极轴的夹角θ就叫作质点的角位置，用$\mathrm{d}\vec{\theta}$表示位矢在$\mathrm{d}t$时间内转过的角位移．角位移既有大小又有方向，角位移的方向是按右手螺旋法则规定的．在图1.14中，质点逆时针转动，这时角位移的方向垂直于纸面向外．但有限大小的角位移不是矢量（因为其合成不满足交换律）．可以证明，只有在$\Delta t\to0$时角位移才是矢量．质点做圆周运动时，其角位移只有两种可能的方向，因此，可以在标量前冠以正、负号来表示角位移的方向．如果过圆心作一垂直于圆面的直线，任选一个方向规定为坐标轴的正方向，则由上述规定的角位移，其方向与坐标轴正向相同则为正号，反之则为负号．

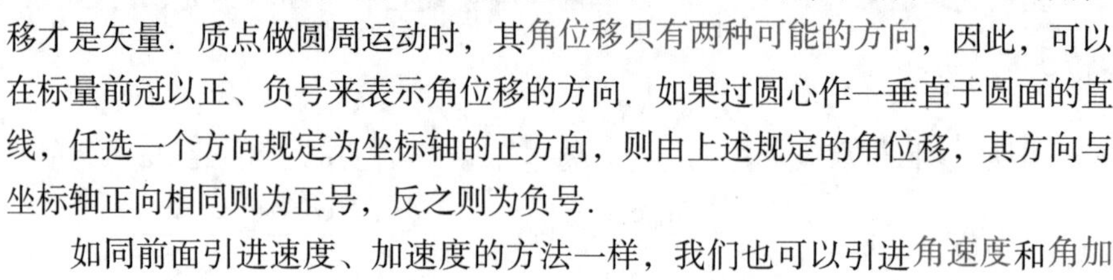

如同前面引进速度、加速度的方法一样，我们也可以引进角速度和角加速度，有

$$\vec{\omega}=\lim_{\Delta t\to0}\frac{\Delta\vec{\theta}}{\Delta t}=\frac{\mathrm{d}\vec{\theta}}{\mathrm{d}t},\tag{1.25}$$

$$\vec{\alpha}=\lim_{\Delta t\to0}\frac{\Delta\vec{\omega}}{\Delta t}=\frac{\mathrm{d}\vec{\omega}}{\mathrm{d}t}=\frac{\mathrm{d}^2\vec{\theta}}{\mathrm{d}t^2}.\tag{1.26}$$

当质点做圆周运动时，R为常数，只有角位置是t的函数，这样只需一个坐标（即角位置θ）就可描述质点的位置．这和质点的直线运动颇有些类似．因此，我们也可比照匀变速直线运动的方法，建立描述匀角加速圆周运动的公式．在匀角加速圆周运动中，有

$$\begin{cases}\omega=\omega_0+\alpha t,\\ \theta=\theta_0+\omega_0t+\dfrac{1}{2}\alpha t^2,\\ \omega^2-\omega_0^2=2\alpha(\theta-\theta_0).\end{cases}\tag{1.27}$$

不难证明，在圆周运动中，线量和角量之间存在关系

$$
\begin{cases}
\mathrm{d}s = R\mathrm{d}\theta, \\
v = \dfrac{\mathrm{d}s}{\mathrm{d}t} = R\dfrac{\mathrm{d}\theta}{\mathrm{d}t} = R\omega, \\
a_t = \dfrac{\mathrm{d}v}{\mathrm{d}t} = R\dfrac{\mathrm{d}\omega}{\mathrm{d}t} = R\alpha, \\
a_n = \dfrac{v^2}{R} = R\omega^2.
\end{cases}
\tag{1.28}
$$

角速度的方向就是角位移的方向，如图1.15所示．按照矢量的矢积法则，角速度矢量与线速度矢量之间的关系为

$$\vec{v} = \vec{\omega} \times \vec{r}, \tag{1.29}$$

如图1.16所示．

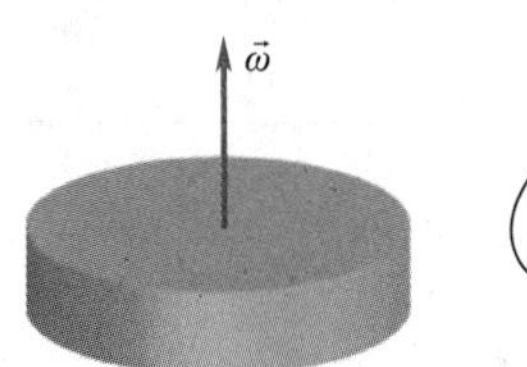

图1.15 角速度方向

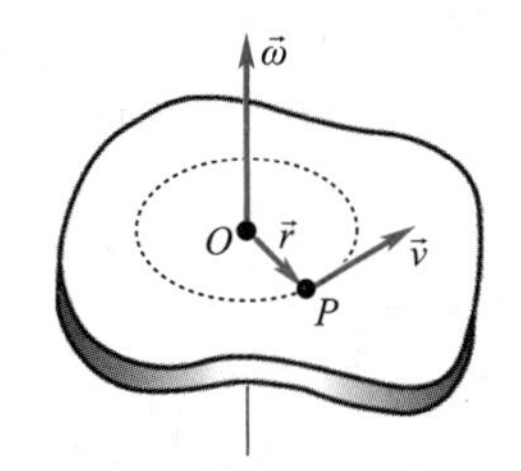

图1.16 角速度矢量与线速度矢量之间的关系

例1.5 一质点做匀减速圆周运动，初始转速$n=1500\mathrm{r\cdot min^{-1}}$，经$t=50\mathrm{s}$后静止．

（1）求角加速度大小α，以及从开始到静止质点的转数N.

（2）求$t=25\mathrm{s}$时质点的角速度大小ω.

（3）设圆的半径$R=1\mathrm{m}$，求$t=25\mathrm{s}$时质点的速度、切向加速度、法向加速度的大小．

解 （1）由题意知，$\omega_0=2\pi n=2\pi\times\dfrac{1500}{60}=50\pi\ (\mathrm{rad\cdot s^{-1}})$．当$t=50\mathrm{s}$时，$\omega=0$．由式（1.27）可得

$$\alpha=\frac{\omega-\omega_0}{t}=\frac{-50\pi}{50}=-\pi=-3.14\ (\mathrm{rad\cdot s^{-2}}).$$

从开始到静止，质点的角位移大小及转数分别为

$$\theta-\theta_0=\omega_0 t+\frac{1}{2}\alpha t^2=50\pi\times50-\frac{\pi}{2}\times(50)^2=1250\pi\ (\mathrm{rad}),$$

$$N=\frac{1250\pi}{2\pi}=625\ (\mathrm{r}).$$

（2）$t=25\mathrm{s}$时，质点的角速度大小为

$$\omega=\omega_0+\alpha t=50\pi-25\pi=25\pi\ (\mathrm{rad\cdot s^{-1}}).$$

（3）$t=25\mathrm{s}$时，质点的速度大小为

$$v=R\omega=1\times25\pi=78.5\ (\mathrm{m\cdot s^{-1}}),$$

相应的切向加速度和法向加速度的大小分别为

$$a_t=R\alpha=-\pi=-3.14\ (\mathrm{m\cdot s^{-2}}),$$

$$a_n=R\omega^2=1\times(25\pi)^2\approx6.16\times10^3(\mathrm{m\cdot s^{-2}}).$$

1.4 运动学中的两类问题

一、已知质点的运动方程，求速度和加速度

求解这类问题主要运用求导的方法，下面分别以3种不同的运动形式来进行说明.

例1.6　已知一质点的运动方程为$\vec{r}=3t\vec{i}-4t^2\vec{j}$，式中$\vec{r}$以m计，$t$以s计，求质点运动的轨道方程、速度和加速度.

解　将运动方程写成分量式，得

$$x=3t,\ y=-4t^2,$$

消去参变量t，得轨道方程

$$4x^2+9y=0.$$

这是顶点在原点的抛物线，如图1.17所示.

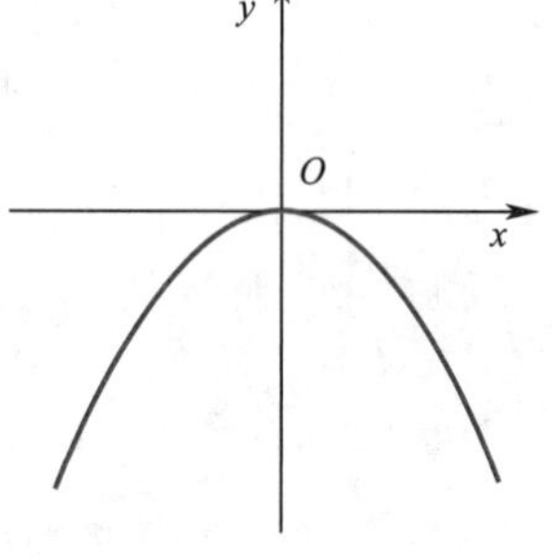

图1.17　例1.6图

由速度的定义可得

$$\vec{v}=\frac{\mathrm{d}\vec{r}}{\mathrm{d}t}=3\vec{i}-8t\vec{j},$$

因此速度的大小$v=\sqrt{3^2+(8t)^2}$，方向与x轴的夹角$\theta=\arctan\frac{-8t}{3}$.

由加速度的定义得

$$\vec{a}=\frac{\mathrm{d}\vec{v}}{\mathrm{d}t}=-8\vec{j},$$

即加速度的方向沿y轴负方向，大小为$8\ \mathrm{m\cdot s^{-2}}$.

例1.7　一质点沿半径为1m的圆周运动，它通过的弧长s按$s=t+2t^2$的规律变化. 它在2s末的速率、切向加速度大小和法向加速度大小各是多少？

解　由速率定义，有

$$v=\frac{\mathrm{d}s}{\mathrm{d}t}=1+4t,$$

将t=2s代入，得2s末的速率为

$$v=1+4\times2=9(\mathrm{m\cdot s^{-1}}).$$

法向加速度大小为

$$a_n=\frac{v^2}{R}=81(\mathrm{m\cdot s^{-2}}).$$

由切向加速度的定义，可得其大小是

$$a_t=\frac{\mathrm{d}^2s}{\mathrm{d}t^2}=4(\mathrm{m\cdot s^{-2}}).$$

例1.8　一质点沿半径为1m的圆周运动，其角量运动方程为$\theta=2+3t-4t^3$（SI），求质点在2s末的速率和切向加速度大小.

解　由圆周运动的角速度和角加速度的定义，可得

$$\omega=\frac{d\theta}{dt}=3-12t^2,\ \alpha=\frac{d\omega}{dt}=-24t.$$

将t=2s代入上述表达式中，可得2s末的角速度大小为

$$\omega=3-12\times(2)^2=-45(rad\cdot s^{-1}).$$

同理可得2s末的角加速度大小为

$$\alpha=-24\times2=-48(rad\cdot s^{-2}).$$

再根据质点线速度和角速度的关系，可得质点在2s末的速率为

$$v=R\omega=-45(m\cdot s^{-1}),$$

切向加速度大小为

$$a_t=R\alpha=-48(m\cdot s^{-2}).$$

二、已知加速度和初始条件，求速度和运动方程

求解这类问题要用积分的方法. 下面将分别以加速度是时间的函数（如例1.9）、加速度是速度的函数（如例1.10）、加速度是位移（或角位移）的函数（如例1.11和例1.12），来说明求解这类问题的细小差别.

例1.9　设质点在x轴上做直线运动，其加速度大小随时间t的变化关系为$a=1-2t+3t^2$，假如初始时刻（$t=0$），质点的位置和速度大小分别是$x=x_0$, $v=v_0$. 求任一时刻该质点的运动方程.

解　加速度大小

$$a=\frac{dv}{dt},$$

分离变量后，上式可写成

$$a dt=dv.$$

由于$t=0$时初速度大小是v_0，若任一时刻t速度大小是v，则可对上式两边积分，得

$$\int_0^t a dt=\int_{v_0}^v dv.$$

将加速度大小的表达式$a=1-2t+3t^2$代入上式，有

$$\int_{v_0}^v dv=\int_0^t\left(1-2t+3t^2\right)dt,$$

从而可得任一时刻t速度大小v的表达式为

$$v=v_0+t-t^2+t^3.$$

进而，根据$v=\frac{dx}{dt}$，进行类似运算可得到

$$\int_{x_0}^x dx=\int_0^t v dt=\int_0^t(v_0+t-t^2+t^3)dt,$$

因此，任一时刻该质点的运动方程是

$$x = x_0 + v_0 t + \frac{1}{2}t^2 - \frac{1}{3}t^3 + \frac{1}{4}t^4.$$

例1.10 一质点沿x轴运动，其加速度大小$a=-kv^2$，k为正常数．设$t=0$时，$x=0, v=v_0$．（1）求v和x作为t的函数的表示式．（2）求v作为x的函数的表示式．

解 （1）由题意知

$$a = \frac{dv}{dt} = -kv^2,$$

对上式进行分离变量得

$$\frac{dv}{v^2} = -kdt.$$

由于$t=0$时，$v=v_0$，假如在任一时刻t速度大小为v，则有

$$\int_{v_0}^{v} \frac{dv}{v^2} = \int_0^t -kdt,$$

两边积分得

$$-\frac{1}{v} - \left(-\frac{1}{v_0}\right) = -kt,$$

整理后就可得到v作为t的函数的表示式，为

$$v = \frac{v_0}{1+v_0 kt}.$$

再由$dx=vdt$，将v的表示式代入，并取积分，得

$$\int_0^x dx = \int_0^t \frac{v_0}{1+v_0 kt} dt,$$

于是有

$$x = \int_0^t \frac{\frac{1}{k}d\left(1+v_0 kt\right)}{1+v_0 kt},$$

最后得到x作为t的函数的表示式，为

$$x = \frac{1}{k}\ln(1+v_0 kt).$$

（2）要求出v作为x的函数的表示式，可采用下列方法进行求解．

$$a = \frac{dv}{dt} = \frac{dv}{dx}\frac{dx}{dt} = v\frac{dv}{dx},$$

将加速度的表达式$a=-kv^2$代入上式，有

$$\frac{vdv}{dx} = -kv^2,$$

将上式分离变量可得

$$\frac{dv}{v} = -kdx.$$

由于$t=0$时，$x=0$，$v=v_0$，假设在任一时刻t质点的位置为x，速度大小为v，上式两边积分得

$$\int_{v_0}^{v} \frac{dv}{v} = \int_0^x (-k)dx,$$

于是有

$$\ln\frac{v}{v_0} = -kx,$$

整理就可得出v作为x的函数的表示式，为

$$v = v_0 e^{-kx}.$$

例1.11 一质点沿x轴运动，其加速度大小与位置的关系式为$a=2+6x^2$. 设质点在$x=0$处时，速度大小是$v=10\text{m}\cdot\text{s}^{-1}$，试求质点在任何坐标$x$处速度大小的表达式.

解 由于题目所给的加速度大小是x的函数，所以可采用下列方法求解.

$$a = \frac{dv}{dt} = \frac{dv}{dx}\frac{dx}{dt} = v\frac{dv}{dx},$$

分离变量后得

$$vdv = adx,$$

将加速度大小的表达式$a=2+6x^2$代入上式，得

$$vdv = \left(2+6x^2\right)dx.$$

质点在$x=0$处时，速度大小是$v=10\text{m}\cdot\text{s}^{-1}$，设质点在任何坐标$x$处的速度大小是$v$，则有

$$\int_{10}^{v} vdv = \int_0^x (2+6x^2)dx,$$

两边积分，整理后就可得到质点在任何坐标x处速度大小的表达式，为

$$v = 2\sqrt{x+x^3+25}.$$

例1.12 一质点受阻力作用沿圆周做减速运动过程中，其角加速度大小α与角位置θ成正比，比例系数为$k(k>0)$，且$t=0$时，$\theta_0=0$，$\omega=\omega_0$. 求：（1）角速度大小作为θ的函数的表示式；（2）质点的最大角位移.

解 （1）依题意有$\alpha=-k\theta$，由于角加速度大小是θ的函数，所以可采用下列方法求解.

$$\alpha = \frac{d\omega}{dt} = \frac{d\omega}{d\theta}\frac{d\theta}{dt} = \frac{d\omega}{d\theta}\omega,$$

将角加速度大小的表达式$\alpha=-k\theta$代入上式，得

$$-k\theta = \frac{d\omega}{d\theta}\omega,$$

分离变量并积分，且考虑到$t=0$时，$\theta_0=0$，$\omega=\omega_0$，于是有

$$-\int_0^{\theta} k\theta d\theta = \int_{\omega_0}^{\omega} \omega d\omega,$$

得

$$\frac{\omega^2}{2} - \frac{\omega_0^2}{2} = -k\frac{\theta^2}{2},$$

整理得角速度大小作为θ的函数的表示式是

$$\omega = \sqrt{\omega_0^2 - k\theta^2} \quad （取正值）.$$

（2）最大角位移发生在$\omega=0$时，此时

$$\theta = \frac{1}{\sqrt{k}}\omega_0 \quad （只能取正值）.$$

1.5 相对运动

相对运动中的5个概念

前面已经指出，选取不同的参考系时，对同一物体运动的描述就会不同，这反映了运动描述的相对性. 下面研究同一质点在有相对运动的两个参考系中，位移、速度和加速度之间的关系.

当研究大轮船上物体的运动时，一方面要知道该物体相对于河岸的运动，另一方面又要知道该物体相对于轮船的运动. 设观察者在河岸，为此把河岸（地球）定义为S系，而把相对于S系运动的物体（如轮船）定义为S'系. 但是，在研究宇宙飞船的发射时，则只能把太阳作为S系，而把地球作为S'系. 这就是说，S系与S'系的选取是相对的. 在一般情况下，研究地面上物体的运动，把地球作为S系比较方便.

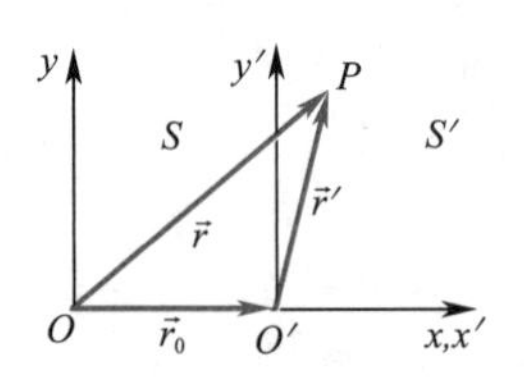

图1.18　运动描述的相对性

定义了S系后，对于一个处于S'系中的物体，把它相对于S系的运动称为绝对运动，把S'系相对于S系的运动称为牵连运动，把物体相对于S'系的运动称为相对运动. 显然，这些选取也是相对的.

如图1.18所示，设S'系相对S系运动. 为简单计，假定运动过程中S'系和S系的相应坐标轴保持相互平行，S'相对于S沿x轴做匀速直线运动. 这时两参考系间的相对运动情况，可用S'系的原点O'相对于S系的原点O的运动来代表. 设有一质点位于S'中的P点，它对S的位矢为$\vec{r}$（为绝对位矢），对S'的位矢为$\vec{r}'$（为相对位矢），而O'点对O点的位矢为$\vec{r}_0$（为牵连位矢）. 由矢量加法的三角形法则可知，$\vec{r},\vec{r}',\vec{r}_0$之间的关系为

$$\vec{r}=\vec{r}'+\vec{r}_0, \tag{1.30}$$

即绝对位矢等于牵连位矢与相对位矢的矢量和.

将式（1.30）两边对时间求导，即可得

$$\vec{v}=\vec{v}'+\vec{v}_0, \tag{1.31}$$

式中$\vec{v}$为绝对速度，$\vec{v}_0$为牵连速度，$\vec{v}'$为相对速度. 同一质点相对于两个相对运动参考系的这一速度关系，叫作伽利略速度变换.

将式(1.31)两边对时间再次求导，可得

$$\vec{a}=\vec{a}'+\vec{a}_0, \tag{1.32}$$

式中$\vec{a}$为绝对加速度，$\vec{a}_0$为牵连加速度，$\vec{a}'$为相对加速度.

需要说明的是，式（1.30）、式（1.31）、式（1.32）所表示的位矢、速度、加速度的合成法则，只有当物体的运动速度远小于光速时才成立. 当物体的运动速度可与光速相比时，上述3式不再成立，此时遵循的是相对论时空坐标、速度、加速度的变换法则. 另外，当两个参考系之间还有相对转动时，速度、加速度之间的关系要复杂得多，此处就不做讨论了.

当S'系相对于S系沿x轴做匀速直线运动时，其牵连速度$\vec{v}_0$为恒量，对时间的导数为0，从而可得到

$$\vec{a}=\vec{a}_0. \tag{1.33}$$

这表明：在以恒定速度相对运动的不同参考系内的观察者，所测得的同一质点的加速度相同.

当讨论处于同一参考系内质点系各质点间的相对运动时，可以利用以上结论表示质点间的相对位矢和相对速度.

设某质点系由A和B两质点组成，它们对某一参考系的位矢分别为$\vec{r}_A$和$\vec{r}_B$，如图1.19所示．质点系内B质点对A质点的位矢显然是由A引向B的矢量$\vec{r}_{BA}$. 由图1.19可知，用矢量减法的三角形法则，有

$$\vec{r}_{BA}=\vec{r}_B-\vec{r}_A, \tag{1.34}$$

式中$\vec{r}_{BA}$称为B对A的相对位矢.

将式（1.34）对时间求一阶导数，可得B对A的相对速度为

$$\vec{v}_{BA}=\vec{v}_B-\vec{v}_A. \tag{1.35}$$

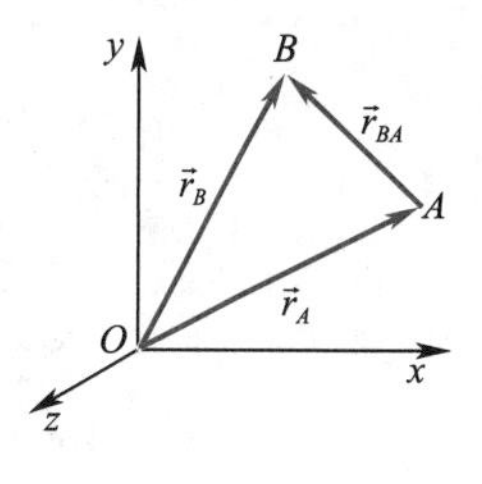

图1.19 相对位矢

例1.13 如图1.20（a）所示，河宽为L，河水以恒定速度$\vec{u}$流动，岸边有A码头和B码头，A和B之间的连线与岸边垂直，码头A处有船相对于水以恒定速度$\vec{v}_0$开动，证明：船在A和B两码头间往返一次所需时间为

$$t=\frac{\frac{2L}{v_0}}{\sqrt{1-\left(\frac{u}{v_0}\right)^2}}\text{（设船转换方向的时间忽略不计）.}$$

证明 设船相对于岸边的速度(绝对速度)为$\vec{v}$，由题意知，$\vec{v}$的方向必须与A和B之间的连线平行，此时河水流速$\vec{u}$为牵连速度，船对水的速度$\vec{v}_0$为相对速度，于是有$\vec{v}=\vec{u}+\vec{v}_0$，据此作矢量图，如图1.20（b）所示，由图知$v=\sqrt{v_0^2-u^2}$.

读者自己可证明：当船由B返回A时，船对岸的速度的模亦由上式给出.

因为在A和B两码头间往返一次的路程为$2L$，故所需时间为

$$t=\frac{2L}{v}=\frac{2L}{\sqrt{v_0^2-u^2}}=\frac{\frac{2L}{v_0}}{\sqrt{1-\left(\frac{u}{v_0}\right)^2}}.$$

讨论

（1）若$u=0$，即河水静止，则$t=\frac{2L}{v_0}$，这是显然的.

（2）若$u=v_0$，即河水流速大小u等于船对水的速率v_0，则$t\to+\infty$，即船由码头A（或B）出发后就永远不能再回到原出发点了.

（3）若$u>v_0$，则t为一虚数，这是没有物理意义的，即船不能在A和B码头间往返.

综合上述讨论可知，船在A和B码头间往返的必要条件是$v_0>u$.

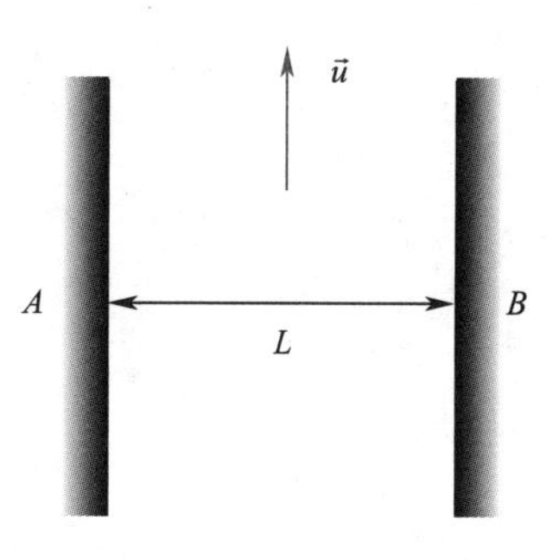

（a）

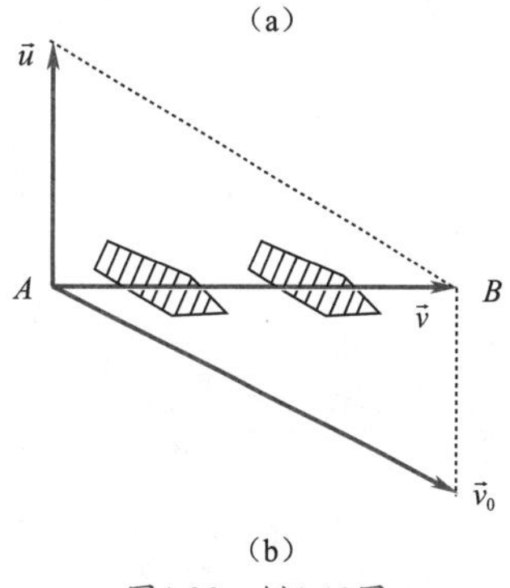

（b）

图1.20 例1.13图

例1.14 如图1.21（a）所示，一汽车在雨中沿直线行驶，其速度为$\vec{v}_1$；下落的雨滴的速度方向与铅直方向成θ角，偏向于汽车前进方向，速度为$\vec{v}_2$、车后有一长方形物体A，尺寸如图1.21（a）所示. 问：车速$\vec{v}_1$多大时，此物体刚好不会被雨水淋湿？

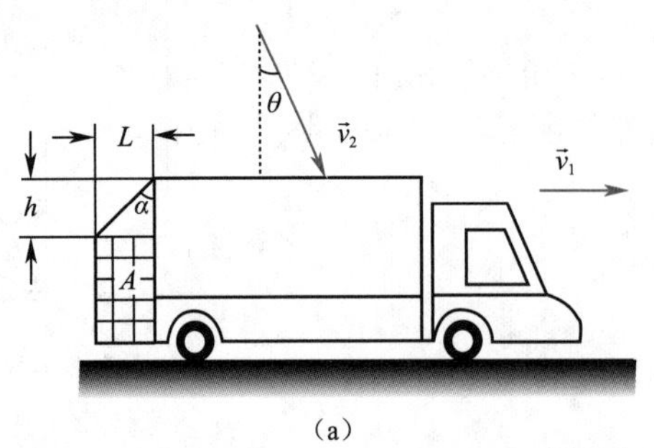

（a）

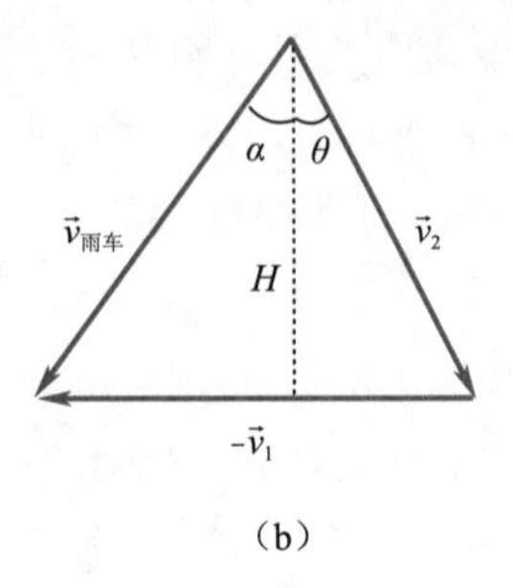

（b）

图1.21 例1.14图

解 由相对速度的表达式$\vec{v}_{BA}=\vec{v}_B-\vec{v}_A$，再结合题意可得

$$\vec{v}_{雨车}=\vec{v}_{雨}-\vec{v}_{车}=\vec{v}_2-\vec{v}_1=\vec{v}_2+\left(-\vec{v}_1\right),$$

据此可作矢量图，如图1.21（b）所示. $\vec{v}_{雨车}$与铅直方向的夹角为α，由图1.21（a）有

$$\tan\alpha=\frac{L}{h},$$

而由图1.21（b）可算得

$$H=v_2\cos\theta,$$

所以

$$v_1=v_2\sin\theta+H\tan\alpha=v_2\sin\theta+\frac{Lv_2}{h}\cos\theta.$$

本章提要

1. 描述运动的3个必要条件
   - 参考系（坐标系）
   - 物理模型
   - 初始条件
2. 描述质点运动的4个物理量
   - 位置矢量（简称位矢）$\vec{r}$
   - 位移 $\Delta\vec{r}=\vec{r}_2-\vec{r}_1$
   - 速度 $\vec{v}=\dfrac{\mathrm{d}\vec{r}}{\mathrm{d}t}$
   - 加速度 $\vec{a}=\dfrac{\mathrm{d}\vec{v}}{\mathrm{d}t}=\dfrac{\mathrm{d}^2\vec{r}}{\mathrm{d}t^2}$

   在直角坐标系中：

$$\vec{r}=x\vec{i}+y\vec{j}+z\vec{k}$$

$$\Delta\vec{r}=\Delta x\vec{i}+\Delta y\vec{j}+\Delta z\vec{k}$$

$$\vec{v}=\frac{\mathrm{d}x}{\mathrm{d}t}\vec{i}+\frac{\mathrm{d}y}{\mathrm{d}t}\vec{j}+\frac{\mathrm{d}z}{\mathrm{d}t}\vec{k}=v_x\vec{i}+v_y\vec{j}+v_z\vec{k}$$

$$\vec{a}=\frac{\mathrm{d}v_x}{\mathrm{d}t}\vec{i}+\frac{\mathrm{d}v_y}{\mathrm{d}t}\vec{j}+\frac{\mathrm{d}v_z}{\mathrm{d}t}\vec{k}=\frac{\mathrm{d}^2x}{\mathrm{d}t^2}\vec{i}+\frac{\mathrm{d}^2y}{\mathrm{d}t^2}\vec{j}+\frac{\mathrm{d}^2z}{\mathrm{d}t^2}\vec{k}=a_x\vec{i}+a_y\vec{j}+a_z\vec{k}$$

   在自然坐标系中：

$$\vec{r}=\vec{r}(s)$$

$$\mathrm{d}\vec{r}=\vec{e}_t\mathrm{d}s$$

$$\vec{v}=v\vec{e}_t=\frac{\mathrm{d}s}{\mathrm{d}t}\vec{e}_t$$

$$\vec{a}=\frac{\mathrm{d}s}{\mathrm{d}t}\vec{e}_t+\frac{v^2}{\rho}\vec{e}_n=\vec{a}_t+\vec{a}_n$$

3. 圆周运动的两种描述
   - 线量描述（与自然坐标系同）
   - 角量描述

   角位移 $\mathrm{d}\theta$

   角速度 $\vec{\omega}=\dfrac{\mathrm{d}\vec{\theta}}{\mathrm{d}t}$

   角加速度 $\vec{\alpha}=\dfrac{\mathrm{d}\vec{\omega}}{\mathrm{d}t}=\dfrac{\mathrm{d}^2\vec{\theta}}{\mathrm{d}t^2}$

   - 线量与角量的关系

$$\mathrm{d}s=R\mathrm{d}\theta$$

$$v=\frac{\mathrm{d}s}{\mathrm{d}t}=R\omega$$

$a_t = R\alpha \quad a_n = R\omega^2$

4. 运动学中的两类问题

第一类问题：由运动方程求速度和加速度．这类问题主要用求导的方法．

第二类问题：已知加速度（或速度）和初始条件求运动方程．这类问题主要用积分的方法．

5. 相对运动的概念

- 当对运动的描述发生参考系的转换时

$\vec{r}_{绝} = \vec{r}_{0相} + \vec{r}'_{牵}$

$\vec{v}_{绝} = \vec{v}_{0相} + \vec{v}'_{牵}$

$\vec{a}_{绝} = \vec{a}_{0相} + \vec{a}'_{牵}$

- 同一参考系内质点间的相对运动

$\vec{r}_{BA} = \vec{r}_B - \vec{r}_A$

$\vec{v}_{BA} = \vec{v}_B - \vec{v}_A$

> ! 注意　以上5式只适用于参考系彼此间只有平动而无相对转动，且物体的运动速度远小于光速的情况.

本章习题

1.1 一质点做直线运动，已知其运动方程是$x = 4t - 5t^4 + 6$（SI），则该质点做（　）.

A. 匀加速直线运动，加速度沿x轴的正方向

B. 匀加速直线运动，加速度沿x轴的负方向

C. 变加速直线运动，加速度沿x轴的正方向

D. 变加速直线运动，加速度沿x轴的负方向

1.2 一质点在平面上运动，已知质点位置矢量的表达式是$\vec{r} = 4t^2\vec{i} + 5t^2\vec{j}$，则该质点做（　）.

A. 匀速直线运动　　B. 变速直线运动

C. 抛物线运动　　D. 一般曲线运动

1.3 一运动质点在某瞬时位于矢径$\vec{r}(x, y)$的端点处，则其速度大小为（　）.

A. $\frac{\mathrm{d}r}{\mathrm{d}t}$　　B. $\frac{\mathrm{d}\vec{r}}{\mathrm{d}t}$　　C. $\frac{\mathrm{d}|\vec{r}|}{\mathrm{d}t}$　　D. $\sqrt{x^2 + y^2}$

1.4 一质点做直线运动，某时刻的瞬时速度大小为$v = 2\mathrm{m \cdot s^{-1}}$，瞬时加速度大小为$a = -2\mathrm{m \cdot s^{-2}}$，则1s后质点的速度大小为（　）

A. 0　　B. $-2\mathrm{m \cdot s^{-1}}$　　C. $2\mathrm{m \cdot s^{-1}}$　　D. 不能确定

1.5 一质点沿半径为R的圆周做匀速率运动，每t时间间隔转一圈，在$2t$时间间隔中，其平均速度大小和平均速率大小分别为（　）.

A. $\frac{2\pi R}{t}, \frac{2\pi R}{t}$　　B. $0, \frac{2\pi R}{t}$　　C. $0, 0$　　D. $\frac{2\pi R}{t}, 0$

1.6 质点做曲线运动，在t时刻质点的位矢为$\vec{r}$，速度为$\vec{v}$，速率为v，t至$t+\Delta t$时间段内的位移为$\Delta\vec{r}$，路程为Δs，位移的大小变化量为Δr（或是$\Delta|\vec{r}|$），平均速度为$\bar{\vec{v}}$，平均速率为$\bar{v}$.

（1）根据上述情况，必有（　）.

A. $|\Delta\vec{r}| = \Delta s = \Delta r$

B. $|\Delta\vec{r}| \neq \Delta s \neq \Delta r$, 但当$\Delta t \to 0$时，有$|d\vec{r}| = ds \neq dr$

C. $|\Delta\vec{r}| \neq \Delta s \neq \Delta r$, 但当$\Delta t \to 0$时，有$|d\vec{r}| = dr \neq ds$

D. $|\Delta\vec{r}| = \Delta s \neq \Delta r$, 但当$\Delta t \to 0$时，有$|d\vec{r}| = dr = ds$

（2）根据上述情况，必有（　）.

A. $|\vec{v}| = v$,　$|\bar{\vec{v}}| = \bar{v}$

B. $|\vec{v}| \neq v$,　$|\bar{\vec{v}}| \neq \bar{v}$

C. $|\vec{v}| = v$,　$|\bar{\vec{v}}| \neq \bar{v}$

D. $|\vec{v}| \neq v$,　$|\bar{\vec{v}}| = \bar{v}$

1.7 一质点以$\pi\,\text{m}\cdot\text{s}^{-1}$的匀速率做半径为5m的圆周运动，则该质点在5s内，其位移的大小是__________，经过的路程是__________.

1.8 一质点沿x轴方向运动，其加速度大小随时间的变化关系为$a=3+2t$ (SI)，如果初始时刻质点的速率v_0为$5\text{m}\cdot\text{s}^{-1}$，则当$t=3\text{s}$时，质点的速率$v=$__________.

1.9 轮船在水上以相对于水的速度$\vec{v}_1$航行，水流速度为$\vec{v}_2$，一人相对于甲板以速度$\vec{v}_3$行走.如果人相对于岸静止，则$\vec{v}_1,\vec{v}_2,\vec{v}_3$的关系是__________.

1.10 一个物体能否被看作质点，主要由以下3个因素中的哪个因素决定？

（1）物体的大小和形状.（2）物体的内部结构.（3）所研究问题的性质.

1.11 下面几个运动方程中，哪个是匀变速直线运动的？

（1）$x=4t-3$.（2）$x=-4t^3+3t^2+6$.（3）$x=-2t^2+8t+4$.（4）$x=2t^{-2}-4t^{-1}$.

给出这个匀变速直线运动在$t=3\text{s}$时质点的速度和加速度大小，并说明在该时刻运动是加速的还是减速的.（x的单位为m，t的单位为s.）

1.12 在以下几种运动中，质点的切向加速度、法向加速度及加速度，哪些为零？哪些不为零？

（1）匀速直线运动.（2）匀速曲线运动.（3）变速直线运动.（4）变速曲线运动.

1.13 $|\Delta\vec{r}|$与Δr有无不同？$\left|\frac{d\vec{r}}{dt}\right|$和$\frac{dr}{dt}$有无不同？$\left|\frac{d\vec{v}}{dt}\right|$和$\frac{dv}{dt}$有无不同？其不同在哪里？试举例说明.

1.14 设质点的运动方程为$x=x(t), y=y(t)$，在计算质点的速度和加速度大小时，有人先求出$r=\sqrt{x^2+y^2}$，然后根据$v=\frac{dr}{dt}$及$a=\frac{d^2r}{dt^2}$而求得结果；又有人先计算速度和加速度的分量，再合成求得结果，即$v=\sqrt{\left(\frac{\mathrm{d}x}{\mathrm{d}t}\right)^2+\left(\frac{\mathrm{d}y}{\mathrm{d}t}\right)^2}$, $a=\sqrt{\left(\frac{\mathrm{d}^2x}{\mathrm{d}t^2}\right)^2+\left(\frac{\mathrm{d}^2y}{\mathrm{d}t^2}\right)^2}$. 你认为两种方法中哪一种正确？为什么？二者差别何在？

1.15 一质点在xOy平面上运动，运动方程为$x=3t+5$, $y=\frac{1}{2}t^2+3t-4$，式中t以s计，x和y以m计.

（1）以时间t为变量，写出质点位置矢量的表示式.

（2）求出$t=1$s时和$t=2$s时的位置矢量，计算这1s时间间隔内质点的位移.

（3）计算$t=0$s到$t=4$s内的平均速度.

（4）求出质点速度矢量的表示式，计算$t=4$s时质点的速度.

（5）计算$t=0$s到$t=4$s内质点的平均加速度.

（6）求出质点加速度矢量的表示式，计算$t=4$s时质点的加速度.（请把位置矢量、位移、平均速度、瞬时速度、平均加速度、瞬时加速度都表示成直角坐标系中的矢量式.）

1.16 已知一质点做直线运动，其加速度大小为$a=4+3t(\mathrm{m\cdot s^{-2}})$，开始运动时，$x=5$m，$v=0$，求该质点在$t=10$s时的速度大小和位置.

1.17 一质点沿半径为1m的圆周运动，运动方程为$\theta=2+3t^3$，式中θ以rad计，t以s计.求：（1）$t=2$s时，质点的切向加速度大小和法向加速度大小；（2）当加速度的方向和半径成45°角时，其角位移是多少？

1.18 质点沿半径为R的圆周按$s=v_0t-\frac{1}{2}bt^2$的规律运动，式中s为质点离圆周上某点的弧长，v_0和b都是常量．求：（1）t时刻质点的加速度；（2）加速度在数值上等于b时的t值.

1.19 一质点在半径为0.4m的圆形轨道自静止开始做匀角加速转动，其角加速度大小为$\alpha=0.2\mathrm{rad\cdot s^{-2}}$，求$t=2$s时质点的速度、法向加速度、切向加速度和合加速度的大小.

1.20 一船以速率$v_1=30\mathrm{km\cdot h^{-1}}$沿直线向东行驶，另一小艇在其前方以速率$v_2=40\mathrm{km\cdot h^{-1}}$沿直线向北行驶，问：从船上看，小艇的速率为多少？从小艇上看，船的速率为多少？

本章习题参考答案

第2章 质点动力学

运动是物体的固有属性，但物体如何运动，则既与自身的内在因素有关，又与物体间的相互作用有关．在力学中将物体间的相互作用称为力．研究物体在力的作用下运动的规律的科学称为动力学．

动力学问题中，既有以牛顿运动定律为代表所描述的力的瞬时效应，又有通过动量守恒、机械能守恒、角动量守恒等所描述的力在时、空过程中的积累效应．而反映力在时、空过程中积累效应的这些守恒定律，又是与时、空的某种对称性紧密相连的．

以牛顿运动定律为基础的经典力学历经了3个多世纪的检验，人们发现它只能在低速、宏观领域中成立，且当系统本身存在非线性因素时，在一定条件下还可导致“混沌”．但经典力学仍是机械制造、土木建筑、交通运输乃至航天技术等领域中不可或缺的理论基础．

2.1 牛顿运动定律

牛顿

1687年，牛顿在他历史性的著作《自然哲学的数学原理》中发表了3个运动定律．下面我们分别介绍这3个定律的内容并逐一加以分析．

一、牛顿第一定律（惯性定律）与惯性参考系

牛顿运动定律的适用范围

设想有一宇宙飞船远离所有星体，它的运动便不会受其他物体的影响．这种不受其他物体作用或离其他物体足够远的质点，称为“孤立质点”．

牛顿第一定律指出：一孤立质点将永远保持其原来静止或匀速直线运动状态．物体的这种运动状态通常称为惯性运动，而物体保持原有运动状态的特性称为惯性．任何物体在任何状态下都具有惯性，惯性是物体的固有属性．牛顿第一定律又称为惯性定律．现在常把牛顿第一定律的数学表达式表示为

$$\vec{F}=0\text{时}，\vec{v}=\text{常矢量}.$$

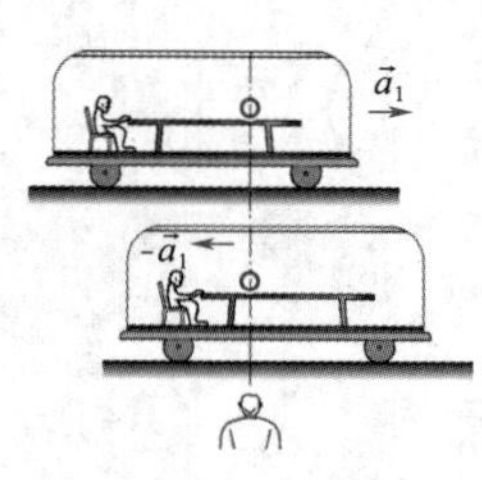

图2.1　在做加速运动的车厢内惯性定律不成立

实验表明，一孤立质点并不是在任何参考系中都能保持加速度为零的静止或匀速直线运动状态．例如，在一个做加速运动的车厢内，去观察在水平方向可视为孤立质点的小球的运动，小球相对于车厢参考系有加速度，而相对于地面参考系，其加速度为零，如图2.1所示．

上述现象表明惯性定律只能在某些特殊参考系中成立．通常把相对于孤立质点静止或做匀速直线运动的参考系称为惯性参考系，简称惯性系．上例中的地面就是惯性系，而做加速运动的车厢不是惯性系．

那么，哪些参考系是惯性系呢？严格地讲，要根据大量的观察和实验结果来判断．

例如，在研究天体的运动时，常把某些不受其他星体作用的孤立星体（或星体群）作为惯性系．但完全不受其他星体作用的孤立星体（或星体群）是不存在的．所以，以孤立星体（或星体群）作为惯性系也只是近似的．

地球是最常用的惯性系．但大量观察结果表明，地球不是严格的惯性系．离地球最近的恒星是太阳，二者相距1.5×10^{11}m．太阳的存在，导致地球具有$5.9\times10^{-3}\,\text{m}\cdot\text{s}^{-2}$的公转加速度，地球的自转加速度更大，为$3.4\times10^{-2}\,\text{m}\cdot\text{s}^{-2}$．但对于大多数精确度要求不是很高的实验，上述效应可以忽略，地球可以作为近似程度很好的惯性系．

太阳参考系通常是指以太阳为原点，以太阳与其他恒星的连线为坐标轴的参考系．这是一个精确度很好的惯性系．但进一步的研究表明，由于太阳受整个银河系分布质量的作用，它与整个银河系的其他星体一起绕其中心旋转，加速度为$10^{-10}\,\text{m}\cdot\text{s}^{-2}$．

可以证明，相对于某惯性系静止或做匀速直线运动的其他参考系都是

惯性系．若一参考系相对惯性系做加速运动，那么这个参考系就是非惯性系．必须指出的是，牛顿运动定律只适用于惯性系，在非惯性系中不成立．

二、牛顿第二定律、惯性质量与引力质量

牛顿第二定律指出：物体受到外力作用时，它所获得的加速度$\vec{a}$的大小与合外力的大小成正比，与物体的质量成反比；加速度$\vec{a}$的方向与合外力$\vec{F}$的方向相同．

牛顿第二定律的数学形式为

$$\vec{F}=km\vec{a}, \tag{2.1}$$

比例系数k与单位制有关，对于国际单位制（SI），$k=1$.

牛顿第一定律只是说明任何物体都具有惯性，但没有指出如何度量惯性的大小．牛顿第二定律指出，同一个外力作用在不同的物体上，质量大的物体获得的加速度小，质量小的物体获得的加速度大．这意味着质量大的物体要改变其运动状态比较困难，质量小的物体要改变其运动状态比较容易．因此，质量就是物体惯性大小的量度．牛顿第二定律中的质量也常被称为惯性质量．

任何两个物体之间都存在引力作用，万有引力定律的数学形式为

$$\vec{F}=-G\frac{m_1m_2}{r^2}\vec{r_0}, \tag{2.2}$$

式中$G=(6.51\pm0.12)\times10^{-11}\mathrm{N\cdot m^2\cdot kg^{-2}}$，称为引力常量；$r$为两质点间的距离；负号表示$m_1$对$m_2$的引力方向总是与$m_2$对$m_1$的矢径方向相反；$m_1$和$m_2$称为引力质量．

牛顿等许多人做过实验，都证明引力质量等于惯性质量．所以今后在经典力学的讨论中，不再区分引力质量和惯性质量．惯性质量与引力质量等价是广义相对论的基本出发点之一．

三、牛顿第三定律

牛顿第三定律：当物体A以力$\vec{F_1}$作用在物体B上时，物体B也必定同时以力$\vec{F_2}$作用在物体A上，$\vec{F_1}$和$\vec{F_2}$大小相等、方向相反，且力的作用线在同一直线上，即

$$\vec{F_1}=-\vec{F_2}. \tag{2.3}$$

牛顿第二定律的正确理解

对于牛顿第三定律，必须注意以下3点．

（1）作用力与反作用力总是成对出现，且作用力与反作用力之间的关系是一一对应的．

（2）作用力与反作用力是分别作用在两个物体上的，所以它们绝对不是一对平衡力．

（3）作用力与反作用力一定属于同一性质的力．如果作用力是万有引力，那么反作用力也一定是万有引力；如果作用力是摩擦力，那么反作用力

也一定是摩擦力；如果作用力是弹力，那么反作用力也一定是弹力．

需要说明的是，在牛顿力学中强调作用力与反作用力大小相等、方向相反，且力的作用线在同一直线上．这种情况只在物体的运动速度远小于光速时成立．若相对论效应不能忽略，则牛顿第三定律就失效了，这时取而代之的是动量守恒定律．因此，有人说，牛顿第三定律只是动量守恒定律在经典力学中的一种推论．

四、牛顿第二定律的应用举例

牛顿第二定律描述的是力和加速度间的瞬时关系．它指出只要物体所受合外力不为零，物体就有相应的加速度，力改变时相应的加速度也随之改变，当物体所受合外力为恒量时，物体的加速度是常矢量．

牛顿第二定律$\vec{F}=m\vec{a}=m\dfrac{\mathrm{d}\vec{v}}{\mathrm{d}t}=m\dfrac{\mathrm{d}^2\vec{r}}{\mathrm{d}t^2}$是矢量式．在具体运算时，一般要先选定合适的坐标系，然后将牛顿第二定律写成该坐标系的分量式．例如，在直角坐标系中，它的分量式为

$$\begin{cases} F_x=ma_x=m\dfrac{\mathrm{d}v_x}{\mathrm{d}t}=m\dfrac{\mathrm{d}^2x}{\mathrm{d}t^2}, \\ F_y=ma_y=m\dfrac{\mathrm{d}v_y}{\mathrm{d}t}=m\dfrac{\mathrm{d}^2y}{\mathrm{d}t^2}, \\ F_z=ma_z=m\dfrac{\mathrm{d}v_z}{\mathrm{d}t}=m\dfrac{\mathrm{d}^2z}{\mathrm{d}t^2}. \end{cases} \tag{2.4}$$

在研究曲线运动时，也可用自然坐标系中的法向分量式和切向分量式，即

$$\begin{cases} F_t=ma_t=m\dfrac{\mathrm{d}v}{\mathrm{d}t}, \\ F_n=ma_n=m\dfrac{v^2}{\rho}. \end{cases} \tag{2.5}$$

式中F_t和F_n分别代表切向分力和法向分力的大小．

牛顿第二定律概括了力的叠加原理．如果有几个力同时作用在一个物体上，则这些力的合力所产生的加速度等于这些分力单独作用在该物体上所产生的加速度之矢量和．

力遵从叠加原理，但并不能自动地导致运动的叠加．

> **注意** 牛顿运动定律只适用于质点模型，只在惯性系中成立．可以证明，牛顿运动定律、动量定理和动量守恒定律、动能定理、功能原理和机械能守恒定律、角动量定理和角动量守恒定律等，都只在惯性系中成立，并且牛顿运动定律只在低速（不考虑相对论效应时）、宏观（不考虑量子效应时）的情况下适用．

例 2.1 [阿特伍德（Atwood）机] （1）如图2.2（a）所示，一细绳跨过一轴承光滑的定滑轮，绳的两端分别悬有质量为m_1和m_2的物体，且$m_1>m_2$. 设滑轮和绳的质量可忽略不计，绳不能伸长，试求物体的加速度大小及绳中张力大小.

（2）若将上述装置固定在图2.2（b）所示的电梯顶部，当电梯以加速度$\vec{a}$相对地面竖直向上运动时，试求两物体相对电梯的加速度大小和绳中张力大小.

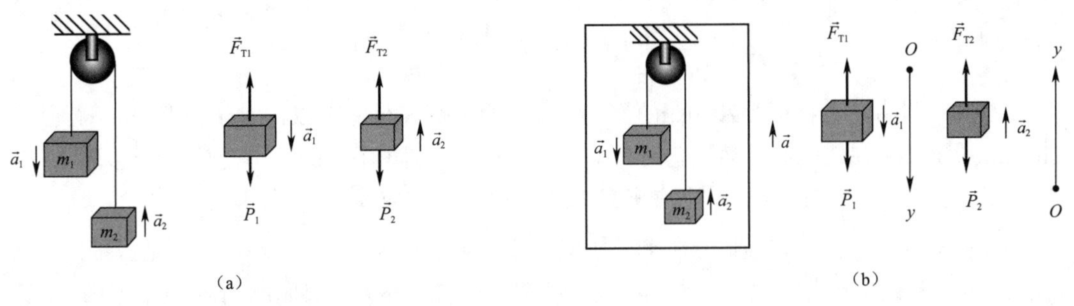

图2.2 例2.1图

解 （1）选取地面作为参考系，并作图2.2（a）所示的受力示意图. 对于物体m_1，它所受的力是绳子对它的拉力$\vec{F}_{T1}$和自身的重力$\vec{P}_1=m_1\vec{g}$，m_1在这两个力的作用下以加速度$\vec{a}_1$向下运动（因为$m_1>m_2$），由牛顿第二定律有$\vec{F}_{T1}+\vec{P}_1=m_1\vec{a}_1$. 取向上为正方向，则有

$$F_{T1}-m_1g=-m_1a_1. \quad ①$$

对于物体m_2，它在绳子拉力$\vec{F}_{T2}$及重力$\vec{P}_2=m_2\vec{g}$的作用下以加速度$\vec{a}_2$向上运动，由牛顿第二定律有$\vec{F}_{T2}+\vec{P}_2=m_2\vec{a}_2$. 取向上为正方向，则有

$$F_{T2}-m_2g=m_2a_2. \quad ②$$

由于定滑轮轴承光滑，滑轮和绳的质量可以忽略不计，所以绳上各部分的张力大小相等. 又因为绳不能伸长，所以m_1和m_2的加速度大小相等. 故有

$$F_{T1}=F_{T2}=F_T，a_1=a_2.$$

解①和②两式，得

$$a_1=a_2=\frac{m_1-m_2}{m_1+m_2}g，F_T=\frac{2m_1m_2}{m_1+m_2}g.$$

（2）仍然只能选取地面为参考系，而不能选取电梯为参考系. 这是因为电梯在加速运动，如果选它为参考系，则是非惯性系. 牛顿运动定律只适用于惯性系. 由题意知，电梯相对地面的加速度为$\vec{a}$，如图2.2（b）所示. 若用$\vec{a}_r$表示物体m_1相对电梯的加速度，那么m_1相对地面的加速度为$\vec{a}_1=\vec{a}_r+\vec{a}$. 由牛顿第二定律知

$$\vec{F}_{T1}+\vec{P}_1=m_1\vec{a}_1,$$

按图中所选的坐标系，考虑到物体m_1被限制在y轴上运动，取向下为正方向，则$a_1=a_r-a$，故上式可写成

$$-F_{T1}+m_1g=m_1(a_r-a). \quad ③$$

由于绳不能伸长，故物体m_2相对电梯的加速度也是$\vec{a}_r$，那么m_2相对地面的加速度为$\vec{a}_2=\vec{a}_r+\vec{a}$. 由牛顿第二定律知

$$\vec{F}_{T2}+\vec{P}_2=m_2\vec{a}_2,$$

按图中所选的坐标系，取向上为正方向，则$a_2=a_r+a$，故上式可写成

$$F_{T2}-m_2g=m_2(a_r+a).\quad ④$$

由于定滑轮轴承光滑，滑轮和绳的质量可以忽略不计，所以绳上各部分的张力大小相等，且$F_{T1}=F_{T2}=F_T$．解③和④两式，得

$$a_r=\frac{m_1-m_2}{m_1+m_2}(g+a)，\ F_T=\frac{2m_1m_2}{m_1+m_2}(g+a).$$

例2.2 设有一辆质量为2000kg的汽车，在平直的高速公路上以$100\mathrm{km}\cdot\mathrm{h}^{-1}$的速率行驶，如图2.3所示．现在驾驶员启动汽车的刹车装置，若汽车刹车阻力的大小随时间线性增加，即$F_f=-bt$，其中b=$5000\mathrm{N}\cdot\mathrm{s}^{-1}$，试求汽车完全停下来需要的刹车时间和刹车距离．

解 汽车在刹车过程中所受的合外力就是刹车阻力，由于此时合外力不再是恒量，所以不能简单地利用牛顿第二定律中$\vec{F}=m\vec{a}$这一公式．由于合外力是时间的函数，所以用牛顿第二定律中$\vec{F}=m\frac{\mathrm{d}\vec{v}}{\mathrm{d}t}$这一公式．由题意知

$$-bt=m\frac{\mathrm{d}v}{\mathrm{d}t},$$

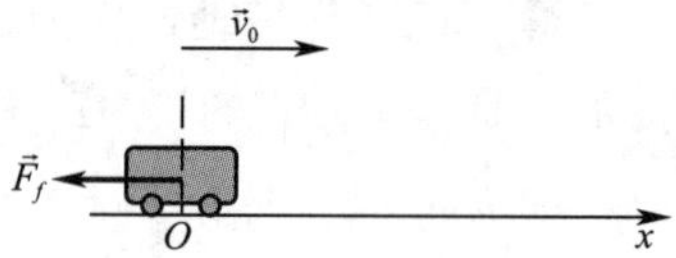

图2.3 例2.2图

将时间t和速率v这两个变量分离后可得

$$\frac{-bt}{m}\mathrm{d}t=\mathrm{d}v,$$

设汽车完全停下来所用的刹车时间是t，则有

$$\int_0^t\frac{-bt}{m}\mathrm{d}t=\int_{v_0}^0\mathrm{d}v,$$

积分后得到

$$\frac{-bt^2}{2m}+0=0-v_0,$$

整理后得

$$t=\sqrt{\frac{2mv_0}{b}},$$

代入有关数据（v_0=$27.78\mathrm{m}\cdot\mathrm{s}^{-1}$），可得

$$t=4.71\mathrm{s}.$$

刹车距离的计算，需要先求出$v(t)$，即瞬时速率与时间的关系．

$$\int_0^t\frac{-bt}{m}\mathrm{d}t=\int_{v_0}^v\mathrm{d}v,$$

积分可得

$$v(t)=v_0-\frac{bt^2}{2m}.$$

下面计算从刹车开始到汽车完全停止，汽车走过的距离s．

由$v(t)=\frac{\mathrm{d}s}{\mathrm{d}t}$可得

$$\int_0^s \mathrm{d}s = \int_0^t \left(v_0 - \frac{bt^2}{2m} \right) \mathrm{d}t,$$

积分得

$$s = v_0 t - \frac{bt^3}{6m},$$

代入相关数据，得

$$s = 63.85\mathrm{m}.$$

例2.3 跳伞运动员在张伞前的俯冲阶段，由于受到随速度增加而增大的空气阻力，其速度不会像自由落体那样增大．当空气阻力增大到与重力大小相等时，跳伞员就达到其下落的最大速度，称为终极速度．一般在跳离飞机大约10s，下落300～400m时，跳伞员就会达到此速度（大小为$50\mathrm{m \cdot s^{-1}}$）．设跳伞员以鹰展姿态下落，受到的空气阻力大小为$F = \mathrm{k}v^2$（k为常量），如图2.4（a）所示．试求跳伞员在任一时刻的下落速度大小．

解 跳伞运动员在离开飞机后受到重力和空气阻力的作用，如图2.4（a）所示．此时合外力不再是恒量，所以不能简单地利用牛顿第二定律中$\vec{F} = m\vec{a}$这一公式. 由于合外力是速度的函数，所以用牛顿第二定律中$\vec{F} = m\frac{\mathrm{d}\vec{v}}{\mathrm{d}t}$这一公式．由题意知，跳伞员的运动方程为

$$mg - kv^2 = m\frac{\mathrm{d}v}{\mathrm{d}t}.$$

显然，在$mg = kv^2$条件下对应的速度大小即为终极速度大小，用v_{T}表示，则

$$v_{\mathrm{T}} = \sqrt{\frac{mg}{k}}.$$

改写运动方程为

$$v_{\mathrm{T}}^2 - v^2 = \frac{m\mathrm{d}v}{k\mathrm{d}t},$$

分离变量后得到

$$\frac{\mathrm{d}v}{v_{\mathrm{T}}^2 - v^2} = \frac{k}{m}\mathrm{d}t.$$

当t=0时，v=0. 设t时刻速度大小为v，对上式两边取定积分，有

$$\int_0^v \frac{\mathrm{d}v}{v_{\mathrm{T}}^2 - v^2} = \int_0^t \frac{k}{m}\mathrm{d}t,$$

积分得

$$\frac{1}{2v_{\mathrm{T}}}\ln\left(\frac{v_{\mathrm{T}} + v}{v_{\mathrm{T}} - v} \right) = \frac{k}{m}t = \frac{g}{v_{\mathrm{T}}^2}t,$$

最后解得

$$v = \frac{1 - \mathrm{e}^{\frac{-2gt}{v_{\mathrm{T}}}}}{1 + \mathrm{e}^{\frac{-2gt}{v_{\mathrm{T}}}}} v_{\mathrm{T}}.$$

当$t \gg \frac{v_{\mathrm{T}}}{2g}$时，$v \to v_{\mathrm{T}}$．设运动员的质量$m$=70kg，测得终极速度大小为$v_{\mathrm{T}} = 54\mathrm{m \cdot s^{-1}}$，可推算

出$k=\frac{mg}{v_T^2}=0.24\mathrm{N}^2\cdot\mathrm{m}^2\cdot\mathrm{s}^{-1}$．以此$v_T$值代入$v(t)$表达式，可得到图2.4（b）所示的$v-t$函数曲线．

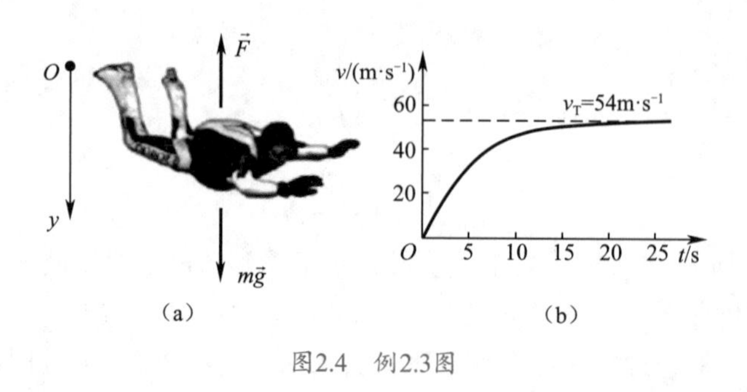

图2.4　例2.3图

*五、量纲式和量纲

各国使用的单位制种类繁多，就力学而言，常用的有国际单位制、工程单位制等，这给国际科学技术交流带来很大的不便．为此国际计量大会选择了7个物理量为基本量，规定其相应单位为基本单位，在此基础上建立了国际单位制（SI）.我国在1984年把国际单位制的单位定为法定计量单位．

SI的7个基本量为长度、质量、时间、电流、温度、物质的量和发光强度，其相应的单位分别为米（m）、千克（kg）、秒（s）、安培（A）、开尔文（K）、摩尔（mol）、坎德拉（cd）.

有了基本单位，通过物理量的定义或物理定律就可导出其他物理量的单位．从基本量导出的量称为导出量，相应的单位称为导出单位．例如，速度的SI单位是$\mathrm{m\cdot s^{-1}}$，力的SI单位是$\mathrm{kg\cdot m\cdot s^{-2}}$（简称为牛，符号是N）．因为导出量是由基本量导出的，所以导出量可用基本量的某种组合（乘、除、幂等）表示．这种由基本量的组合来表示物理量的式子，称为该物理量的量纲式．如果用L, M, T分别表示长度、质量和时间的量纲符号，则力学中其他物理量的量纲式可表示为

$$[Q]=L^pM^qT^r.$$

例如，在SI中力的量纲式为$[F]=LMT^{-2}$.

量纲式和量纲在物理学中很有用处．只有量纲式相同的量才能相加、相减或用等号相连，这一法则称为量纲法则．所以，我们可以用量纲法则进行单位换算，检验新建方程或公式的正确性和完整性，还可为探索复杂的物理规律提供线索．量纲分析法在科学研究中具有重要作用．

在物理学中，除采用国际单位制外，基于不同需要，还常用其他一些单位．例如，长度在原子线度和光波中常用纳米（nm）作为单位，

$$1\mathrm{nm}=10^{-9}\mathrm{m};$$

对于原子核线度，常用“飞米”（fm）作为单位，

$$1\mathrm{fm}=10^{-15}\mathrm{m}.$$

在天体物理中，常用“天文单位”和“光年”作为长度单位. 1天文单位被定义为地球和太阳的平均距离，1光年是光在一年时间内通过的距离，即

$$1\text{天文单位}=1.496\times10^{11}\text{m},$$

$$1\text{光年}=9.46\times10^{15}\text{m}.$$

*2.2 非惯性系与惯性力

凡相对于惯性系有加速度的参考系称为非惯性系. 如前所述，牛顿运动定律在非惯性系中不成立. 可是，在实际问题中，人们常常需要在非惯性系中处理力学问题. 为了能在非惯性系中运用牛顿运动定律，需要引入惯性力的概念.

一、在变速直线运动参考系中的惯性力

如图2.5所示，有一相对地面以加速度$\vec{a}_s$做直线运动的车厢；车厢地板上有一质量为m的物体，其所受合外力为$\vec{F}$，相对于小车以加速度$\vec{a}'$运动. 因为车厢有加速度$\vec{a}_s$，是非惯性系，所以在车厢参考系中牛顿运动定律不成立，即

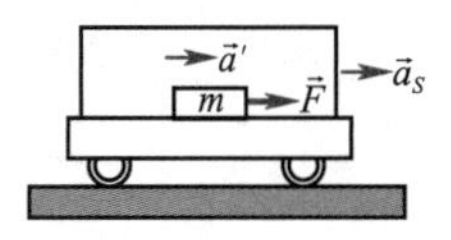

图2.5 惯性力的引入

$$\vec{F}\neq m\vec{a}'.$$

若以地面为参考系，则牛顿运动定律成立，有

$$\vec{F}=m\vec{a}_{\text{地}}=m\left(\vec{a}_s+\vec{a}'\right)=m\vec{a}_s+m\vec{a}'.$$

如果将$m\vec{a}_s$移至等式左边，设

$$\vec{F}_{\text{惯}}=-m\vec{a}_s, \tag{2.6}$$

并称$\vec{F}_{\text{惯}}$为惯性力，则式（2.6）可写为

$$\vec{F}+\vec{F}_{\text{惯}}=m\vec{a}'. \tag{2.7}$$

式（2.7）表明，若要在非惯性系中仍然运用牛顿运动定律，则在受力分析时，除了应考虑物体间的相互作用力，还必须加上惯性力的作用. $\vec{a}_s$是非惯性系相对于惯性系的加速度，$\vec{a}'$是物体相对于非惯性系的加速度，$\vec{F}$是物体所受到的除惯性力以外的合外力.

式（2.6）说明，惯性力的方向与牵连运动参考系（这里即车厢）相对于惯性系（地面）的加速度$\vec{a}_s$的方向相反，其大小等于研究对象的质量m与a_s的乘积.

> **注意** 惯性力不是物体间的相互作用，故惯性力无施力物体，无反作用力. 惯性力仅是参考系非惯性运动的表现，其具体形式与非惯性运动的形式有关.

例 2.4　一电梯具有大小为$\frac{g}{3}$且方向向下的加速度，电梯内装有一滑轮，其质量和摩擦均不计，一质轻且不可伸长的细绳跨过滑轮两边，分别与质量为3m和m的两物体相连，如图2.6所示.

（1）计算质量为3m的物体相对于电梯的加速度.

（2）计算连接杆对滑轮的作用力大小.

（3）一个完全被隔离在电梯中的观察者，如何借助弹簧秤来测量电梯相对于地面的加速度大小?

解　分别以物体m、物体3m、滑轮为研究对象，受力分析如图2.6所示，并设两物体相对于电梯的加速度为$\vec{a}'$.

（1）分别对m和3m两物体运用非惯性系中的牛顿运动定律形式式（2.7），有

$$\begin{cases} F_{2惯}+T-mg=ma', \\ 3mg-T-F_{1惯}=3ma', \end{cases}$$

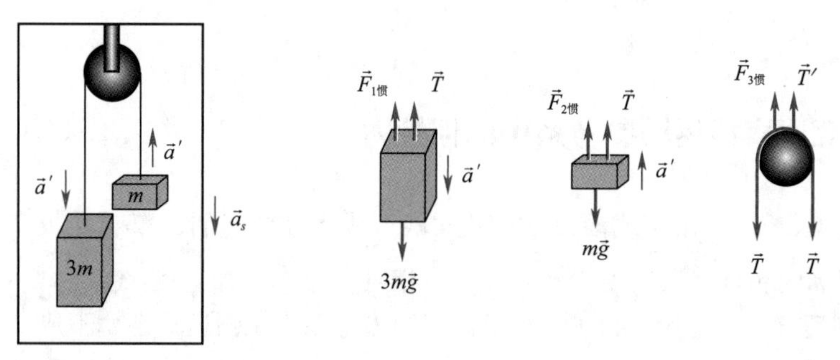

图2.6　例2.4图

式中$F_{2惯}=\frac{1}{3}mg$，$F_{1惯}=3m\frac{g}{3}=mg$，联立解得

$$a'=\frac{g}{3}, \quad T=mg,$$

即质量为3m的物体相对于电梯以$\frac{g}{3}$的加速度大小向下运动.

（2）因为滑轮质量不计，所以$F_{3惯}=0$. 故连接杆对滑轮的作用力大小为

$$T'=2T=2mg.$$

（3）完全被隔离在电梯中的观察者观测到的两物体的加速度只是相对于电梯的，弹簧秤测出的力并没有包括惯性力的效果，若其测出的力为T，则还须考虑惯性力.

设质量为m的物体相对于电梯的加速度为a'，则有

$$T+F_{2惯}-mg=ma',$$

于是

$$F_{2惯}=m(a'+g)-T,$$

则电梯相对于地面的加速度大小为

$$a_s=\frac{F_{2惯}}{m}=(a'+g)-\frac{T}{m}.$$

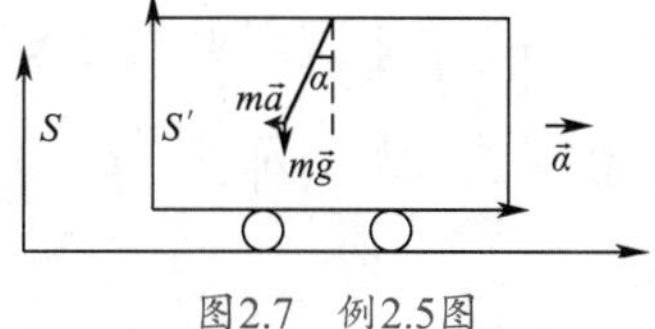

图2.7 例2.5图

例 2.5 （动力摆可用来测定车辆的加速度）. 在图2.7所示的车厢内，一根质量可略去不计的细棒，其一端固定在车厢的顶部，另一端系一小球. 当列车以加速度$\vec{a}$行驶时，细棒偏离竖直方向成α角，试求加速度$\vec{a}$与摆角α间的关系.

解 将以加速度$\vec{a}$运动的车厢为参考系，此参考系为非惯性系. 在此非惯性系中的观察者认为，当细棒的摆角为α时，小球受到重力$m\vec{g}$、拉力$\vec{F}_{\text{T}}$和惯性力$\vec{F}_{惯}=-m\vec{a}$的作用后处于平衡状态，则有

$$m\vec{g}+\vec{F}_{\text{T}}+\vec{F}_{惯}=0,$$

上式在水平方向和竖直方向上的分量式可写成

$$F_{\text{T}}\sin\alpha-ma=0，F_{\text{T}}\cos\alpha-mg=0,$$

解得

$$a=g\tan\alpha.$$

一般来说，车辆的加速度不是很大，$\alpha<5°$，故上式可写成$a=g\alpha$. 这样就可以通过摆角测出车辆的加速度.

二、在匀角速转动的非惯性系中的惯性力——惯性离心力$\vec{f}_c^*$

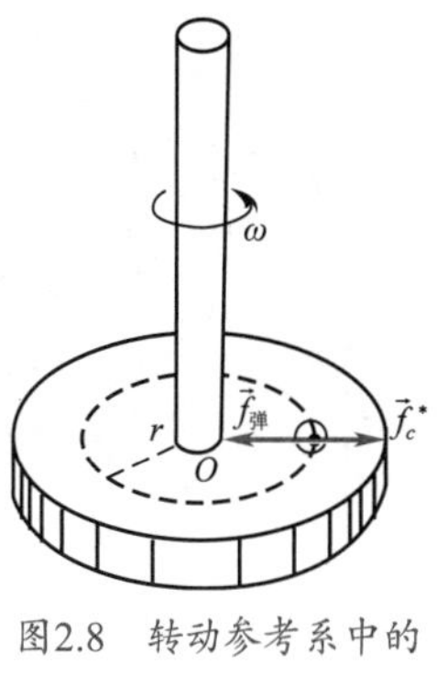

图2.8 转动参考系中的惯性离心力

如图2.8所示，在光滑水平圆盘上，用一轻弹簧拴一小球，圆盘以角速度ω匀速转动，弹簧被拉伸后相对圆盘静止.

地面上的观察者认为：小球受到指向轴心的弹簧拉力，所以随圆盘一起做圆周运动，符合牛顿运动定律.

圆盘上的观察者认为：小球受到指向轴心的弹簧拉力而仍处于静止状态，不符合牛顿运动定律.

圆盘上的观察者若仍要用牛顿运动定律解释这一现象，就必须引入一个惯性力——惯性离心力$\vec{f}_c^*$，且

$$\vec{f}_c^*=-m\vec{a}_s=m\omega^2\vec{r}. \tag{2.8}$$

值得注意的是，有些读者常把惯性离心力误认为是向心力的反作用力，这是完全错误的. 其一，惯性离心力不是物体间的相互作用，故谈不上有反作用力；其二，惯性离心力是作用在小球上的，作为向心力的弹簧拉力也是作用在小球上的，从圆盘上的观察者来看，这是一对“平衡”力.

惯性离心力也是日常生活中经常遇到的. 例如，物体的重量随纬度变化而变化，就是由地球自转相关的惯性离心力引起的. 如图2.9所示，一质量为m的物体静止在纬度为φ某处，其重力=地球引力＋自转效应的惯性离心力，即

$$\vec{W}=\vec{F}_{引}+\vec{f}_c^*,$$

可以证明

$$W\approx F_{引}-m\omega^2R\cos^2\varphi.$$

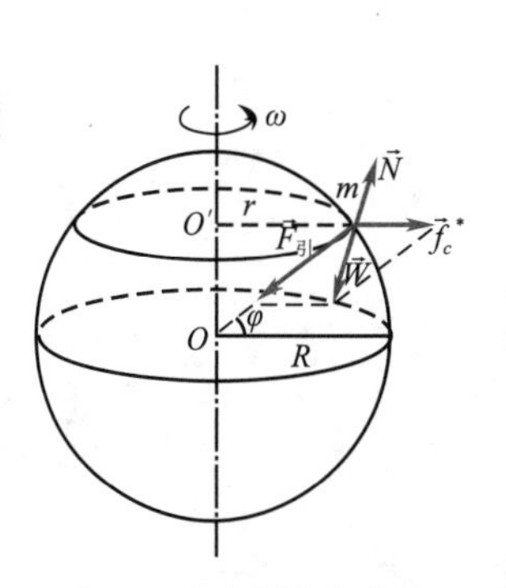

图2.9 重力与纬度的关系

但由于地球自转角速度很小（$\omega=\frac{2\pi}{24\times3600}\approx7.3\times10^{-5}\mathrm{rad\cdot s^{-1}}$），故除精密计算外，通常把$\vec{F}_{引}$视为物体的重力.

三、科里奥利力$\vec{f}_k^*$

设想有一圆盘绕铅直轴以角速度ω转动．盘心有一光滑小孔，沿半径方向有一光滑小槽．槽中有一小球被穿过小孔的细线所控制，使其只能沿槽做匀速运动．假定小球沿槽以速度$\vec{u}_{相}$向外运动，如图2.10（a）所示.

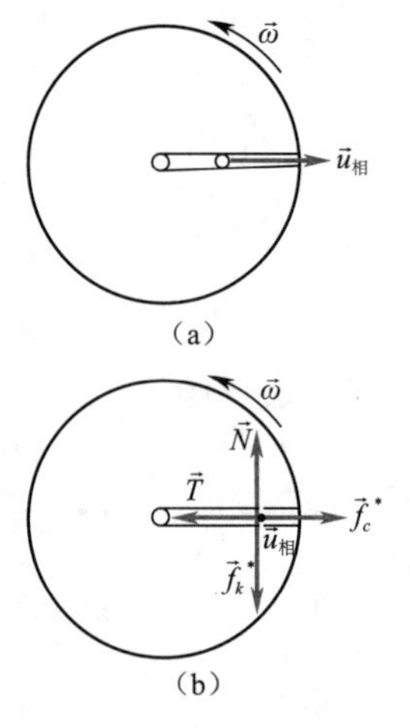

图2.10 科里奥利力的引入

现以圆盘为参考系．圆盘上的观察者认为小球仅有径向匀速运动，即小球处于平衡状态．因此，由图2.10（b）可以看出，小球在径向上有细绳的张力$\vec{T}$与惯性离心力$\vec{f}_c^*$平衡，而在横向上必须有与槽的侧向推力$\vec{N}$相平衡的力$\vec{f}_k^*$存在，才能实现小球在圆盘参考系中的平衡状态.

显然，与$\vec{N}$相平衡的$\vec{f}_k^*$不属于相互作用的范畴（无施力者），而应属于惯性力的范畴．通常将这种既与牵连运动（ω）有关，又与物体对牵连参考系（圆盘）的相对运动（$\vec{u}_{相}$）有关的惯性力称为科里奥利力，记作$\vec{f}_k^*$.

可以证明，若质量为m的物体相对于转动角速度为$\vec{\omega}$的参考系具有运动速度$\vec{u}_{相}$，则科里奥利力为

$$\vec{f}_k^*=2m\vec{u}_{相}\times\vec{\omega}. \qquad (2.9)$$

严格地讲，地球是个匀角速转动的参考系，因此，凡在地球上运动的物体都会受到科里奥利力的影响，只是由于地球自转的角速度$\vec{\omega}$很小，所以往往不易被人们觉察，但在许多自然现象中仍留下了科里奥利力存在的痕迹．例如，北京天文馆内的傅科摆（摆长为10 m）的摆平面每隔37.25h转动一周；北半球南北向的河流，人面对下游方向观察，则右侧河岸被冲刷得厉害些；南、北半球各自有自己的“信风”……这些都可以用科里奥利力的影响来加以解释.

2.3 动量、动量守恒定律和*质心运动定理

牛顿第二定律是力与质点运动状态的瞬时关系式，但是大量的实际问题，运动状态的改变是与力的作用过程相关联的．本节将从力在时间上的积累效应出发，根据牛顿运动定律，导出动量定理，并讨论动量守恒定律．下一节将讨论力在空间上的积累效应.

一、冲量与质点的动量定理

牛顿在研究碰撞过程中所建立起来的牛顿第二定律，并不是大家熟知的$\vec{F}=m\vec{a}$这种形式．他选择的是

$$\vec{F}=\frac{\mathrm{d}}{\mathrm{d}t}(m\vec{v}). \tag{2.10}$$

只是因为在牛顿力学中，质量m是一个常数，所以$\vec{F}=m\vec{a}$在形式上与式（2.10）等价．由近代物理知识可知，惯性质量与物体的运动状态有关，不能看成常数．这就是说，从近代物理观点来看，式（2.10）具有更广泛的适用性．

但是，牛顿本人将他的第二定律写成式（2.10）时并没有意识到m不是常数，他采取式（2.10），是因为他认为“$m\vec{v}$”是一个独立的物理量，也就是说，乘积$m\vec{v}$是由质量和速度联合确定的，而不能由m和$\vec{v}$分开确定．如果引进$\vec{p}=m\vec{v}$，那么式（2.10）可写成

$$\vec{F}=\frac{\mathrm{d}\vec{p}}{\mathrm{d}t}. \tag{2.11}$$

将式（2.11）分离变量得

$$\vec{F}\mathrm{d}t=\mathrm{d}\vec{p}=\mathrm{d}(m\vec{v}),$$

两边积分得

$$\int_0^t \vec{F}\mathrm{d}t=\int_{p_0}^{p}\mathrm{d}\vec{p}=\vec{p}-\vec{p}_0=m\vec{v}-m\vec{v}_0. \tag{2.12}$$

可见物理量$\vec{p}=m\vec{v}$是不能由m和$\vec{v}$的分离值所能确定的独立物理量．式（2.12）表明力对时间的积累效应使物体的$m\vec{v}$发生了变化．牛顿称$m\vec{v}$为“运动之量”，我们通常将其简称为动量．

动量是一个矢量，它的方向与物体的运动方向一致；动量也是个相对量，与参考系的选择有关．在SI中动量的单位为$\mathrm{kg\cdot m\cdot s^{-1}}$．

若将式（2.12）中力对时间的积分$\int_0^t \vec{F}\mathrm{d}t$称为力的冲量，并且用$\vec{I}$记之，即$\vec{I}=\int_0^t \vec{F}\mathrm{d}t$，则式（2.12）又可写成

$$\vec{I}=\vec{p}-\vec{p}_0. \tag{2.13}$$

它表明作用于物体上的合外力的冲量等于物体动量的增量，这就是质点的动量定理．式（2.11）就是动量定理的微分形式．

由式（2.12）知，要使物体的动量发生变化，作用于物体的力和相互作用持续的时间是两个同样重要的因素．因此，人们在实践中，在物体动量的变化给定时，常常用延长作用时间（或缩短作用时间）来减小（或增大）冲力．

冲量是矢量．在恒力作用的情况下，冲量的方向与恒力方向相同．在变力情况下，Δt时间内的冲量是各个瞬时冲量$\vec{F}\mathrm{d}t$的矢量和，即这时的冲量由$\int_{t_0}^{t}\vec{F}\mathrm{d}t$所决定．但无论过程多么复杂，$\Delta t$时间内的冲量总是等于这段时间内质

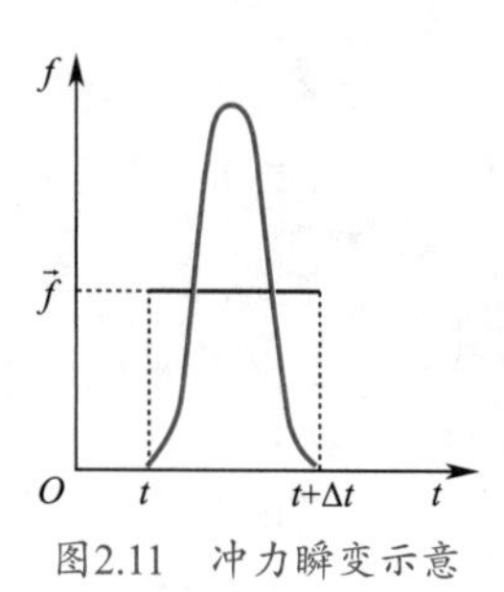

图2.11　冲力瞬变示意

点动量的增量.

动量定理在冲击和碰撞等问题中特别有用. 两物体在碰撞的瞬时相互作用的力称为冲力. 由于在冲击和碰撞一类问题中，冲力作用时间极短，冲力的值变化迅速，所以较难准确测量冲力的瞬时值（图2.11所示就是冲力瞬变示意）. 但是两物体在碰撞前后的动量和冲力作用持续的时间都较容易测定，这样就可根据动量定理求出冲力的平均值，然后根据实际需要乘上一个保险系数就可以估算冲力. 在实际问题中，如果冲力作用时间极短，两物体内部间冲力远大于外部有限大小的主动冲力（如重力），则有限大小的主动冲力往往可以忽略，从而使问题得到简化.

动量定理在直角坐标系中的坐标分量式为

$$\begin{cases}\int_{t_1}^{t_2} F_x \mathrm{d}t = mv_{2x} - mv_{1x}, \\ \int_{t_1}^{t_2} F_y \mathrm{d}t = mv_{2y} - mv_{1y}, \\ \int_{t_1}^{t_2} F_z \mathrm{d}t = mv_{2z} - mv_{1z}.\end{cases} \tag{2.14}$$

二、质点系的动量定理

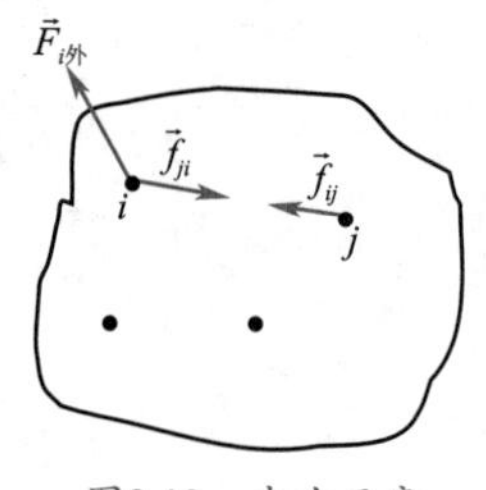

图2.12　内力示意

如果研究的对象是多个质点，则称为质点系. 一个不能被抽象为质点的物体，也可认为是由多个（直至无限个）质点所组成的. 从这种意义上讲，力学又可分为质点力学和质点系力学.

当研究对象是质点系时，其受力就可分为“内力”和“外力”. 质点系内各质点之间的作用力称为内力（见图2.12），质点系以外物体对质点系内质点的作用力称为外力. 由牛顿第三定律可知，质点系内质点间相互作用的内力必定是成对出现的，且每对内力都必沿两质点连线的方向. 这些就是质点系力学的基本观点.

设质点系由有相互作用的n个质点所组成，现考察第i个质点的受力情况. 首先考察第i个质点所受内力之矢量和. 设质点系内第j个质点对第i个质点的作用力为$\vec{f}_{ji}$，则第i个质点所受内力为

$$\sum_{j=1,\, j\neq i}^{n-1} \vec{f}_{ji}. \tag{2.15}$$

若设第i个质点受到的外力为$\vec{F}_{i外}$，则第i个质点受到的合力为$\vec{F}_{i外}+\sum\limits_{j=1,\ j\neq i}^{n-1}\vec{f}_{ji}$.对第$i$个质点运用动量定理，有

$$\int_{t_1}^{t_2}\left(\vec{F}_{i外}+\sum_{j=1,\, j\neq i}^{n-1}\vec{f}_{ji}\right)\mathrm{d}t = m_i\vec{v}_{i2} - m_i\vec{v}_{i1}. \tag{2.16}$$

对i求和，并考虑到所有质点相互作用的时间dt都相同，此外，求和与积分的顺序可互换，于是得

$$\int_{t_1}^{t_2}\left(\sum_{i=1}^{n}\vec{F}_{i外}\right)\mathrm{d}t+\int_{t_1}^{t_2}\left(\sum_{i=1}^{n}\sum_{j=1,j\neq i}^{n-1}\vec{f}_{ji}\right)\mathrm{d}t=\sum_{i=1}^{n}m_i\vec{v}_{i2}-\sum_{i=1}^{n}m_i\vec{v}_{i1}.$$

由于内力总是成对出现，且每对内力都等值反向，因此所有内力的矢量和为

$$\sum_{i=1}^{n}\sum_{j=1,j\neq i}^{n-1}\vec{f}_{ji}=0.$$

于是有

$$\int_{t_1}^{t_2}\left(\sum_{i=1}^{n}\vec{F}_{i外}\right)\mathrm{d}t=\sum_{i=1}^{n}m_i\vec{v}_{i2}-\sum_{i=1}^{n}m_i\vec{v}_{i1}. \tag{2.17}$$

这就是质点系动量定理的数学表达式，即质点系总动量的增量等于作用于该系统上合外力的冲量．这个结论说明内力对质点系的总动量无贡献．但由式（2.16）可知，在质点系内部动量的传递和交换中，内力有起到作用．

三、质点系的动量守恒定律

从质点系的动量定理式（2.17）可以看出，当系统所受的合外力为0，即 $\sum_{i=1}^{n}\vec{F}_{i外}=0$ 时，系统总动量守恒，有

质点系的动量守恒定律

$$\sum_{i}m_i\vec{v}_i=\text{常矢量}. \tag{2.18}$$

这就是说，一个孤立的力学系统（系统不受外力作用）或合外力为零的系统，系统内各质点间动量可以交换，但系统的总动量保持不变．这就是动量守恒定律．

式（2.18）是矢量式，因此，当 $\sum_{i=1}^{n}\vec{F}_{i外}=0$ 时，质点系在任何一个方向上（沿任何一个坐标轴方向）都满足动量守恒的条件．如果质点系所受合外力的矢量和不为零，但合外力在某一方向上的分量为零，则质点系在该方向上的动量也满足守恒定律．在实际问题中，若能判断出内力远大于有限主动外力（如重力），则可忽略有限主动外力而应用动量守恒定律．

由于动量是相对量，所以运用动量守恒定律时，必须将各质点的动量统一到同一惯性系中．

最后需要说明的是，虽然在讨论动量守恒定律的过程中，是从牛顿第二定律出发的，并运用了牛顿第三定律（$\sum_{i=1}^{n}\sum_{j=1}^{n-1}\vec{f}_{ji}=0$），但不能认为动量守恒定律只是牛顿运动定律的推论．相反，动量守恒定律是比牛顿运动定律更为普遍的规律．在某些过程中，特别是微观领域中，牛顿运动定律不成立，但只要计及场的动量，动量守恒定律依然成立．

四、动量定理和动量守恒定律的应用举例

例 2.6 一弹性球，质量$m=0.2\text{kg}$，速率$v=5\text{m}\cdot\text{s}^{-1}$，与墙碰撞后弹回．设弹回时速度大小不变，碰撞前后的运动方向和墙的法线所成的夹角都是α，如图2.13（a）所示．设球和墙碰撞的时间$\Delta t=0.05\text{s}$，$\alpha=60°$，求在碰撞时间内，球和墙的平均相互作用力．

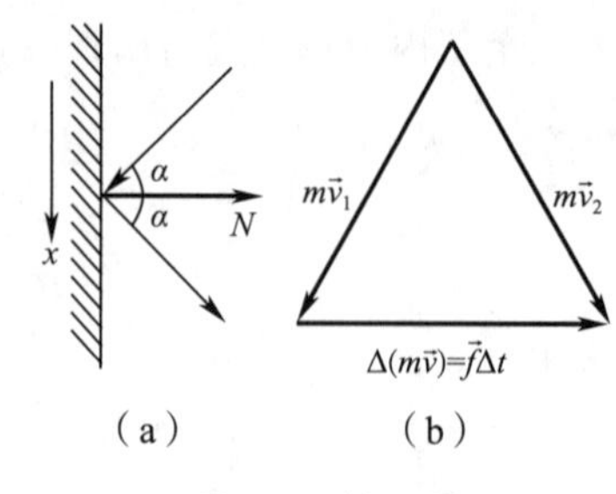

图2.13　例2.6图

解　以球为研究对象．设墙对球的平均作用力为$\vec{f}$，球在碰撞前后的速度为$\vec{v}_1$和$\vec{v}_2$，由动量定理可得

$$\vec{f}\Delta t = m\vec{v}_2 - m\vec{v}_1 = m\Delta\vec{v},$$

如图2.13（b）所示．将冲量和动量分别沿图中x和N两个方向分解，得

$$\vec{f}_x\Delta t = mv_2\sin\alpha - mv_1\sin\alpha = 0,$$

$$\vec{f}_N\Delta t = mv_2\cos\alpha - (-mv_1\cos\alpha) = 2mv\cos\alpha,$$

解得

$$\vec{f}_x=0,$$

$$\vec{f}_N = \frac{2mv\cos\alpha}{\Delta t} = \frac{2\times0.2\times5\times0.5}{0.05} = 20(\text{N}).$$

按牛顿第三定律，球对墙的平均作用力和$\vec{f}_N$等值但方向相反，即垂直于墙面向里．

例 2.7　如图2.14所示，装矿砂的车厢以$v=4\text{m}\cdot\text{s}^{-1}$的速率从漏斗下通过，矿砂下落速率为$k=200\text{kg}\cdot\text{s}^{-1}$，如果要使车厢保持速率不变，则应施予车厢多大的牵引力？（忽略车厢与地面的摩擦．）

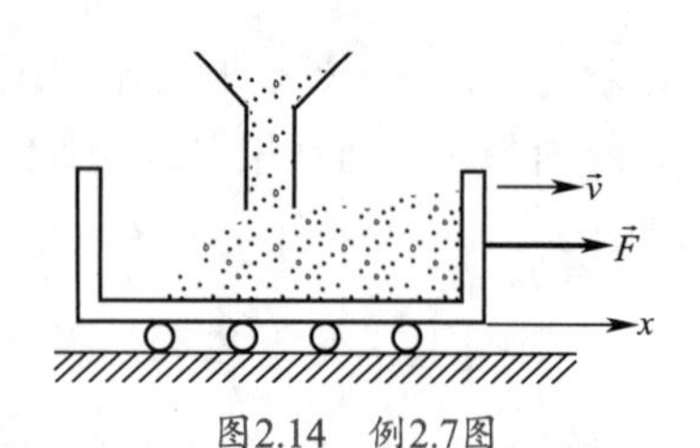

图2.14　例2.7图

解　设t时刻已落入车厢的矿砂质量为m，经过$\text{d}t$后又有$\text{d}m=k\text{d}t$的矿砂落入车厢．取m和$\text{d}m$为研究对象，对系统沿x方向运用动量定理，有

$$\begin{aligned}\vec{F}\text{d}t &= (m+\text{d}m)\vec{v} - (m\vec{v}+\text{d}m\cdot 0)\\ &= \vec{v}\text{d}m = \vec{v}\,k\text{d}t,\end{aligned}$$

可得

$$\vec{F} = \vec{v}\,k = 4\times200 = 800(\text{N}).$$

例 2.8　如图2.15所示，一柔软链条长为l，质量线密度为λ．链条放在桌上，桌上有一小孔，链条一端由小孔稍向下伸，其余部分堆在小孔周围．由于某种扰动，链条因自身重量开始下落．求链条下落速率和下落距离之间的关系．设链条与各处摩擦均忽略不计，且链条柔软得可自由伸开．

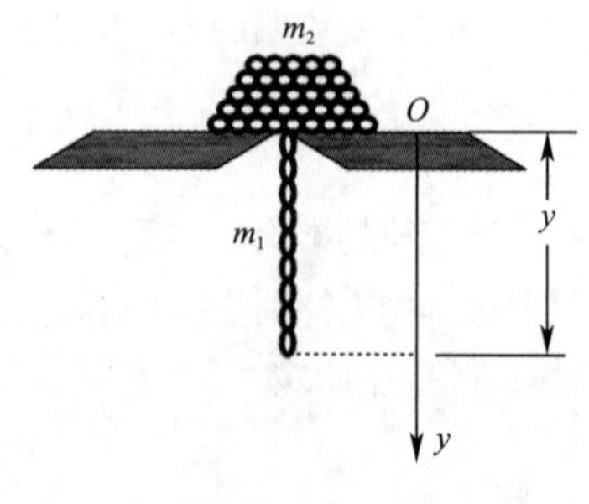

图2.15　例2.8图

解　该题是已知作用力求运动状态．如图2.15所示，选取桌面上一点为原点O，竖直向下为y轴正向．在某时刻t，链条下垂部分的长度为y，此时在桌面上尚有长度为$l-y$的链条．

如选整个链条为一系统，那么链条由下垂部分和还留在桌面上的部分两部分组成，它们之间的作用力为内力．由于链条与各处摩擦均忽略不计，所以下垂部分所受的重力为$\vec{P}_1 = m_1\vec{g}$，桌面上的链条所受的重力为$\vec{P}_2 = m_2\vec{g}$，所受的支持力$\vec{F}_N = -m_2\vec{g}$，作用于链条这一系统的合外力是$\vec{F}_合 = m_1\vec{g}$．在无限小的时间间隔dt内，应用质点系的动量定理，有

$$\vec{F}_合 \mathrm{d}t = \mathrm{d}\vec{p}, \qquad ①$$

d$\vec{p}$是链条下垂部分动量的增量．由于t时刻，链条下垂长度是y，下落速率是v，因此$\vec{F}_合 = m_1\vec{g} = \lambda y\vec{g}$，动量是$\vec{p} = \lambda y\vec{v}$．在d$t$时间内，下垂部分动量的增量是$\mathrm{d}\vec{p} = \lambda \mathrm{d}(y\vec{v})$．选取竖直向下为正方向，代入①式可得

$$\lambda yg\mathrm{d}t = \lambda \mathrm{d}(yv),$$

即

$$yg = \frac{\mathrm{d}(yv)}{\mathrm{d}t}.$$

上式两边各乘以ydy，化为

$$gy^2\mathrm{d}y = y\frac{\mathrm{d}y}{\mathrm{d}t}\mathrm{d}(yv) = yv\mathrm{d}(yv). \qquad ②$$

开始时，链条尚未下落，其下落速率当然也为零，即$(yv)|\ t = 0$．于是②的积分为

$$\int_0^y gy^2\mathrm{d}y = \int_0^{yv} yv\mathrm{d}(yv),$$

得

$$\frac{1}{3}gy^3 = \frac{1}{2}(yv)^2.$$

整理后，就可得到链条下落速率与下落距离之间的关系，为

$$v = \sqrt{\frac{2}{3}gy}.$$

例 2.9 一长为l、密度均匀的柔软链条，质量线密度为λ，卷成一堆放在地面上，如图2.16所示．手握链条的一端，以速度$\vec{v}$将其上提．当链条上端被提离地面高度为y时，求手的提力大小．

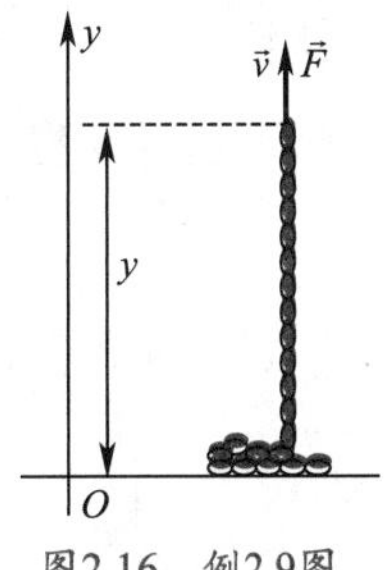

图2.16 例2.9图

解 该题是已知运动状态求作用力．如图2.16所示，选取地面为惯性参考系，地面上一点为原点O，竖直向上为y轴正方向．设在时刻t，链条上端距原点O的高度为y，其速率为v．由于在地面部分的链条，其速率为零，故在时刻t，链条的动量为

$$\vec{p}(t) = \lambda yv\vec{j}.$$

由于λ和v均为常数，所以链条的动量随时间的变化率为

$$\frac{\mathrm{d}\vec{p}(t)}{\mathrm{d}t} = \lambda v\frac{\mathrm{d}y}{\mathrm{d}t}\vec{j} = \lambda v^2\vec{j}. \qquad ①$$

作用在整个链条上的外力，有手的提力$\vec{F}$，重力$\lambda y\vec{g}$和$\lambda(l-y)\vec{g}$，以及地面对$l-y$长度链条的支持力$\vec{F}_y$．由上述分析可知，$\vec{F}_y$与$\lambda(l-y)\vec{g}$大小相等、方向相反，所以系统所受的合外力为

$$\vec{F}+\lambda y\vec{g}=\left(F-\lambda yg\right)\vec{j}. \qquad ②$$

由①②两式，根据动量定理$\vec{F}_{合}\mathrm{d}t=\mathrm{d}\vec{p}$，可得

$$\left(F-\lambda yg\right)\vec{j}=\lambda v^2\vec{j},$$

最后得到链条上端被提离地面高度为y时，手的提力大小是

$$F=\lambda yg+\lambda v^2.$$

例2.10　如图2.17所示，一质量为m的小球在质量为M的$\frac{1}{4}$圆弧形滑槽中从静止滑下．设圆弧形滑槽的半径为R，如所有摩擦都可忽略，求当小球滑到槽底时，滑槽在水平方向上移动的距离.

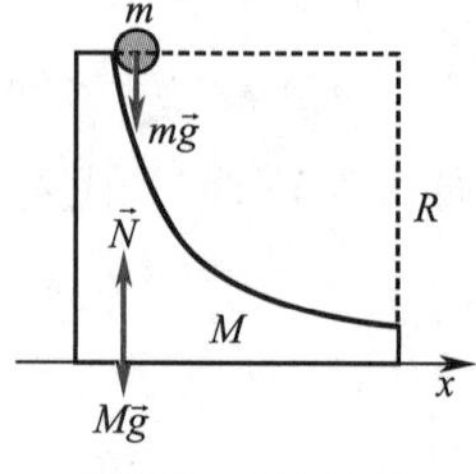

图2.17　例2.10图

解　以小球和滑槽为一研究系统，其在水平方向不受外力（图中所画是小球和滑槽所受的竖直方向的外力），故水平方向动量守恒．设在下滑过程中，小球相对于滑槽的滑动速度为$\vec{v}$，滑槽对地速度为$\vec{V}$，并以水平向右为x轴正方向，则在水平方向上有

$$m\left(v_x-V\right)-MV=0,$$

解得

$$v_x=\frac{m+M}{m}V.$$

设小球在滑槽上运动的时间为t，而小球相对于滑槽在水平方向移动距离为R，则有

$$R=\int_0^t v_x\mathrm{d}t=\frac{m+M}{m}\int_0^t V\mathrm{d}t,$$

于是滑槽在水平方向上移动的距离为

$$s=\int_0^t V\mathrm{d}t=\frac{m}{m+M}R.$$

值得注意的是，此题的条件还可弱化一些，即只要滑槽与水平支撑面的摩擦可以忽略不计就可以了.

例2.11　一质量为m的微粒以速度$\vec{v}_0$向x轴的正方向运动，如图2.18所示．运动过程中，微粒突然自动裂变成两部分，一部分质量为$\frac{m}{3}$，以速度$2\vec{v}_0$沿y轴正方向运动，求另一部分的速度.

解　由题意知，微粒在裂变前后都不受外力作用，满足动量和质量守恒条件，有

$$mv_0\vec{i}=\frac{m}{3}\cdot 2v_0\vec{j}+\frac{2m}{3}\cdot\vec{v},$$

从而可求得另一部分的速度是

$$\vec{v}=\frac{3}{2}v_0\vec{i}-v_0\vec{j}.$$

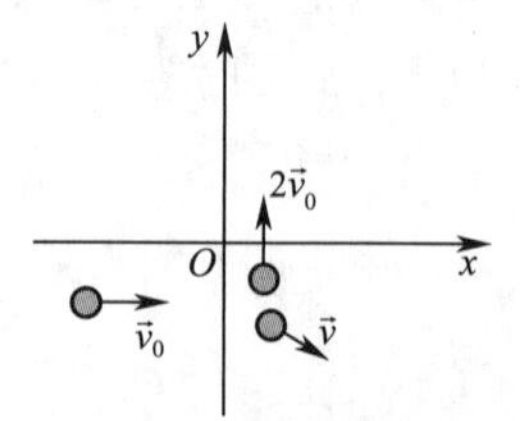

图2.18　例2.11图

*五、质心和质心运动定理

研究由许多质点所组成的系统的运动时，质心的概念十分重要．无论这些质点是彼此隔开，还是结合紧密，都是如此．下面我们先讨论质心的概念，再讨论质心运动定理．

1. 质心

一个质点系内各个质点由于内力和外力的作用，它们的运动情况可能很复杂．但相对于此质点系有一个特殊的点，即质心，它的运动可能相当简单，只由质点系所受的合外力决定．例如，一颗手榴弹可以看作一个质点系．投掷手榴弹时，将看到它一边旋转，一边前进，其各点的运动情况则相当复杂．但由于它受到的外力只有重力（忽略空气阻力的作用），它的质心在空中的运动和一个质点被抛出后的运动一样，其轨迹是一条抛物线（见图2.19）．又如高台跳水运动员离开跳台后，他的身体可以做各种优美的翻滚伸缩动作，但是他的质心却沿着一条抛物线运动．

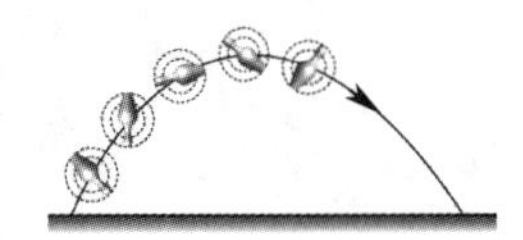

图2.19 手榴弹的质心运动轨迹

下面做数学推导．

由式（2.17）可写出由n个质点所组成的质点系的动量定理的微分式，为

$$\left(\sum_{i=1}^{n}\vec{F}_{i外}\right)\mathrm{d}t=\mathrm{d}\left(\sum_{i=1}^{n}m_i\vec{v}_i\right)=\mathrm{d}\left(\sum_{i=1}^{n}m_i\frac{\mathrm{d}\vec{r}_i}{\mathrm{d}t}\right),$$

或为

$$\sum_{i=1}^{n}\vec{F}_{i外}=\frac{\mathrm{d}}{\mathrm{d}t}\left(\sum_{i=1}^{n}m_i\frac{\mathrm{d}\vec{r}_i}{\mathrm{d}t}\right)=\frac{\mathrm{d}^2}{\mathrm{d}t^2}\left(\sum_{i=1}^{n}m_i\vec{r}_i\right).$$

如果令

$$m\vec{r}_c=\sum_{i=1}^{n}m_i\vec{r}_i, \tag{2.19}$$

式中m为质点系的全部质量，则有

$$\sum_{i=1}^{n}\vec{F}_{i外}=\frac{\mathrm{d}^2}{\mathrm{d}t^2}\left(\sum_{i=1}^{n}m_i\vec{r}_i\right)=\frac{\mathrm{d}^2}{\mathrm{d}t^2}(m\vec{r}_c)=m\frac{\mathrm{d}^2\vec{r}_c}{\mathrm{d}t^2}=m\vec{a}_c. \tag{2.20}$$

式（2.20）说明，将牛顿运动定律应用于质点系的整体时，其描述的是质点系中一个特殊点的运动．这个特殊点对其惯性系的位矢$\vec{r}_c$可由式（2.19）确定，即

$$\vec{r}_c=\frac{1}{m}\sum_{i=1}^{n}m_i\vec{r}_i. \tag{2.21}$$

该点的运动代表了质点系整体的平动特征．为此，把与$\vec{r}_c$的端点所对应的点叫作质点系的质量分布中心，简称质心．式（2.21）即为质心位置的定义式．

2. 质心运动定理

式（2.20）即为质心运动定理的数学表示式．该式表明，不管质点系所受外力如何分布，质心的运动就像把质点系的全部质量集中于质心、所有外力的矢量和也作用于质心时的一个质点的运动．

由式（2.20）可知，利用质心运动定理只能求出质心的加速度．另一方

面，质心运动定理是由质点系动量定理的微分式导出的，因此，内力对质心的运动没有影响．式（2.20）还可表示为

$$\sum_{i=1}^{n}\vec{F}_{i外}=\frac{\mathrm{d}\vec{p}}{\mathrm{d}t},$$

式中$\vec{p}$是质点系的总动量．

3. 质心的含义及其计算

由式（2.21）可知，在直角坐标系内，当质点系的质量分布不连续时，有

$$\begin{cases} x_c=\dfrac{1}{m}\sum\limits_{i=1}^{n}m_i x_i, \\ y_c=\dfrac{1}{m}\sum\limits_{i=1}^{n}m_i y_i, \\ z_c=\dfrac{1}{m}\sum\limits_{i=1}^{n}m_i z_i; \end{cases} \tag{2.22a}$$

当质点系的质量分布连续时，有

$$\begin{cases} x_c=\int\dfrac{x\mathrm{d}m}{m}, \\ y_c=\int\dfrac{y\mathrm{d}m}{m}, \\ z_c=\int\dfrac{z\mathrm{d}m}{m}. \end{cases} \tag{2.22b}$$

计算表明，一个质量分布均匀且几何形状规则的物体，其质心就在其几何中心．

我们知道重心是重力的合力作用线通过的那一点．设有一个由几个质点所组成的质点系，每个质点所受重力为$m_i\vec{g}_i$，则仿照质心坐标的建立方法，可设重心坐标为

$$\begin{cases} x_c=\dfrac{\sum m_i g_i x_i}{\vec{W}}, \\ y_c=\dfrac{\sum m_i g_i y_i}{\vec{W}}, \\ z_c=\dfrac{\sum m_i g_i z_i}{\vec{W}}. \end{cases} \tag{2.22c}$$

式（2.22c）中$\vec{W}$为质点系所受总重力，这表明质心与重心是两个不同的概念．例如，脱离地球引力范围的飞船已不受重力作用，没有重心可言，而其质心依然存在，且仍遵守质心运动定理．另一方面，比较式（2.22a）和式（2.22c），可以看出，若质点系所在区域各质点的重力加速度$\vec{g}_i$都相同，即总重力$\vec{W}=m\vec{g}$，则式（2.22c）可自行退回到式（2.22a）．这时系统的重心和质心就会重合为同一点．也就是说，只有当物体的线度与它到地心的距离相比很小时，才可近似认为质点系内各质点所受重力的作用线相互平行．这时重力的合力作用线通过的那一点才与质心重合．

例2.12 求半径为R的匀质半薄球壳的质心.

解 选取图2.20所示的坐标系. 由于半薄球壳关于y轴对称，质心显然位于图中的y轴上. 在半薄球壳上取一圆环，圆环所在的平面与y轴垂直，圆环的面积为$\mathrm{d}S = 2\pi R\sin\theta\cdot R\mathrm{d}\theta$. 设半薄球壳的质量面密度为$\sigma$，则圆环的质量是

$$\mathrm{d}m = \sigma 2\pi R^2 \sin\theta \mathrm{d}\theta.$$

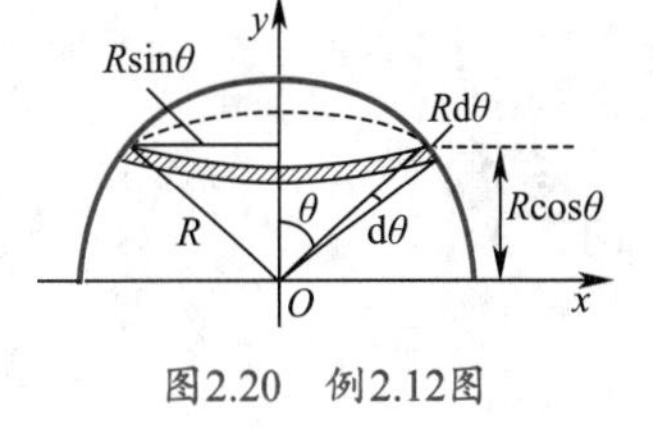

图2.20 例2.12图

由式（2.22b）可得半薄球壳的质心位于

$$y_c = \frac{1}{m}\int y\mathrm{d}m = \frac{\int y\sigma 2\pi R^2 \sin\theta \mathrm{d}\theta}{\sigma 2\pi R^2}$$

处，由图2.20可得$y = R\cos\theta$，所以上式可写成

$$y_c = R\int_0^{\frac{\pi}{2}} \cos\theta \sin\theta \mathrm{d}\theta = \frac{1}{2}R.$$

故匀质半薄球壳的质心位于$y_c = \dfrac{R}{2}$处，其位矢是$\vec{r}_c = \dfrac{R}{2}\vec{j}$.

例2.13 应用质心运动定理对例2.9进行重新求解.

解 从图2.21可看出，被提起的链条质心的坐标y_c是随着链条的上升而改变的. 按照图2.21所示坐标系，有

$$y_c = \frac{\sum m_i y_i}{\sum m} = \frac{\lambda y \frac{y}{2} + \lambda(l-y)\times 0}{\lambda l} = \frac{y^2}{2l}, \quad ①$$

式中λ是链条的质量线密度. 而作用于链条的合外力为$\vec{F} + \lambda y\vec{g}$，故由质心运动定理有

$$\vec{F} + \lambda y\vec{g} = \lambda l \frac{\mathrm{d}^2 \vec{y}_c}{\mathrm{d}t^2},$$

也可写成

$$(F - \lambda y g)\vec{j} = \lambda l \frac{\mathrm{d}^2 y_c}{\mathrm{d}t^2}\vec{j}. \quad ②$$

①式对时间t求二阶导数，有

$$\frac{\mathrm{d}^2 y_c}{\mathrm{d}t^2} = \frac{1}{l}\left[\left(\frac{\mathrm{d}y}{\mathrm{d}t}\right)^2 + y\frac{\mathrm{d}^2 y}{\mathrm{d}t^2}\right],$$

考虑到$v = \dfrac{\mathrm{d}y}{\mathrm{d}t}$及$\dfrac{\mathrm{d}^2 y}{\mathrm{d}t^2} = 0$，上式可化为

$$\frac{\mathrm{d}^2 y_c}{\mathrm{d}t^2} = \frac{v^2}{l},$$

代入②中，可得

$$(F - \lambda y g)\vec{j} = \lambda v^2 \vec{j}.$$

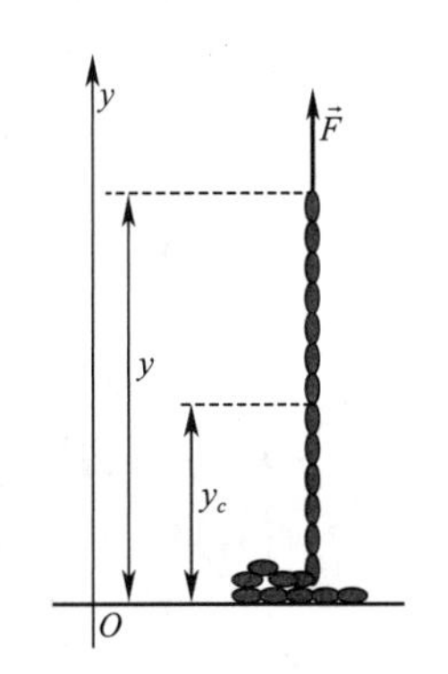

图2.21 例2.13图

显然，利用质心运动定理所求结果与例2.9所求结果完全一致.

2.4 功、动能、势能与机械能守恒定律

功能原理的应用

本节讨论力对空间的积累效应——功，以及质点机械运动能量的两种形式——动能和势能，并由此引出两个重要守恒定律——机械能的转化和守恒定律以及能量的转化和守恒定律.

一、功与功率

1. 功

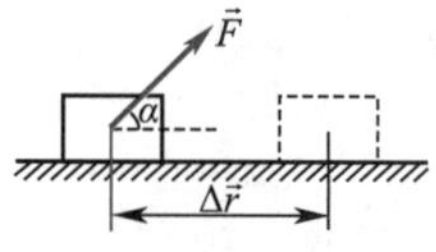

图2.22 恒力做功

在力学中，功的最基本的定义是恒力所做的功. 如图2.22所示，一物体做直线运动，在恒力$\vec{F}$作用下物体发生位移$\Delta\vec{r}$，$\vec{F}$与$\Delta\vec{r}$之间的夹角为α，则恒力$\vec{F}$所做的功的定义为：力在位移方向上的投影与该物体位移大小的乘积. 若用W表示功，则有

$$W = F\cos\alpha\left|\Delta\vec{r}\right|. \tag{2.23}$$

按矢量标积的定义，式（2.23）可写为

$$W = \vec{F}\cdot\Delta\vec{r}, \tag{2.24}$$

即恒力所做的功等于力与质点位移的标积.

功是标量，它只有大小，没有方向. 功的正负由α角决定. 当$\alpha>\dfrac{\pi}{2}$时，功为负值，此时说某力做负功，或说克服某力做功；当$\alpha<\dfrac{\pi}{2}$时，功为正值，此时说某力做正功；当$\alpha=\dfrac{\pi}{2}$时，功值为零，此时说某力不做功，如物体做曲线运动时法向力就不做功. 另外，因为位移的值与参考系有关，所以功值是个相对量.

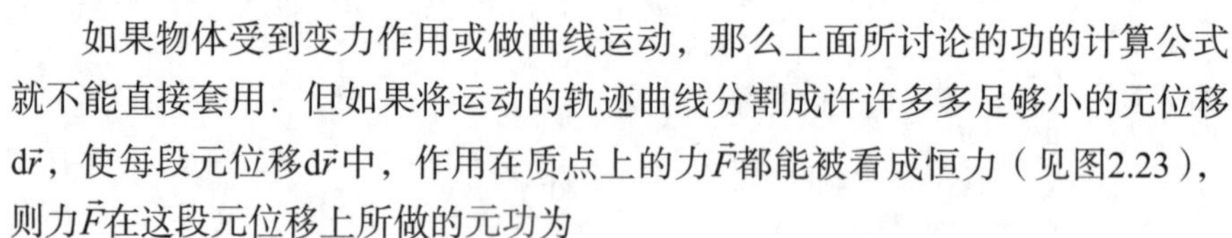
如果物体受到变力作用或做曲线运动，那么上面所讨论的功的计算公式就不能直接套用. 但如果将运动的轨迹曲线分割成许许多多足够小的元位移$\mathrm{d}\vec{r}$，使每段元位移$\mathrm{d}\vec{r}$中，作用在质点上的力$\vec{F}$都能被看成恒力（见图2.23），则力$\vec{F}$在这段元位移上所做的元功为

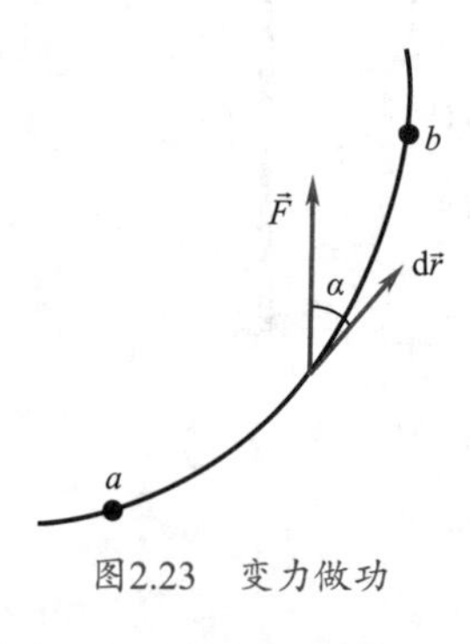

图2.23 变力做功

$$\mathrm{d}W = \vec{F}\cdot\mathrm{d}\vec{r}.$$

力$\vec{F}$在轨道ab上所做总功就等于所有各小段上元功的代数和，即

$$W = \int \mathrm{d}W = \int_a^b \vec{F}\cdot\mathrm{d}\vec{r} = \int_a^b F\cos\alpha\left|\mathrm{d}\vec{r}\right| = \int_a^b F_t\mathrm{d}s, \tag{2.25}$$

式中$\mathrm{d}s=\left|\mathrm{d}\vec{r}\right|$，$F_t$是力$\vec{F}$在元位移$\mathrm{d}\vec{r}$方向上的投影. 式（2.25）就是计算变力做功的一般方法. 如果建立了空间直角坐标系，则

$$\vec{F} = F_x\vec{i} + F_y\vec{j} + F_z\vec{k},$$

$$d\vec{r} = dx\vec{i} + dy\vec{j} + dz\vec{k},$$

式（2.25）就可表示为

$$W = \int_a^b \vec{F} \cdot d\vec{r} = \int_a^b \left(F_x dx + F_y dy + F_z dz\right). \tag{2.26}$$

功也可以用图解法计算．以路程s为横坐标，以$F\cos\alpha$为纵坐标，根据$\vec{F}$随路程的变化关系所描绘的曲线称为示功图．图2.24中画有斜线的狭长矩形的面积等于力$\vec{F}_{ti}$在ds_i上做的元功．曲线与边界线所围的面积就是变力$\vec{F}$在整个路程上所做的总功．用示功图求功较直接方便，工程上常采用此方法．

2. 功率

单位时间内的功称为功率．设Δt时间内完成功ΔW，则这段时间的平均功率为

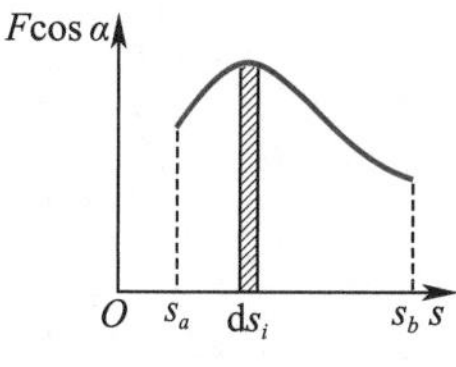

图2.24 变力做功的示功图

$$\overline{P} = \frac{\Delta W}{\Delta t}. \tag{2.27}$$

当$\Delta t \to 0$时，可得某一时刻的瞬时功率为

$$P = \lim_{\Delta t \to 0} \frac{\Delta W}{\Delta t} = \frac{dW}{dt} = \frac{\vec{F} \cdot d\vec{r}}{dt} = \vec{F} \cdot \vec{v}, \tag{2.28}$$

即瞬时功率等于力和速度的标积（或称作点乘积）．

在国际单位制中，功的单位是焦耳(J)；功率的单位是焦耳每秒（$J \cdot s^{-1}$），称为瓦特（W）．

3. 保守力做功

下面通过分析重力、万有引力、弹簧弹性力做功的特点，引入保守力的概念．

（1）重力做功

我们这里讨论的重力是指地面附近几百米高度范围内的重力，就是说这里所指的重力可视为恒力．

设质量为m的质点在重力$\vec{G}$作用下由A点沿任意路径移到B点，如图2.25（a）所示，选取地面一点为原点O，z轴垂直于地面，向上为正方向．重力$\vec{G}$只有z轴方向的分量，即$\vec{F} = -mg\vec{k}$，根据功的定义，有

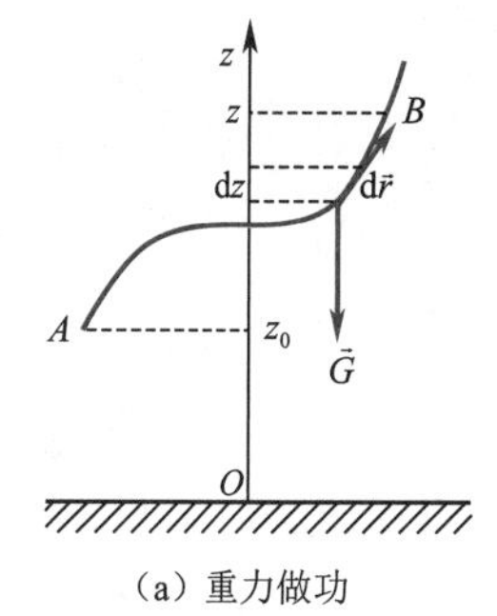

（a）重力做功

$$dW = m\vec{g} \cdot d\vec{r} = -mg\,\vec{k} \cdot (dx\vec{i} + dy\,\vec{j} + dz\vec{k}) = -mgdz,$$

从A点到B点重力所做的功是

$$W = \int_{z_0}^{z} -mgdz = -\left(mgz - mgz_0\right). \tag{2.29}$$

式（2.29）表明，重力做功只由质点相对于地面的始、末位置z_0和z决定，而与所通过的路径无关．

（2）万有引力做功

考虑质量分别为m和M的两质点，质点m相对于M的初位置为$\vec{r}_A$，末位置为$\vec{r}_B$，如图2.25（b）所示．质点m受到M的万有引力的矢量式为

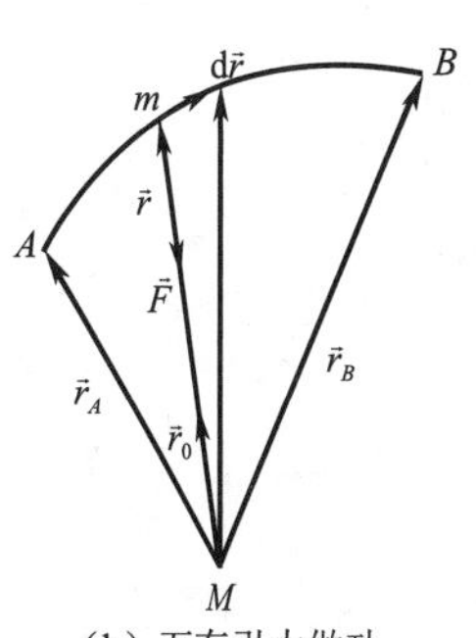

（b）万有引力做功

图2.25 重力和万有引力做功

$$\vec{F} = -G\frac{mM}{r^2}\vec{r}_0,$$

式中$\vec{r}_0$表示m相对M的位矢的单位矢．万有引力的元功为

$$\mathrm{d}W = \vec{F}\cdot\mathrm{d}\vec{r} = -G\frac{mM}{r^2}\vec{r}_0\cdot\mathrm{d}\vec{r},$$

因为矢量模的平方等于矢量自身的点积，即$|\vec{A}|^2 = \vec{A}\cdot\vec{A}$，所以

$$\mathrm{d}\left(A^2\right) = \mathrm{d}\left(\vec{A}\cdot\vec{A}\right) = 2\vec{A}\cdot\mathrm{d}\vec{A},$$

$$\mathrm{d}\left(A^2\right) = 2A\mathrm{d}A,$$

故有

$$\vec{A}\cdot\mathrm{d}\vec{A} = A\mathrm{d}A. \tag{2.30}$$

同理，有

$$\vec{r}\cdot\mathrm{d}\vec{r} = r\mathrm{d}r.$$

又考虑到$\vec{r}_0 = \dfrac{\vec{r}}{r}$，所以

$$\mathrm{d}W = -G\frac{mM}{r^2}\mathrm{d}r.$$

于是质点由A点移到B点，万有引力所做的功为

$$W = \int_{r_A}^{r_B} -G\frac{mM}{r^2}\mathrm{d}r = -\left[\left(-G\frac{mM}{r_B}\right) - \left(-G\frac{mM}{r_A}\right)\right]. \tag{2.31}$$

这说明万有引力做功也只与始、末位置有关，而与具体的路径无关．

（3）弹簧弹性力做功

如图2.26所示，选取弹簧自然伸长处为x轴的原点O，且设弹簧沿x轴正方向发生弹性形变．当弹簧形变量为x时，弹簧对质点的弹性力为

$$\vec{F} = -kx\vec{i},$$

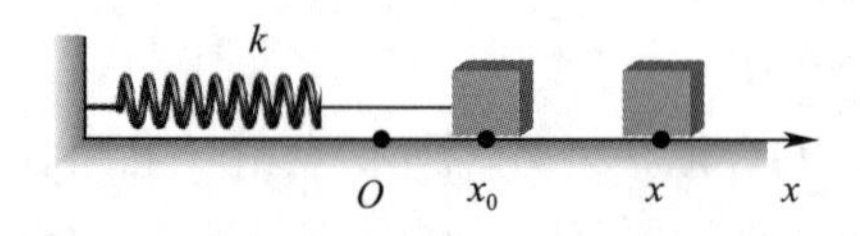

图2.26　弹簧弹性力做功

式中负号表示弹性力的方向总是指向弹簧的平衡位置，即原点O；k为弹簧的劲度系数，单位是N · m^{-1}．由于$\mathrm{d}\vec{r} = \mathrm{d}x\vec{i}$，由功的定义［式（2.25）］可得

$$W = \int_a^b \vec{F}\cdot\mathrm{d}\vec{r} = \int_{x_0}^{x} -kx\vec{i}\cdot\mathrm{d}x\vec{i} = \int_{x_0}^{x} -kx\mathrm{d}x = -\left(\frac{1}{2}kx^2 - \frac{1}{2}kx_0^2\right). \tag{2.32}$$

这说明弹簧弹性力做功只与始、末位置有关，而与弹簧的中间形变过程无关．

综上所述，重力、万有引力、弹簧弹性力做功的特点是，它们的功值都只与物体的始、末位置有关，而与具体路径无关，或者说，当物体在这些力作用下沿任意闭合路径绕行一周时，它们的功值均为零．在物理学中，除这些力之外，静电力、分子力等也具有这种特性，把具有这种特性的力统称为保守力．保守力可用数学式来定义，即

$$\oint_l \vec{F}\cdot\mathrm{d}\vec{r} \equiv 0. \tag{2.33}$$

如果某力做功与路径有关，或该力沿任意闭合路径所做功的功值不等于零，则称该力为非保守力，如摩擦力、爆炸力等.

例2.14 在离水面高为H的岸上，有人用大小不变的力$\vec{F}$拉绳使船靠岸，如图2.27所示，求船从离岸x_1处移到x_2处的过程中，力$\vec{F}$对船所做的功.

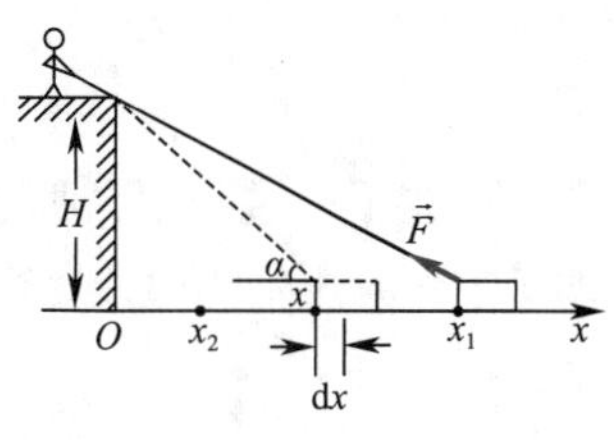

图2.27 例2.14图

解 由题意知，虽然力$\vec{F}$的大小不变，但其方向在不断变化，故仍是变力做功. 如图2.27所示，选定向右为x轴正方向，则力$\vec{F}$在坐标为x处的任一小段元位移dx上所做的元功为

$$\mathrm{d}W=\vec{F}\cdot\mathrm{d}\vec{r}=\vec{F}\cdot\mathrm{d}x\vec{i}=-F\cos\alpha\mathrm{d}x=-F\frac{x}{\sqrt{x^2+H^2}}\mathrm{d}x.$$

因此，船从离岸x_1处移到x_2处的过程中，力$\vec{F}$对船所做的功为

$$W=\int_{x_1}^{x_2}-F\frac{x}{\sqrt{x^2+H^2}}\mathrm{d}x=F\left(\sqrt{x_1^2+H^2}-\sqrt{x_2^2+H^2}\right).$$

由于$x_1>x_2$，所以力$\vec{F}$做正功.

例2.15 质点所受外力$\vec{F}=\left(y^2-x^2\right)\vec{i}+3xy\vec{j}$，求质点由点(0, 0)运动到点(2, 4)的过程中力$\vec{F}$所做的功：（1）先沿x轴由点(0, 0)运动到点(2, 0)，再平行于y轴由点(2, 0)运动到点(2, 4)；（2）沿连接(0, 0), (2, 4)两点的直线运动；（3）沿抛物线$y=x^2$由点(0, 0)到点(2, 4) .（单位为国际单位制.）

解 （1）由点(0, 0)沿x轴到点(2, 0)，此时$y=0$，d$y=0$，所以

$$W_1=\int_0^2 F_x\mathrm{d}x=\int_0^2-x^2\mathrm{d}x=-\frac{8}{3}(\mathrm{J}).$$

由点(2, 0)平行于y轴到点(2, 4)，此时$x=2$，d$x=0$，故

$$W_2=\int_0^4 F_y\mathrm{d}y=\int_0^4 6y\mathrm{d}y=48(\mathrm{J}).$$

所以整个过程力$\vec{F}$所做的元功是

$$W=W_1+W_2=45\frac{1}{3}(\mathrm{J}).$$

（2）因为由原点到点(2, 4)的直线方程为$y=2x$，所以整个过程力$\vec{F}$所做的功是

$$W=\int_0^2 F_x\mathrm{d}x+\int_0^4 F_y\mathrm{d}y=\int_0^2\left(4x^2-x^2\right)\mathrm{d}x+\int_0^4\frac{3}{2}y^2\mathrm{d}y=40(\mathrm{J}).$$

（3）因为$y=x^2$，所以整个过程力$\vec{F}$所做的功是

$$W=\int_0^2 F_x\mathrm{d}x+\int_0^4 F_y\mathrm{d}y=\int_0^2\left(x^4-x^2\right)\mathrm{d}x+\int_0^4 3y^{\frac{3}{2}}\mathrm{d}y=42\frac{2}{15}(\mathrm{J}).$$

可见力$\vec{F}$是非保守力.

例2.16 一质量为m的小球竖直落入水中，刚接触水面时其速率为v_0. 设此球在水中所受的浮力与重力大小相等，水的阻力$\vec{F}=-bv$，b为一常数. 求阻力对球做功与时间的函数关系.

解 由于球所受阻力随球的速率而变化，故本例属于变力做功问题. 取水面上某点为原点O，竖直向下为x轴正方向. 由功的定义可知

$$W=\int\vec{F}\cdot d\vec{r}=\int -bv dx=-\int bv\frac{dx}{dt}dt,$$

即

$$W=-\int bv^2 dt. \qquad ①$$

球在下落过程中，所受的浮力与重力大小相等，受到的水的阻力为$\vec{F}=-b\vec{v}$. 而力是速度的函数，应用牛顿第二定律

$$F=m\frac{dv}{dt},$$

可以得到

$$-bv=m\frac{dv}{dt}.$$

由题意知，t=0时，$v=v_0$，上式分离变量并积分，得

$$\int_{v_0}^{v}\frac{dv}{v}=-\frac{b}{m}\int_0^t dt,$$

进而得

$$v=v_0 e^{-\frac{b}{m}t}. \qquad ②$$

将②代入①中，并积分，可得

$$W=-bv_0^2\int_0^t e^{-\frac{2b}{m}t}dt=-bv_0^2\left(-\frac{m}{2b}\right)\left(e^{-\frac{2b}{m}t}-1\right),$$

整理后，得到阻力对球做功与时间的函数关系，为

$$W=\frac{1}{2}mv_0^2\left(e^{-\frac{2b}{m}t}-1\right).$$

二、动能与动能定理

下面我们讨论力对空间的积累效果，从而得出质点做功与其动能变化之间的关系.

设有一质点沿任一曲线运动. 在曲线上取任一元位移$d\vec{r}$，则力$\vec{F}$在这段元位移上所做的功为

$$dW=\vec{F}\cdot d\vec{r},$$

运用动量定理，上式可写成

$$dW=\frac{d\vec{p}}{dt}\cdot d\vec{r}=\frac{d(m\vec{v})}{dt}\cdot\vec{v}dt=m\vec{v}\cdot d\vec{v}.$$

根据式（2.30），有$\vec{v}\cdot d\vec{v}=vdv$，因此，上式可化为

$$dW=m\vec{v}\cdot d\vec{v}=mvdv=d\left(\frac{1}{2}mv^2\right).$$

若质点由初位置1运动到末位置2，且其速率由v_1变为v_2，则有

$$W=\int_1^2 dW=\int_{v_1}^{v_2}d\left(\frac{1}{2}mv^2\right)=\frac{1}{2}mv_2^2-\frac{1}{2}mv_1^2,$$

即

$$\int_1^2 \vec{F} \cdot d\vec{r} = \frac{1}{2}mv_2^2 - \frac{1}{2}mv_1^2. \tag{2.34}$$

由式（2.34）可知，如果把$\frac{1}{2}mv^2$看作一个独立的物理量，就可发现$\frac{1}{2}mv^2$与力在空间上的积累效应相联系．$\frac{1}{2}mv^2$称为质点的动能．动能是标量，是与参考系的选择有关的相对量．如果令$E_k=\frac{1}{2}mv^2$，则式（2.34）又可写成

$$W_{1-2} = E_{k2} - E_{k1}. \tag{2.35}$$

式（2.35）说明外力对质点所做的功等于质点动能的增量．式（2.34）就是质点动能定理的数学表示式．

例2.17 一质量为10kg的物体沿x轴无摩擦地滑动，t=0时物体静止于原点．（1）若物体在力$F=3+4t(\mathrm{N})$的作用下运动了3s，它的速率增为多大？（2）若物体在力$F=3+4x(\mathrm{N})$的作用下移动了3m，它的速率增为多大？

解 该例题把动量定理和动能定理进行对比．

（1）由动量定理$\int_0^t \vec{F}dt = m\vec{v}$，得

$$v=\int_0^t \frac{F}{m}dt=\int_0^t \frac{3+4t}{10}dt=2.7\left(\mathrm{m\cdot s^{-1}}\right).$$

（2）由动能定理$\int_0^x \vec{F}\cdot d\vec{r}=\frac{1}{2}mv_2^2-\frac{1}{2}mv_1^2$，得

$$v_2=\sqrt{\int_0^x \frac{2F}{m}dx}=\sqrt{\int_0^3 \frac{2(3+4x)}{10}dx}\approx 2.3\left(\mathrm{m\cdot s^{-1}}\right).$$

三、势能

描述质点机械运动状态的参量是位矢$\vec{r}$和速度$\vec{v}$．对应于状态参量$\vec{v}$，引入了动能$E_k=E_k(v)$，那么对应于状态参量$\vec{r}$，将引入什么样的能量呢？下面讨论这个问题．

在前面的讨论中已指出，保守力做功与质点运动的路径无关，仅取决于相互作用的两物体初态和终态的相对位置．如重力、万有引力、弹簧弹性力做功，功值分别为

$$W_{重}=-(mgz-mgz_0),$$

$$W_{引}=-\left[\left(-G\frac{Mm}{r}\right)-\left(-G\frac{Mm}{r_0}\right)\right],$$

$$W_{弹}=-\left(\frac{1}{2}kx^2-\frac{1}{2}kx_0^2\right).$$

可以看出，保守力做功的结果总是等于一个由相对位置决定的函数增量的负值．而功总是与能量的改变量相联系的．因此，上述由相对位置决定的函数必定是某种能量的函数形式．现在将其称为势能函数，用E_p表示，则有

$$\int_1^2 \vec{F}_{保} \cdot d\vec{r} = -\left(E_p - E_{p_0}\right) = -\Delta E_p . \tag{2.36}$$

式（2.36）定义的只是势能之差，而不是势能函数本身．为了定义势能函数，可以将式（2.36）的定积分改写为不定积分，即

$$E_p = -\int \vec{F}_{保} \cdot d\vec{r} + c , \tag{2.37}$$

式中c是一个由系统零势能位置决定的积分常数．

式（2.37）表明只要已知一种保守力的力函数，即可求出与之相关的势能函数．例如，已知万有引力的力函数为

$$\vec{F}_{保} = -G\frac{Mm}{r^2}\vec{r}_{\circ},$$

那么由式（2.37）知，与万有引力相对应的势能函数形式为

$$E_p = -\int -G\frac{Mm}{r^2}\vec{r}_{\circ} \cdot d\vec{r} + c = \int G\frac{Mm}{r^2}dr + c = -G\frac{Mm}{r} + c .$$

$r \to +\infty$时$E_{p引}=0$，则$c=0$，即取无穷远处为万有引力势能零点时，万有引力势能函数为

$$E_{p引} = -G\frac{Mm}{r}. \tag{2.38}$$

读者自己可以证明：若取离地面高度$z=0$的点为重力势能零点（此时$c=0$），则重力势能函数为

$$E_{p重} = mgz . \tag{2.39}$$

对于弹簧弹性力，若取弹簧自然伸长处为坐标轴原点和弹性势能零点（此时$c=0$），则弹性势能函数为

$$E_{p弹} = \frac{1}{2}kx^2 . \tag{2.40}$$

以下是有关势能的几点讨论．

（1）势能是相对量，其值与零势能参考点的选择有关．选择的零势能位置点不同，式（2.37）中常数c就不同．上面的讨论说明，对于给定的保守力的力函数，只要选取适当的零势能位置，总可使$c=0$．在一般情况下，这时的势能函数形式较为简洁，如式（2.38）、式（2.39）、式（2.40）所示．需要说明的是，并非在任何情况下，式（2.37）中的积分常数一定能为零，这一点在静电场中尤为突出．

（2）势能函数的形式与保守力的性质密切相关，对应于一种保守力的力函数就可引进一种相关的势能函数．因此，势能函数的形式不可能像动能那样有统一的表示式．

（3）势能是以保守力形式相互作用的物体系统所共有的．例如，式（2.39）所表示的实际上是某物体与地球互以重力作用的结果；式（2.38）所

表示的实际上是两物体（质量分别为m和M）互以万有引力作用的结果；式（2.40）所表示的则是物体与弹簧相互作用的结果．在平常的叙述中，说某物体具有多少势能，这只是一种简便叙述，不能认为势能是某一物体所有．

（4）由于势能属于相互以保守力作用的物体系统所共有，因此式（2.36）的物理意义可解释为：一对保守力做的功等于相关势能增量的负值．因此，当保守力做正功时，系统势能减少；当保守力做负功时，系统势能增加．

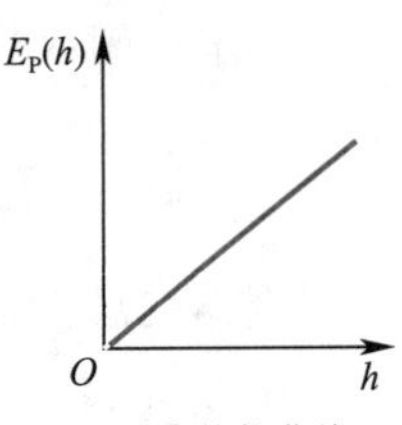

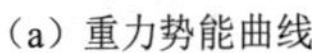

（a）重力势能曲线

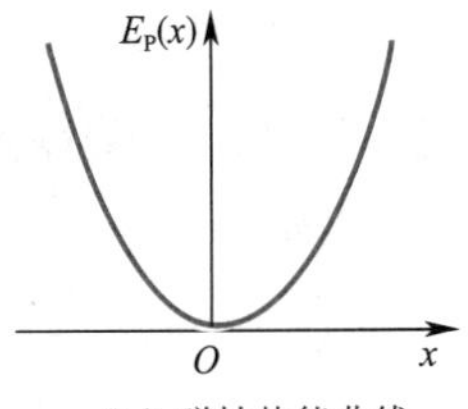

（b）弹性势能曲线

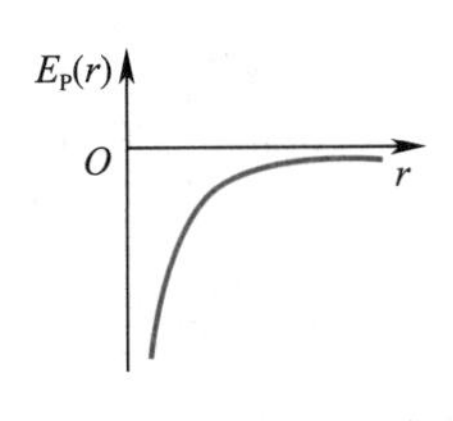

（c）万有引力势能曲线

图2.28　势能曲线

*四、势能曲线

将势能随相对位置变化的函数关系用一条曲线描绘出来，这条曲线就是势能曲线．图2.28中（a）、（b）、（c）分别给出的是重力势能、弹性势能及万有引力势能的势能曲线．

势能曲线可提供多种信息：

（1）质点在轨道任一位置时，质点系所具有的势能值；

（2）势能曲线上任一点的斜率的负值，表示质点在该处所受的保守力．

设有一保守系统，其中一质点沿x轴正方向做一维运动，则由式（2.37）有

$$\mathrm{d}E_\mathrm{p} = -F(x)\mathrm{d}x,$$

故可知

$$F(x) = -\frac{\mathrm{d}E_\mathrm{p}}{\mathrm{d}x}. \qquad (2.41)$$

由图2.28（b）可知，当势能曲线有极值时，即曲线斜率为零处，质点受力为零．这些位置即为平衡位置．进一步的理论指出，势能曲线有极大值的位置点是不稳定平衡位置，势能曲线有极小值的位置点是稳定平衡位置，如图2.29所示．

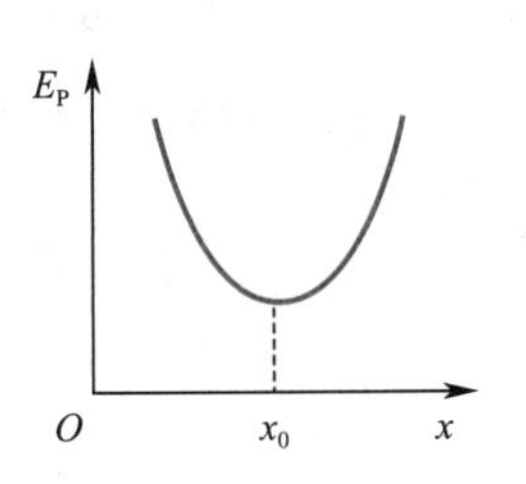

（a）稳定

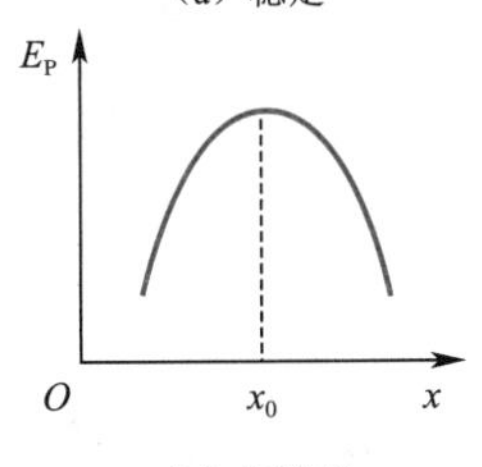

（b）不稳定

图2.29　平衡位置

若质点做三维运动，则有

$$\vec{F} = F_x\vec{i} + F_y\vec{j} + F_z\vec{k} = -\left(\frac{\partial E_\mathrm{p}}{\partial x}\vec{i} + \frac{\partial E_\mathrm{p}}{\partial y}\vec{j} + \frac{\partial E_\mathrm{p}}{\partial z}\vec{k}\right). \qquad (2.42)$$

这是在直角坐标系中由势能函数求保守力的一般式．

例2.18　如图2.30所示，一劲度系数为k的轻质弹簧，下方悬挂一质量为m的物体而处于静止状态．现以该平衡位置为坐标轴原点，并作为系统的重力势能和弹簧弹性势能零点．当m偏离平衡位置的位移为x时，整个系统的总势能为多少？

解　题中所指系统是地球、弹簧、重物m所组成的系统．为便于叙述，开始时以弹簧原长处（即自然伸长处）为坐标轴原点O'，并以向下为x'轴（x轴）正方向（见图2.30），则m位于平衡位置O点处的坐标为

$$x_1' = \frac{mg}{k},$$

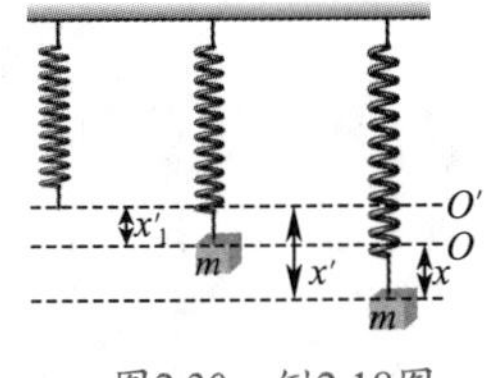

图2.30　例2.18图

由势能函数的定义，弹性势能为

$$E_{p弹}=\frac{1}{2}kx_1'^2+c.$$

根据题意，选系统在O点时$E_{p弹}=0$，则$c=-\frac{1}{2}kx_1'^2$. 故以O点为弹性势能零点时，系统弹性势能表达式为

$$E_{p弹}=\frac{1}{2}kx'^2-\frac{1}{2}kx_1'^2.$$

当m离O点为x时（见图2.30），它相对于O'点的坐标$x'=x+x'_1$，所以此时系统的弹性势能为

$$\begin{aligned}E_{p弹}&=\frac{1}{2}k(x+x'_1)^2-\frac{1}{2}kx_1'^2\\&=\frac{1}{2}kx^2+kx'_1x=\frac{1}{2}kx^2+mgx.\end{aligned}$$

同时，题中又设O点处重力势能为零，故x处的重力势能为

$$E_{p重}=-mgx.$$

从而总势能为

$$E_p=E_{p弹}+E_{p重}=\frac{1}{2}kx^2+mgx-mgx=\frac{1}{2}kx^2.$$

本例说明，对于竖直悬挂的弹簧，若以平衡位置为坐标轴原点及重力势能、弹性势能零点，则系统的总势能（或称系统的振动势能）为$\frac{1}{2}kx^2$. 这种处理方法在讨论弹簧振子的简谐振动能量时极为方便.

五、质点系的动能定理与功能原理

设一质点系有n个质点，现考察第i个质点. 它所受的合力为$\vec{F}_{i外}+\sum_{j=1,j\neq i}^{n-1}\vec{f}_{ji}$，则对第$i$个质点运用动能定理有

$$\int_1^2\vec{F}_{i外}\cdot d\vec{r}_i+\int\sum_{j=1,j\neq i}^{n-1}\vec{f}_{ji}\cdot d\vec{r}_i=\frac{1}{2}m_iv_{i2}^2-\frac{1}{2}m_iv_{i1}^2,$$

对所有质点求和可得

$$\sum_{i=1}^{n}\int_1^2\vec{F}_{i外}\cdot d\vec{r}_i+\sum_{i=1}^{n}\int\sum_{j=1,j\neq i}^{n-1}\vec{f}_{ji}\cdot d\vec{r}_i=\sum_{i=1}^{n}\frac{1}{2}m_iv_{i2}^2-\sum_{i=1}^{n}\frac{1}{2}m_iv_{i1}^2. \quad (2.43)$$

式（2.43）是质点系的动能定理的数学表示式.

> ！注意　在式（2.43）中，不能先求合力，再求合力的功. 这是因为在质点系内各质点的位移$d\vec{r}$是不同的，不能作为公因子提到求和符号之外. 因此，在计算质点系的功时，只能先求每个力做的功，再对这些功求和.

在质点系内，内力总是成对出现的. 因此，可以把内力分为保守内力和

非保守内力．于是内力做的功可分为两部分，即保守内力做的功和非保守内力做的功，现分别用$W_{内保}$和$W_{内非}$表示．如果再用$W_{外}$表示质点系外力做的功，用E_k表示质点系的总动能，则式（2.43）可表示为

$$W_{外} + W_{内保} + W_{内非} = E_{k2} - E_{k1}. \tag{2.44}$$

即质点系总动能的增量等于外力做的功与质点系保守内力做的功和质点系非保守内力做的功三者之和，这称为质点系的动能定理．

考虑到一对保守力做功之和等于相关势能增量的负值，即有$W_{内保}= -\Delta E_p= -(E_{p2}-E_{p1})$（式中$E_p$表示系统内各种势能之总和），则式（2.44）又可进一步表示成

$$W_{外} + W_{内非} = (E_{k2} - E_{k1}) + (E_{p2} - E_{p1}). \tag{2.45}$$

如令

$$E=E_k+E_p \tag{2.46}$$

表示系统的机械能，则有

$$W_{外} + W_{内非} = E_2 - E_1. \tag{2.47}$$

这就是质点系的功能原理的数学表示式，即系统机械能的增量等于外力做的功与非保守内力做的功之和．

顺便指出，由于势能的大小与零势能点的选择有关，因此在运用功能原理解题时，应先指明系统的范围，并确定势能零点．

例2.19　如图2.31所示，一轻弹簧一端系于固定斜面的上端，另一端连着质量为m的物块，物块与斜面的滑动摩擦系数为μ，弹簧的劲度系数为k，斜面倾角为θ. 现将物块由弹簧的自然长度拉伸l后由静止释放，物块第一次静止在什么位置上？

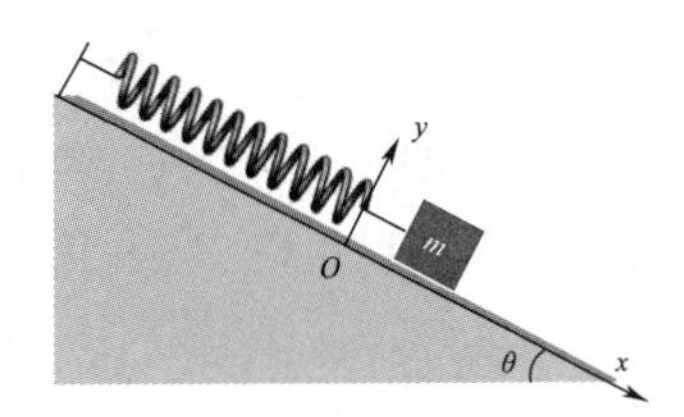

图2.31　例2.19图

解　以弹簧、物块、地球为系统，取弹簧自然伸长处为原点O，沿斜面向下为x轴正方向，且以原点O为弹性势能和重力势能零点，则由功能原理[式（2.47）]，在物块向上滑至x处时，有

$$\left(\frac{1}{2}mv^2 + \frac{1}{2}kx^2 - mgx\sin\theta\right) - \left(\frac{1}{2}kl^2 - mgl\sin\theta\right) = -umg\cos\theta(l-x),$$

物块静止位置与v=0对应，故有

$$\frac{1}{2}kx^2 - mgx(\sin\theta + \mu\cos\theta) + mgl(\sin\theta + \mu\cos\theta) - \frac{1}{2}kl^2 = 0.$$

解此一元二次方程，得

$$x = \frac{2mg(\sin\theta + \mu\cos\theta)}{k} - l,$$

另一个解为$x=l$，即初始位置，舍去．

例2.20　如图2.32（a）所示，一雪橇从高度为50m的山顶上的点A沿冰道由静止下滑，山顶到山下坡道长为500m．雪橇滑至山下点B后，又沿水平冰道继续滑行，滑行一定的距离后在点C处停止．若雪橇与冰道的滑动摩擦系数为0.05，求此雪橇沿水平冰道滑行的路程．点B

附近可视为连续弯曲的冰道，略去空气阻力的作用.

解　把雪橇、冰道和地球视为一个系统，由于忽略空气阻力对雪橇的作用，故作用于雪橇的力只有重力$\vec{P}$、支持力$\vec{F}_N$和摩擦力$\vec{F}_f$[见图2.32（b）]，且只有保守内力（重力）和非保守内力（摩擦力）做功，没有外力做功. 由功能原理可知，雪橇在下滑过程中，摩擦力所做的功为

$$W = W_1 + W_2 = \left(E_{p2} + E_{k2}\right) - \left(E_{p1} + E_{k1}\right), \qquad ①$$

式中W_1和W_2分别为雪橇沿斜坡下滑和沿水平冰道滑行时摩擦力所做的功；E_{p1}和E_{k1}分别为雪橇在山顶时的势能和动能，E_{p2}和E_{k2}分别为雪橇静止在水平冰道上的势能和动能. 如选水平冰道处的势能为0，由题意可知，$E_{p1} = mgh$，$E_{k1} = 0$，$E_{p2} = 0$，$E_{k2} = 0$，于是①为

$$W_1 + W_2 = -mgh. \qquad ②$$

由功的定义有

$$W_1 = \int \vec{F} \cdot \mathrm{d}\vec{r} = -\int_A^B F_f \mathrm{d}r = -\int_A^B \mu mg\cos\theta \mathrm{d}r,$$

因为斜坡的坡度很小（$\cos\theta \approx 1$），所以

$$W_1 = -\mu mgs' \ .$$

同理可得

$$W_2 = -\mu mgs.$$

把上述两式代入②中，得到雪橇沿水平冰道滑行的路程是

$$s = \frac{h}{\mu} - s' = \frac{50}{0.05} - 500 = 500(\mathrm{m}).$$

这个例题也可以应用牛顿第二定律先求出加速度，再利用匀变速直线运动公式求解. 只不过运算略微烦琐一点，读者可以试一试.

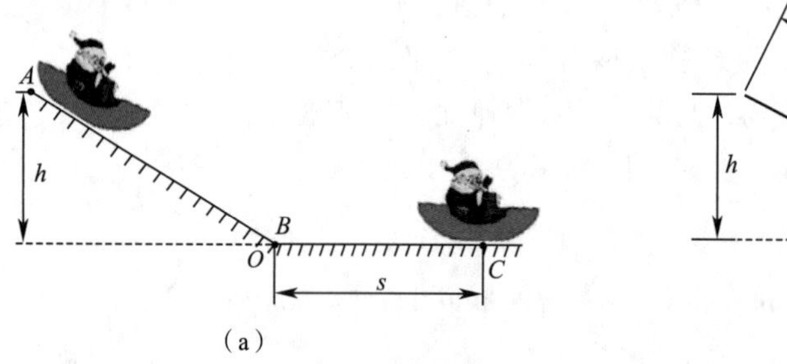

图2.32　例2.20图

六、机械能守恒定律与*宇宙速度

1. 机械能守恒定律

从功能原理[式（2.47）]可以看出，机械能守恒的条件是，其针对一个孤立的保守系统. 但在实际应用中条件可以放宽一些. 由功能原理[式（2.47）]可知：

若$W_{外}+W_{内非}>0$，则系统的机械能增加；

若$W_{外}+W_{内非}<0$，则系统的机械能减少；

若$W_{外}+W_{内非}=0$，则系统的机械能保持不变.

现考虑一种情况，即$W_{外}=0$. 这种情况下有以下结论成立.

若$W_{内非}>0$，则系统的机械能增大. 如炸弹爆炸、人从静止开始走动，就属于这种情形（这时伴随有其他形式的能量转化为机械能的过程）.

若$W_{内非}<0$，则系统的机械能减小. 如克服摩擦力做功，这样的非保守力被称为耗散力（这时伴随有机械能转化为其他形式能量的过程）.

若$W_{内非}=0$，则系统的机械能守恒.

从以上分析可知，机械能守恒的条件是同时满足$W_{外}=0$和$W_{内非}=0$，即系统既与外界无机械能交换，系统内部又无机械能与其他形式能量的转化.

当系统的机械能守恒时，有

$$E_{k1}+E_{p1}=E_{k2}+E_{p2}, \tag{2.48}$$

或

$$E_{p2}-E_{p1}=-(E_{k2}-E_{k1}),$$

即

$$\Delta E_p=-\Delta E_k, \tag{2.49}$$

也即系统势能的增量等于系统动能减少的量.

*2. **宇宙速度**

众所周知，人造地球卫星和人造行星是人类认识宇宙的重要工具. 但怎样才能把物体抛向天空，使之成为人造地球卫星或人造行星？这取决于抛体的初速度. 有趣的是，在牛顿的《自然哲学的数学原理》中有一幅插图，这幅插图指出抛体的运动轨迹取决于抛体的初速度，预示着发射人造地球卫星的可能性. 当然，这种可能性在当时只是一种理论上的预言. 200多年后，人类才把理论上的人造地球卫星变成了现实.

（1）人造地球卫星与第一宇宙速度

从地面上发射的航天器绕地球运动所需的最小速度称为第一宇宙速度. 以地心为原点，航天器在距地心为r处绕地球做圆周运动的速度大小为v_1，则有

$$G\frac{mM_{地}}{r^2}=m\frac{v_1^2}{r},$$

$$v_1=\sqrt{\frac{GM_{地}}{r}}=\sqrt{\frac{R^2}{r}g_0},$$

式中$g_0=G\dfrac{M_{地}}{R^2}$，为地球表面处的重力加速度. 若$r=R$，则

$$v_1=\sqrt{Rg_0}\approx 7.9(\mathrm{km\cdot s^{-1}}).$$

这就是第一宇宙速度.

（2）人造行星与第二宇宙速度

在地球表面处的航天器要脱离地球引力范围而必须具有的最小速度，称

为第二宇宙速度．以地球和航天器为一系统，航天器在地球表面处的万有引力势能为$-G\frac{mM_{地}}{R}$，动能为$\frac{1}{2}mv_2^2$．航天器能脱离地球时，地球的引力可忽略不计，系统势能为零，动能的最小量为零，由机械能守恒定律，有

$$\frac{1}{2}mv_2^2-G\frac{mM_{地}}{R}=0,$$

可得

$$v_2=\sqrt{2Rg_0}=\sqrt{2}v_1\approx 11.2(\mathrm{km\cdot s^{-1}}).$$

这就是第二宇宙速度.

（3）飞出太阳系与第三宇宙速度

在地球表面发射的航天器，能逃逸出太阳系所必需的最小速度，称为第三宇宙速度．作为近似处理可分两步进行：第一步，从地球表面把航天器送出地球引力圈，在此过程中略去太阳的引力，这一步的计算方法与分析第二宇宙速度类似，所不同的是航天器还必须有剩余动能$\frac{1}{2}mv^2$，因此有

$$\frac{1}{2}mv_3^2-G\frac{mM_{地}}{R}=\frac{1}{2}mv^2.$$

由前面的讨论知，$G\frac{mM_{地}}{R}=\frac{1}{2}mv_2^2$，代入上式可得

$$v_3^2=v_2^2+v^2.$$

第二步，航天器由脱离地球引力圈的地点（近似为地球相对于太阳的轨道上）出发，继续运动，逃离太阳系，在此过程中，忽略地球的引力．以太阳为参考系，地球绕太阳的公转速度（相当于计算地球相对于太阳的第一宇宙速度）大小为

$$v_1'=\sqrt{G\frac{M_{太}}{r_0}}\approx 30\left(\mathrm{km\cdot s^{-1}}\right),$$

式中$M_{太}$为太阳的质量（约为1.99×10^{30}kg），r_0为太阳中心到地球中心的距离（约为1.50×10^{11}m）．以太阳为参考系，计算航天器逃离太阳引力范围所需的速度（相当于计算地球相对于太阳的第二宇宙速度），有

$$\frac{1}{2}mv_2'^2-G\frac{mM_{太}}{r_0}=0,$$

$$v_2'=\sqrt{2G\frac{M_{太}}{r_0}}\approx 42\left(\mathrm{km\cdot s^{-1}}\right).$$

为了充分利用地球的公转速度，使航天器在第二步开始时的速度沿公转方向，在第二步开始时，航天器所需的相对于地球的速度大小为

$$v=v_2'-v_1'\approx 12\left(\mathrm{km\cdot s^{-1}}\right).$$

这就是第一步中航天器所需的剩余动能所对应的速度大小．进而由$v_3^2=v_2^2+v^2$得

$$v_3\approx 16.4\left(\mathrm{km\cdot s^{-1}}\right).$$

这就是第三宇宙速度.

以上3种宇宙速度仅为理论上的最小速度，没有考虑空气阻力的影响.

七、碰撞

两物体在碰撞过程中，如它们之间相互作用的内力较之其他物体对它们作用的外力大得多，在研究两物体间的碰撞问题时，可将其他物体对它们作用的外力忽略不计. 如果在碰撞后，两物体的动能之和完全没有损失，那么这种碰撞叫作完全弹性碰撞. 实际上，在两物体碰撞时，由于非保守力作用，致使机械能转化为内能、声能、化学能等其他形式的能量，或者是其他形式的能量转化为机械能，这种碰撞叫作非弹性碰撞. 如果两物体在非弹性碰撞后以同一速度运动，则这种碰撞叫作完全非弹性碰撞. 下面举例说明.

例2.21 如图2.33所示，设有两个质量分别为m_1和m_2、速度分别为$\vec{v}_{10}$和$\vec{v}_{20}$的弹性小球做对心碰撞，两球的速度方向相同. 若碰撞是完全弹性的，求碰撞后的速度$\vec{v}_1$和$\vec{v}_2$.

解 由动量守恒定律得

$$m_1\vec{v}_{10}+m_2\vec{v}_{20}=m_1\vec{v}_1+m_2\vec{v}_2, \quad ①$$

由机械能守恒定律得

$$\frac{1}{2}m_1v_{10}^2+\frac{1}{2}m_2v_{20}^2=\frac{1}{2}m_1v_1^2+\frac{1}{2}m_2v_2^2. \quad ②$$

①可写为

$$m_1\left(v_{10}-v_1\right)=m_2\left(v_2-v_{20}\right), \quad ③$$

②可改写为

$$m_1(v_{10}^2-v_1^2)=m_2(v_2^2-v_{20}^2), \quad ④$$

由③和④可解得

$$v_{10}+v_1=v_2+v_{20},$$

或

$$v_{10}-v_{20}=v_2-v_1. \quad ⑤$$

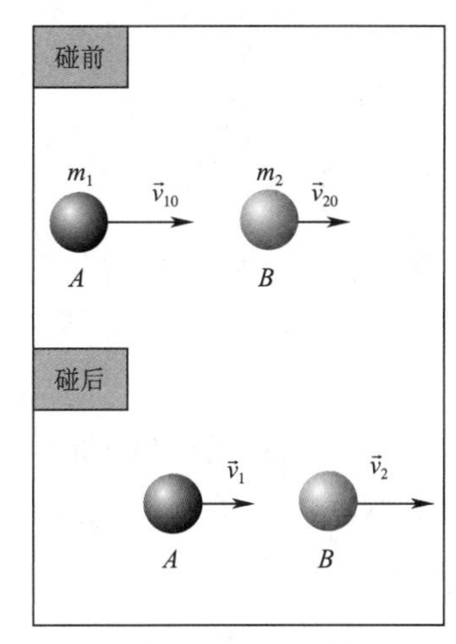

图2.33 例2.21图

⑤表明，碰撞前两球相互趋近的相对速度（$\vec{v}_{10}-\vec{v}_{20}$）等于碰撞后它们相互分开的相对速度（$\vec{v}_2-\vec{v}_1$）. 由③和⑤，可解得

$$\begin{cases} v_1=\dfrac{\left(m_1-m_2\right)v_{10}+2m_2v_{20}}{m_1+m_2}, \\ v_2=\dfrac{\left(m_2-m_1\right)v_{20}+2m_1v_{10}}{m_2+m_1}. \end{cases} \quad ⑥$$

讨论：（1）若$m_1=m_2$，由⑥可得

$$v_1 = v_{20},\quad v_2 = v_{10},$$

即两质量相同的弹性小球碰撞后互相交换速度.

（2）若$m_1 \ll m_2$，且$v_{20}=0$，由⑥可得

$$v_1 \approx -v_{10},\quad v_2 \approx 0,$$

即碰撞后，质量为m_1的小球将以同样大小的速度被质量为m_2的大球反弹回去，而大球几乎保持静止．皮球对墙壁的碰撞，以及气体分子和容器壁的碰撞，都属于这种情况．

（3）若$m_1 \gg m_2$，且$v_{20}=0$，由⑥可得

$$v_1 \approx v_{10},\quad v_2 \approx 2v_{10}.$$

这一结果表示，一个质量很大的球，当它与质量很小的球碰撞时，它的速度不发生显著改变，但质量很小的球却以近两倍于大球的速度向前运动．

例2.22 质量为m的子弹以速率v_0水平射入一质量为M的木块中，如图2.34所示．木块被一不计质量的细绳静止悬挂，绳子长度为L，子弹进入木块后与木块保持相对静止，求木块摆起的最大高度．

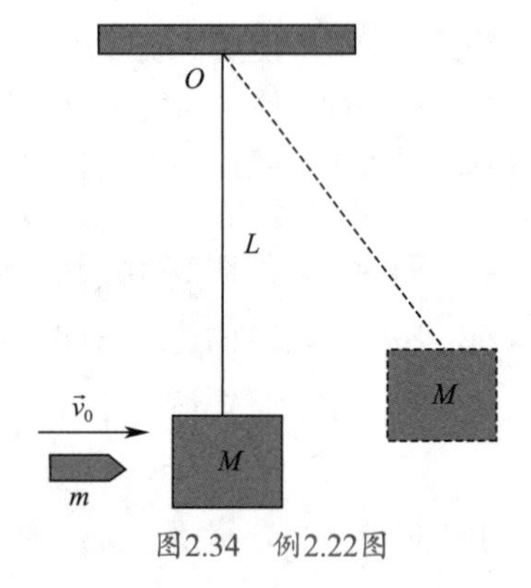

图2.34 例2.22图

解 因为子弹与木块在碰撞过程中涉及摩擦阻力，情况比较复杂，所以为简化问题，把子弹和木块看成由两个质点所组成的系统．该系统经历了以下两个阶段．

第一阶段是子弹与木块碰撞，碰撞过程所需的时间极短，这个阶段系统所受合外力为0，系统的动量守恒．碰撞后子弹和木块速度相等，有

$$mv_0 = (m+M)v_1,$$

可求得

$$v_1 = \frac{mv_0}{m+M}.$$

第二阶段是子弹和木块上摆，此阶段只有保守力（重力）在做功，故系统的机械能守恒．选取木块的最低点作为零势能点，初始位置处的机械能全部是动能，没有势能；最大高度处的机械能全部是势能，动能为0．因此有

$$\frac{1}{2}(m+M)v_1^2 = (m+M)gH_{\max},$$

可得

$$H_{\max} = \frac{v_1^2}{2g} = \frac{m^2 v_0^2}{2(m+M)^2 g}.$$

八、能量转化与守恒定律

例2.22是一道经典的质点系动量守恒结合机械能守恒的应用问题．由于摩擦阻力这一非保守力在做负功，整个系统的机械能实际上在减小．根据质点系的功能原理，系统机械能的增量等于非保守力所做的功，可以计算出摩

擦阻力将多少机械能转化为其他形式的能量，即能量是守恒的.

大量事实证明，在孤立系统内，若系统的机械能发生了变化，必然伴随等值的其他形式能量（如内能、电磁能、化学能、生物能及核能等）的增加或减少. 这说明能量既不会消失也不会创生，只能从一种形式的能量转化成另一种形式的能量. 也就是说，在一个孤立系统内，不论发生何种变化过程，各种形式的能量之间无论怎样转化，系统的总能量将保持不变. 这就是能量转化与守恒定律.

能量守恒定律是自然界中的普遍规律. 它不仅适用于物质的机械运动、热运动、电磁运动、核运动等物理运动形式，而且适用于化学运动、生物运动等运动形式. 由于运动是物质的存在形式，而能量又是对物质运动的度量，因此能量转化与守恒定律的深刻含义是运动既不会消失也不能创造，它只能由一种形式转化为另一种形式. 能量的守恒在数量上体现了运动的守恒.

例2.23 在光滑的水平台面上放有质量为M的沙箱，一颗从左方飞来的质量为m的子弹从沙箱左侧击入，在沙箱中前进一段距离l后停止. 在这段时间内沙箱向右运动的距离为ξ，此后沙箱带着子弹匀速运动. 求此过程中内力所做的功.（假定子弹所受阻力为一恒力.）

解 如图2.35所示，设子弹对沙箱的作用力为$\vec{f}'$，沙箱向右运动的距离为ξ；沙箱对子弹的作用力为$\vec{f}$，子弹向右运动的距离为$\xi+l$. $\vec{f}=-\vec{f}'$，这一对内力做的功为$W=-f(\xi+l)+f'\xi=-fl\neq 0$.

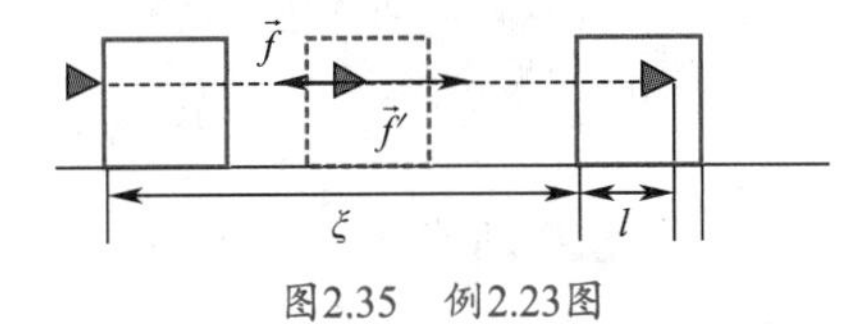

图2.35 例2.23图

说明 沙箱对子弹做的功为$-f(\xi+l)$，子弹对沙箱做的功为$f'\xi=-f\xi$，二者不相等，且二者之和不为零，它等于子弹与沙箱所组成的系统的机械能损失量. 损失的机械能转化为热能.

下面讨论一对内力做功之和的一般情况.

设质点系内第i和第j两个质点中，质点j对质点i的作用力为$\vec{F}_{ji}$，质点i对质点j的作用力为$\vec{F}_{ij}$. 当i和j两质点运动时，这一对作用与反作用内力均要做功. 这两力所做的元功之和应为

$$\mathrm{d}W=\vec{F}_{ji}\cdot\mathrm{d}\vec{r}_i+\vec{F}_{ij}\cdot\mathrm{d}\vec{r}_j,$$

由$\vec{F}_{ji}=-\vec{F}_{ij}$可以得到

$$\mathrm{d}W=\vec{F}_{ji}\cdot\left(\mathrm{d}\vec{r}_i-\mathrm{d}\vec{r}_j\right)=\vec{F}_{ji}\cdot\mathrm{d}\left(\vec{r}_i-\vec{r}_j\right)=\vec{F}_{ji}\cdot\mathrm{d}\vec{r}_{ij}.$$

上式中，$\vec{r}_i$和$\vec{r}_j$分别为第i和第j两质点对参考系原点的位矢，$\vec{r}_{ij}$是第i个质点对第j个质点的相对位矢，$\mathrm{d}\vec{r}_i$和$\mathrm{d}\vec{r}_j$则是相应的元位移，$\mathrm{d}\vec{r}_{ij}$为两质点间的相对元位移，如图2.36所示.

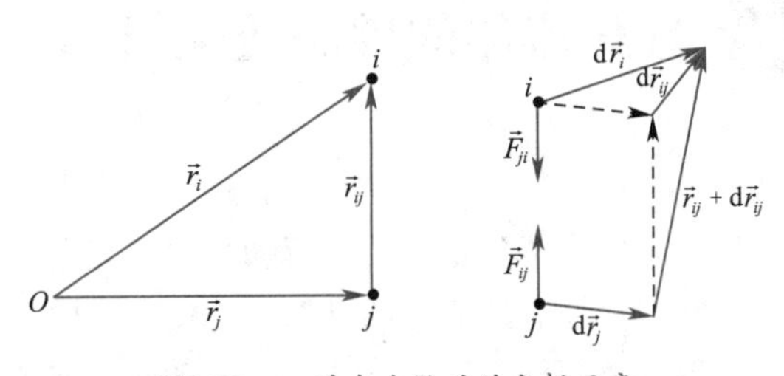

图2.36 一对内力做功的分析示意

由以上讨论可得到如下结论.

（1）由于$\mathrm{d}\vec{r}_i$与$\mathrm{d}\vec{r}_j$不一定相同，$\mathrm{d}\vec{r}_{ij}$一般不为零，故一对内力的元功之和一般不为零，一对内力做功之和一般也不为零.

（2）由于相对位矢$\vec{r}_{ij}$及相对元位移$\mathrm{d}\vec{r}_{ij}$与参考系无关，故一对内力做功之和也与参考系的选择无关.

例2.24　如图2.37所示，一链条总长为l、质量为m，放在桌面上并使其一部分下垂，下垂的长度为a. 设链条与桌面间的滑动摩擦系数为μ，使链条从静止开始运动. 问：（1）到链条离开桌面的过程中，摩擦力对链条做了多少功？（2）链条离开桌面时的速率是多少？

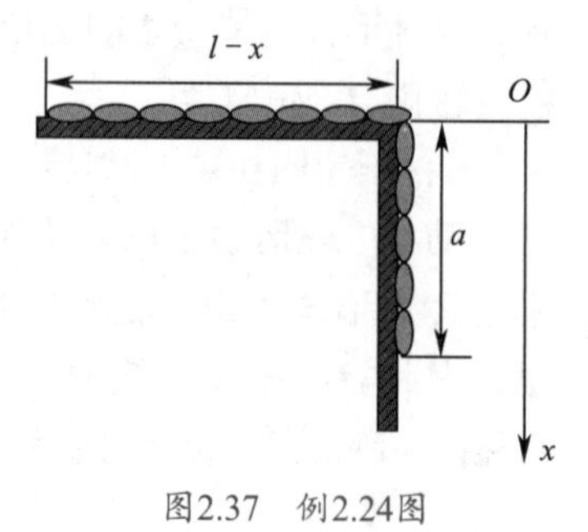

图2.37　例2.24图

解　（1）选定原点O和x轴正方向，如图2.37所示. 设某时刻已滑离桌面的链条长度为x，则留在桌面上的长度为$l-x$，该部分链条所受摩擦力大小为$f=\dfrac{\mu mg(l-x)}{l}$，方向与滑动方向相反.

摩擦力对链条所做的功为

$$W_f=\int_a^l-\frac{\mu mg(l-x)}{l}\mathrm{d}x=-\frac{\mu mg}{2l}(l-a)^2.$$

（2）依据动能定理，对于链条，有重力、摩擦力两个力做功，即有

$$\sum W=W_G+W_f=\frac{1}{2}mv^2-\frac{1}{2}mv_0^2.$$

链条滑落过程中，重力做的功为

$$W_G=\int_a^l\frac{mg}{l}x\mathrm{d}x=\frac{mg}{2l}\left(l^2-a^2\right),$$

取$v_0=0$，则

$$\sum W=\frac{mg}{2l}\left(l^2-a^2\right)-\frac{\mu mg}{2l}(l-a)^2=\frac{1}{2}mv^2,$$

求解得链条离开桌面时的速率为

$$v=\sqrt{\frac{g}{l}\left[\left(l^2-a^2\right)-\mu(l-a)^2\right]}.$$

*2.5 理想流体的性质及伯努利方程

流体是指质量连续分布且具有流动性的质点系. 一般来说，流体不具备保持原来形状的弹性. 地面上的水顺着沟槽弯弯曲曲地伸展并分成支流，绝无回到原来形状的可能，这就是流体的流动性. 连续性是指系统由一个紧挨

一个的无穷多个无穷小的流体微团所组成.

流体力学包含许多部分，如流体静力学、水力学、气体动力学、磁流体力学、高温流体动力学、湍流理论和相对论流体动力学等. 本节所介绍的用功能原理处理理想流体的方法，是除流体静力学以外的其他部分的基础.

一、理想流体

无论是气体还是液体都可以压缩. 在500个大气压下，每增加一个大气压，水的体积的减少量不到原体积的二万分之一，水银体积的减少量不到原体积的百万分之四. 所以通常不考虑液体的压缩性. 气体的可压缩性非常明显，譬如用不太大的力推动活塞即可使气缸中气体的体积明显地减少. 但由于其良好的流动性，因此在一定的条件下，气体也是不易压缩的. 例如，在一根光滑管中的气体，当流动速度不是很大时，讨论因流动而引起的压缩，管中气体的密度的变化是甚微的. 反之，在打喷嚏或咳嗽这类问题中，即气体流速可与声速相比时，则应计入可压缩性. 为此定义一个马赫数，M=流速/声速，若$M^2 \ll 1$，则气体可视为不可压缩. 总之，在一定问题中，若可不考虑流体的压缩性，便可将它抽象为不可压缩流体的理想模型.

流体流动时，将表现出或多或少的黏性，即当流体运动时，层与层之间将出现阻碍相对运动的内摩擦力. 例如，河流中心的水流动较快，由于黏性，靠近岸边的水却几乎不动. 在某些问题中，若流体的流动性是主要的，黏性居于次要地位，则可以认为流体完全没有黏性，这样的流体叫作非黏性流体.

所谓理想流体，是指不可压缩的无黏性的流体.

二、不可压缩流体的连续性方程

1. 定常流、流线和流管

流体可视为由无穷多个流体微团组成的质点系. 显然，跟踪每个流体微团并求出它们各自的运动规律是非常困难的. 但是，如果把注意力移到各空间点，观察各流体微团经过这些空间点的流速，则比较方便. 这时空间的每一点均有一定的流速矢量与之对应，这样的空间区域称为速度场.

流体的运动在一般情况下，既与观察点的位置有关，又与观察时刻有关. 在同一时刻，从不同的观察点看到的流体的情况不一样，这时描述流体运动的物理量，如速度，既是位置的函数，又是时间的函数，即

$$\vec{v}=\vec{v}\left(\vec{r},t\right).$$

但在流体运动中，有一种简单而重要的运动，流体的速度仅为位置的函数而与时间无关，即$\vec{v}=\vec{v}\left(\vec{r}\right)$，这种流动称为定常流，或称为稳定流动. 例如，水龙头中的细流、水渠中的缓流、石油输送管中的石油流动，在不太长的时间

内，均可看作定常流．

在定常流中，流体的运动速度只与其经过的空间位置有关，而与具体的质点无关．例如，在流体所流经的空间中取点1, 2, 3, …，则不管流体的哪一部分体元流经1, 2, 3, …位置时，都必定以$\vec{v}_1, \vec{v}_2, \vec{v}_3, \cdots$的速度运动．设1, 2, 3, …是一些连续的点，流体流出1点后，必然顺次流经2, 3等点，这样的一些点所组成的轨迹称为流线．所谓流线，在速度场中，作一簇曲线，使曲线上每一点的切线方向都与流体流经该点时的流速矢量方向一致，这样的一簇曲线即为流线．

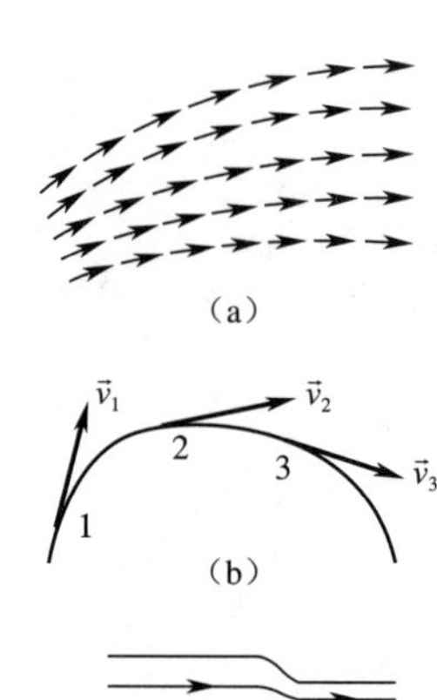

（a）

（b）

在定常流中，流线的形状是稳定不变的．在稳定流动中，每一点的速度只可能有一个方向，故流线不能相交，如图2.38（a）和图2.38（b）所示．

由于在流线上的每一点流体运动方向与流线相切，而在定常流中流线又不会相交，因此可以选取一束流线围成一个管状，则管外的流体不会流入管内，而管内的流体也不会流出管外，如图2.38（c）所示．把这种用流线围成的管称为流管．

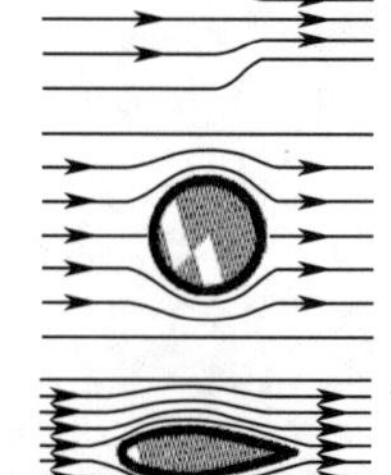

（c）

在定常流中，流管的形状与实际的管道非常相似，于是可以将管道内的流体划分为许多相邻的流管，那么研究了每个流管中流体运动的情况，就可以知道整个管道中全部流体运动的情况．因此，流管就相当于流体力学中的隔离体，如图2.38（d）所示．

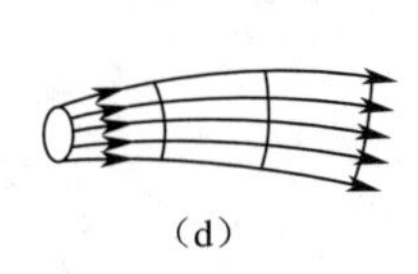

（d）

图2.38　流线和流管

2. 不可压缩流体的连续性方程

在流体中任取一流管，在流管中任取两点1和2，过1和2两点作垂直于流管的截面ΔS_1和ΔS_2，并令ΔS_1和ΔS_2足够小，即使ΔS_1和ΔS_2面上各点的流速分别为1和2两点的流速$\vec{v}_1$与$\vec{v}_2$，如图2.39所示．由于流体是不可压缩的，因此在Δt时间内通过ΔS_1截面的流体的体积与通过ΔS_2截面的流体的体积应该相等，即有

$$\vec{v}_1 \Delta t \Delta S_1 = \vec{v}_2 \Delta t \Delta S_2,$$

亦即

$$\vec{v}_1 \Delta S_1 = \vec{v}_2 \Delta S_2.$$

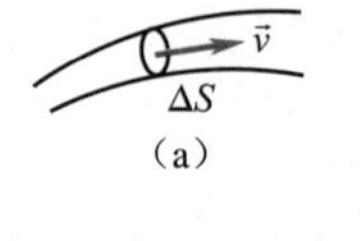

（a）

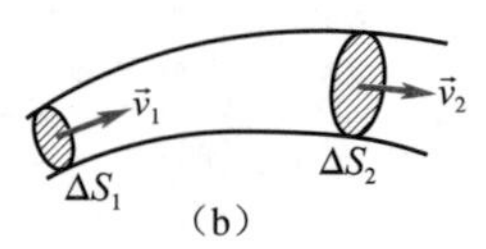

（b）

图2.39　连续性方程

由于1和2两点是从流管中任取的，因此上式对任何垂直于流管的截面都是成立的，即有

$$\vec{v}\Delta S = Q(\text{恒量}).$$

上式中$\vec{v}\Delta S = Q$称为流量——单位时间内通过流管中某一截面的流体体积．上式表明：对于不可压缩的流体，通过流管各横截面的流量相等．这就是连续性原理，上式就是连续性方程．

由连续性方程可以看出，同一流管中，截面积大的地方流速小，而截面积小的地方流速大．例如，若把整个河道看成一个流管，则可知河道狭窄处流水湍急，而河道宽阔处流速缓慢．由于流速与流线紧密相连，而流管中截面小处流速大，同时，截面小的地方也正是流线密集之处，由此可见，对于不可压缩的流体，流线密集处流速大，流线稀疏处流速小．

三、流体动力学的处理方法——伯努利方程

解决动力学问题有3种方法，一是突出过程的矢量性与瞬时性的牛顿运动定律；二是突出始末状态矢量关系的动量定理与角动量定理；三是突出始末状态标量关系的功能原理．对于流体，由于它的流动性和连续性，过程中瞬时性和矢量性相当复杂，故在处理流体力学问题时，通常用功能原理，而伯努利方程就是功能原理在理想流体定常流中的具体表达形式．

下面在惯性系中，讨论理想流体在重力作用下做定常流动的情况．如图2.40所示，在理想流体内某一细流管中任取微团ab，其自位置1运动至位置2，因形状发生变化，在位置1和位置2处的长度分别为Δl_1和Δl_2，底面积分别为ΔS_1和ΔS_2．由于不可压缩，密度ρ不变，微团ab的质量$m=\rho\Delta l_1\Delta S_1=\rho\Delta l_2\Delta S_2$．另外，微团$ab$的体积相对于流体流过的空间很小，微团范围内各点的压强和流速也可认为是均匀的，分别用p_1与p_2、$\vec{v}_1$与$\vec{v}_2$表示．设微团始末位置距重力势能零点的高度分别为h_1和h_2．微团ab本身的线度和它所经过的路径相比非常小，因此，在应用动力学原理时可将它视为质点．现应用质点系功能原理，有

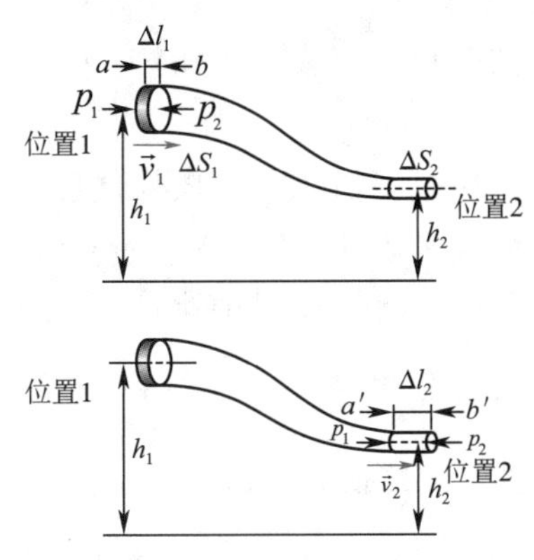

图2.40 理想流体在重力作用下做定常流动

$$W_{外}+W_{内非}=\left(E_k+E_p\right)-\left(E_{k0}+E_{p0}\right).$$

微团的动能增量为

$$E_k-E_{k0}=\frac{1}{2}mv_2^2-\frac{1}{2}mv_1^2=\frac{1}{2}\rho\Delta l_2\Delta S_2v_2^2-\frac{1}{2}\rho\Delta l_1\Delta S_1v_1^2.$$

微团的势能增量为

$$E_p-E_{p0}=mgh_2-mgh_1=\rho g\Delta l_2\Delta S_2h_2-\rho g\Delta l_1\Delta S_1h_1.$$

因为是理想流体，没有黏性（即没有切向力），所以不存在黏性力做功，只需考虑周围流体对微团ab压力所做的功．但压力总是与所取截面垂直，因此，作用于侧面上的压力不做功，只有作用于微团前后两底面的压力做功．它包括两部分：作用于后底面的压力由a至a'做的正功及作用于前底面的压力由b至b'做的负功．值得注意的是，前底面和后底面都经过路程ba'．因为是定常流动，它们先后通过这段路程同一位置时的截面积相同，压强也相等，不同的只是一力做正功，另一力做负功，其和恰好为零．所以，压力所做的功只包括压力推后底面由a至b做的正功及压力阻止前底面由a'至b'做的负功，即有

$$W_{外}+W_{内非}=p_1\Delta S_1\Delta l_1-p_2\Delta S_2\Delta l_2.$$

进而可得

$$\frac{1}{2}\rho\Delta l_2\Delta S_2v_2^2+\rho gh_2\Delta l_2\Delta S_2-\frac{1}{2}\rho\Delta l_1\Delta S_1v_1^2-\rho gh_1\Delta l_1\Delta S_1=p_1\Delta S_1\Delta l_1-p_2\Delta S_2\Delta l_2.$$

因为理想流体不可压缩，依连续性原理有

$$\Delta l_1 \Delta S_1 = \Delta l_2 \Delta S_2 = \Delta V,$$

代入前式，并用ΔV除等式两端，得

$$\frac{1}{2}\rho v_1^2 + \rho g h_1 + p_1 = \frac{1}{2}\rho v_2^2 + \rho g h_2 + p_2. \tag{2.50}$$

因为位置1和位置2是任意选定的，所以对同一细流管内各不同截面有

$$\frac{1}{2}\rho v^2 + \rho g h + p = \text{恒量}. \tag{2.51}$$

式（2.50）和式（2.51）称为伯努利方程.

在推导中，选择一定流体微团并研究其沿细流管的运动，涉及的压强p和流速v实际指细流管横截面上的平均值．可以在推导的最后阶段，令$\Delta S \to 0$，于是流管演变为流线，而式（2.50）中各量则表示在同一流线上不同两点1和2处的取值．于是得到下面的结论：在惯性系中，当理想流体在重力作用下做定常流动时，一定流线上（或细流管内）各点的量$\frac{1}{2}\rho v^2 + \rho g h + p$为一恒量.

一般来说，恒量$\frac{1}{2}\rho v^2 + \rho g h + p$的数值因流线而异．但在特殊情况下，不同流线上的恒量相同．值得指出的是，在均匀流场中，即在某个空间中当各流体微团以相同的速度沿水平方向做匀速直线运动时，若在这个空间选取一个竖直方向的柱形隔离体，其上下底面分别包含A点和B点，此隔离体必将沿水平方向匀速运动，而在竖直方向无加速度，根据平衡条件可得出与静止流体中类似的公式

$$p_B = p_A + \rho g h, \tag{2.52}$$

h表示A和B两点的高度差．如图2.41所示，以B点所在高度为重力势能零点，则A点所在流线上各点有

$$\frac{1}{2}\rho v^2 + \rho g h + p_A = C_A, \tag{2.53}$$

C_A为恒量；B点所在流线上各点有

$$\frac{1}{2}\rho v^2 + p_B = C_B, \tag{2.54}$$

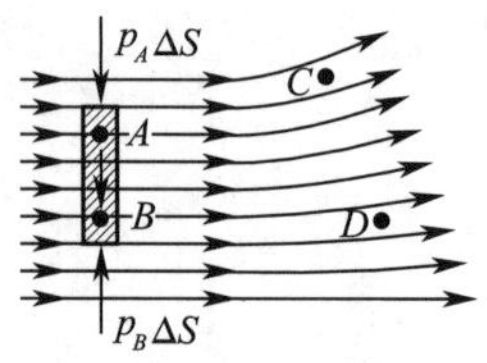

图2.41　各流线上伯努利方程中恒量相同数值的特例

C_B亦为恒量．由式（2.52）～式（2.54）得$C_A = C_B$，故不同流线上伯努利方程中的恒量是相等的．图2.41中A点、B点、C点和D点等处伯努利方程中的恒量都一样．上文仅论述流速沿水平方向的情况，不难证明，只要流线来自这样的空间，该空间中的流体微团均以相同速率沿同一方向做匀速运动，上面的结论总是正确的．现在看另一种情况．仍如图2.41所示，诸流线均来自彼此平行的空间，但流速不同．因为在竖直方向仍可按平衡问题处理，所以式（2.52）仍成立．然而，因为式（2.53）和式（2.54）中的流速不同，所以$C_A \neq C_B$．于是，伯努利方程仍需在一流线上成立.

四、伯努利方程的应用

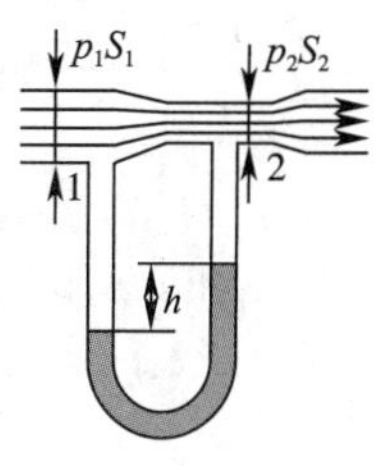

图2.42 文丘里管

1. 文丘里（Venturi）流量计（即文丘里管）的原理

文丘里管常用于测量液体在管中的流量或流速．如图2.42所示，在变截面管的下方，装有U形管，内装水银．测量水平管道内的流速时，可将流量计串联于管道中，根据水银液面的高度差，即可求出流量或流速．

例2.25 已知文丘里管管道横截面分别为S_1和S_2，水银与液体的密度分别为$\rho_{汞}$与ρ，水银液面高度差为h，求液体流量．设管中为理想流体做定常流动．

解 在惯性系中，文丘里管内理想流体在重力作用下做定常流动，可运用伯努利方程．根据伯努利方程的要求，在管道中心轴线处取细流线，如图2.42所示，对于流线上1、2两点，有

$$\frac{1}{2}\rho v_1^2+p_1=\frac{1}{2}\rho v_2^2+p_2,$$

在1与2处取与管道垂直的横截面S_1和S_2，根据连续性方程有

$$v_1S_1=v_2S_2.$$

由于通过S_1和S_2横截面的流线是平行的，横截面上压强随高度分布的规律与静止流体中相同（参考图2.41及有关论述）．U形管内显然为静止流体．因此，自1点经U形管到2点，可运用不可压缩静止流体的压强公式，由此得出管道中心线上1处与2处的压强差为

$$p_1-p_2=\left(\rho_{汞}-\rho\right)gh.$$

将以上3式联立，可求出流量为

$$Q=v_1S_1=v_2S_2=\sqrt{\frac{2\left(\rho_{汞}-\rho\right)ghS_2^2S_1^2}{\rho\left(S_1^2-S_2^2\right)}}.$$

等式右方除h外均为常数，因此可根据高度差求出流量．

2. 皮托（Pitot）管原理

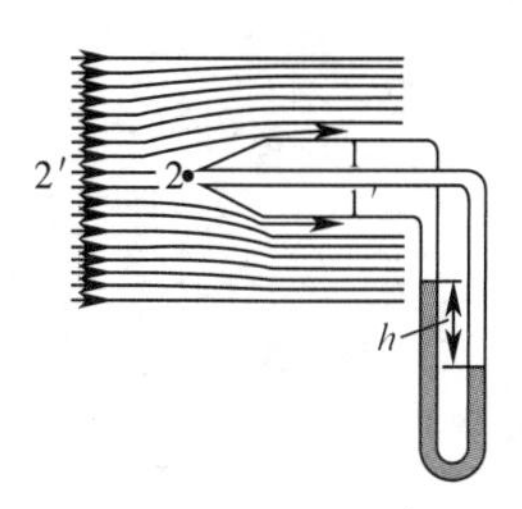

图2.43 皮托管

皮托管常用来测量气体的流速．如图2.43所示，开口1与气体流动的方向平行，开口2则垂直于气体流动的方向．两开口分别通向U形管压强计的两端，根据液面的高度差即可求出气体的流速．

例2.26 已知皮托管中气体密度为ρ，液体密度为$\rho_{液}$，管内液面高度差为h，求气体流速．设气流沿水平方向，皮托管亦水平放置．此气体可视作理想流体，并相对于皮托管做定常流动．

解 因气体可视作理想流体，又知气体做定常流动，并在惯性系内的重力场中，所以可应用伯努利方程．用皮托管测流速，相当于在流体内放一障碍物，流体将被迫分成两路绕过此物体，在物体前方流体开始分开的地方，在流线流速等于零的一点，称为驻点（见图2.43中2点）．如图2.43所示，通过1、2各点的各流线均来自远处，在远处未受皮托管干扰的地方，流体内各部分均相对于皮托管以相同的速度做匀速直线运动（如飞机在空中匀速直线飞行，远处空气相对于机身均以相同速度做匀速直线运动），空间各点的$\frac{1}{2}\rho v^2+\rho gh+p$为一恒量．

对于1、2两点，有

$$\frac{1}{2}\rho v_1^2+\rho g h_1+p_1=\rho g h_2+p_2,$$

h_1和h_2表示1、2两点相对于势能零点的高度．这两点的高度差很小，可不予考虑，因此

$$\frac{1}{2}\rho v_1^2=p_2-p_1.$$

皮托管的大小和气体流动的范围相比是微乎其微的，仪器的放置对流速分布的影响不大，可近似认为v_1即为欲测流速，于是

$$v_1=\sqrt{\frac{2(p_2-p_1)}{\rho}}.$$

又因为

$$p_2-p_1=\rho_{液}gh,$$

所以流速是

$$v_1=\sqrt{\frac{2\rho_{液}gh}{\rho}}.$$

这里介绍一下"驻点压强"．将伯努利方程应用于图2.43中流线2′2，在2′点压强为大气压p_0、流速为v，而p_2表示驻点压强，驻点处流速为零，则

$$p_2=p_0+\frac{1}{2}\rho v^2.$$

由于$\frac{1}{2}\rho v^2>0$，所以$p_2>p_0$，即驻点处有较高的压强．

将皮托管用在飞机上，可测空气相对于飞机的速率．但飞机上不宜用U形管，而采用金属盒，其内外分别与图2.43中1和2相通，通过金属盒因内外压强差发生变形以测空气相对于飞机的速率．

3. 小孔流速

例2.27 水库放水、水塔经管道向城市输水以及挂瓶为病人输液等，其共同特点是液体自大容器经小孔流出．由此得到下面研究的理想模型：大容器下部有一小孔，小孔的线度与小孔处至容器内液体自由表面的高度h相比很小，液体可视作理想流体．求在重力场中液体从小孔流出的速率．

解 随着液面下降，小孔处的流速也会逐渐减小，严格说来，并不是定常流动．但因孔径极小，若观测时间较短，液面高度没有明显变化，仍然可以看作定常流动．选择小孔中心作为势能零点，并对从液体自由表面到小孔的流线运用伯努利方程．因可认为液体自由表面的流速为零，故

$$\rho g h+p_0=\frac{1}{2}\rho v^2+p_0,$$

式中p_0表示大气压，v表示小孔处流速，ρ表示液体密度．解出v，得

$$v=\sqrt{2gh}.$$

结果表明，小孔处流速和物体自高度h处自由下落得到的速率是相同的．

图2.44（a）中若喷嘴与容器内壁的接合处呈圆滑曲线，则流束截面积将与孔口面积相

同．如果是直壁孔口，如图2.44（b）所示，情况就不同，由于流体微团的惯性，沿壁面流出小孔的流体微团不可能突然改变自己的运动方向，必然沿着光滑的曲线运动．小孔外流管（又称流束）的直径比孔口直径小，这种情况叫作流束收缩．流束截面积与孔口面积之比叫作收缩系数，自薄壁圆孔出来的射流，收缩系数在0.61～0.64之间．

已知小孔流速，还可求出流量．若无流束收缩，又不计黏性影响，则流量$Q=v_1S=S\sqrt{2gh}$，S为孔口截面积．若有流束收缩，又考虑黏性，则应将上式加以改进，$Q=\mu S\sqrt{2gh}$（$\mu<1$，称为流量系数，可由实验测出）．根据理想模型推出公式，再根据实验加以改正，这是很常见的方法．

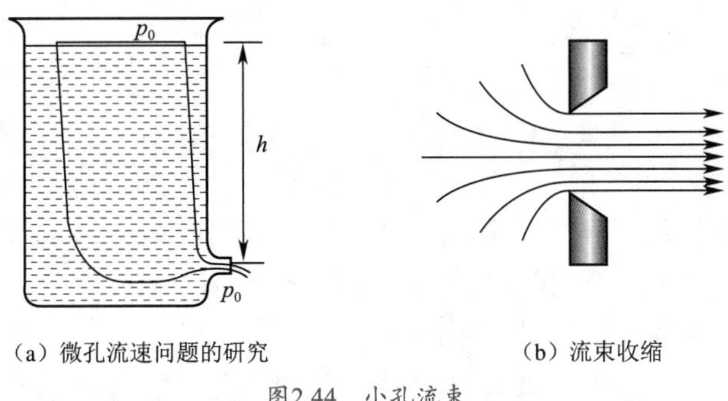

（a）微孔流速问题的研究　　（b）流束收缩

图2.44　小孔流束

若所研究问题中气体有明显的压缩/膨胀而温度的变化必须考虑时，便不适用理想流体的理想模型，需要用其他方程描述流动，并得到与上述小孔流速不同的结论．图2.45（a）表示高压气体自收缩的小孔喷出，按可压缩流体力学，喷出速度不会超过声速．当需要产生超声速流动时，如研究超声速流，则需自喷气口引出膨胀管．进一步的理论可证明，超声速流线越稀疏流速越大，因而可在扩张处得到超声速流，如图2.45（b）所示，该装置称为拉瓦尔（Laval）喷管．

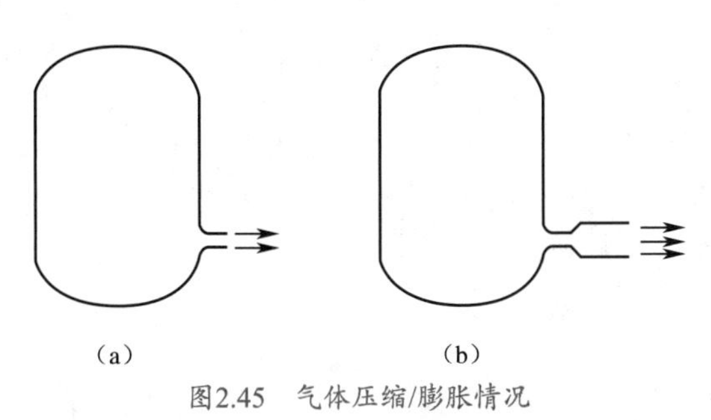
（a）　　（b）

图2.45　气体压缩/膨胀情况

本章提要

1. 力的瞬时效应——牛顿运动定律

第一定律

- 惯性和力的概念
- 惯性系的定义

第二定律　$\vec{F}=\dfrac{\mathrm{d}(m\vec{v})}{\mathrm{d}t}$

当m为常数时有　$\vec{F}=m\vec{a}$.

第三定律　$\vec{F}_{12}=-\vec{F}_{21}$

（1）牛顿运动定律只适用于低速、宏观的情况，且只在惯性系和质点模型下成立.

（2）在具体运用时，要根据所选坐标系选用坐标分量式.

（3）要根据力函数的形式选用不同形式的公式.

- 若力函数$\vec{F}=$常矢量，则选取$\vec{F}=m\vec{a}$.
- 若力函数$\vec{F}=\vec{F}(\vec{v})$，则选取$\vec{F}(\vec{v})=m\dfrac{\mathrm{d}\vec{v}}{\mathrm{d}t}$.
- 若力函数$\vec{F}=\vec{F}(\vec{r})$，则选取$\vec{F}(\vec{r})=m\dfrac{\mathrm{d}^2\vec{r}}{\mathrm{d}t^2}$.

要求掌握运用微积分处理质点在变力作用下的直线运动情况.

*（4）在非惯性系中引入惯性力.

①平动加速参考系　$\vec{F}_{惯}=-m\vec{a}_s$

②转动参考系

- 惯性离心力　$\vec{f}_c^*=m\omega^2\vec{r}$
- 科里奥利力　$\vec{f}_k^*=2m\vec{u}_{相}\times\vec{\omega}$

2. 力的时间积累效应——动量定理

微分形式　$\vec{F}=\dfrac{\mathrm{d}\vec{p}}{\mathrm{d}t}=\dfrac{\mathrm{d}(m\vec{v})}{\mathrm{d}t}$

积分形式　$\int_{t_1}^{t_2}\vec{F}\mathrm{d}t=\Delta(m\vec{v})$

（1）质点系的动量守恒：当质点系所受的合外力为零时，$\sum\limits_i m_i\vec{v}_i=$常矢量.

*（2）质心的观念：质心的位矢 $\vec{r}_c=\dfrac{1}{m}\sum\limits_i m_i\vec{r}_i$.

3. 力的空间积累效应——动能定理

功 $W=\int_1^2 \vec{F}\cdot \mathrm{d}\vec{r}$

动能定理 $\int_1^2 \vec{F}\cdot \mathrm{d}\vec{r}=\Delta\left(\frac{1}{2}mv^2\right)=\Delta E_{\mathrm{k}}$

保守力 $\oint_l \vec{F}_{保}\cdot \mathrm{d}\vec{r}\equiv 0$

势能函数 $E_{\mathrm{p}}=-\int \vec{F}_{保}\cdot \mathrm{d}\vec{r}+c$

质点系的功能原理 $W_{外}+W_{内非}=E_2-E_1$（$E=E_{\mathrm{k}}+E_{\mathrm{p}}$表示机械能）

机械能守恒

- 孤立的保守系统其机械能一定守恒.
- 若$W_{外}=0$和$W_{内非}=0$，则$\sum_i\left(E_{\mathrm{k}i}+E_{\mathrm{p}i}\right)$=常量.

*4. 理想流体的伯努利方程

理想流体为不可压缩的无黏性流体.

连续性方程 $\vec{v}\Delta S=$恒量

伯努利方程（同一条流线上） $\frac{1}{2}\rho v^2+\rho gh+p=$恒量

2.1 用水平力$\vec{F}_N$把一个物体压在粗糙的竖直墙面上保持静止．当$\vec{F}_N$逐渐增大时，物体所受的静摩擦力$\vec{F}_f$的大小（　　）.

A．不为零，但保持不变

B．随$\vec{F}_N$成正比地增大

C．开始随$\vec{F}_N$增大，达到某一最大值后就保持不变

D．无法确定

2.2 一段路面水平的公路，转弯处轨道半径为R，汽车轮胎与路面间的滑动摩擦系数为μ，要使汽车不至于发生侧向打滑，汽车在该处的行驶速率（　　）.

A．不得小于$\sqrt{\mu gR}$　　B．必须等于$\sqrt{\mu gR}$

C．不得大于$\sqrt{\mu gR}$　　D．还应由汽车的质量 m 决定

2.3 一物体沿固定的圆弧形光滑轨道由静止下滑，在下滑过程中，（　　）.

A．它的加速度方向永远指向圆心，其速率不变

B．它所受到的轨道作用力的大小不断增加

C．它受到的合外力大小变化，方向永远指向圆心

D．它受到的合外力大小不变，其速率不断增加

2.4　一质量为M的斜面原来静止于水平光滑平面上，将一质量为m的木块轻轻放于斜面上，如图2.46所示，如果此后木块能静止于斜面上，则斜面将（　　）.

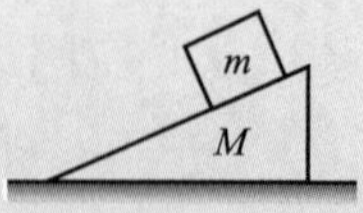

图2.46　2.4题图

A．保持静止　　B．向右加速运动

C．向右匀速运动　　D．向左加速运动

2.5　质量分别为m_1和m_2的两滑块A和B通过一轻弹簧水平连接后置于水平桌面上，两滑块与桌面间的滑动摩擦系数均为μ，系统在水平拉力$\vec{F}$的作用下匀速运动，如图2.47所示，如突然撤掉拉力，则刚撤掉的瞬间，两滑块的加速度a_A和a_B分别为（　　）.

图2.47　2.5题图

A．$a_A=0, a_B=0$　　B．$a_A>0, a_B<0$　　C．$a_A<0, a_B>0$　　D．$a_A<0, a_B=0$

2.6　对于质点系，有下列说法：

①质点系总动量的改变与内力无关；

②质点系总动能的改变与内力无关；

③质点系机械能的改变与内力无关.

下列对上述说法的判断，正确的是（　　）.

A．只有①是正确的　　B．①和②是正确的

C．①和③是正确的　　D．②和③是正确的

2.7　对于功的概念，有以下几种说法：

①保守力做正功时，系统内相应的势能增加；

②质点运动经一闭合路径，保守力对质点做的功为零；

③作用力与反作用力大小相等、方向相反，所以二者所做功的代数和必为零.

在上述说法中，（　　）.

A．①和②是正确的　　B．②和③是正确的

C．只有②是正确的　　D．只有③是正确的

2.8　一个质点同时在几个力的作用下发生的位移$\Delta\vec{r}=4\vec{i}-5\vec{j}+6\vec{k}$（SI），其中一个力恒为$\vec{F}=-3\vec{i}-5\vec{j}+9\vec{k}$（SI），则此力在该位移过程中所做的功为（　　）.

A．−67J　　B．17J　　C．67J　　D．91J

2.9　对一个物体系统而言，下列哪种情况下系统的机械能守恒？（　　）

A．合外力为0　　B．合外力不做功

C．外力和非保守内力都不做功　　D．外力和保守内力都不做功

2.10　一质点在几个力同时作用下运动时，下列哪种说法正确？（　　）

A．质点的动量改变时，质点的动能一定改变

B．质点的动能不变时，质点的动量也一定不变

C．外力的冲量是零，外力做的功一定为零

D．外力做的功为零，外力的冲量一定为零

2.11 某质点在力$\vec{F}=(4+5x)\vec{i}$（SI）的作用下沿x轴做直线运动．在从$x=0$移动到$x=10\text{m}$的过程中，力$\vec{F}$所做的功为_______________．

2.12 质量为m的物体在水平面上做直线运动，当速率为v时仅在摩擦力作用下开始做匀减速运动，经过距离s后速率减小为零，则物体加速度的大小为_______________，物体与水平面间的滑动摩擦系数为_______________．

2.13 在光滑的水平面上有两个物体A和B，已知$m_A=2m_B$．①物体A以一定的动能E_k与静止的物体B发生完全弹性碰撞，则碰撞后两物体的总动能为_______________．②物体A以一定的动能E_k与静止的物体B发生完全非弹性碰撞，则碰撞后两物体的总动能为_______________．

2.14 针对下列情况，说明质点所受合力的特点．

（1）质点做匀速直线运动．

（2）质点做匀减速直线运动．

（3）质点做匀速圆周运动．

（4）质点做匀加速圆周运动．

2.15 举例说明以下两种说法是不正确的．

（1）物体受到的摩擦力的方向总是与物体的运动方向相反．

（2）摩擦力总是阻碍物体运动．

2.16 质点系动量守恒的条件是什么？在什么情况下，即使外力不为零，也可用动量守恒定律近似求解？

2.17 在经典力学中，质量、动量、冲量、动能、势能、功等物理量中，与参考系的选取有关的有哪些？

2.18 一细绳跨过一定滑轮，绳的一边悬有一质量为m_1的物体，另一边穿在质量为m_2的圆柱体的竖直细孔中，圆柱体可沿绳子滑动，如图2.48所示．现看到绳子从圆柱体的细孔中加速上升，圆柱体相对于绳子以匀加速度$\vec{a}'$下滑，求m_1和m_2相对于地面的加速度、绳的张力及圆柱体与绳子间的摩擦力（绳轻且不可伸长，滑轮的质量及轮与轴间的摩擦不计）．

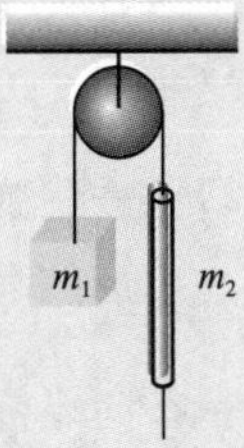

图2.48　2.18题图

2.19 一个质量为m的质点，在光滑的固定斜面（倾角为α）上以初速度$\vec{v}_0$运动，$\vec{v}_0$的方向与斜面底边的水平线AB平行，如图2.49所示，求该质点的运动轨道．

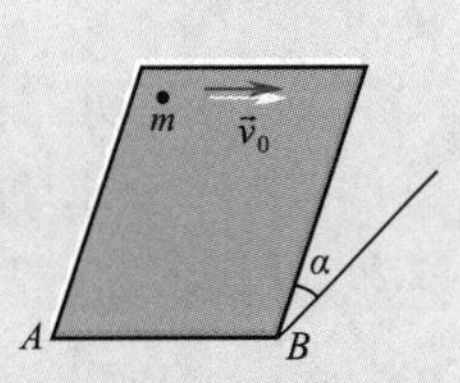

图2.49　2.19题图

2.20 质量为16kg的质点在xOy平面内运动，受一恒力$\vec{F}=6\vec{i}-7\vec{j}$（SI）作用，当$t=0$时，质点位于坐标系原点，即$\vec{r}=0$，且其初速度是$\vec{v}_0=-2\vec{i}\,(\text{SI})$．求当$t=2\text{s}$时质点的位矢和速度．

2.21 质点在流体中做直线运动，受到与速率成正比的阻力kv（k为常数）作用．$t=0$时质点的速度为$\vec{v}_0$．证明：（1）t时刻的速度为$\vec{v}=\vec{v}_0\text{e}^{-\frac{k}{m}t}$；（2）由0到$t$的时间段内，质点经过的距离为$x=\frac{mv_0}{k}\left(1-\mathrm{e}^{-\frac{k}{m}t}\right)$；（3）停止运动前质点经过的距离为$\frac{mv_0}{k}$；（4）当$t=\frac{m}{k}$时，质点的速度减至$\vec{v}_0$的$\frac{1}{\mathrm{e}}$.（$m$为质点的质量.）

2.22 一质量为m的质点以与地面的夹角θ=30° 的初速度$\vec{v}_0$从地面抛出，若忽略空气阻力，求质点落地时相对抛射时的动量增量.

2.23 一质量为m的小球从某一高度处水平抛出，落在水平桌面上发生弹性碰撞，并在抛出1s后，跳回到原高度，速度仍是水平方向，速度大小也与抛出时相等. 求小球与桌面碰撞过程中，桌面给予小球的冲量的大小和方向. 并判断在碰撞过程中，小球的动量是否守恒.

2.24 作用在质量为10kg的物体上的力为$\vec{F}=(10+2t)\vec{i}$(N)，式中t的单位是s.（1）求4s后，该物体的动量和速度的变化，以及力给予物体的冲量.（2）为了使该力的冲量为200N·s，该力应在物体上作用多久？ 试就一原来静止的物体和一个具有初速度$-6\vec{j}$m·s^{-1}的物体，回答上述两个问题.

2.25 一质量为m的质点在xOy平面上运动，其位置矢量为

$$\vec{r}=a\cos\omega t\vec{i}+b\sin\omega t\vec{j}.$$

求：（1）质点的动量；（2）t=0 到 $t=\frac{\pi}{2\omega}$时间段内质点所受的合力的冲量；（3）质点动量的改变量.

2.26 一颗子弹由枪口射出时速率为v_0（SI），当子弹在枪筒内被加速时，它所受的合力大小为$F=a-bt$(N)（a和b为常数），其中t以s为单位.（1）假设子弹飞行到枪口处合力刚好为零，试计算子弹走完枪筒全长所需的时间.（2）求子弹所受的冲量.（3）求子弹的质量.

2.27 一炮弹质量为m，以速率v飞行，其内部炸药使炮弹分裂为两块，爆炸后弹片增加的动能为T（炸药所致），且一块的质量为另一块质量的k倍，如二者仍沿原方向飞行，试证其速率分别为$v+\sqrt{\frac{2T}{km}}$和$v-\sqrt{\frac{2T}{km}}$.

2.28 设$\vec{F}_{合}=7\vec{i}-6\vec{j}$(N).（1）当一质点从原点运动到$\vec{r}=-3\vec{i}+4\vec{j}+16\vec{k}$(m)时，求$\vec{F}_{合}$所做的功.（2）如果质点到$\vec{r}$处需0.6s，试求平均功率.（3）如果质点的质量为1kg，试求动能的变化.

2.29 用铁锤将一铁钉击入木板中，设木板对铁钉的阻力与铁钉进入木板内的深度成正比. 第一次用铁锤击打铁钉时，能将铁钉击入木板内1cm. 问：第二次用铁锤击打铁钉时，能击入多深？假定用铁锤两次打击铁钉时速度相同.

2.30 设质量为m的质点在其保守力场中位矢为$\vec{r}$处的势能为$E_{\mathrm{p}}(\vec{r})=-\frac{k}{r^n}$，试求质点所受保守力的大小和方向.

2.31 一根劲度系数为k_1的轻弹簧A的下端，挂了一根劲度系数为k_2的轻弹簧B，B的下端又挂一重物C，C的质量为M，如图2.50所示．求这一系统静止时两弹簧的伸长量之比和弹性势能之比．

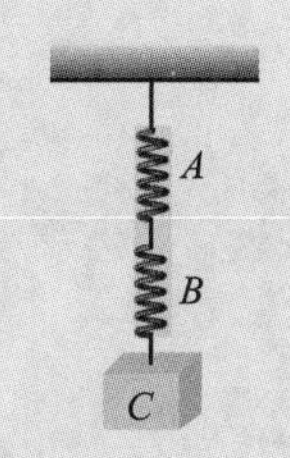

图2.50　2.31题图

2.32 （1）月球和地球对质量为m的物体的引力相抵消的一点P，其距月球表面的距离是多少？已知地球质量为5.98×10^{24}kg，地球中心到月球中心的距离为3.84×10^{8}m，月球质量为7.35×10^{22}kg，月球半径为1.74×10^{6}m．

（2）如果一个质量为 1kg 的物体在距月球和地球均为无限远处的势能为零，那么它在 P 点的势能为多少？

2.33 如图2.51所示，一物体质量为2kg，以初速率v_0=3m·s^{-1}从斜面A点处下滑，它与斜面的摩擦力为8N，到达B点后压缩弹簧0.2m后停止，然后又被弹回，求弹簧的劲度系数和物体第一次被弹回的最大高度．

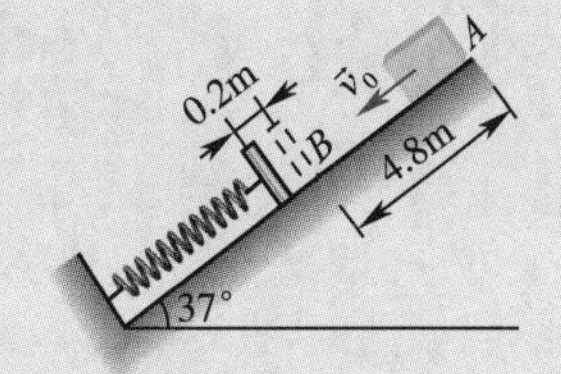

图2.51　2.33题图

2.34 质量为M的大木块具有半径为R的$\frac{1}{4}$圆弧形槽，如图2.52所示．质量为m的小立方体从圆弧形槽的顶端滑下，大木块放在光滑水平面上，二者都做无摩擦运动，而且都从静止开始，求小木块脱离大木块时的速度．

2.35 一个小球与一质量相等的静止小球发生非对心弹性碰撞，如图2.53所示，试证明碰撞后两小球的运动方向互相垂直．

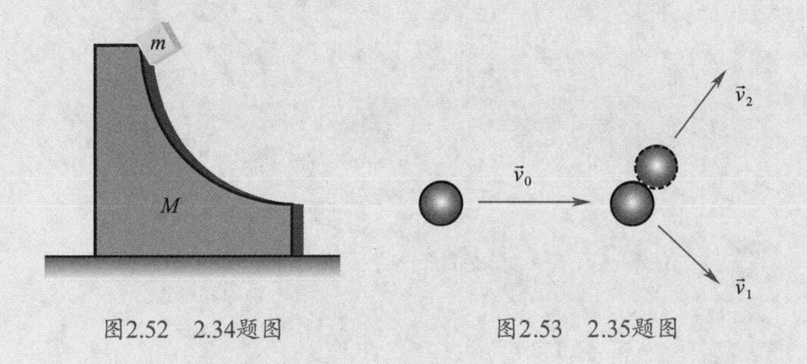

图2.52　2.34题图　　图2.53　2.35题图

本章习题参考答案

第3章 刚体力学基础

前两章我们学习了质点模型的运动学和动力学．我们忽略了物体的大小和形状，把物体看作质点，用质点的运动代替整个物体的运动．但是现实中的物体有形状和大小，可以做平动、转动甚至更为复杂的运动，显然仅限于质点模型不够，质点的运动只能代表物体的平动．

在许多实际力学问题中，所研究的对象往往是由许多质点组成的质点系，刚体便是其中一种特殊的质点系．本章将介绍有关刚体运动的基本概念和规律，主要包括刚体做定轴转动时的转动定律、转动惯量、动能定理、角动量定理及角动量守恒定律等．

3.1 刚体的定轴转动

一、刚体

物体在运动过程中，若忽略其大小和形状的影响，则可把物体看作质点模型来分析它的运动状态．然而物体在许多运动过程中，其形状、大小都会发生变化．例如，研究跳水运动员在空中进行的翻转动作，就不能将人体视为一个质点，如图3.1所示．同样，研究地球的自转运动，也不能将它视为质点．这样的例子还有很多，如电机转子的转动、车轮的滚动等．在研究这些问题时，物体的形状和大小有重要的影响，因此必须予以考虑．

图3.1　跳水运动员的翻转动作

在外力作用下，物体的形状和大小都发生变化的这一类问题，往往相当复杂．为了使问题简化，人们针对在外力作用下物体形变很小，对所研究的结果影响甚微的物体，引入刚体这一理想模型．所谓刚体（rigid body），就是在任何外力作用下，其形状和大小完全不变的物体．

在研究刚体的运动规律时，可将刚体看成由许多质点所组成．每一个质点叫作刚体的一个质元．由刚体的定义可知，在外力作用下，刚体内各质元之间的相对位置总是保持不变．对于刚体这一特殊的质点系，可以运用前面介绍的质点系的运动规律进行分析和研究．

二、刚体的基本运动

刚体最基本的运动形式是平动和转动．任何复杂的刚体运动都可以分解为平动与转动的叠加．

1．刚体的平动

如图3.2所示，在运动过程中，若刚体内部任意两质元间的连线，在各个时刻的位置都和初始时刻的位置保持平行，这样的运动就称为刚体的平动．不难证明，刚体在平动过程中的任意一段时间内，所有质元的运动轨迹和位移都是相同的．并且在任意时刻，各个质元均具有相同的速度和加速度．所以，当刚体做平动时，我们可以选取刚体中任一质元的运动来表示整个刚体的运动．由此，平动的刚体可当成一个质点来处理．

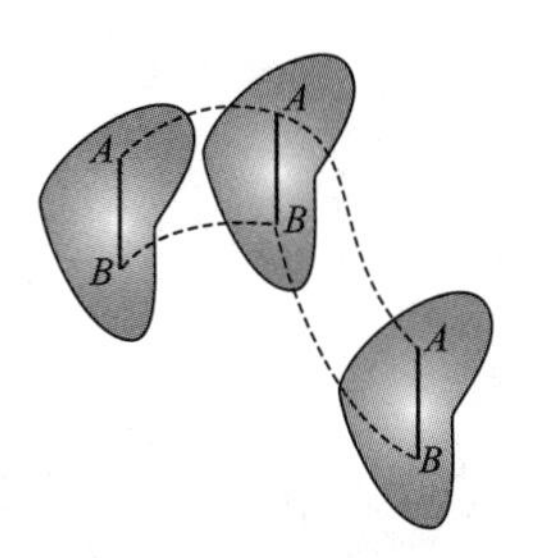

图3.2　刚体的平动

2．刚体的转动

若刚体上各个质元都绕同一直线做圆周运动，这样的运动就称为刚体的转动（rotation），这条直线称为转轴（这根轴可在刚体之内，也可在刚体之外）．在刚体转动过程中，若转轴的方向或位置随时间变化，这样的运动就称为刚体的非定轴转动，该转轴称为转动瞬轴，如车轮的滚动（见图3.3）等；若转轴固定不动，即既不改变方向又不发生平移，这样的运动就称为刚体的

图3.3　车轮朝左滚动

定轴转动，该转轴称为固定轴，如门绕门轴的转动、电机转子的转动等．本章主要介绍刚体定轴转动的一些基本规律．

三、刚体定轴转动的描述

为了研究刚体的定轴转动，可定义：垂直于固定轴的平面为转动平面．显然，转动平面不止一个，而有无数多个．如果以某转动平面与转轴的交点为原点，则该转动平面上的所有质元都绕着这个原点做圆周运动．下面就讨论怎样描述刚体的定轴转动．

1．角位移、角速度和角加速度

刚体定轴转动的基本特征是，转轴上所有各点都保持不动，转轴外所有各点在同一时间间隔内转过的角度都一样．所以，我们可以采用类似质点做圆周运动时角位移、角速度、角加速度的定义方法，来定义绕定轴转动的刚体的角位移、角速度、角加速度．

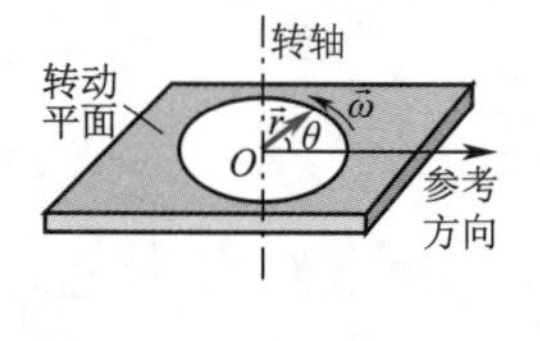

图3.4 转动平面

在刚体上任取一个转动平面，以该转动平面与转轴的交点为原点，在该平面内作一射线作为参考方向（或称极轴），如图3.4所示，转动平面上任一质元对原点的位矢 $\vec{r}$ 与极轴的夹角θ，称为角位置．刚体在一段时间内转过的角度（末时刻与初始时刻的角位置之差）$\Delta\theta=\theta_2-\theta_1$称为角位移．

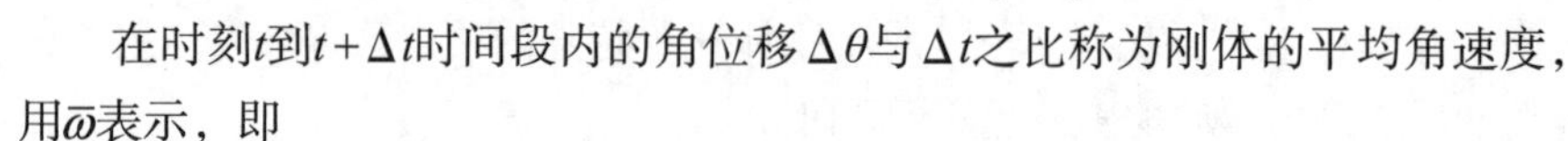

在时刻t到$t+\Delta t$时间段内的角位移$\Delta\theta$与Δt之比称为刚体的平均角速度，用$\bar{\omega}$表示，即

$$\bar{\omega}=\frac{\Delta\theta}{\Delta t}.$$

当$\Delta t\to0$时，平均角速度的极限称为瞬时角速度，简称角速度，用ω表示，即

$$\omega=\lim_{\Delta t\to0}\frac{\Delta\theta}{\Delta t}=\frac{\mathrm{d}\theta}{\mathrm{d}t}. \tag{3.1}$$

刚体的定轴转动有两种不同的转动方向，当我们顺着转轴观察时，刚体可以按顺时针方向转动，也可以按逆时针方向转动．如果把一种转向的角速度取为正，另一种转向的角速度取为负，则角速度的大小反映了定轴转动的快慢，角速度的正负反映了定轴转动的方向．角速度的单位是弧度每秒（$\mathrm{rad}\cdot\mathrm{s}^{-1}$）．

***角速度矢量**

在质点的圆周运动中，我们曾把圆周运动的角速度看作矢量，其方向沿垂直于圆周平面的轴线，方向满足右手螺旋法则．在刚体的转动中，虽然对于刚体定轴转动（转轴在空间的方位不变），只有“正”和“反”两种转动方向，角速度ω的方向可通过它的正负来指明，但对于刚体的一般转动，转轴可在空间取各种方位，只用正负不足以表明转动方向，因而需要引入角速度矢量．我们规定角速度矢量的方向是沿转轴的，且和刚体的旋转运动组成右手螺旋系统．

将角速度看作矢量后，定轴转动中的线量与角量之间的关系可表示成简洁的形式．但是，这样规定的角速度矢量是否具有矢量的性质呢？尽管在定轴转动中，我们规定了角速度的大小和方向，但有大小、有方向的量不一定是矢量．矢量的一个重要特征是它满足平行四边形法则．角速度矢量是否满足这一法则？可以证明，有限大的角位移并不符合矢量相加的平行四边形法则．平行四边形法则表明矢量求和满足交换律，但有限大的角位移相加时不满足交换律．尽管有限大的角位移相加时不满足交换律，但无限小的角位移相加满足交换律．角速度总是与无限小角位移相联系，它是无限小角位移与相应无限小时间间隔之比．既然无限小角位移是矢量，那么角速度也是矢量．

在Δt时间内，角速度的改变量$\Delta\omega$与Δt之比称为该段时间内刚体的平均角加速度，用$\bar{\alpha}$表示，即

$$\bar{\alpha}=\frac{\Delta\omega}{\Delta t}.$$

当$\Delta t\to0$时，平均角加速度的极限称为瞬时角加速度，简称角加速度，用α表示，即

$$\alpha=\lim_{\Delta t\to0}\frac{\Delta\omega}{\Delta t}=\frac{\mathrm{d}\omega}{\mathrm{d}t}.$$

角加速度的单位是弧度每二次方秒（$\mathrm{rad\cdot s^{-2}}$）．

由以上讨论可知，刚体的定轴转动与质点的直线运动相似，只要在描述质点直线运动各物理量（位移、速度、加速度）前加一个“角”字，就成了描述刚体定轴转动的各相应物理量（角位移、角速度、角加速度），二者的运动学关系亦完全相似．定轴转动和直线运动的公式对比如表3.1所示．类似地，我们也可将刚体绕定轴做匀变速转动的公式与质点做匀变速直线运动的公式进行对比，如表3.2所示．

表3.1　定轴转动和直线运动公式对比

定轴转动	直线运动
$\omega=\dfrac{\mathrm{d}\theta}{\mathrm{d}t}$	$v=\dfrac{\mathrm{d}x}{\mathrm{d}t}$
$\alpha=\dfrac{\mathrm{d}\omega}{\mathrm{d}t}$	$a=\dfrac{\mathrm{d}v}{\mathrm{d}t}$
$\omega-\omega_0=\int_0^t\alpha\mathrm{d}t$	$v-v_0=\int_0^t a\mathrm{d}t$
$\theta-\theta_0=\int_0^t\omega\mathrm{d}t$	$x-x_0=\int_0^t v\mathrm{d}t$

表3.2　刚体绕定轴做匀变速转动和质点做匀变速直线运动公式对比

刚体绕定轴做匀变速转动	质点做匀变速直线运动
$\omega=\omega_0+\alpha t$	$v=v_0+at$
$\theta=\theta_0+\omega_0t+\dfrac{1}{2}\alpha t^2$	$x=x_0+v_0t+\dfrac{1}{2}at^2$
$\omega^2=\omega_0^2+2\alpha(\theta-\theta_0)$	$v^2=v_0^2+2a(x-x_0)$

2. 角量与线量的关系

当刚体绕固定轴转动时，尽管刚体上各质元的角位移、角速度和角加速度均相同，但由于各质元做圆周运动的半径不一定相同，因此各质元的速度和加速度大小也不一定相同.

由前面介绍的质点做圆周运动的相关知识可知，刚体定轴转动的角速度和角加速度确定后，刚体内任一质元的速度和加速度也就可以完全确定. 若刚体上某质元i到转轴的距离为R，则该质元的线速度与角速度、加速度与角加速度之间的数值对应关系如表3.3所示.

表3.3 线量和角量的数值对应关系

线量	对应关系	角量
弧长的微元$\mathrm{d}s$	$\mathrm{d}s=R\mathrm{d}\theta$	角位移的微元 $\mathrm{d}\theta$
切向速度的大小v	$v=\dfrac{\mathrm{d}s}{\mathrm{d}t}=R\dfrac{\mathrm{d}\theta}{\mathrm{d}t}=R\omega$（3.2）	角速度的大小 ω
切向加速度的大小 a_t	$a_t=\dfrac{\mathrm{d}v}{\mathrm{d}t}=R\dfrac{\mathrm{d}\omega}{\mathrm{d}t}=R\alpha$（3.3）	角加速度的大小 α
法向加速度的大小 a_n	$a_n=\dfrac{v^2}{R}=R\omega^2$ （3.4）	

由此可见，尽管刚体是一个复杂的质点系，但引入角量后，刚体定轴转动的描述就显得十分简单. 刚体上各质元的角量（角位移、角速度、角加速度）相同，而各质元的线量（线位移、线速度、线加速度）大小与质元到转轴的距离成正比.

需要特别说明的是，线量的加速度可以分解为切向加速度 a_t 和法向加速度 a_n，切向加速度改变速度的大小，法向加速度改变速度的方向；而在角量中只有角加速度 α，角加速度改变角速度的大小. 在刚体定轴转动中，由于转轴保持静止，故角速度方向始终在转轴所在直线上，只需考虑角速度大小的运算.

3.2 力矩、转动定律与转动惯量

力是使物体平动状态发生改变的原因，而力矩是使物体转动状态发生改变的原因. 本节先介绍力矩的概念，然后讨论刚体做定轴转动时的动力学关系.

一、力矩

力矩可分为力对点的力矩和力对轴的力矩．在此，先分析力对某固定点的力矩．如图3.5所示，力$\vec{F}$对某固定点O的位矢为$\vec{r}$，$\vec{r}$与$\vec{F}$之间的夹角为φ，从点O到力$\vec{F}$的作用线的垂直距离叫作力臂．力$\vec{F}$对固定点O的力矩的大小等于此力和力臂的乘积．力矩用$\vec{M}$表示，其大小是

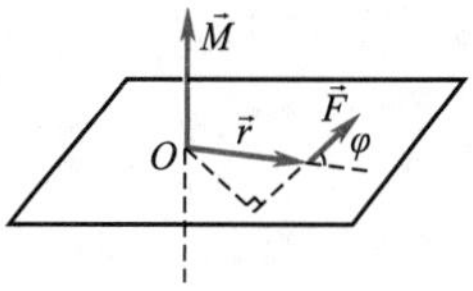

$$M=Fr\sin\varphi. \tag{3.5}$$

上式中r为由O点指向力$\vec{F}$的作用点的矢径大小，φ为$\vec{r}$与$\vec{F}$的夹角．力矩是矢量，其定义为

$$\vec{M}=\vec{r}\times\vec{F}, \tag{3.6a}$$

即$\vec{M}$的方向垂直于$\vec{r}$和$\vec{F}$所决定的平面，其指向用右手螺旋法则确定．

图3.5 力对点的力矩

$\vec{M}$在直角坐标系中各坐标轴的分量为

$$\begin{cases} M_x= yF_z- zF_y, \\ M_y= zF_x- xF_z, \\ M_z= xF_y- yF_x. \end{cases} \tag{3.6b}$$

它们也分别称为力$\vec{F}$对x, y, z轴的力矩．

力对固定点的力矩为零有两种情况：一是力$\vec{F}$的大小等于零；二是力$\vec{F}$的作用线与矢径$\vec{r}$共线（力$\vec{F}$的作用线穿过O点），此时$\sin\varphi=0$.如果一个物体所受的力始终指向（或背离）某一固定点，这种力称为有心力，此固定点叫作力心．显然有心力$\vec{F}$与矢径$\vec{r}$是共线的．因此，有心力对力心的力矩恒为零．

力对轴的力矩为零也有两种情况：一是力的作用线与轴平行；二是力的作用线与轴相交．掌握这些特点后，在后面判断系统是否满足角动量守恒条件时，将非常方便．

在国际单位制中，力矩的单位是牛[顿]米（N·m）．

二、刚体定轴转动的转动定律

当刚体绕固定轴转动时，作用在刚体上的力，若其作用线与转轴平行，或其作用线的延长线与转轴相交，则该力对转轴的力矩为零，即该力对转轴没有转动效应．只有力的作用线在转动平面内而又不与转轴相交的力才对转轴产生力矩，从而使刚体转动状态发生改变．因此，在研究引起定轴转动刚体的转动状态发生改变的原因时，我们只需考虑外力在转动平面内的分量对转轴的力矩．

如图3.6所示，刚体绕定轴z转动．在刚体上任取一质元Δm_i，它绕z轴做圆周运动的半径为r_i，设它所受的合外力在转动平面内的分量为$\vec{F}_i$，刚体内其他质元对Δm_i作用的合内力在转动平面内的分量为$\vec{f}_i$，它们与矢径$\vec{r}_i$的夹角分别为φ_i和θ_i．设刚体绕定轴z转动的角速度和角加速度分别为ω和α．根据

牛顿第二定律，采用自然坐标系，可得质元Δm_i的法向和切向方程，分别为

$$-(F_i\cos\varphi_i+f_i\cos\theta_i)=\Delta m_i a_{in}=\Delta m_i r_i\omega^2,$$

$$F_i\sin\varphi_i+f_i\sin\theta_i=\Delta m_i a_{it}=\Delta m_i r_i\alpha,$$

式中$a_{in}=r_i\omega^2$, $a_{it}=r_i\alpha$分别是质元的向心加速度和切向加速度．由于向心力的作用线穿过转轴，其力矩为零，所以法向方程我们不予考虑，只讨论切向方程．将切向方程的两边各乘以r_i，可得

$$F_i r_i\sin\varphi_i+f_i r_i\sin\theta_i=\Delta m_i r_i^2\alpha, \tag{3.7}$$

式中第一项和第二项分别为外力和内力对转轴的力矩．由于在定轴转动中，力矩的方向只可能沿转轴的正方向或负方向，因此，当有几个力同时作用在刚体上时，这些力对转轴的力矩的矢量和就可用代数和来计算．用式(3.7)对刚体所有质元求和，并考虑到各质元角加速度相同，有

$$F_i r_i\sin\varphi_i+f_i r_i\sin\theta_i=(\Delta m_i r_i^2)\alpha. \tag{3.8}$$

由于内力总是成对出现，且可以证明每对内力对同一转轴的力矩之和必定为零，因此式（3.8）中左边第二项为零．

令$M=F_i r_i\sin\varphi_i$，则M表示作用在刚体上的所有外力力矩的和，称为合外力矩．令

$$J=\sum_i\Delta m_i r_i^2, \tag{3.9}$$

则J与刚体的运动及所受的外力无关，仅由各质元相对于转轴的分布所决定，称J为刚体绕轴转动的转动惯量．

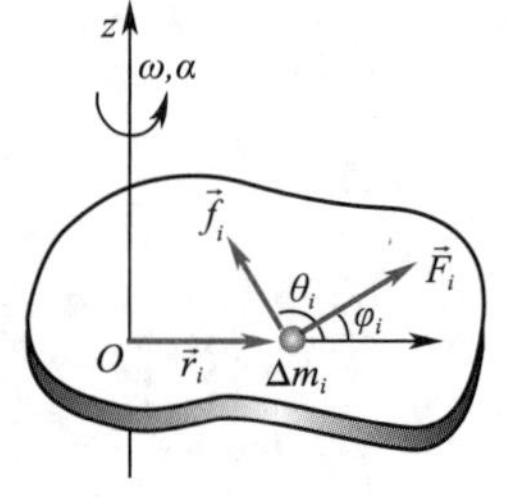

图3.6 推导转动定律示意图

于是式（3.8）可表示为

$$M=J\alpha. \tag{3.10}$$

式（3.10）表示：刚体绕固定轴转动时，作用于刚体上的合外力矩等于刚体对转轴的转动惯量与角加速度的乘积；或者说，绕定轴转动的刚体的角加速度与作用于刚体上的合外力矩成正比，与刚体的转动惯量成反比．这就是刚体定轴转动的转动定律．

转动定律是力矩的瞬时作用规律．式（3.10）中各量均须对同一刚体、同一转轴而言．转动定律在定轴转动中的地位相当于牛顿第二定律在平动中的地位．

三、转动惯量

刚体转动惯量的三因素

由刚体定轴转动的转动定律[式（3.10）]可知，当用相同的外力矩作用于两个转动惯量大小不同的刚体时，转动惯量大的刚体获得的角加速度反而小，这说明刚体转动惯量越大，其原有的转动状态越难改变，转动惯量是刚体转动时惯性大小的量度．下面就来讨论如何计算刚体的转动惯量．

根据转动惯量的定义[式（3.9）]，可知刚体的转动惯量就是组成刚体的各质元的质量与其到转轴的距离的平方的乘积之和．

如果是单个质点绕某转轴转动，则其转动惯量为

$$J = mr^2.$$

如果是分立质点组成的质点系绕同一转轴转动，则其转动惯量为

$$J = \sum_i m_i r_i^2.$$

如果是质量连续分布的刚体绕同一转轴转动，则其转动惯量为

$$J = \int_m r^2 \mathrm{d}m. \tag{3.11}$$

以上各式中的r均应理解成质点（或质元）到转轴的距离．转动惯量的单位是千克二次方米（$\mathrm{kg \cdot m^2}$）．

例3.1 如图3.7所示，求质量为m、长为l的均匀细棒的转动惯量：（1）转轴通过棒的中心并与棒垂直；（2）转轴通过棒一端并与棒垂直．

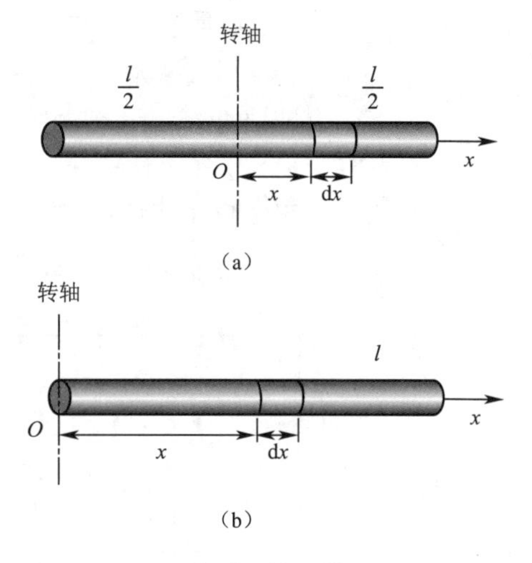

图3.7 例3.1图

解 （1）如图3.7（a）所示，在棒上任取一质元，其长度为$\mathrm{d}x$，与O点的距离为x．设棒的线密度（即单位长度的质量）为$\lambda=\frac{m}{l}$，则该质元的质量$\mathrm{d}m=\lambda\mathrm{d}x$．该质元对转轴的转动惯量为

$$\mathrm{d}J=x^2\mathrm{d}m=\lambda x^2\mathrm{d}x,$$

整个棒对转轴的转动惯量为

$$J=\int \mathrm{d}J=\int_{-\frac{l}{2}}^{\frac{l}{2}} x^2\lambda\mathrm{d}x=\frac{1}{12}ml^2.$$

（2）如图3.7（b）所示，整个棒对转轴的转动惯量为

$$J=\int \mathrm{d}J=\int_0^l x^2\lambda\mathrm{d}x=\frac{1}{3}ml^2.$$

由本例可看出，同一均匀细棒，转轴位置不同，转动惯量不同．

例3.2 设质量为m、半径为R的细圆环和均匀圆盘分别绕通过各自中心并与圆面垂直的轴转动，求细圆环和圆盘的转动惯量．

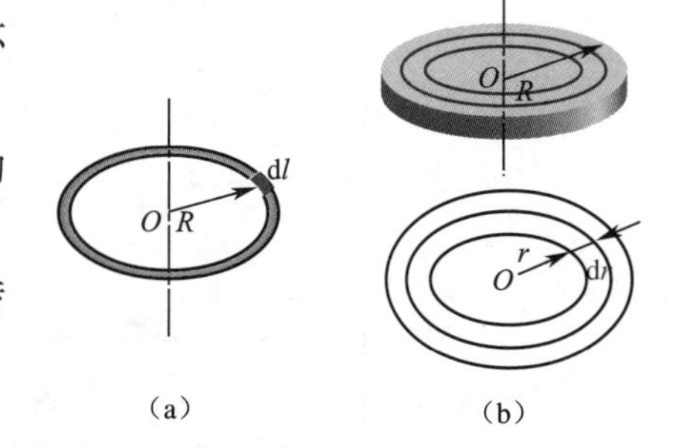

图3.8 例3.2图

解 （1）求质量为m、半径为R的细圆环对转轴的转动惯量．如图3.8（a）所示，在细圆环上任取一质元，其质量为$\mathrm{d}m$，该质元到转轴的距离为R，则该质元对转轴的转动惯量为

$$\mathrm{d}J=R^2\mathrm{d}m.$$

因为所有质元到转轴的距离均为R，所以细圆环对转轴的转动惯量为

$$J=\int \mathrm{d}J=\int_m R^2\mathrm{d}m=R^2\int_m \mathrm{d}m=mR^2.$$

（2）求质量为m、半径为R的圆盘对转轴的转动惯量．整个圆盘可以看成由许多半

径不同的同心圆环构成．为此，在离转轴的距离为r处取一小圆环，如图3.8（b）所示，其面积为$\mathrm{d}S=2\pi r\mathrm{d}r$.设圆盘的面密度（单位面积的质量）为$\sigma=\dfrac{m}{\pi R^2}$，则小圆环的质量为$\mathrm{d}m=\sigma\mathrm{d}S=\sigma 2\pi r\mathrm{d}r$，该小圆环对转轴的转动惯量为

$$\mathrm{d}J=r^2\mathrm{d}m=\sigma 2\pi r^3\mathrm{d}r.$$

整个圆盘对转轴的转动惯量为

$$J=\int \mathrm{d}J=\int_0^R \sigma 2\pi r^3\mathrm{d}r=\frac{1}{2}mR^2.$$

以上计算表明，质量相同、转轴位置相同的刚体，由于质量分布不同，转动惯量不同.

由以上两例可以归纳出，刚体转动惯量的大小与3个因素有关：①与刚体的总质量有关；②与刚体质量对于转轴的分布有关，质量分布离转轴越远，转动惯量越大；③与转轴的位置有关，对于转轴质量分布均匀的物体，其对转轴的转动惯量最小.

上述的计算方法只适用于形状规则的刚体．对于形状不规则的刚体，可用实验方法测定．表3.4列出了几种质量分布均匀、具有简单几何形状的刚体对于不同转轴的转动惯量.

表3.4　刚体的转动惯量

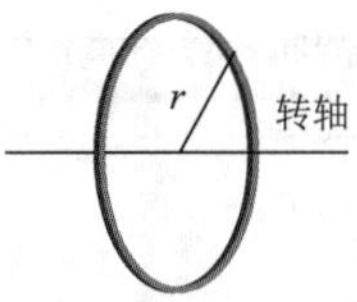 圆环 转轴通过中心与环面垂直 $J=mr^2$	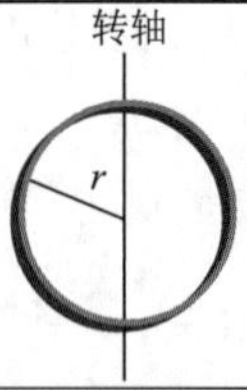 圆环 转轴沿直径 $J=\dfrac{mr^2}{2}$
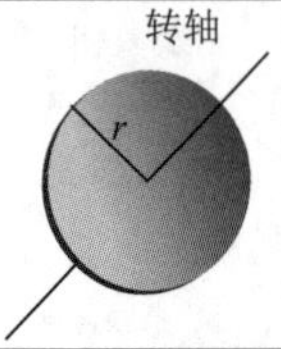 薄圆盘 转轴通过中心与盘面垂直 $J=\dfrac{mr^2}{2}$	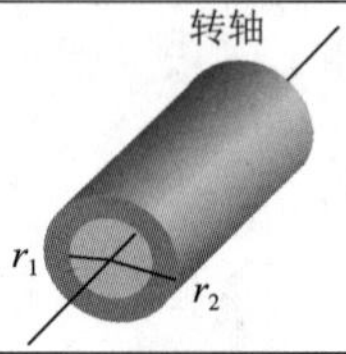 圆筒 转轴沿几何轴 $J=\dfrac{m}{2}(r_1^2+r_2^2)$
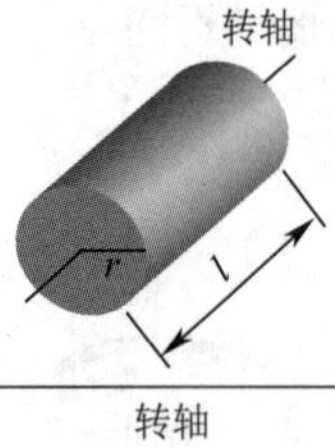 圆柱体 转轴沿几何轴 $J=\dfrac{mr^2}{2}$	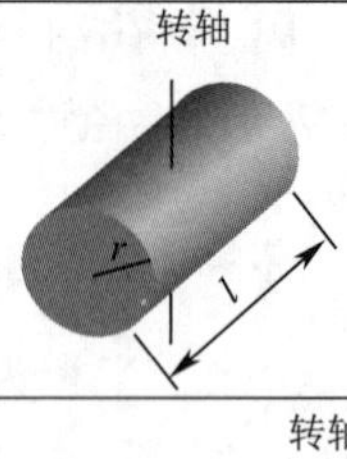 圆柱体 转轴通过中心与几何轴垂直 $J=\dfrac{mr^2}{4}+\dfrac{ml^2}{12}$
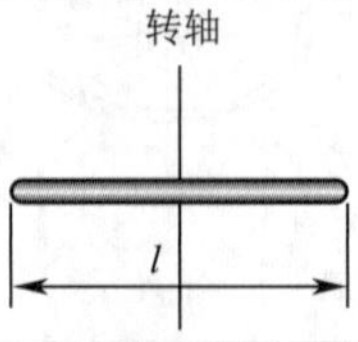 细棒 转轴通过中心与棒垂直 $J=\dfrac{ml^2}{12}$	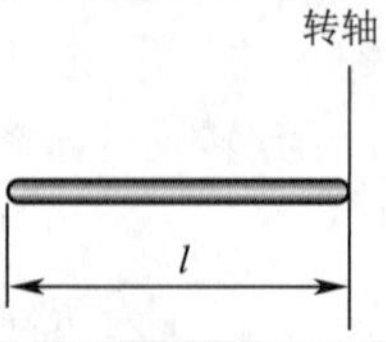 细棒 转轴通过端点与棒垂直 $J=\dfrac{ml^2}{3}$
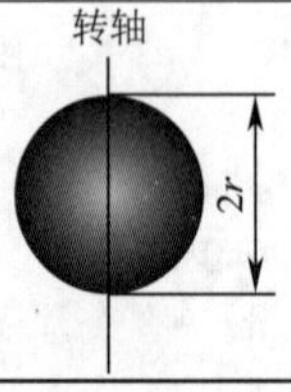 球体 转轴沿直径 $J=\dfrac{2mr^2}{5}$	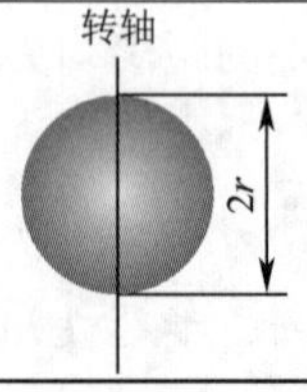 球壳 转轴沿直径 $J=\dfrac{2mr^2}{3}$

四、平行轴定理

如图3.9所示，设通过刚体质心的轴线为z_C轴，刚体相对这个轴的转动惯量为J_C．如果另一轴线z与通过质心的轴线z_C平行，则可以证明，刚体对z轴的转动惯量为

$$J=J_C+md^2. \tag{3.12}$$

式中m为刚体的质量，d为两平行轴之间的距离．上述关系也叫作转动惯量的平行轴定理．由式（3.12）可以看出，刚体对通过质心轴线的转动惯量最小，而对任何与通过质心的轴线平行的轴线的转动惯量J都大于J_C，即$J>J_C$．平行轴定理不仅有助于计算转动惯量，而且对研究刚体的滚动也有帮助．

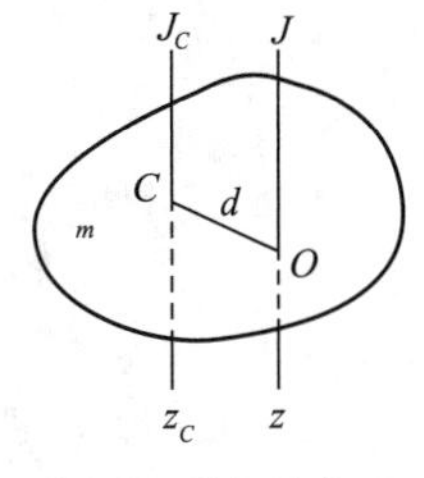

图3.9　平行轴定理

例3.3　已知质量为m、长为l的均匀细棒绕通过其中心并与棒垂直的轴线的转动惯量为$\frac{1}{12}ml^2$，求该细棒绕通过棒一端并与棒垂直的轴线的转动惯量．

解　由题意知，细棒的中心到棒的端点的距离是$\frac{1}{2}l$，由平行轴定理可得该细棒绕通过棒一端并与棒垂直的轴线的转动惯量是

$$J=J_C+md^2=\frac{1}{12}ml^2+m\left(\frac{l}{2}\right)^2=\frac{1}{3}ml^2.$$

五、转动定律的应用举例

运用转动定律并结合牛顿运动定律，可以讨论许多有关转动的动力学问题．值得注意的是，由于角加速度具有瞬时性，所以式（3.10）和牛顿第二定律一样都是瞬时方程，它只能确定某一时刻刚体所受力矩与其角加速度之间的关系．因此，根据角加速度的定义，式（3.10）也可表示为

$$M=J\alpha=J\frac{\mathrm{d}\omega}{\mathrm{d}t}=J\frac{\mathrm{d}^2\theta}{\mathrm{d}t^2}. \tag{3.13}$$

类似于质点平动时根据力函数的形式用不同形式的牛顿定律来分析其动力学性质，刚体转动时也应根据力矩的不同函数形式而运用转动定律[式（3.13）]的不同形式来分析其转动特征，下面举例来具体说明．

例3.4　如图3.10（a）所示，质量均为m的两物体A和B．A放在倾角为θ的光滑斜面上，通过一光滑定滑轮由不可伸长的轻绳与B相连．定滑轮是半径为R的圆盘，其质量也为m．物体运动时，绳与滑轮无相对滑动．求绳中张力$\vec{T}_1$和$\vec{T}_2$及物体的加速度$\vec{a}$的大小．

解　物体平动时，应用牛顿运动定律；物体纯转动时，就应该应用转动定律．物体A和B及定滑轮的受力分析如图3.10（b）所示．对于做平动的物体A和B，应用牛顿运动定律，得

$$T_1'-mg\sin\theta=ma_A, \quad ①$$

$$mg-T_2'=ma_B. \quad ②$$

对于定滑轮转动，由转动定律得

$$T_2R-T_1R=J\alpha. \qquad ③$$

又因为

$$T_1'=T_1, \qquad T_2'=T_2, \qquad ④$$

而绳不可伸长，所以

$$a_A=a_B=R\alpha. \qquad ⑤$$

定滑轮的转动惯量是$J=\dfrac{1}{2}mR^2$，联立①②③④⑤得

$$T_1=\frac{2+3\sin\theta}{5}mg,$$

$$T_2=\frac{3+2\sin\theta}{5}mg,$$

$$a_A=a_B=\frac{2(1-\sin\theta)}{5}g.$$

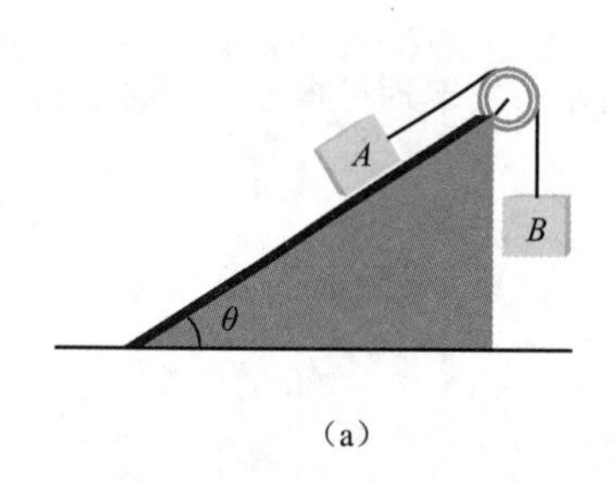

（a）

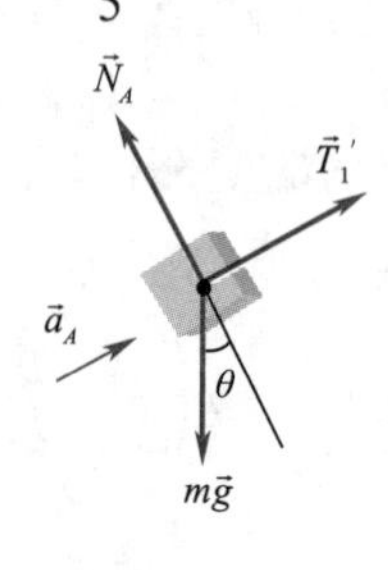

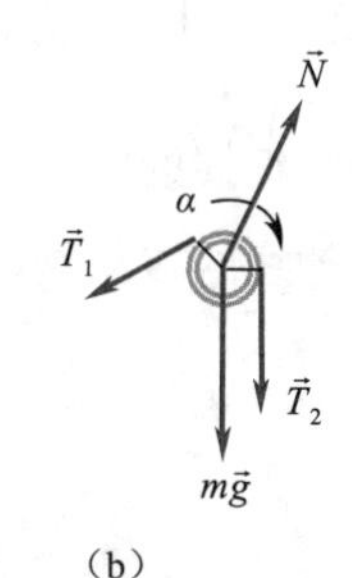

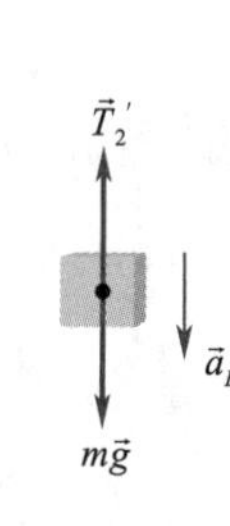

（b）

图3.10 例3.4图

例3.5 如图3.11所示，一长为l、质量为m的匀质细杆竖直放置，其下端与一固定铰链O连接，并可绕其转动．由于此竖直放置的细杆处于非稳定平衡状态，当其受到微小扰动时，细杆将在重力作用下由静止开始绕铰链O转动．试计算细杆转到与竖直线成θ角时的角加速度和角速度．

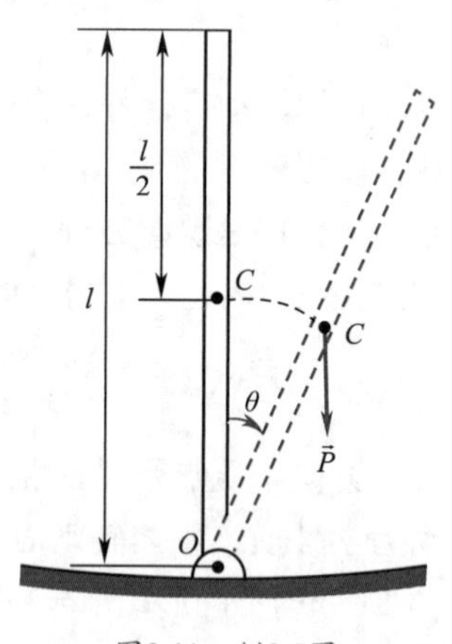

图3.11 例3.5图

解 细杆受到两个力作用，一个是重力$\vec{P}$，另一个是铰链对细杆的约束力$\vec{F}_N$．而且$\vec{F}_N$始终通过转轴O，其力矩为零．由于细杆均匀，所以重力$\vec{P}$可视为作用于细杆的质心C．细杆绕转轴O转动时，重力$\vec{P}$对转轴O的重力矩为$\dfrac{1}{2}mgl\sin\theta$．由于在这一瞬间，力矩是常量，因此选用转动定律$\vec{M}=J\vec{\alpha}$形式，有

$$\frac{1}{2}mgl\sin\theta=J\alpha,$$

式中l是细杆对转轴O的转动惯量，$J=\dfrac{1}{3}ml^2$．于是细杆转到与竖直线成θ角时的角加速度为

$$\alpha=\frac{3g}{2l}\sin\theta.$$

由角加速度的定义，有

$$\frac{\mathrm{d}\omega}{\mathrm{d}t}=\frac{3g}{2l}\sin\theta,$$

题目要求求出细杆转到与竖直线成θ角时的角速度，即欲求ω与θ的关系，因此，将等号左边的分子和分母同时乘以$\mathrm{d}\theta$，得

$$\frac{\mathrm{d}\omega}{\mathrm{d}\theta}\frac{\mathrm{d}\theta}{\mathrm{d}t}=\frac{3g}{2l}\sin\theta.$$

由于$\omega=\frac{\mathrm{d}\theta}{\mathrm{d}t}$，因此上式可化为

$$\frac{\mathrm{d}\omega}{\mathrm{d}\theta}\omega=\frac{3g}{2l}\sin\theta.$$

分离变量，并考虑到初始条件（$t=0$时，$\theta=0$，$\omega=0$），得

$$\int_0^{\omega}\omega\mathrm{d}\omega=\frac{3g}{2l}\int_0^{\theta}\sin\theta\mathrm{d}\theta.$$

积分后化简，就可得到细杆转到与竖直线成θ角时的角速度，为

$$\omega=\sqrt{\frac{3g}{l}(1-\cos\theta)}.$$

例3.6 转动着的飞轮的转动惯量为J，在$t=0$时角速度大小为ω_0. 此后飞轮经历制动过程，阻力矩$\vec{M}$的大小与角速度ω的平方成正比，比例系数为k（k为大于零的常数）.当$\omega=\frac{1}{3}\omega_0$时，飞轮的角加速度是多少？飞轮从开始制动到停止，经历的时间是多少？

解 （1）由转动定律有

$$-k\omega^2=J\alpha,$$

即$\alpha=-\frac{k\omega^2}{J}$. 将$\omega=\frac{1}{3}\omega_0$代入，求得这时飞轮的角加速度为

$$\alpha=-\frac{k\omega_0^2}{9J}.$$

（2）由题知$M=-k\omega^2$，力矩是ω的函数，因此选用转动定律$M=J\frac{\mathrm{d}\omega}{\mathrm{d}t}$的形式. 由转动定律有

$$-k\omega^2=J\frac{\mathrm{d}\omega}{\mathrm{d}t}.$$

分离变量，并考虑到$t=0$时$\omega=\omega_0$，再两边积分，得

$$\int_{\omega_0}^{\frac{1}{3}\omega_0}\frac{\mathrm{d}\omega}{\omega^2}=\int_0^t-\frac{k}{J}\mathrm{d}t$$

故当$\omega=\frac{1}{3}\omega_0$时，飞机从开始制动到停止，经历的时间为

$$t=\frac{2J}{k\omega_0}.$$

3.3 转动动能、力矩做功与刚体定轴转动的动能定理

一、转动动能

刚体绕定轴转动时的动能，称为转动动能．设n个质点组成的刚体以角速度ω绕某一定轴转动时，其中每一质元都在各自转动平面内以角速度ω做圆周运动．设第i个质元质量为Δm_i，离轴的距离为r_i，它的线速度为$v_i=r_i\omega$，则第i个质元的动能为$\frac{1}{2}\Delta m_i v_i^2=\frac{1}{2}\Delta m_i(r_i\omega)^2$，整个刚体的转动动能为

$$E_k=\sum_{i=1}^{n}\frac{1}{2}\Delta m_i r_i^2\omega^2=\frac{1}{2}\left(\sum_{i=1}^{n}\Delta m_i r_i^2\right)\omega^2=\frac{1}{2}J\omega^2. \tag{3.14}$$

这说明：刚体绕定轴转动时的转动动能等于刚体的转动惯量与角速度平方乘积的一半．与物体的平动动能（质点的动能）$\frac{1}{2}mv^2$相比较，二者形式上十分相似．其中转动惯量与质量相对应，角速度与线速度相对应．由于转动惯量与轴的位置有关，因此，转动动能也与轴的位置有关．

二、力矩做功

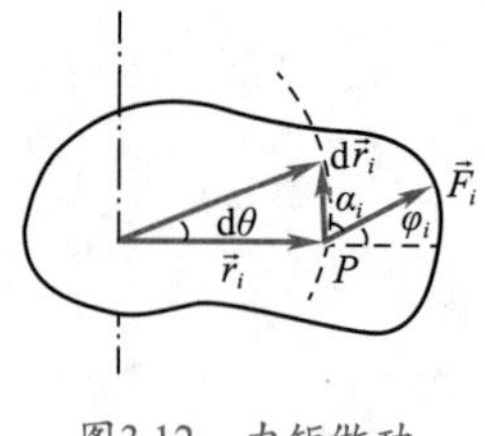

图3.12　力矩做功

如图3.12所示，设在转动平面内的外力$\vec{F}_i$作用于P点（注：此处之所以不考虑内力做功，是因为一对内力做功之和仅与相对位移有关，而刚体各质元之间不存在相对位移，内力做功之和始终为零），经dt时间后P点沿一圆周轨道移动ds_i弧长，半径r_i扫过$d\theta$角，并有$|d\vec{r}_i|=ds_i=r_i d\theta_i$，由功的定义[式（2.24）]有

$$dW_i=F_{ti}ds_i=F_{ti}r_i d\theta=M_i d\theta,$$

式中$F_{ti}=F_i\cos\alpha_i$，$M_i=F_{ti}r_i$，然后对i求和，得

$$dW=\left(\sum M_i\right)d\theta=Md\theta, \tag{3.15}$$

式中M为作用于刚体上外力矩大小之和．式（3.15）说明力矩所做元功等于力矩和角位移的乘积．当刚体在力矩$\vec{M}$作用下，由θ_1转到θ_2时，力矩做的功为

$$W=\int_{\theta_1}^{\theta_2}Md\theta, \tag{3.16}$$

力矩的功率为

$$P=\frac{\mathrm{d}W}{\mathrm{d}t}=M\frac{\mathrm{d}\theta}{\mathrm{d}t}=M\omega. \tag{3.17}$$

当功率一定时，力矩与角速度成反比.

三、刚体定轴转动的动能定理

如果将转动定律写成

$$M=J\alpha=J\frac{\mathrm{d}\omega}{\mathrm{d}t}=J\frac{\mathrm{d}\omega}{\mathrm{d}\theta}\frac{\mathrm{d}\theta}{\mathrm{d}t}=J\omega\frac{\mathrm{d}\omega}{\mathrm{d}\theta},$$

分离变量并积分，又考虑到$\theta=\theta_1$时$\omega=\omega_1$，则有

$$\int_{\theta_1}^{\theta_2}M\mathrm{d}\theta=\int_{\omega_1}^{\omega_2}J\omega\mathrm{d}\omega$$

于是可得

$$\int_{\theta_1}^{\theta_2}M\mathrm{d}\theta=\frac{1}{2}J\omega_2^2-\frac{1}{2}J\omega_1^2. \tag{3.18}$$

式（3.18）表明，合外力矩对定轴转动刚体所做的功等于刚体转动动能的增量. 这就是刚体定轴转动时的动能定理.

例3.7　如图3.13所示，一根质量为m、长为l的均匀细棒OA，可绕固定点O在竖直平面内转动. 现使棒从水平位置开始自由下摆，求棒摆到与水平位置成30° 角时中心点C和端点A的速率.

解　棒的受力分析如图3.13所示，其中重力$\vec{G}$对O轴的力矩大小为$mg\frac{l}{2}\cos\theta$，是θ的函数，轴的支持力对O轴的力矩为零. 由转动动能定理，有

$$\int_0^{\frac{\pi}{6}}mg\frac{l}{2}\cos\theta\mathrm{d}\theta=\frac{1}{2}J\omega^2-\frac{1}{2}J\omega_0^2=\frac{1}{2}J\omega^2. \quad ①$$

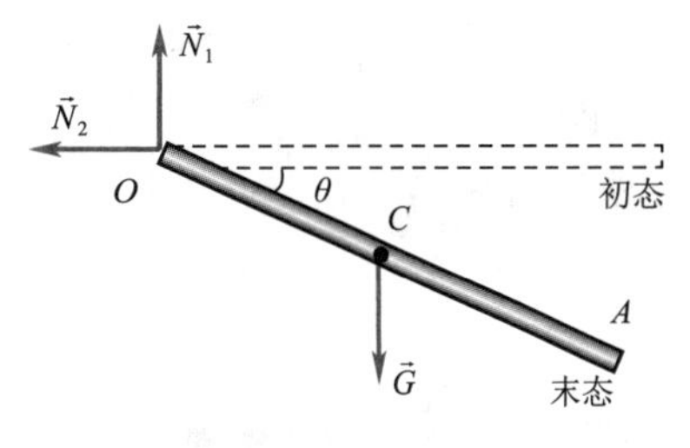

图3.13　例3.7图

等式左边的积分为重力矩做的功，即

$$W_G=\int_0^{\frac{\pi}{6}}mg\frac{l}{2}\cos\theta\mathrm{d}\theta=\frac{l}{4}mg=-mg\left(h_{C末}-h_{C初}\right).$$

式中h_C是棒的质心所在处相对棒的质心C在最低点（棒在竖直位置处）时的高度. 这说明，重力矩所做的功，也等于棒的质心C的重力势能增量的负值. 可以证明：刚体的重力势能等于将刚体的全部质量都集中在质心处时所具有的重力势能，而与刚体的方位无关. 即刚体的重力势能可表示为mgh_C，h_C表示质心相对重力势能零点的高度. 因此，对于刚体组，同样可引入机械能和机械能守恒定律，其守恒条件与质点系的守恒条件相同.

将$W_G=mg\frac{l}{4}$及棒对绕端点并与棒垂直的转轴的转动惯量$J=\frac{1}{3}ml^2$代入①中，得

$$\omega=\sqrt{\frac{3g}{2l}}.$$

中心点C和端点A的速率分别为

$$v_C = \omega\frac{l}{2} = \frac{1}{4}\sqrt{6gl},$$

$$v_A = \omega l = \frac{1}{2}\sqrt{6gl}.$$

例3.8　如图3.14所示，两物体的质量分别为m_1和m_2，且$m_1>m_2$．两个质量均匀分布的圆盘状定滑轮，质量分别为M_1和M_2，半径分别为R_1和R_2．绳轻且不可伸长，绳与滑轮间无相对滑动，滑轮轴光滑．试求当物体m_1下降了x距离时两物体的速度和加速度大小．

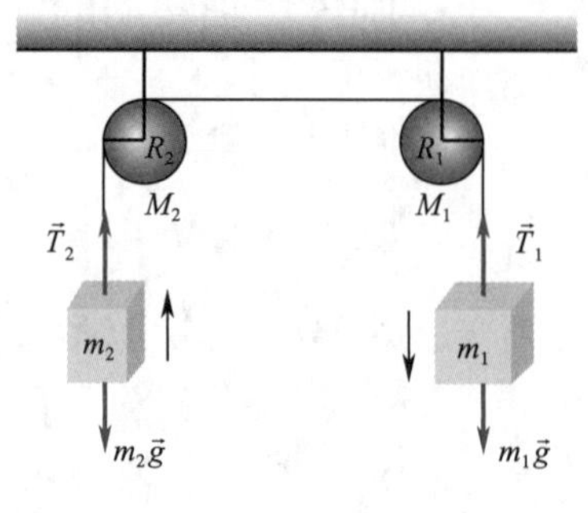

图3.14　例3.8图

解　以两物体、两滑轮、地球作为一系统，$W_{外}=0$，$W_{内非}=0$，故机械能守恒．以物体m_1下降x距离时的位置为重力势能零点，则有

$$m_1gx + m_2gx = m_2g2x + \frac{1}{2}m_1v_1^2 + \frac{1}{2}m_2v_2^2 + \frac{1}{2}J_1\omega_1^2 + \frac{1}{2}J_2\omega_2^2.$$

由于$v_1 = v_2 = \omega_1R_1 = \omega_2R_2 = v, J_1 = \frac{1}{2}M_1R_1^2, J_2 = \frac{1}{2}M_2R_2^2$，可解得

$$v = 2\sqrt{\frac{(m_1 - m_2)gx}{2(m_1 + m_2) + M_1 + M_2}}.$$

由于运动过程中物体所受合力为恒力，a为常数，$v^2 = 2ax$，故有

$$a = \frac{2(m_1 - m_2)g}{2(m_1 + m_2) + M_1 + M_2}.$$

3.4　刚体定轴转动的角动量定理和角动量守恒定律

在研究质点平动时，我们用质点的动量来描述其运动状态．当研究刚体定轴转动问题时，如研究质量均匀分布的飞轮绕通过其中心并垂直于飞轮平面的定轴转动，结果发现，尽管飞轮在不停地转动，但按质点系动量的定义，它的总动量为零．这说明仅用动量来描述刚体的机械运动还是不够．因此，我们有必要引进另一个物理量——角动量来描述刚体的机械运动．角动量的概念与动量、能量的概念一样，也是物理学中的重要基本概念．大到天体，小到电子、质子等微观粒子，对它们的运动描述和研究都经常用到这个物理量．

一、质点的角动量、角动量定理及角动量守恒定律

1. 质点的角动量

与质点运动时的动量类似，角动量是物体“转动运动量”的量度，是与物体的一定转动状态相联系的物理量．这里先引入运动质点对某一固定点的角动量．

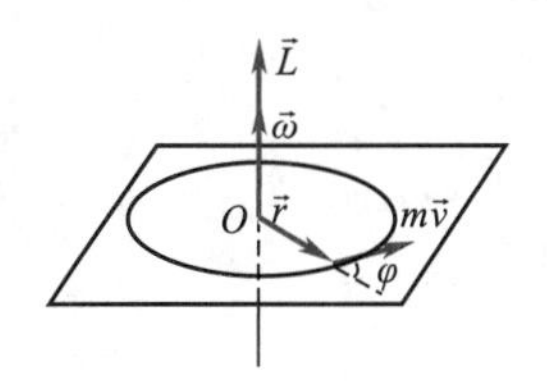

图3.15 质点的角动量

如图3.15所示，一个质量为m的质点，以速度$\vec{v}$运动，其相对于固定点O的矢径为$\vec{r}$，把质点相对于O点的矢径$\vec{r}$与质点的动量$m\vec{v}$的矢积定义为该时刻质点相对于O点的角动量，用$\vec{L}$表示，即

$$\vec{L}=\vec{r}\times m\vec{v}. \tag{3.19}$$

角动量是矢量．由矢积的定义可知，角动量$\vec{L}$的方向垂直于$\vec{r}$和$m\vec{v}$所组成的平面，其指向可用右手螺旋法则确定．$\vec{L}$的大小为

$$L=rmv\sin\varphi, \tag{3.20}$$

φ为$\vec{r}$和$m\vec{v}$间的夹角．当质点做圆周运动时，$\varphi=\dfrac{\pi}{2}$，这时质点对圆心O点的角动量大小为

$$L=rmv=mr^2\omega. \tag{3.21}$$

角动量守恒定律的应用

由定义[式（3.19）]可知，质点的角动量与质点对固定点O的矢径有关．同一质点对不同的固定点的位矢不同，因而角动量也不同．因此，在讲质点的角动量时，必须指明是对哪一给定点而言的．

由式（3.19）容易推出，在空间直角坐标系中，角动量$\vec{L}$的各坐标轴分量为

$$\begin{cases}L_x=yp_z-zp_y,\\ L_y=zp_x-xp_z,\\ L_z=xp_y-yp_x.\end{cases} \tag{3.22}$$

它们分别称为角动量$\vec{L}$在x, y, z轴上的分量式，或称对x, y, z轴的角动量．在国际单位制中，角动量的单位是千克二次方米每秒（$\mathrm{kg\cdot m^2\cdot s^{-1}}$）．

2. 质点的角动量定理

如果将质点对O点的角动量$\vec{L}=\vec{r}\times m\vec{v}$对时间$t$求导，可得

$$\frac{\mathrm{d}\vec{L}}{\mathrm{d}t}=\frac{\mathrm{d}}{\mathrm{d}t}(\vec{r}\times m\vec{v})=\vec{r}\times\frac{\mathrm{d}(m\vec{v})}{\mathrm{d}t}+\frac{\mathrm{d}\vec{r}}{\mathrm{d}t}\times m\vec{v}.$$

由于$\vec{F}=\dfrac{\mathrm{d}(m\vec{v})}{\mathrm{d}t}$，$\vec{v}=\dfrac{\mathrm{d}\vec{r}}{\mathrm{d}t}$，所以上式可写为

$$\frac{\mathrm{d}\vec{L}}{\mathrm{d}t}=\vec{r}\times\vec{F}+\vec{v}\times m\vec{v}.$$

根据矢积性质，$\vec{v}\times m\vec{v}$为零，而$\vec{r}\times\vec{F}=\vec{M}$，于是有

$$\vec{M}=\frac{\mathrm{d}\vec{L}}{\mathrm{d}t}. \tag{3.23}$$

式（3.23）说明，作用在质点上的力矩等于质点角动量对时间的变化率．这

就是质点角动量定理的微分形式．其积分形式为

$$\int_{t_0}^{t}\vec{M}\mathrm{d}t=\vec{L}-\vec{L}_0. \tag{3.24}$$

角动量守恒式中$\int_{t_0}^{t}\vec{M}\mathrm{d}t$称为冲量矩．这说明，作用于质点的冲量矩，等于质点的角动量的增量．在运用角动量定理时，一定要注意，等式两边的力矩和角动量必须是对同一固定点而言的．

3．质点的角动量守恒定律

由式（3.23）知，若$\vec{M}=0$，则

$$\vec{L}=\vec{r}\times m\vec{v}=\text{常矢量}.$$

即若质点所受外力对某固定点的力矩为零，则质点对该固定点的角动量守恒．这就是质点的角动量守恒定律．

在研究天体运动和微观粒子运动时，常遇到角动量守恒的问题．例如，地球和其他行星绕太阳的转动，太阳可看成不动，而地球和行星所受太阳的引力是有心力（力心在太阳中心），因此，地球、行星对太阳的角动量守恒．又如，带电微观粒子被射到质量较大的原子核附近时，该粒子所受到的原子核的电场力就是有心力（力心在原子核中心），所以微观粒子在与原子核碰撞过程中对力心的角动量守恒．

例3.9 在光滑的水平面上，放有质量为M的木块，木块与一弹簧相连，弹簧的另一端固定在O点，弹簧的劲度系数为k，设有一质量为m的子弹以初速度$\vec{v}_0$垂直于OA射向M并嵌在木块内，如图3.16所示．弹簧原长为l_0，子弹击中木块后，木块M运动到B点，弹簧长度变为l，此时OB垂直于OA．求在B点时，木块的运动速度$\vec{v}_2$．

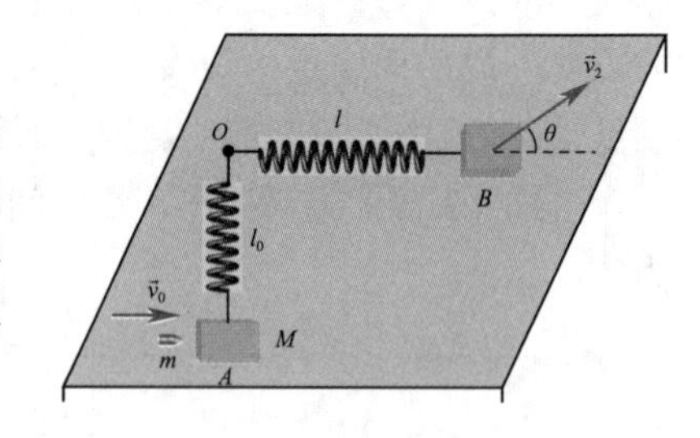

图3.16 例3.9图

解 子弹击中木块瞬间，在水平面内子弹与木块组成的系统速度为$\vec{v}_1$，且方向与$\vec{v}_0$的方向相同．子弹和木块组成的系统沿$\vec{v}_0$方向动量守恒，即有

$$mv_0=(m+M)v_1 \qquad ①$$

由于整个系统是在光滑的水平面上，因此从A到B的过程中，子弹、木块组成的系统机械能守恒，即

$$\frac{1}{2}(m+M)v_1^2=\frac{1}{2}(m+M)v_2^2+\frac{1}{2}k\left(l-l_0\right)^2. \qquad ②$$

在从A到B的过程中，木块在水平面内只受指向O点的弹性有心力作用，力矩为零，故木块对O点的角动量守恒．设$\vec{v}_2$与OB成θ角，则有

$$l_0(m+M)v_1=l(m+M)v_2\sin\theta. \qquad ③$$

①②联立，求得$\vec{v}_2$的大小为

$$v_2=\sqrt{\frac{m^2v_0^2}{(m+M)^2}-\frac{k\left(l-l_0\right)^2}{(m+M)}}.$$

由③式求得$\vec{v}_2$与OB的夹角为

$$\theta = \arcsin\frac{l_0 m v_0}{l\sqrt{m^2 v_0^2 - k(l-l_0)^2(m+M)}}.$$

例3.10 如图3.17所示，一质点m被一长为l的轻线悬于天花板上的B点，质点m在水平面内做匀角速度为 $\vec{\omega}$ 的圆周运动，设圆轨道半径为r.

（1）计算质点m对圆心O和悬点B的角动量 $\vec{L}_O$ 和 $\vec{L}_B$.

（2）计算作用在质点m上的重力 $m\vec{g}$ 和张力 $\vec{T}$ 对圆心O和悬点B的力矩.

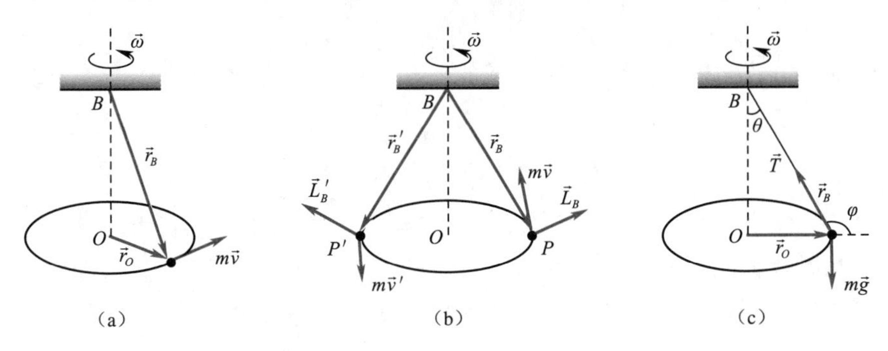

图3.17 例3.10图

（3）讨论质点m对O点和B点的角动量是否守恒.

解 （1）在图3.17（a）中由圆心O向质点m引矢量$\vec{r}_O$，则

$$\vec{L}_O = \vec{r}_O \times m\vec{v},$$

其方向垂直于圆轨道平面沿OB向上. 因为 $\vec{r}_O \perp m\vec{v}$ ，所以

$$L_O = rmv = mr^2\omega,$$

即圆锥摆对圆心O的角动量$\vec{L}_O$是一个沿OB向上的大小和方向都不变的恒矢量.

在图3.17（b）中，由悬点B向在P点的质点m引矢径$\vec{r}_B$，则

$$\vec{L}_B = \vec{r}_B \times m\vec{v},$$

即$\vec{L}_B$的方向垂直于$\vec{r}_B$与$m\vec{v}$所组成的平面. 显然，质点m在不同的位置处，如在点P' 处，矢径$\vec{r}_B'$和动量$m\vec{v}'$分别与$\vec{r}_B$和$m\vec{v}$不相同，因此，矢积$\vec{L}_B$与$\vec{L}_B$也不相同，即$\vec{L}_B$的方向是不断变化的. $\vec{L}_B$的大小为

$$|\vec{L}_B| = |\vec{r}_B||m\vec{v}|\sin\frac{\pi}{2} = lmv = mlr\omega.$$

（2）如图3.17（c）所示，质点m所在位置对于圆心O，张力 $\vec{T}$ 的力矩为

$$\vec{M}_{T_O} = \vec{r}_O \times \vec{T},$$

其方向垂直于纸面向外，大小为

$$M_{T_O} = rT\sin\varphi = rT\cos\theta.$$

因在竖直方向有$T\cos\theta = mg$，所以

$$M_{T_O} = rmg.$$

此时重力对圆心O的力矩为

$$\vec{M}_{mg_O} = \vec{r}_O \times m\vec{g},$$

其方向垂直于纸面向里. 因为$m\vec{g}$始终垂直于圆轨道平面，所以 $\vec{r}_O \perp m\vec{g}$ ，进而可得 $\vec{M}_{mg_O}$ 的大

小为

$$M_{mg_O}= r_O mg = rmg.$$

由上面计算可以得出，作用在质点m上的张力$\vec{T}$、重力$m\vec{g}$对圆心O的合力矩为

$$\vec{M}_O = \vec{M}_{T_O} + \vec{M}_{mg_O} = 0.$$

图3.17(c)中质点所在位置，对于悬点B，因为张力$\vec{T}$与$\vec{r}_B$始终共线，所以$\vec{T}$对B点的力矩为零．而重力$m\vec{g}$对B点的力矩为

$$\vec{M}_{mg_B} = \vec{r}_B \times m\vec{g},$$

其方向始终垂直于$\vec{r}_B$与重力作用线$m\vec{g}$所组成的平面．由于$\vec{r}_B$的方向在不断变化，所以$\vec{M}_{mg_B}$的方向也在不断变化，如图3.17（c）所示位置，$\vec{M}_{mg_B}$的方向垂直于纸面向里. 力矩$\vec{M}_{mg_B}$的大小是

$$M_{mg_B} = r_B mg\sin\theta = mgl\sin\theta.$$

（3）由（2）中的讨论可知，重力$m\vec{g}$和张力$\vec{T}$对O点的合力矩为零（实际上$m\vec{g}$与$\vec{T}$的合力构成了质点m做圆周运动的向心力，合力为有心力，其对O点的合力矩必定为零），所以质点m对O点的角动量守恒，这与（1）中结果一致．同样，由（2）中讨论知，$m\vec{g}$对B点的力矩方向在不断变化，其对B点的力矩不为零，故质点m对B点的角动量不守恒．这与（1）中结果也是一致的.

二、刚体对轴的角动量与刚体定轴转动的角动量定理

1. 刚体对轴的角动量

前面介绍了质点对点和对轴的角动量．刚体是特殊的质点系，刚体定轴转动时各质元都以相同的角速度在各自的转动平面内做圆周运动．因此，刚体对轴的角动量就是刚体上各质元的角动量之和．设质元P的质量为Δm_i，其到轴的距离为$\vec{r}_i$，转动的角速度为$\vec{\omega}$，则该质元对其圆周运动的圆心的角动量$\vec{L}_i$的大小为

$$L_i = \left|\vec{L}_i\right| = \Delta m_i r_i^2 \omega,$$

方向沿转轴方向．由于刚体上各质元对其对应圆心的角动量方向都相同，于是可把上式对组成刚体的所有质元求和，得

$$L = \sum_i L_i = \sum_i \left(\Delta m_i r_i^2 \omega\right) = \left(\sum_i \Delta m_i r_i^2\right)\omega = J\omega,$$

即

$$\vec{L} = J\vec{\omega}. \tag{3.25}$$

式（3.25）就是这个刚体对轴的角动量大小，即刚体对某定轴的角动量大小等于刚体对该轴的转动惯量与角速度大小的乘积．角动量方向沿转轴方向，并与角速度方向相同.

2. 刚体定轴转动的角动量定理

当刚体做定轴转动时，其转动惯量保持不变．根据转动定律，有

$$M = J\alpha = J\frac{\mathrm{d}\omega}{\mathrm{d}t} = \frac{\mathrm{d}(J\omega)}{\mathrm{d}t} = \frac{\mathrm{d}L}{\mathrm{d}t},$$

即

$$\vec{M} = \frac{\mathrm{d}\vec{L}}{\mathrm{d}t}. \tag{3.26}$$

式（3.26）说明定轴转动的刚体所受的合外力矩等于此时刚体角动量对时间的变化率．这就是刚体定轴转动的角动量定理．

设$t=t_0$时，$\vec{\omega}=\vec{\omega}_0$，$\vec{L}=\vec{L}_0$，把式（3.26）分离变量并积分，可得

$$\int_{t_0}^{t}\vec{M}\mathrm{d}t = \int_{L_0}^{L}\mathrm{d}\vec{L} = \vec{L}-\vec{L}_0 = J\vec{\omega}-J\vec{\omega}_0. \tag{3.27}$$

式（3.27）说明定轴转动的刚体所受合外力矩的冲量矩等于刚体在这段时间内对该轴的角动量的增量．它是刚体定轴转动的角动量定理的积分形式．

三、刚体对轴的角动量守恒定律

由式（3.27）可知，若$\vec{M}=0$，即刚体所受合外力矩等于零，则有

$$J\vec{\omega} = J\vec{\omega}_0.$$

即若外力对某轴的力矩之和为零，则该刚体对同一轴的角动量守恒．这就是刚体定轴转动的角动量守恒定律．

在推导式（3.26）时，我们强调了转动惯量在转动过程中是不变的．但是，可以证明，当转动的物体不能视为刚体时，即物体的转动惯量不是常数时，只要物体的各部分以同一角速度$\vec{\omega}$绕该轴转动，式（3.26）依然成立．其积分式相应地变为

$$\int_0^{t}\vec{M}\mathrm{d}t = J\vec{\omega}-J_0\vec{\omega}_0. \tag{3.28}$$

若物体所受合外力矩为零，即$\vec{M}=0$，则有

$$J\vec{\omega} = J_0\vec{\omega}_0.$$

也就是说，若外力对某轴的力矩之和为零，则该物体对同一轴的角动量守恒．这就是对轴的角动量守恒定律．

对轴的角动量守恒定律在生产、生活中应用极广．现仅从两方面做一些原理上的说明．

（1）对于定轴转动的刚体，在转动过程中，若转动惯量J始终保持不变，只要满足合外力矩等于零，则刚体转动的角速度也就不变，即原来静止的保持静止，原来做匀角速转动的仍做匀角速转动．例如，在飞机、火箭、轮船上用来做定向装置的回转仪就是利用这一原理制成的．

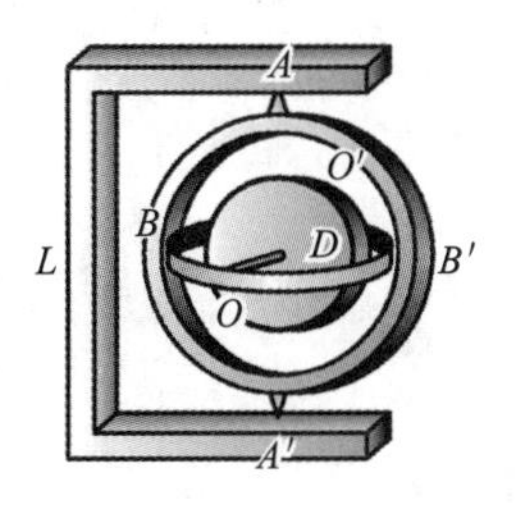

图3.18 回转仪原理示意图

如图3.18所示，回转仪D是绕几何对称轴高速旋转的边缘厚重的转子，为了使回转仪的转轴可取空间任何方位，设有对应三维空间坐标的3个支架

AA'、BB'、OO'；3个支架的轴承处的摩擦极小. 当转子高速旋转时，由于摩擦力矩基本上可以忽略，因而在一段较长的时间内都可认为转子的角动量守恒. 由于转动惯量不变，因此角速度的大小、方向均不变，即OO' 轴的方向保持不变. 这时无论怎样移动底座，都不会改变回转仪的自转方向，从而起到定向作用. 在航行时，只要将航行方向与回转仪的自转轴方向核定，自动驾驶仪就会立即确定现在的航行方向与预定方向之间的偏离情况，从而及时纠正航行方向.

图3.19 角动量守恒定律的演示实验

（2）对于定轴转动的非刚性物体，物体上各质元对转轴的距离是可以改变的，即转动惯量J是可变的. 当满足合外力矩等于零时，物体对轴的角动量守恒，即$J\omega=$常量. 这时ω与J成反比，即J增大时，ω就变小；J减小时，ω就增大. 例如，一人站在可绕竖直光滑轴转动的凳上，如图3.19所示，两手各握一个哑铃，当此人两臂伸开时，让他转动起来，然后他收拢双臂. 在此过程中，对竖直轴而言，没有外力矩作用，转台和人这一系统对竖直轴的角动量守恒. 所以，当双臂收拢后，J变小了，旋转角速度就增大了. 如果将两臂伸开，J增大了，旋转角速度又会减小. 同样，花样滑冰运动员、芭蕾舞演员在表演时，也是运用角动量守恒定律来增大或减小身体绕对称竖直轴转动的角速度，从而做出许多优美而漂亮的舞姿.

如果研究对象是由相互关联的质点、刚体所组成的物体组，也可推得，当物体组对某一定轴的合外力矩等于零时，整个物体组对该轴的角动量守恒. 这时有

$$\sum J\omega+\sum rmv\sin\varphi=\text{常数}. \tag{3.29}$$

这个式子在解有关力学题时常常用到.

例如，由两个物体组成的系统，原来静止，总角动量为零. 当通过内力使一个物体转动时，另一物体必沿反方向转动，而物体系总角动量仍保持为零. 这也可用下述转台实验来验证：人站在可自由转动的转台上，手举一车轮，使轮轴与转台转轴重合，当用手推车轮转动时，人和转台就会反向转动. 在实际生活中也存在一些这样的例子. 例如，直升机在螺旋桨叶片旋转时，为防止机身反向转动，机尾附加了一侧向旋叶；鱼雷尾部左右两螺旋桨是沿相反方向旋转的，以防机身发生不稳定转动，如图3.20所示.

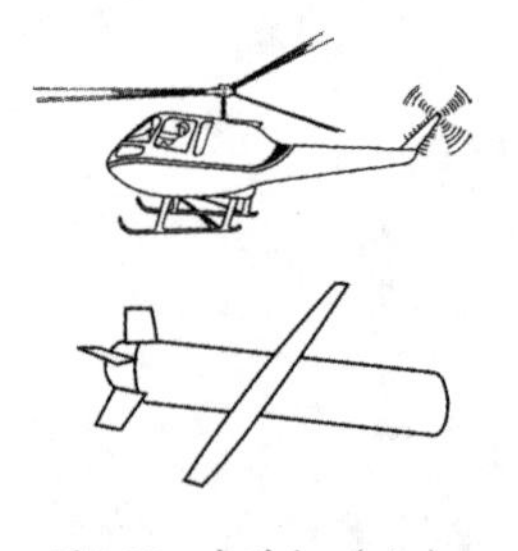

图3.20 直升机（上）和鱼雷（下）

为便于读者对刚体的定轴转动有一个较系统的理解，表3.5列出了质点平动与刚体定轴转动之间的力学规律对照情况.

表3.5 质点平动与刚体定轴转动之间的力学规律对照

质点平动	刚体定轴转动
速度$\vec{v}=\dfrac{\mathrm{d}\vec{r}}{\mathrm{d}t}$	角速度$\omega=\dfrac{\mathrm{d}\theta}{\mathrm{d}t}$

续表

质点平动	刚体定轴转动
加速度$\vec{a}=\dfrac{\mathrm{d}\vec{v}}{\mathrm{d}t}$	角加速度$\alpha=\dfrac{\mathrm{d}\omega}{\mathrm{d}t}$
力 $\vec{F}$	力矩$\vec{M}=\vec{r}\times\vec{F}$
质量m	转动惯量$J=\int r^2\mathrm{d}m$
动量$\vec{p}=m\vec{v}$	角动量$\vec{L}=J\vec{\omega}$
牛顿第二定律$\vec{F}=m\vec{a}$ $\vec{F}=\dfrac{\mathrm{d}\vec{p}}{\mathrm{d}t}$	转动定律$\vec{M}=J\vec{\omega}$ $\vec{M}=\dfrac{\mathrm{d}\vec{L}}{\mathrm{d}t}$
冲量$\int\vec{F}\mathrm{d}t$	冲量矩$\int\vec{M}\mathrm{d}t$
动量定理（力在时间上的积累效应） $\int\vec{F}\mathrm{d}t=m\vec{v}-m\vec{v}_0$	角动量定理（力矩在时间上的积累效应）$\int\vec{M}\mathrm{d}t=J\vec{\omega}-J_0\vec{\omega}_0$
动量守恒定律（合外力为零） $\vec{p}=\sum\limits_{i=1}^{n}m_i\vec{v}_i=$恒矢量	角动量守恒定律（合外力矩为零） $\vec{L}=\sum\limits_{i=1}^{n}J_i\vec{\omega}_i=$恒矢量
平动动能$\dfrac{1}{2}mv^2$	转动动能$\dfrac{1}{2}J\omega^2$
力做功（力在空间上的积累效应） $W=\int_a^b\vec{F}\cdot\mathrm{d}\vec{r}$ 功率$P=\vec{F}\cdot\vec{v}$	力矩做功（力矩在空间上的积累效应） $W=\int_{\theta_0}^{\theta}M\mathrm{d}\theta$ 功率$P=M\omega$
平动动能定理$W=\dfrac{1}{2}mv^2-\dfrac{1}{2}mv_0^2$	转动动能定理$W=\dfrac{1}{2}J\omega^2-\dfrac{1}{2}J\omega_0^2$

例3.11 如图3.21所示，一根质量很小、长度为l的均匀细棒，可绕面过其中心O点且与纸面垂直的轴在竖直平面内转动．当细棒静止于水平位置时，一只小虫以较大的速率v_0从高处竖直落在距点O为$\dfrac{1}{4}l$处，并背离O点向细棒的A端方向爬行．设小虫与细棒的质量均为m．问：小虫以多大的速率向细棒的A端爬行，才能确保细棒以恒定的角速度转动？

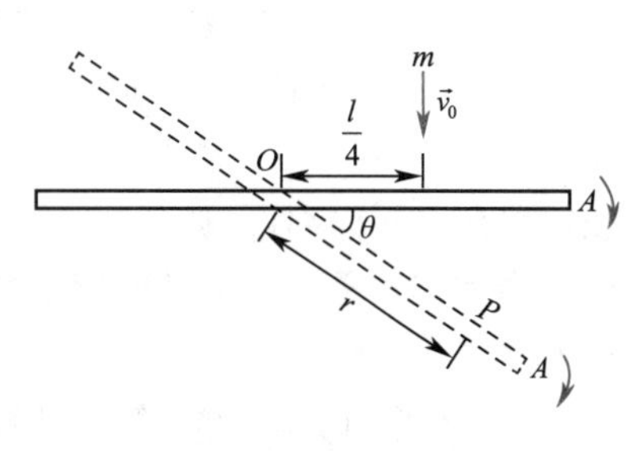

图3.21 例3.11图

解 如图3.21所示，选择细棒中心为坐标系原点．小虫竖直落在细杆上，可视为完全非弹性碰撞，重力的冲量矩可忽略不计．于是，细杆带着小虫一起以角速度ω转动．在碰撞前后，小虫和细杆所组成的系统的角动量守恒，故有

$$mv_0\frac{l}{4}=\left[\frac{1}{12}ml^2+m\left(\frac{l}{4}\right)^2\right]\omega.$$

由上式可解得细杆的角速度大小为

$$\omega=\frac{12v_0}{7l}.$$

因细杆对点O的重力力矩始终为零，当小虫爬到距点O为r的点P时，作用于细杆和小虫所组成的系统的外力矩仅为小虫所受的重力矩，即

$$M=mgr\cos\theta.$$

由于题目要求角速度ω恒定，故由角动量定理可得

$$M=\frac{\mathrm{d}L}{\mathrm{d}t}=\frac{\mathrm{d}(J\omega)}{\mathrm{d}t}=\omega\frac{\mathrm{d}L}{\mathrm{d}t}.$$

而小虫在P点时，小虫和细棒构成的系统的转动惯量为

$$J=\frac{1}{12}ml^2+mr^2,$$

代入上述的角动量定理的表达式中，有

$$mgr\cos\theta=\omega\frac{\mathrm{d}}{\mathrm{d}t}\left(\frac{1}{12}ml^2+mr^2\right),$$

由于m和l为恒量，上式可化为

$$mgr\cos\theta=2mr\omega\frac{\mathrm{d}r}{\mathrm{d}t},$$

再利用$\theta=\omega t$，可得

$$v=\frac{\mathrm{d}r}{\mathrm{d}t}=\frac{g\cos\omega t}{2\omega}=\frac{7gl}{24v_0}\cos\left(\frac{12v_0t}{7l}\right).$$

这就是为了确保细杆以恒定的角速度ω转动时，小虫必须具有的爬行速率．从上式可以看出，小虫的爬行速率是时间的周期函数，小虫必须不断按上式的规律调整其速率，才能既到达端点A，又使细杆以恒定的角速度大小转动．当然，对小虫来说是很难做到，但对采用现代微电子技术制造的微型机器人来说，却是不难实现的．

例3.12　如图3.22所示，质量为m、长为l的均匀细棒，可绕过其一端的水平轴O自由转动．现将棒拉到水平位置（OA'）后放手，棒下摆到竖直（OA）位置时，与静止放置在水平面A处的质量为M的物块做完全弹性碰撞．已知物体与水平面的滑动摩擦系数为μ，求物体M在水平面上向右滑动的最终距离s．

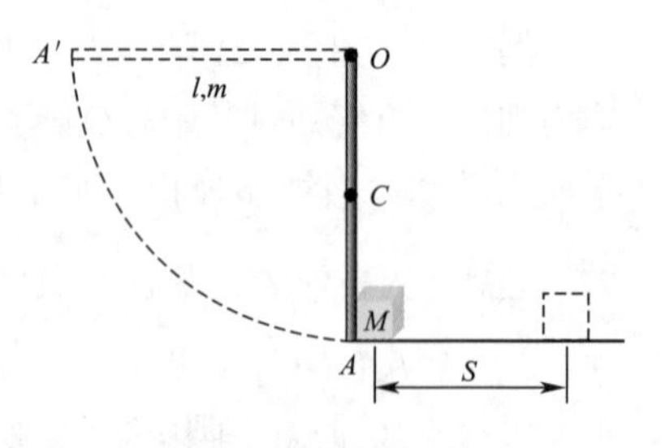

图3.22　例3.12图

解　此题可分解为3个简单过程．

（1）棒由水平位置下摆至竖直位置但尚未与物块相碰．此过程机械能守恒．以棒、地球为一系统，以棒的重心在竖直位置时为重力势能零点，则有

$$mg\frac{l}{2}=\frac{1}{2}J\omega^2.$$

由于细杆对其端点的转动惯量是$J=\frac{1}{3}ml^2$，从而可解出

$$\omega=\sqrt{\frac{3g}{l}}.$$

（2）棒与物块做完全弹性碰撞．此过程角动量守恒（并非动量守恒）和机械能守恒．设碰撞后棒的角速度大小为ω'，物块速率为v，则有

$$J\omega=J\omega'+lMv.$$

由机械能守恒有

$$\frac{1}{2}J\omega^2=\frac{1}{2}J\omega'^2+\frac{1}{2}Mv^2.$$

细杆对其端点的转动惯量是$J=\frac{1}{3}ml^2$，由上述两式可解出

$$v=\frac{2m\omega l}{3M+m}.$$

（3）碰撞后物块在水平面滑行，在滑行过程中只有滑动摩擦力做负功，物体满足动能定理，有

$$-\mu Mgs=0-\frac{1}{2}Mv^2.$$

因此，物体M在水平面上向右滑动的最终距离是

$$s=\frac{v^2}{2\mu g}=\frac{6m^2l}{\mu(3M+m)^2}.$$

例3.13　如图3.23所示，质量为m、半径为R的质量均匀分布的圆盘，由静止开始从高度为h的斜面顶端做纯滚动到达斜面底部．求圆盘到达斜面底部时，其质心的速率．

图3.23　例3.13图

解　由于圆盘在斜面上做纯滚动，故圆盘、斜面和地球所组成的系统机械能守恒．设圆盘到达斜面底部时，其质心的速度是$\vec{v}_C$，通过圆盘质心且垂直圆盘平面的轴转动的角速度为$\vec{\omega}$，那么有

$$mgh=\frac{1}{2}mv_C^2+\frac{1}{2}J\omega^2.$$

由于圆盘只做纯滚动下滑，故有$\omega=\frac{v_C}{R}$．圆盘绕通过其质心且垂直圆盘平面的轴转动的转动惯量是$J=\frac{1}{2}mR^2$，代入上式就可得到

$$v_C=\sqrt{\frac{4}{3}gh}.$$

> **注意**　这里是利用能量方法求解，当然也可用动力学方法求解．但在纯滚动情况下，用能量方法要简便得多．读者不妨比较一下，这样会有更加深入的理解．

本章提要

1. 刚体运动学

刚体：内部的质点没有相对运动，且其本身的形状和大小一直保持不变.

刚体定轴转动的描述：

①刚体上所有的质元都绕同一直线做圆周运动；

②刚体上各质点的角量（即角位移、角速度和角加速度）都相同，而各质元的线量（即线位移、线速度和线加速度）大小与质元到转轴的距离成正比.

2. 刚体定轴转动的转动定律

（1）力矩

对点的力矩：$\vec{M}=\vec{r}\times\vec{F}$.

对轴的力矩：力矩$\vec{M}$在坐标轴上的分量式.

力矩为零的情况：

①有心力对力心的力矩一定为零；

②若力的作用线与固定转轴平行或与转轴相交，则力对该轴的力矩一定为零.

（2）转动惯量　$J=\sum_i m_i r_i^2$　或　$J=\int_m r^2\mathrm{d}m$

（3）转动定律　$M=J\alpha=J\dfrac{\mathrm{d}\omega}{\mathrm{d}t}=J\dfrac{\mathrm{d}^2\theta}{\mathrm{d}t^2}$

3. 转动动能、力矩做功与刚体定轴转动的动能定理

（1）转动动能　$E_\mathrm{k}=\dfrac{1}{2}J\omega^2$

（2）力矩做功　$W=\int M\mathrm{d}\theta$

（3）刚体定轴转动的动能定理　$\int_{\theta_1}^{\theta_2}M\mathrm{d}\theta=\Delta\left(\dfrac{1}{2}J\omega^2\right)$

4. 角动量、角动量定理与角动量守恒定律

（1）角动量的定义

对点的角动量：$\vec{L}=\vec{r}\times m\vec{v}$.

对轴的角动量：角动量$\vec{L}$在坐标轴上的分量式.

（2）刚体对轴的角动量　$L=J\omega$

（3）角动量定理

微分形式：$\vec{M}=\dfrac{\mathrm{d}\vec{L}}{\mathrm{d}t}$.

积分形式：$\int_{t_1}^{t_2}\vec{M}\mathrm{d}t=\Delta\vec{L}$.

刚体定轴转动的角动量定理：

$$\int_{t_1}^{t_2}\vec{M}\mathrm{d}t=\Delta(J\vec{\omega}).$$

式中$\vec{M}$为外力矩之和，且$\vec{M}$和$\vec{L}$是对同一点或同一轴.

（4）角动量守恒定律

- 对点：质点所受外力对某定点的力矩之和为零，则质点对该点的角动量守恒.
- 对轴：虽$\sum \vec{M}_i \neq 0$，但如果$\sum \vec{M}_i$在某一轴的分量为零，则系统对该轴的角动量守恒，即

$$\sum J\omega + \sum rmv\sin\varphi' = 常量.$$

3.1 如图3.24所示，一人造地球卫星到地球中心O的最大距离和最小距离分别为R_A和R_B. 设卫星对应的角动量大小分别是L_A和L_B，动能分别是E_{kA}和E_{kB}，则有（ ）.

A. $L_A<L_B$，$E_{kA}>E_{kB}$

B. $L_A<L_B$，$E_{kA}=E_{kB}$

C. $L_A=L_B$，$E_{kA}=E_{kB}$

D. $L_A>L_B$，$E_{kA}=E_{kB}$

E. $L_A=L_B$，$E_{kA}<E_{kB}$

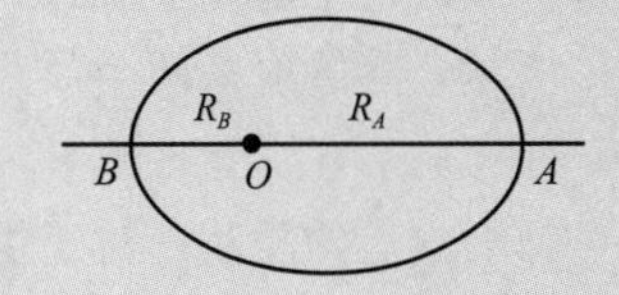

图3.24 3.1题图

3.2 一质点做匀速率圆周运动时，（ ）.

A. 它的动量不变，对圆心的角动量也不变

B. 它的动量不变，对圆心的角动量却在不断改变

C. 它的动量在不断改变，对圆心的角动量却不变

D. 它的动量在不断改变，对圆心的角动量也在不断改变

3.3 关于刚体对轴的转动惯量，下列说法正确的是（ ）

A. 只取决于刚体的质量，与其质量分布和轴的位置无关

B. 取决于刚体的质量和质量的空间分布，与轴的位置无关

C. 取决于刚体的质量、质量的空间分布和轴的位置

D. 只取决于轴的位置，与刚体的质量和质量分布无关

3.4 刚体角动量守恒的充分且必要条件是（ ）.

A. 刚体不受外力矩的作用

B. 刚体所受合外力矩为零

C. 刚体所受的合外力和合外力矩均为零

D. 刚体的转动惯量和角速度大小均保持不变

3.5 两个力作用在一个有固定转轴的刚体上.

①这两个力都平行于轴作用时，它们对轴的合力矩一定为零.

② 这两个力都垂直于轴作用时，它们对轴的合力矩可能为零.

③当这两个力的合力为零时，它们对轴的合力矩也一定为零.

④当这两个力对轴的合力矩为零时，它们的合力也一定为零.

对于上述说法，下列判断正确的是（　）.

A．只有①是正确的　　B．①②正确，③④错误

C．①②③正确，④错误　　D．①②③④都正确

3.6 关于力矩，有以下几种说法.

①对某个定轴转动刚体而言，内力矩不会改变刚体的角加速度.

②一对作用力和反作用力对同一轴的力矩之和必为零.

③质量相等、形状和大小不同的两个刚体，在相同力矩的作用下，它们的运动状态一定相同.

对于上述说法，下面的判断正确的是（　）.

A．只有②是正确的　　B．①②是正确的

C．②③是正确的　　D．①②③都是正确的

3.7 一圆盘正绕垂直于盘面的水平光滑固定轴O转动，如图3.25所示，突然射来两个质量相同、速度大小相同但方向相反并在一条直线上的子弹，子弹射入圆盘并且留在盘内. 在子弹射入后的瞬间，对于由圆盘和子弹所组成的系统的角动量L及圆盘的角速度ω，（　）.

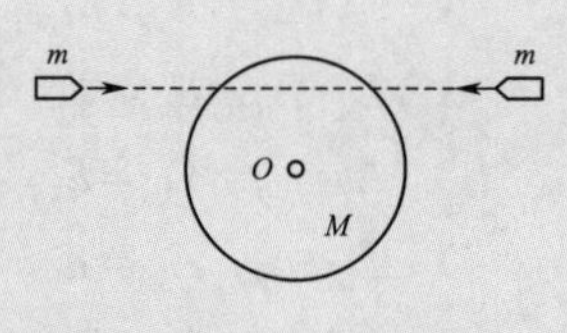

图3.25　3.7题图

A．L不变，ω增大　　B．二者均不变

C．L不变，ω减小　　D．L和ω均发生变化

3.8 有一半径为R的水平圆转台，可绕通过其中心的竖直固定光滑轴转动，转动惯量为J，开始时转台以匀角速度大小ω_0转动，此时有一质量为m的人站在转台中心，随后人沿半径向外跑去，当人到达转台边缘时，转台的角速度大小为（　）.

A．$\dfrac{J}{JmR^2}\omega_0$　　B．$\dfrac{J}{JmR^2}\omega_0$　　C．$\dfrac{J}{mR^2}\omega_0$　　D．ω_0

3.9 如图3.26所示，一光滑的内表面半径为10cm的半球形碗，以匀角速度大小ω绕其对称轴OC旋转，已知放在碗内表面上的一个小球P相对于碗静止，其位置高于碗底4cm，由此可推知碗旋转的角速度大小约为（　）.

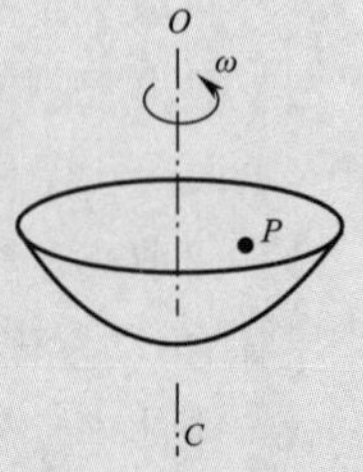

A．$13\text{rad}\cdot\text{s}^{-1}$.　　B．$17\text{rad}\cdot\text{s}^{-1}$.

C．$10\text{rad}\cdot\text{s}^{-1}$.　　D．$18\text{rad}\cdot\text{s}^{-1}$.

图3.26　3.9题图

3.10 如图3.27所示，有一小物体置于光滑的水平桌面上，有一绳，其一端连接此物体，另一端穿过桌面的小孔，该物体原以角速度大小ω在距孔为R的圆周上转动，现将绳从小孔缓慢往下拉，则物体（　）.

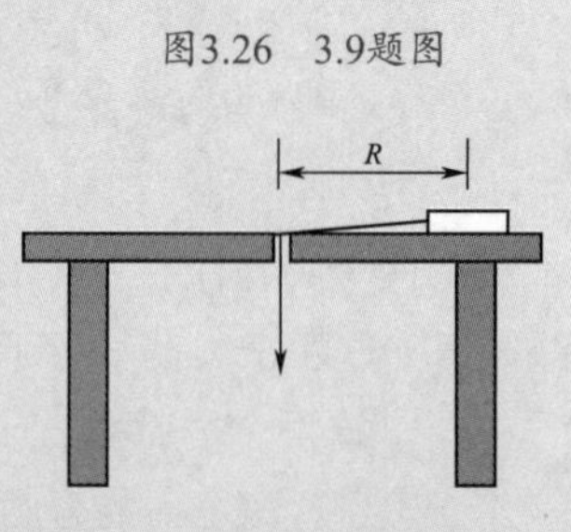

图3.27　3.10题图

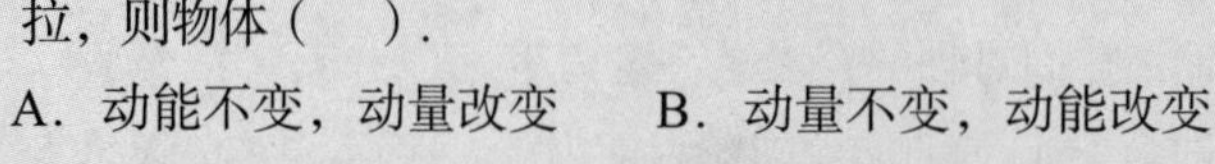

A．动能不变，动量改变　　B．动量不变，动能改变

C．角动量不变，动量不变　　D．角动量改变，动量改变

E．角动量不变，动能、动量都改变

3.11 半径为30cm的飞轮，从静止开始以大小为0.5rad·s^{-2}的匀角加速度转动，飞轮边缘上一点在飞轮转过240°时的切向加速度大小为a_t=________，法向加速度大小为a_n=________.

3.12 如图3.28所示，一匀质木球固定在一细棒下端，且木棒可绕水平光滑固定轴O转动，现有一子弹沿着与水平面成一角度的方向击中木球而嵌于其中，则在此击中过程中，由木球、子弹、细棒所组成的系统的________守恒，原因是________．木球被击中后，细棒和木球升高的过程中，由木球、子弹、细棒、地球所组成的系统的________守恒.

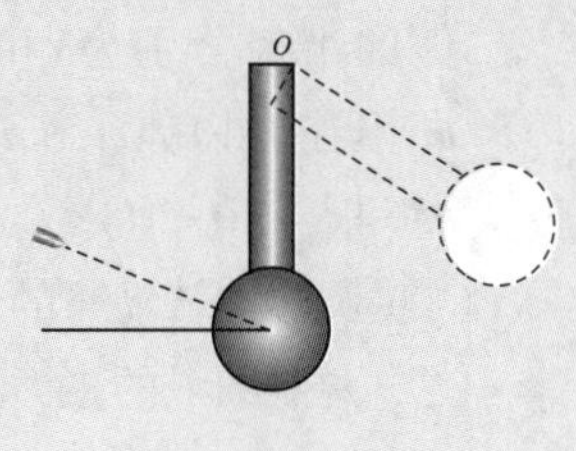

图3.28　3.12题图

3.13 两个质量分布均匀的圆盘A和B的密度分别为ρ_A和ρ_B（$\rho_A>\rho_B$），且两圆盘的总质量和厚度均相同．设两圆盘对通过盘心且垂直于盘面的轴的转动惯量分别为J_A和J_B，则有J_A________（填“>”“<”或“=”）J_B.

3.14 刚体平动的特点是什么？平动时刚体上的质元能否做曲线运动？

3.15 刚体定轴转动的特点是什么？刚体定轴转动时各质元的角速度、线速度、向心加速度、切向加速度是否相同？

3.16 刚体的转动惯量与哪些因素有关？请举例说明.

3.17 刚体所受的合外力为零，则合力矩是否一定为零？相反，刚体受到的合力矩为零，则其所收到的合外力是否一定为零？

3.18 一质量为m的质点位于(x_1, y_1)处，速度为$\vec{v}=v_x\vec{i}+v_y\vec{j}$. 质点受到一个沿$x$轴负方向的力$\vec{f}$的作用．求质点相对于坐标系原点的角动量及作用于质点上的力的力矩.

3.19 哈雷彗星绕太阳运动的轨道是一个椭圆．它离太阳最近距离为$r_1=8.75\times10^{10}$ m时的速率是$v_1=5.46\times10^4$ m·s^{-1}，它离太阳最远时的速率是$v_2=9.08\times10^2$m·s^{-1}，这时它离太阳的距离r_2是多少？（太阳位于椭圆的一个焦点.）

3.20 物体质量为3 kg，$t=0$时位于$\vec{r}=4\vec{i}$(m)处，$\vec{v}=\vec{i}+6\vec{j}$(m·s^{-1})，如一恒力$\vec{f}=5\vec{j}$(N)作用在物体上，求3s后物体动量的变化，以及相对z轴角动量的变化.

3.21 平板中央开一小孔，质量为m的小球用细线系住，细线穿过小孔后挂一质量为M_1的重物．小球做匀速圆周运动，当半径为r_0时重物达到平衡．现在M_1的下方再挂一质量为M_2的物体，如图3.29所示．这时小球做匀速圆周运动的角速度大小ω'和半径r'各为多少？

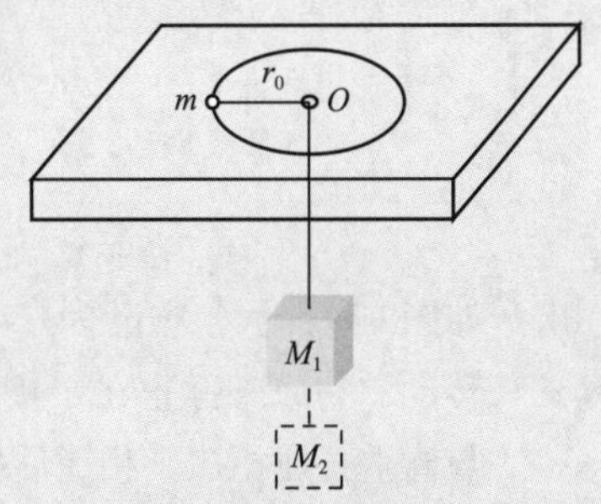

图3.29　3.21题图

3.22 飞轮的质量$m=60$kg、半径$R=0.25$m，绕其水平中心轴O转动，转速为900r·min^{-1}.现利用一制动的闸杆，在闸杆的一端加一竖直方向的制动力$\vec{F}$，可使飞轮减速．已知闸杆的尺寸如图3.30所示，闸瓦与飞轮之间的滑动摩擦系数$\mu=0.4$，飞轮的转动惯量可按匀质圆盘计算．试求：

（1）若$\vec{F}$的大小为100N，飞轮在多长时间内可停止转动？在这段时间里飞轮转了几转？

（2）如果在2s内飞轮转速减少一半，需加多大的力$\vec{F}$？

3.23 固定在一起的两个同轴均匀圆柱体可绕其光滑的水平对称轴OO'转动．设大小圆柱体的半径分别为R和r，质量分别为M和m，绕在两圆柱体上的细绳分别与物体m_1和m_2相连，物体m_1和m_2挂在圆柱体的两侧，如图3.31所示．设$R=0.20\text{m}$，$r=0.10\text{m}$，$m=4\text{kg}$，$M=10\text{kg}$，$m_1=m_2=2\text{kg}$，且开始时物体m_1和m_2离地均为$h=2\text{m}$．求：

（1）圆柱体转动时的角加速度；

（2）两侧细绳的张力.

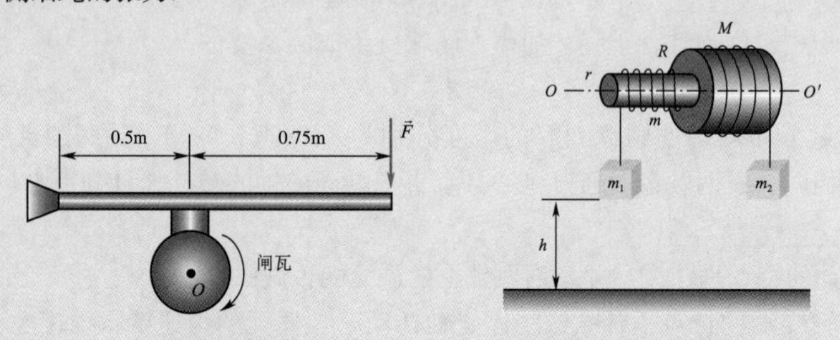

图3.30　3.22题图　　　　图3.31　3.23题图

3.24 如图3.32所示，设定滑轮为质量均匀分布的圆柱体，其质量为M，半径为r，在绳与轮缘的摩擦力作用下旋转，忽略桌面与物体间的摩擦.设$m_1=50\text{kg}$，$m_2=200\text{kg}$，$M=15\text{kg}$，$r=0.1\text{m}$. 请求出m_1（或m_2）的加速度和定滑轮的角加速度.

3.25 如图3.33所示，一匀质细杆质量为m、长为l，可绕过一端的水平轴O自由转动．初始时刻，细杆处于水平位置由静止开始向下摆动．求：

（1）初始时刻的角加速度；

（2）细杆转过θ角时的角速度.

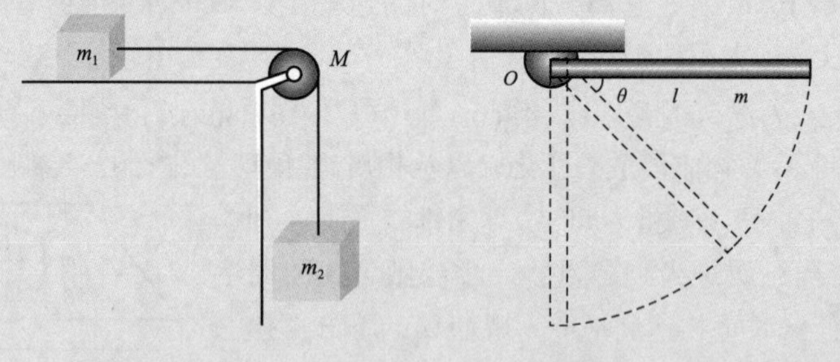

图3.32　3.24题图　　　　图3.33　3.25题图

3.26 如图3.34所示，质量为M、长为l的均匀直棒，可绕垂直于棒一端的水平轴O无摩擦地转动，它原来静止在平衡位置上．现有一质量为m的弹性小球飞来，正好在棒的下端与棒垂直地相撞，相撞后使棒从平衡位置处摆动到最大角度$\theta=30°$处.

（1）设该碰撞为弹性碰撞，试计算小球的初速度v_0的值.

（2）相撞时小球受到多大的冲量？

3.27 一个质量为M、半径为R并以角速度ω旋转的飞轮（可看作匀质圆盘），在某一瞬间突然有一片质量为m的碎片从轮的边缘上飞出，如图3.35所示．假定碎片脱离飞轮时的瞬时速度方向正好竖直向上．

（1）碎片能升高多少？

（2）求余下部分的角速度、角动量和转动动能．

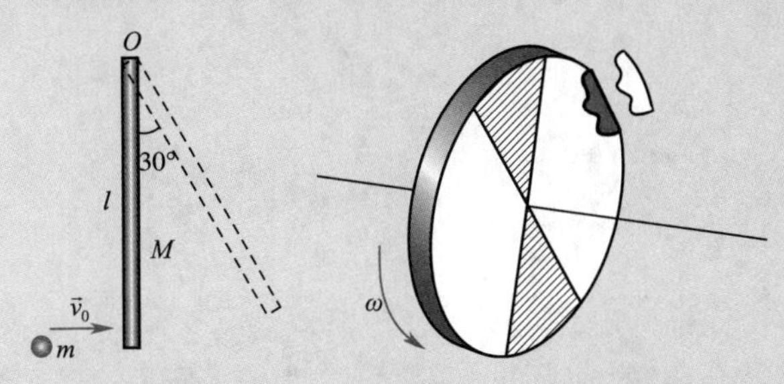

图3.34　3.26题图　　　　图3.35　3.27题图

3.28 如图3.36所示，一质量为m、半径为R的自行车轮，假定质量均匀分布在轮缘上，可绕轴自由转动．另一质量为m_0的子弹沿水平方向以速度$\vec{v}_0$射入自行车的轮缘中．试问：

（1）开始时如果车轮是静止的，在质点打入后车轮的角速度为何值？

（2）用m, m_0, θ表示系统(包括车轮和质点)最后动能和初始动能之比．

3.29 弹簧、定滑轮和物体的连接如图3.37所示，弹簧的劲度系数为2 N · m^{-1}；定滑轮的转动惯量是0.5kg · m^2，半径为0.3m．问：当质量为6kg的物体下落0.4m时，它的速率为多大？假设开始时物体静止而弹簧无伸长．

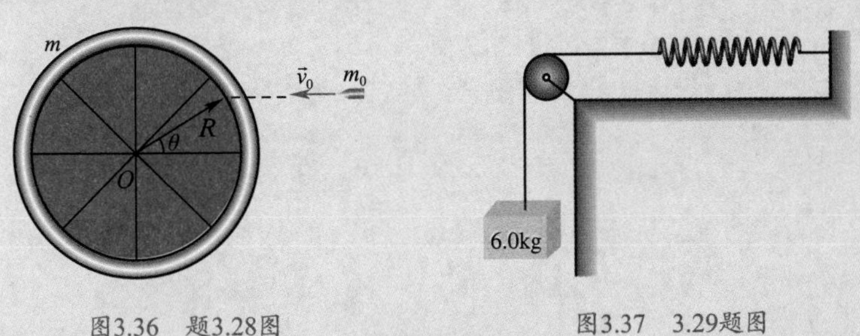

图3.36　题3.28图　　　　图3.37　3.29题图

本章习题参考答案

第4章 相对论

相对论和量子力学是近代物理的两大支柱，是现代高新技术的理论基础．相对论是关于时间、空间和物质运动的关系的理论，包括狭义相对论和广义相对论两部分．狭义相对论不考虑物质质量对时空的影响，是相对论的特殊情况．1905年，爱因斯坦发表《论动体的电动力学》一文，创立了狭义相对论．1915年，爱因斯坦又创立了广义相对论．广义相对论考虑质量对时空的影响，是关于引力的理论．相对论自建立以来已有百年，经受了大量实验的检验，至今还没有发现有实验结果与其相违背．

本章的主要内容包括：伽利略相对性原理和经典力学的绝对时空观，狭义相对论基本原理与洛伦兹变换，狭义相对论时空观，狭义相对论动力学，广义相对论简介等．

4.1 伽利略相对性原理与经典力学的绝对时空观

一、伽利略相对性原理与伽利略变换

1632年，伽利略曾在封闭的船舱中观察力学现象，他的观察记录如下："在这里（只要船的运动是等速的），你观察的一切现象中辨别不出丝毫的改变，你不能根据任何现象来判断船究竟是运动的还是静止的．当你在船板上跳跃时，你所跳过的距离和你在一条静止的船上跳过的距离完全相同，也就是说，由于船的匀速运动，你向船尾跳时并不比你向船头跳时更远些，虽然当你跳在空中时，在你下面的船板是在向着和你跳跃的相反的方向奔驰着．当你抛一件东西给你的朋友时，如果你的朋友在船头而你在船尾，你费的力并不比你们站在相反的位置所费的力更大．从挂在天花板下的装着水的酒杯里滴下的水滴，将竖直地落在地板上，没有任何一滴水偏向船尾方向滴落，虽然当水滴尚在空中时，船在向前走……" .在这里，伽利略描述的种种现象表明：一切彼此做匀速直线运动的惯性系，对描述物体的力学规律来说都是完全相同的．在一个惯性系内所做的任何力学实验都不能确定这个惯性系是静止状态还是在做匀速直线运动．或者说，力学规律对一切惯性系都是等价的，这就是经典力学的相对性原理，也称为伽利略相对性原理．

下面我们通过一个简单的例子，给出伽利略相对性原理的数学表达式．如图4.1所示，两个坐标系$S(Oxyz)$和$S'(O'x'y'z')$对应的坐标轴相互平行．假设$t=0$时，两坐标系重合，此时S'相对于S沿x轴正方向以匀速度$\vec{u}$开始运动．在t时刻，某点P在两个坐标系中的位置坐标有如下对应关系：

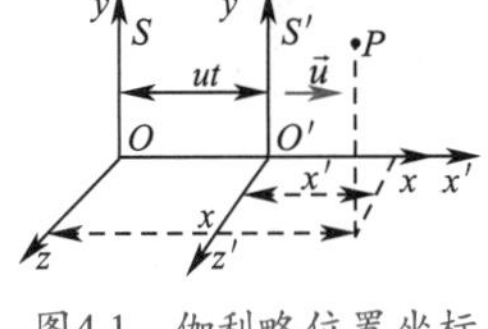

图4.1 伽利略位置坐标变换示意图

$$\begin{cases} x'=x-ut, \\ y'=y, \\ z'=z. \end{cases} \tag{4.1}$$

这是经典力学中的伽利略位置坐标变换公式．假设一根细棒的两端在S和S'中的坐标分别为x_1, x_2和x_1', x_2'，这几个坐标之间的关系为

$$x_1=x_1'+ut, \quad x_2=x_2'+ut,$$

于是细棒在两个坐标系中的长度可表示为

$$x_2-x_1=x_2'-x_1',$$

即同一个物体在惯性系S和S'中的长度是相同的，与两惯性系之间的相对速度$\vec{u}$无关．这说明经典力学中的空间量度是绝对的，与参考系无关．

经典力学中，时间的量度也是绝对的，与参考系的选择无关．一个事件在S'中所经历的时间与在S中所经历的时间相同，即$\Delta t'=\Delta t$．将时间的绝对性也加入前述两个参考系点P的坐标变换中，可得

$$\begin{cases} x' = x - ut, \\ y' = y, \\ z' = z, \\ t' = t. \end{cases} \tag{4.2}$$

这称为伽利略时空坐标变换式，是经典力学时空观的数学表达.

将式（4.2）的前3项对时间求导数，可得

$$\begin{cases} v'_x = v_x - u, \\ v'_y = v_y, \\ v'_z = v_z. \end{cases} \tag{4.3}$$

其中，v'_x, v'_y, v'_z为点P在S'中的速度分量大小，v_x, v_y, v_z为点P在S中的速度分量大小，写成矢量形式为

$$\vec{v} = \vec{v} - \vec{u}. \tag{4.4}$$

式（4.4）表明，在不同的惯性系中质点的速度是不同的.

用式（4.3）对时间求导数，可以得到经典力学中的加速度变换式

$$\begin{cases} a'_x = a_x, \\ a'_y = a_y, \\ a'_z = a_z, \end{cases} \tag{4.5}$$

其矢量形式为

$$\vec{a}' = \vec{a}. \tag{4.6}$$

这表明，在伽利略变换中，加速度是不变量. 由于经典力学中质点的质量与运动的状态无关，因此在两个做相对运动的惯性系中，牛顿运动定律具有相同的形式：

$$\vec{F} = m\vec{a}，\vec{F}' = m\vec{a}'. \tag{4.7}$$

这表明牛顿运动方程在伽利略变换中保持不变. 由此可以推断，对于所有的惯性系，牛顿力学的规律都具有相同的形式，这就是经典力学的相对性原理.

二、经典力学的绝对时空观

伽利略变换式表明时间和空间是彼此独立、互不相关的. 空间是物质存在和运动的“场所”，是永恒存在、绝对静止的. 而时间则在永恒地、均匀地流逝着，同样也是绝对静止的. 二者都与物质的运动无关. 牛顿曾经说过：“绝对的、真正的和数学的时间，就其本质而言，是永远均匀地流逝着，与任何外界事物无关.”“绝对空间，就其本质而言，也是与任何外界事物无关的，它永远不动、永恒不变.”这就是经典力学的时空观，也称为绝对时空观. 然而，实践已经证明，绝对时空观是不正确的，相对论否定了绝对时空观，并建立了新的时空观念. 相对论时空观正是本章后续内容将要介绍的.

4.2 绝对参考系的否定——迈克耳孙-莫雷干涉实验

在宏观低速的情形下，经典力学和伽利略变换与实际情况是相符合的，利用牛顿运动定律和伽利略变换，原则上可以处理任何惯性系中所有低速运动物体的运动问题．但是在处理电磁场问题时，经典力学和伽利略变换却遇到了困难．1865年，麦克斯韦建立了描述电磁运动普遍规律的麦克斯韦方程组，并预言了电磁波的存在，同时证明了电磁波在真空中传播的速度与光的传播速度相同．1888年，赫兹从实验上确认了电磁波的存在，光也是一种电磁波的观念在实验和理论上得以确认．在研究光的电磁理论的初期，与机械波相类比是一种常用的方式．机械波的传播需要弹性介质，因此，人们认为光和电磁波的传播也需要一种弹性介质作为载体，这种介质被称为以太．以太假说的主要内容：以太是传播电磁波的弹性介质，它充满了整个宇宙空间，并且可以渗透到一切物质的内部，以太中的带电粒子振动会引起以太变形，这种变形以弹性波的形式传播，这就是电磁波．在相对以太静止的参考系中，光的速度在各个方向都是相同的，即真空中的光速，这个参考系称为以太参考系．在相对于以太参考系以速度$\vec{u}$运动的参考系中，按照经典力学的相对性原理，光的速度为

$$\vec{c}'=\vec{c}-\vec{u},$$

式中$\vec{c}$为以太参考系中的光速．上式表明在相对于以太运动的参考系中，光的速度在各个方向上是不相同的．

如果能借助某种方法测出运动参考系相对于以太参考系的速度，那么相当于找到了牛顿力学的绝对参考系．历史上确实有许多物理学家做过很多实验寻找绝对参考系，但都得到了否定的结果．在这些实验中，迈克耳孙（A.A.Michelson，1852—1931）和莫雷（E.W.Morley，1838—1923）所做的实验精确度最高，最具代表性．

迈克耳孙–莫雷实验是利用迈克耳孙干涉仪观察地球相对于以太的绝对运动的实验，其光路原理如图4.2所示．由光源发出的波长为λ的光入射到半透半反膜R上被分为两束，一束沿RM_1路径前进到达M_1被反射，另一束沿RM_2路径前进到达M_2被反射，两束反射光在R处汇聚并沿路径RO继续前进产生干涉，假定M_1和M_2不严格垂直，那么从O处可观察到等厚干涉条纹，如果光沿两条路径回到R处所需的时间发生变化，两束光线的相位差

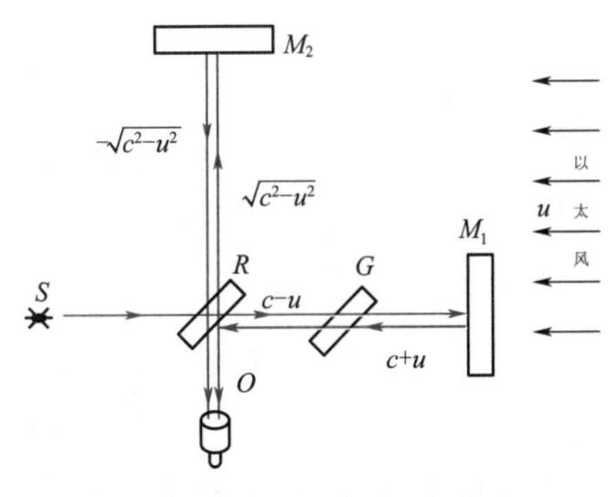

图4.2 迈克耳孙干涉仪示意图

就会发生变化，从而可以观察到条纹的移动．假设以太相对太阳系（S系）静止，地球（S'系）相对太阳系速度为$\vec{u}$，整个迈克耳孙干涉仪固定在地球上并随其一起运动．我们假定RM_1沿着速度$\vec{u}$的方向，RM_1和RM_2的长度均为l，根据相对运动的原理，光沿RM_1来回的速率为$c-u$和$c+u$，沿RM_2来回的速率分别为$\sqrt{c^2-u^2}$和$-\sqrt{c^2-u^2}$，如图4.2所示．根据上述条件，可以计算出光沿RM_1往返所需的时间为

$$t_1=\frac{l}{c-u}+\frac{l}{c+u}=\frac{2lc}{c^2-u^2}; \tag{4.8}$$

对于RM_2，光往返一周所需的时间为

$$t_2=\frac{2l}{\sqrt{c^2-u^2}}; \tag{4.9}$$

光沿两条路径重新回到R处的时间差为

$$\Delta t=t_1-t_2=\frac{2}{c}\left[\frac{l}{1-\left(\frac{u}{c}\right)^2}-\frac{l}{\sqrt{1-\left(\frac{u}{c}\right)^2}}\right]. \tag{4.10}$$

将整个实验装置旋转90°，按照与上述相同的方法，可以计算出光沿RM_1和RM_2往返汇聚到R处的时间差为

$$\Delta t'=\frac{2}{c}\left[\frac{l}{\sqrt{1-\left(\frac{u}{c}\right)^2}}-\frac{l}{1-\left(\frac{u}{c}\right)^2}\right]. \tag{4.11}$$

干涉仪旋转前后光通过RM_1和RM_2的时间差的改变量为

$$\delta t=\Delta t-\Delta t'=\frac{4l}{c}\left[\frac{1}{1-\left(\frac{u}{c}\right)^2}-\frac{1}{\sqrt{1-\left(\frac{u}{c}\right)^2}}\right], \tag{4.12}$$

考虑到$\frac{u}{c}$是小量，利用近似公式

$$\frac{1}{1-\alpha}\approx 1+\alpha, \tag{4.13}$$

$$\frac{1}{\sqrt{1-\alpha}}\approx 1+\frac{1}{2}\alpha, \tag{4.14}$$

其中$\alpha=\left(\frac{u}{c}\right)^2$，可得

$$\delta t\approx\frac{2l}{c}\left(\frac{u}{c}\right)^2. \tag{4.15}$$

这个改变量对应的干涉条纹移动量为

$$\Delta N=\frac{c\delta t}{\lambda}=\frac{2lu^2}{\lambda c^2}. \tag{4.16}$$

也就是说，缓慢地旋转迈克耳孙干涉仪前后，应该能够观察到干涉条纹的移动．在迈克耳孙–莫雷干涉实验中，臂长l=11m，光波长$\lambda=5\times10^2$nm，u取地球公转速度$3\times10^4\text{m}\cdot\text{s}^{-1}$，预期能观察到大约0.4条条纹移动．但实际上只观察到不超过0.01条条纹，或者说不存在条纹移动．尽管迈克耳孙后来在不同的地理条件和季节等各种不同情况下多次做了该实验，但无一例外，所得到的结果全部为零，即观察不到干涉的移动．

迈克耳孙–莫雷干涉实验及其他相关实验否定了以太的存在，同时也否定了经典力学的绝对时空观，这表明伽利略相对性原理只适用于牛顿运动定律，而不适用于电磁场理论．为了消除这种矛盾，彻底解决以太存在性问题，必须从更加根本的观念上做出改变．在诸多用来解释迈克耳孙–莫雷干涉实验及相关实验结果的理论中，只有爱因斯坦提出的狭义相对论能够圆满解释上述一切相关实验结果．

4.3 狭义相对论基本原理与洛伦兹变换

一、狭义相对论的基本原理

迈克耳孙–莫雷干涉实验及相关的其他实验均未能观察到地球相对于以太参考系的运动，这表明电磁现象（包括光）并不需要以太这种特殊的参考系，正如经典力学不需要绝对参考系一样．换言之，电磁理论在任何惯性系中都应该具有相同的理论形式．然而，我们根据伽利略变换计算得到的结果与实验并不相符，因此必须寻找新的变换形式．而且这种变换形式应当既能符合迈克耳-莫雷干涉实验的观测结果，同时也应该在宏观低速时与伽利略变换相一致．此外，上述诸多实验同时还表明在不同的惯性系中，光速始终是一样的，即光速保持不变，与惯性系的选择无关．爱因斯坦将上述思想概括为狭义相对论的两个基本原理．

（1）相对性原理：所有物理定律在一切惯性系中都具有完全相同的形式．这意味着所有的惯性系在描述运动时都是完全等效的，对运动的描述只有相对意义，绝对静止的参考系是不存在的．

洛伦兹

（2）光速不变原理：在所有惯性系中真空光速沿任何方向都是常量，即c与光源的运动无关．

这两条定理是狭义相对论的基础．时至今日，已经有许多实验结果直接或间接验证了这两条基本原理和相对论的结论．

伽利略变换与上述两条基本原理不相一致，下面介绍满足相对论基本原理的变换——洛伦兹变换，并介绍其与伽利略变换的关系．

二、洛伦兹变换

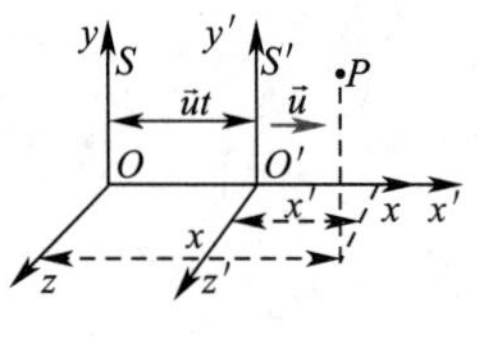

图4.3　洛伦兹变换示意图

如图4.3所示，假设$t=0$时刻，两个惯性系S和S'完全重合．从该时刻开始，S' 以速度$\vec{u}$ 沿xx'轴相对S 运动．如果在某时刻一个事件发生在P点，从S系中看，P点坐标为(x,y,z)，时间为t；从S' 系中看，P点坐标为(x',y',z')，时间为t'．洛伦兹在研究电磁场理论时发现上述同一个事件在两个惯性系中的时空坐标满足下列变换关系．

$S\to S'$ 的洛伦兹变换（正变换）为

$$\begin{cases}x'=\gamma(x-ut)\\ y'=y,\\ z'=z,\\ t'=\gamma\left(t-\dfrac{u}{c^2}x\right),\end{cases}\tag{4.17}$$

$S'\to S$ 的洛伦兹变换（逆变换）为

$$\begin{cases}x=\gamma(x'-ut')\\ y=y',\\ z=z',\\ t=\gamma\left(t'+\dfrac{u}{c^2}x'\right),\end{cases}\tag{4.18}$$

$$\gamma=\frac{1}{\sqrt{1-\beta^2}}=\frac{1}{\sqrt{1-\left(\dfrac{u}{c}\right)^2}},$$

$$\beta=\frac{u}{c}.$$

需要注意的是，这里的时间变换关系与伽利略变换中不同．在伽利略变换中，受绝对时空观的影响，事件发生的时间与惯性系的选取无关，即$t=t'$ 始终成立，这与现实生活经验是一致的，因此很容易被默认为是正确的．然而从上面的式子来看，洛伦兹变换中时间是与位置相关联的，这是由于洛伦兹变换必须遵守狭义相对论的两条基本原理．根据这两条基本原理，可以从理论上推导出洛伦兹变换式，具体的推导过程可以参考相关资料．

洛伦兹变换推导过程

从上述两组式子中，可以发现当S'系相对于S系的速度大小u远小于光速c时，$\beta\ll1$，洛伦兹变换转变为伽利略变换．这说明在低速问题中，洛伦兹变换和伽利略变换是等效的，只不过伽利略变换仅适用于低速运动的物体．

三、洛伦兹速度变换

在图4.3中，考虑P点的瞬时速度．S和S'中的速度分量表达式为

$$v_x = \frac{\mathrm{d}x}{\mathrm{d}t}, \quad v_y = \frac{\mathrm{d}y}{\mathrm{d}t}, \quad v_z = \frac{\mathrm{d}z}{\mathrm{d}t},$$
$$v_x' = \frac{\mathrm{d}x'}{\mathrm{d}t'}, \quad v_y' = \frac{\mathrm{d}y'}{\mathrm{d}t'}, \quad v_z' = \frac{\mathrm{d}z'}{\mathrm{d}t'}.$$

对洛伦兹正变换取微分，得

$$\mathrm{d}x' = \gamma(\mathrm{d}x - u\mathrm{d}t) = \gamma\left(\frac{\mathrm{d}x}{\mathrm{d}t} - u\right)\mathrm{d}t,$$
$$\mathrm{d}y' = \mathrm{d}y,$$
$$\mathrm{d}z' = \mathrm{d}z,$$
$$\mathrm{d}t' = \gamma\left(\mathrm{d}t - \frac{u}{c^2}\mathrm{d}x\right) = \gamma\left(1 - \frac{u}{c^2}\frac{\mathrm{d}x}{\mathrm{d}t}\right)\mathrm{d}t = \gamma\left(1 - \frac{uv_x}{c^2}\right)\mathrm{d}t,$$

用$\mathrm{d}t'$去除前面3式，得$S \to S'$的洛伦兹速度变换式为

$$\begin{cases} v_x' = \dfrac{\mathrm{d}x'}{\mathrm{d}t'} = \dfrac{\gamma(v_x - u)\mathrm{d}t}{\gamma\left(1 - \dfrac{uv_x}{c^2}\right)\mathrm{d}t} = \dfrac{v_x - u}{1 - \dfrac{uv_x}{c^2}}, \\ v_y' = \dfrac{\mathrm{d}y'}{\mathrm{d}t'} = \dfrac{\mathrm{d}y}{\gamma\left(1 - \dfrac{uv_x}{c^2}\right)\mathrm{d}t} = \dfrac{v_y}{\gamma\left(1 - \dfrac{uv_x}{c^2}\right)}, \\ v_z' = \dfrac{\mathrm{d}z'}{\mathrm{d}t'} = \dfrac{v_z}{\gamma\left(1 - \dfrac{uv_x}{c^2}\right)}. \end{cases} \tag{4.19}$$

根据相对性原理，把式（4.19）中的u换成$-u$，带撇的量和不带撇的对调，就可以得到$S' \to S$的洛伦兹速度变换式，为

$$\begin{cases} v_x = \dfrac{v_x' + u}{1 + \dfrac{uv_x'}{c^2}}, \\ v_y = \dfrac{v_y'}{\gamma\left(1 + \dfrac{uv_x'}{c^2}\right)}, \\ v_z = \dfrac{v_z'}{\gamma\left(1 + \dfrac{uv_x'}{c^2}\right)}. \end{cases} \tag{4.20}$$

以上两组方程称为洛伦兹速度变换式. 虽然垂直于运动方向的长度不变，但速度却发生了变化，这是因为时间间隔改变了.

同样，当$u \ll c$且$v_x \ll c$时，$\gamma \to 1, \dfrac{uv_x}{c} \to 0$，式（4.19）变为

$$v_x' = v_x - u, \quad v_y' = v_y, \quad v_z' = v_z.$$

这就是伽利略速度变换式.

在$\vec{v}$平行于x轴的特殊情况下，即$v_x = v, v_y = 0, v_z = 0$，代入式（4.19）可得

$$v_x' = \frac{v - u}{1 - \dfrac{uv}{c^2}}, \quad v_y' = 0, \quad v_z' = 0. \tag{4.21}$$

在$\vec{v}'$平行于x'轴的特殊情况下，即$v'_x = v', v'_y = 0, v'_z = 0$，代入式（4.20）可得逆变换

$$v_x = \frac{v' + u}{1 + \frac{uv'}{c^2}}, \quad v_y = 0, \quad v_z = 0 . \tag{4.22}$$

我们用式（4.19）来讨论在S'中光速的大小. 假设一束光沿xx'轴运动，已知光对S系的速率为c，即$v_x = c$，根据洛伦兹速度变换式，光对S'系的速率为

$$v'_x = \frac{v_x - u}{1 - \frac{v_x u}{c^2}} = \frac{c - u}{1 - \frac{cu}{c^2}} = c .$$

这表明，对S'系而言，光速仍然是c，即光在S和S'系中速率不变，这与相对论的基本原理和迈克耳孙–莫雷干涉实验的结果都是一致的. 洛伦兹变换表明：两个小于光速的速度合成后仍小于光速；两个速度中有一个等于光速，或两个速度都等于光速，合成后的速度等于光速. 因此，可以得出普遍结论：通过洛伦兹速度变换，在任何惯性系中物体的运动速度都不可能超过光速，也就是说，光速是物体运动的极限速度.

例4.1　有一辆火车以速率u相对地面做匀速直线运动，在火车上向前和向后发射两道光线，求光相对于地面的速度.

解　以地面为S系，火车为S'系，则光相对火车（S'系）向前的速率为$v' = +c$，向后的速率为$v' = -c$，代入式（4.22）可得光相对地面向前的速率为

$$v = \frac{c + u}{1 + \frac{uc}{c^2}} = c ,$$

光相对地面向后的速率为

$$v = \frac{-c + u}{1 - \frac{uc}{c^2}} = -c .$$

这是光速不变原理所要求的结果.

例4.2　设有两个火箭A和B相向运动，在地面测得A和B的速率沿x轴正方向分别为$v_A = 0.9c, v_B = -0.9c$，试求A和B相对运动的速率.

解　设地面为参考系S，火箭A为参考系S'，A沿x轴的正方向运动，x轴和x'轴同向，则$u = v_A$. B相对于A的速率就是在S'系中测得的B的速率，记为v_x'. 现已知B在S中的速率为$v_x = v_B = -0.9c$，代入式（4.21）可得

$$v'_x = \frac{v_x - u}{1 - \frac{uv_x}{c^2}} = \frac{-0.9c - 0.9c}{1 - \frac{0.9c \times (-0.9c)}{c^2}} = -\frac{1.8c}{1.81} \approx -0.995c .$$

同理，可求得A相对于B的速率约为$0.995c$.

4.4 狭义相对论时空观

运用洛伦兹变换可以得到许多与我们日常生活经验迥异的结果，比如“时长尺缩”效应、质能关系等．这些结果后来通过各种实验得到证实，表明了相对论的准确和可靠．下面我们首先讨论同时的相对性，“同时”这个概念与经典力学中那种直观的概念有很大的区别，是狭义相对论基本原理的直接结论；然后再讨论长度和时间间隔的相对性．

一、同时的相对性

同时的相对性

在经典力学中，由于时间是绝对的，在S系中某时刻发生的一个事件，在S'系中也发生在相同的时刻．但是在狭义相对论中，同一个事件从两个惯性系中来看，通常不再是同时发生的，这就是狭义相对论中同时的相对性．

下面通过两个思想实验作为例子来讨论这种同时的相对性．

如图4.4所示，假设一个车厢（S'系）以速率u相对于地面（S系）沿x轴运动．在车厢正中间M'有一个光源，某一时刻光源闪了一下，光信号同时向车厢的前门和后门传播，光信号到达前门记为事件1，光信号到达后门记为事件2．在惯性系S'中，光源与前后门的距离相等，光信号同时到达两个门，即事件1和事件2同时发生．而在S系中，根据光速不变原理，两个光信号的速率均为光速c，但前门和后门跟随车厢一同沿x轴前进，所以光信号会先到达后门，后到达前门，即事件2先发生，事件1后发生．在位于S系中的观察者看来，两个事件不是同时发生的．

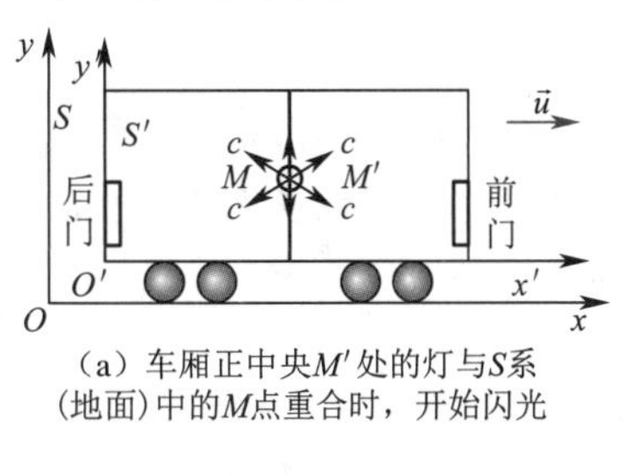

（a）车厢正中央M'处的灯与S系（地面）中的M点重合时，开始闪光

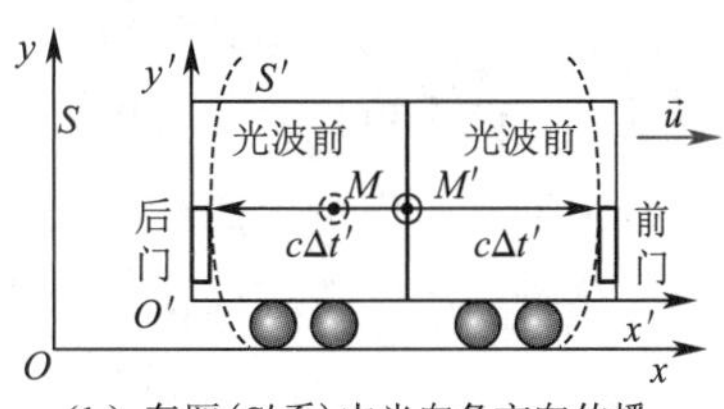

（b）车厢（S'系）中光向各方向传播的速率都为c，所以同一光信号同时到达前、后门

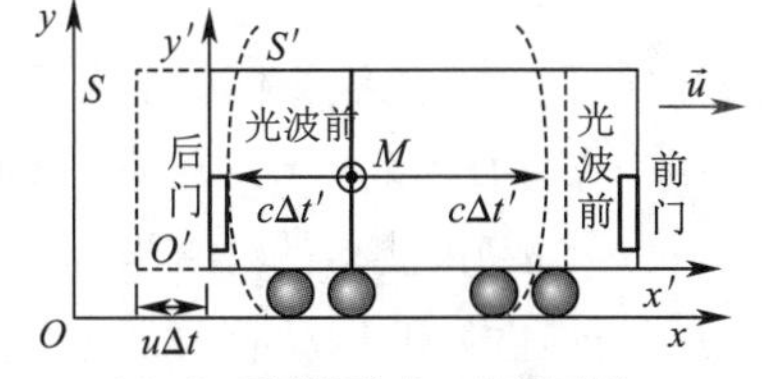

（c）在S系（地面）中，光速不变，因后门以速率u接近M点，所以同一光信号先到达后门，后到达前门

图4.4 同时的相对性实验一

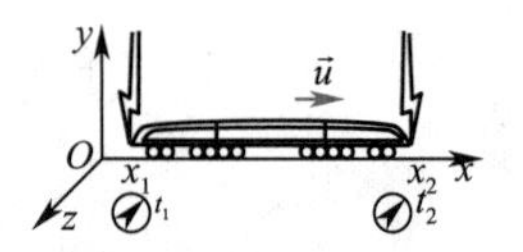

图4.5 同时的相对性实验二

如图4.5所示，一个车厢以速率u相对于地面运动．两个观察者分别位于地面上的O点和车厢中间位置O'点．某一时刻，两个观察者位置重合，即O和O'重合．此时，两道闪电同时击中车头和车尾，将闪电击中车尾记为事件1、闪电击中车头记为事件2．在S系中，事件1的时空坐标记为(x_1,t_1)，事件2的时空坐标记为(x_2,t_2)．在S'系中，事件1的时空坐标记为(x_1',t_1')，事件2的时空坐标记为(x_2',t_2')．根据洛伦兹变换，两个惯性系中时空变换关系为

$$t_1'=\gamma\left(t_1-\frac{u}{c^2}x_1\right),$$

$$t_2'=\gamma\left(t_2-\frac{u}{c^2}x_2\right).$$

在S'系中观察到两个事件的时间差为

$$t_2'-t_1'=\gamma\left[(t_2-t_1)-\frac{u}{c^2}(x_2-x_1)\right].$$

对S系中的观察者而言，两个事件同时发生意味着$t_1=t_2$，则上式可写为

$$t_2'-t_1'=-\gamma\frac{u}{c^2}(x_2-x_1).$$

由于$u\neq0$且$x_2-x_1\neq0$，则S'系中的观察者测得两事件不是同时发生的．如果$u>0,x_2-x_1>0$，则$t_2'-t_1'<0$，事件2先发生，即闪电先击中车头、后击中车尾．反之，如果$u<0,\ x_2-x_1>0$，则$t_2'-t_1'>0$，事件1先发生，闪电先击中车尾、后击中车头．车厢运动方向的改变即参考系的改变，由此可见，观察的参考系变了，事件发生的先后顺序就会发生变化．只有在S系中同一地点（$x_1=x_2$）同时（$t_1=t_2$）发生的两个事件，在S'系中才会被认为这两个事件也是同时发生的．总之，在某惯性系中同时、同一地点发生的两个事件，在其他惯性系测量也是同时发生．在某惯性系中同时、不同地点发生的两个事件，在其他惯性系测量，一定不是同时发生．

从上述两个思想实验可以发现，两个事件在一个惯性系中是同时的，但在另一个惯性系中却可能是不同时的，并不存在与惯性系无关的所谓的绝对时间．这种同时的相对性是前述相对论基本原理所导致的必然结果．

二、长度的相对性

长度的相对性

在经典力学中，我们认为一个给定物体的长度不会随着惯性系的运动而发生变化，在某个惯性系中长为1m的尺子，在另一个惯性系中同样还是长为1m．长度是一个物体在同一时刻被测得的两端坐标之差，从上述讨论中可以知道，空间位置和时间都与惯性系的运动有关，尤其是惯性系或者运动物体的速度较大时．那么，在运动的惯性系中，物体长度会发生什么样的变化呢？

假设一个物体相对于参考系静止，物体在x轴方向两端坐标分别为x_1和x_2，物体的长度可以用坐标之差来表示，即长度$l=|x_2-x_1|$，这种观察者相对于物

体静止测得的长度称为固有长度（或本征长度），通常记为l_0. 由于物体相对于参考系静止，其两端的位置坐标是不变的，因此测量x_1和x_2的时间不要求是同时的.

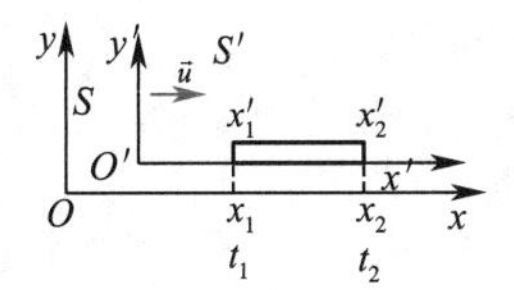

图4.6 长度的相对性

现在考虑另一种情况，物体跟随惯性系S'以速率u一起相对于静止的惯性系S运动，如图4.6所示. 在S系中，同时测量物体两端的坐标x_1和x_2，物体的长度为$l = x_2 - x_1$，这种长度称为物体的运动长度. 在S'系中，测得物体两端的坐标分别为x_1'和x_2'，由于物体相对于参考系静止，因此其长度为固有长度，即$l_0 = l' = x_2' - x_1'$.根据洛伦兹变换有

$$x_2' = \gamma(x_2 - ut_2),$$
$$x_1' = \gamma(x_1 - ut_1),$$

两式相减可得

$$x_2' - x_1' = \gamma[(x_2 - x_1) - u(t_2 - t_1)].$$

因为在S系中的测量必须是同时的，所以$t_2 = t_1$. 代入上式可得

$$x_2' - x_1' = \gamma(x_2 - x_1),$$

或者也可以写成

$$l_0 = \gamma l，其中\gamma = \frac{1}{\sqrt{1-\beta^2}}.$$

上式又可写为

$$l = \frac{1}{\gamma} l_0 = \sqrt{1-\beta^2}\, l_0. \tag{4.23}$$

这说明，在参考系S中测得的物体的长度小于在S'系中测得的长度，这种沿着运动方向长度收缩的现象称为洛伦兹收缩，$\sqrt{1-\beta^2}$为洛伦兹收缩因子. 容易证明，如果物体相对于S系静止，则在S'系中测得的长度只是其固有长度的$\sqrt{1-\beta^2}$倍.

直观上看，洛伦兹收缩现象与日常生活经验相违背. 但实际上并不矛盾，因为日常生活中物体运动的速率都远小于光速，这种情况下，$\beta \ll 1$，长度收缩效应非常微弱，不能被觉察到，把长度当作一个绝对量来对待是合理的. 在地球上，宏观物体所达到的最大速率一般为$10^3\,\mathrm{m \cdot s^{-1}}$这个数量级，长度相对收缩的数量级约为$10^{-10}$，所以的确可以忽略不计.

三、时间间隔的相对性

时间间隔的相对性

在狭义相对论中，时间间隔也不是绝对的. 首先我们还是先讨论相对于坐标系静止的情况. 假设在S'系中的某个位置x'处，两个事件先后发生，测得发生的时间分别为t_1'和t_2'，可得在S'系中两个事件的时间间隔为$\Delta t' = t_2' - t_1'$，这种在相对于事件发生地点静止的参考系中测得的时间间隔称为固有时间（或本征时间）. 在相对于S'系以速率u运动的S系中，测得两个事件分别发生在t_1

和t_2，两个事件的时间间隔为$\Delta t = t_2 - t_1$，这称为运动时间．根据洛伦兹变换有

$$t_1 = \gamma\left(t_1' + \frac{u}{c^2}x_1'\right), t_2 = \gamma\left(t_2' + \frac{u}{c^2}x_2'\right),$$

两式相减可得

$$t_2 - t_1 = \gamma\left[(t_2' - t_1') + \frac{u}{c^2}(x_2' - x_1')\right].$$

因为$x_2' = x_1'$，所以有

$$t_2 - t_1 = \gamma(t_2' - t_1'),$$

即

$$\Delta t = \gamma\Delta t'. \tag{4.24}$$

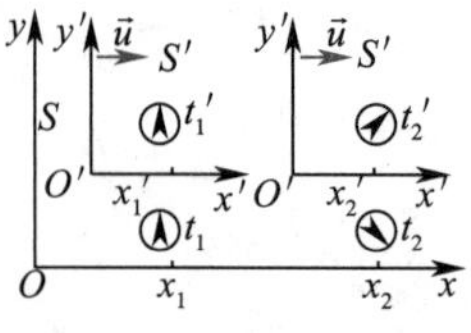

图4.7 时间间隔的相对性示意图

从式（4.24）可以发现，由于$\sqrt{1-\beta^2} < 1$，有$\Delta t > \Delta t'$.也就是说，在S系中观察到的两个事件的时间间隔小于在S'系中观察到的时间间隔．从S系来看，S'系以速度$\vec{u}$相对于S系运动，而S'系中两个事件的时间间隔从S系来看变得更长了，可以说运动着的钟走慢了，这就是时间延缓效应，可参考图4.7．同样可以证明，从S'系中来看，S系中的钟也会走慢．

经典力学的时空观认为时间不受任何因素的影响，均匀地流淌着，所以不管从哪个惯性系来看，相同的两个事件之间的时间间隔都是一样的，这就是伽利略变换所体现的性质．然而，在狭义相对论中，同样两个事件的时间间隔在不同的惯性系中看起来是不一样的．当运动速率$u \ll c$，即$\beta \ll 1$时，式（4.24）可以简化为

$$\Delta t' \approx \Delta t.$$

这表明，在现实生活中，在$10^3\,\mathrm{m \cdot s^{-1}}$数量级的运动速率下，时间延缓效应非常微弱，近似当作绝对量处理是合理的．

狭义相对论指出，空间和时间的量度与惯性参考系的选择有关，时间和空间是相互联系的，并且与物质的运动有不可分割的联系，不存在绝对的时间和空间．时间、空间和运动是紧密联系的，这是经典力学所未能揭示的时空的本质．

例4.3　在大气上9000m处，宇宙射线中有u^-介子，速率约为$v = 2.994 \times 10^8\,\mathrm{m \cdot s^{-1}} = 0.998c$. u^-介子在相对其静止的参考系中的平均寿命为$2 \times 10^{-6}\,\mathrm{s}$，随后会衰变为电子和中微子，试解释地面实验室为什么能接收到其信号．

解　在相对于u^-介子静止的参考系中，$\Delta t' = 2 \times 10^{-6}\mathrm{s}$，在这段时间中$u^-$介子走过的路程只有$u\Delta t' \approx 600\mathrm{m}$．若没有时间延缓效应，它们从产生到衰变的时间中，是不可能到达地面实验室的．

将参考系S'建立在u^-介子上，从地面参考系S来看，u^-介子的寿命可由式（4.24）求出，有

$$\Delta t = \frac{\Delta t'}{\sqrt{1 - \frac{u^2}{c^2}}} = \frac{2 \times 10^{-6}}{\sqrt{1 - 0.998^2}}\,\mathrm{s} \approx 3.16 \times 10^{-5}\,(\mathrm{s}),$$

比地面参考系中的寿命长约16倍．在这段时间里u^-介子走过的路程为

$$u\Delta t \approx 2.994\times10^8\times3.16\times10^{-5}\,\text{m}\approx 9461\,\text{m} > 9000\,\text{m},$$

所以其信号能够到达地面．

4.5 狭义相对论动力学

相对性原理要求所有惯性系中物理定律的理论形式保持一致，物理定律的方程式应该具有洛伦兹变换不变性．所以，许多物理量需要重新定义，如质量、动量和能量等．此外，这些物理量新的定义形式还必须在低速情况下与经典力学的定义相同．

一、动量、质量与速度的关系

在相对论中，一个质点的动量定义为

$$\vec{p}=m\vec{u}. \tag{4.25}$$

其中，$\vec{u}$为速度，m为质点的质量．在相对论情况下，动量的大小不一定与$\vec{u}$成线性的正比关系，因为质量不再是常数，而是速度的函数，可以假定$m=m(\vec{u})$.由于空间各向同性，m只与速度的大小有关，与其方向无关，即

$$m=m(u),$$

而且在低速情况下，应该过渡为经典力学中的质量．

下面通过一个例子引入相对论中质量的定义式．如图4.8所示，假设A、B两个全同粒子碰撞后形成一个复合粒子．从S和S'两个惯性系中来考察这个碰撞过程．在S系中，A的速率为u，B静止，二者质量分别为$m_A=m(u)$和$m_B=m_0$，m_0为质点相对于参考系静止时测得的质量，称为静质量．在S'系中，A静止，B的速率为$-u$，二者质量分别为$m_A=m_0$和$m_B=m(u)$．显然，S'相对于S的速率为u.假设碰撞后复合粒子相对于S系的速率为v，复合粒子的质量为$M(v)$．在S'系中，复合粒子的速率为v'，根据对称性有$v'=-v$，因此其质量同样为$M(v)$．根据质量守恒定律和动量守恒定律有

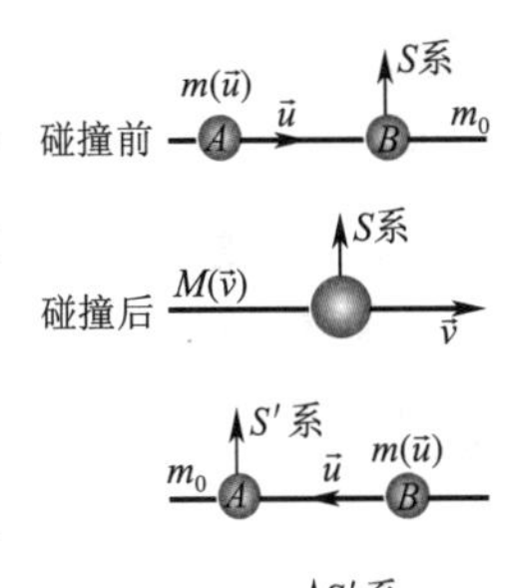

图4.8　相对论性质量表达式推导过程

核能的发展和使用

$$m(u)+m_0=M(v), \tag{4.26}$$

$$m(u)u=M(v)v, \tag{4.27}$$

消去$M(v)$可得

$$1+\frac{m_0}{m(u)}=\frac{u}{v}. \tag{4.28}$$

根据洛伦兹速度变换式，复合粒子在S'系中的速率v'及在S系中的速率v满足关系

$$v' = -v = \frac{v-u}{1-\frac{uv}{c^2}},$$

即

$$\frac{u}{v} - 1 = 1 - \frac{uv}{c^2},$$

两边同乘以$\frac{u}{v}$，整理得

$$\left(\frac{u}{v}\right)^2 - 2\left(\frac{u}{v}\right) + \left(\frac{u}{c}\right)^2 = 0,$$

解得

$$\frac{u}{v} = 1 \pm \sqrt{1-\frac{u^2}{c^2}}.$$

因为$v < u$，所以舍去负号，有

$$\frac{u}{v} = 1 + \sqrt{1-\frac{u^2}{c^2}}.$$

将该结果代入式（4.28）得

$$m(u) = \frac{m_0}{\sqrt{1-\frac{u^2}{c^2}}} = \gamma m_0. \tag{4.29}$$

这就是相对论性质量的定义式．动量的定义式为

$$\vec{p} = m\vec{u} = \frac{m_0\vec{u}}{\sqrt{1-\frac{u^2}{c^2}}} = \gamma m_0 \vec{u}. \tag{4.30}$$

式（4.29）表明，当一个质点相对于参考系以速率u运动时，测得其质量是u的函数．当运动速度较小时，$\beta \ll 1$，物体的质量近似等于其静质量，可以当作与速度无关的常量处理．当运动速度较大，尤其是接近光速时，物体的质量急剧增加，相对论效应非常明显．利用质速公式[式（4.29）]计算出来的质量随速度的变化关系与实验结果相符合，图4.9所示是几位工作者测量得到的电子质量随速度变化的实验结果，理论计算结果与实验结果是高度一致的．

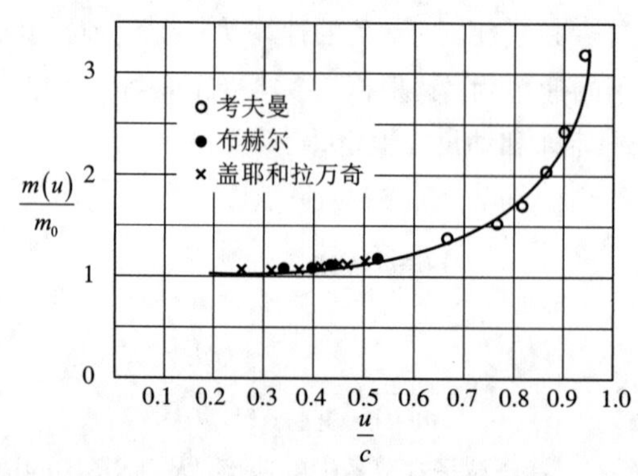

图4.9　相对论性质量随速度变化的实验结果

二、狭义相对论力学的基本方程

在狭义相对论中，同样把力定义为动量对时间的变化率，有

$$\vec{F}=\frac{\mathrm{d}\vec{p}}{\mathrm{d}t}=\frac{\mathrm{d}}{\mathrm{d}t}\left[\frac{m_0\vec{u}}{\left(1-\beta^2\right)^{\frac{1}{2}}}\right], \tag{4.31}$$

其中$\vec{p}$为式（4.30）中的相对论性动量．式（4.31）即为狭义相对论力学的基本方程．当作用在质点系上的合外力为零时，系统的总动量守恒．根据相对论性动量的表达式可得，狭义相对论情况下动量守恒的表达式为

$$\sum\vec{p}_i=\sum m_i\vec{u}_i=\sum\frac{m_{0i}}{\left(1-\beta^2\right)^{\frac{1}{2}}}\vec{u}_i=\text{常矢量}. \tag{4.32}$$

当质点运动速度远小于光速时，有$\beta\ll 1$，式（4.32）可写为

$$\vec{F}=\frac{\mathrm{d}\left(m_0\vec{u}\right)}{\mathrm{d}t}=m_0\frac{\mathrm{d}\vec{u}}{\mathrm{d}t}=m_0\vec{a}.$$

这正是经典力学的牛顿第二定律．物体速度远小于光速的情况下，相对论性质量近似可当作静质量处理，式（4.31）过渡为经典的牛顿第二定律形式．同样，此时的总动量可以写为

$$\sum\vec{p}_i=\sum m_i\vec{u}_i=\sum\frac{m_{0i}}{(1-\beta^2)^{\frac{1}{2}}}\vec{u}_i=\sum m_{0i}\vec{u}_i=\text{常矢量}.$$

这就是经典力学中的动量守恒定律．

三、质量与能量的关系

在相对论中，元功仍然定义为$\mathrm{d}W=\vec{F}\cdot\mathrm{d}\vec{r}$．为简单起见，假设一个质点在沿$x$轴正方向的变力作用下由静止开始沿$x$轴运动．当质点速率为$u$时，质点的动能等于外力所做的功，有

$$E_{\mathrm{k}}=\int F_x\mathrm{d}x=\int\frac{\mathrm{d}p}{\mathrm{d}t}\mathrm{d}x=\int u\mathrm{d}p.$$

利用分部积分法，$\mathrm{d}(pu)=p\mathrm{d}u+u\mathrm{d}p$，可得

$$E_{\mathrm{k}}=pu-\int_0^u p\mathrm{d}u.$$

将式（4.30）代入上式得

$$E_{\mathrm{k}}=\frac{m_0u^2}{\sqrt{1-\frac{u^2}{c^2}}}-\int_0^u\frac{m_0u}{\sqrt{1-\frac{u^2}{c^2}}}\mathrm{d}u,$$

积分得

$$E_k=\frac{m_0u^2}{\sqrt{1-\frac{u^2}{c^2}}}+m_0c^2\sqrt{1-\frac{u^2}{c^2}}-m_0c^2 =\frac{m_0c^2}{\sqrt{1-\frac{u^2}{c^2}}}-m_0c^2. \tag{4.33a}$$

利用式（4.29），式（4.33a）可写为

$$E_k=mc^2-m_0c^2. \tag{4.33b}$$

这就是狭义相对论性动能的表达式，该式表明质点的动能等于质点运动时的能量与静止能量之差．它与经典力学中的动能形式迥异，但在日常生活中，$u\ll c$，有近似关系$\left(1-\frac{u^2}{c^2}\right)^{-\frac{1}{2}}=1+\frac{u^2}{2c^2}$，代入式（4.33a）可得

$$E_k=m_0\left(1-\frac{u^2}{c^2}\right)^{-\frac{1}{2}}c^2-m_0c^2=\frac{1}{2}m_0u^2.$$

这就是经典力学中的动能表达式．这个结论同样说明，在低速情况下牛顿力学是相对论力学的一个很好的近似，从而将牛顿力学体系纳入相对论力学体系，二者在理论上保持自洽．

由式（4.33b）可得

$$mc^2=E_k+m_0c^2,$$

爱因斯坦认为mc^2为物体运动时的总能量，由静止能量m_0c^2和动能E_k组成．因此，相对论的总能量等于质量与光速平方的乘积，即

$$E=mc^2. \tag{4.34}$$

这就是质能关系，把质量和能量联系在一起．质能关系说明，质量和能量是相当的，二者之间只相差一个常数因子c^2．质量和能量都是物质属性的量度，可以相互转化．在狭义相对论中，质量守恒定律和能量守恒定律统一为质能守恒定律，简称能量守恒定律．质能关系式还表明，当一个物体或者物体系统的能量发生大小为ΔE的变化时，不管能量的形式如何，其质量一定会有相应的大小为Δm的改变，二者的变化量的关系为

$$\Delta E=(\Delta m)c^2. \tag{4.35}$$

实际上，反过来也是成立的．即当一个物体或者物体系统的质量消失时，该物体系统的总能量也会减少，减少的这部分能量会以其他形式释放出去．在日常生活中这种质量的增减非常微弱，不易观察．但是在能量较高的情况下，比如核反应中，基本粒子相互作用导致分裂或者聚合，核反应前后物质系统的静质量之差称为质量亏损，能量以核能形式释放出来，也称为原子能，原子能的研究和应用完全验证了质能关系式．

例4.4　已知质子和中子的静质量分别为$M_p=1.00728\text{amu}, M_n=1.00866\text{amu}$，amu为原子质量单位，$1\text{amu}=1.66\times10^{-27}\text{kg}$，两个质子和两个中子结合成一个氦核$^4_2\text{He}$，实验测得其静质

量为$M' = 4.0015\text{amu}$.计算:(1)形成一个氦核放出的能量,(2)形成1mol氦核放出的能量.

解 反应前,两个质子和两个中子的总质量为

$$M = 2M_{\rm p} + 2M_{\rm n} = 4.03188\text{amu},$$

形成一个氦核质量亏损为

$$\Delta M = M - M' = 0.03038\text{amu},$$

相应的能量改变量为

$$\Delta E = \Delta Mc^2 = 0.03038 \times 1.66 \times 10^{-27} \times (3 \times 10^8)^2 \approx 4.54 \times 10^{-12}(\text{J}),$$

这就是形成一个氦核释放出的能量.

形成1mol氦核放出的能量为

$$\Delta E_{1\text{mol}} = \Delta Mc^2 \times N_{\rm A} = 0.03038 \times 1.66 \times 10^{-27} \times (3 \times 10^8)^2 \times 6.02 \times 10^{23} \approx 2.73 \times 10^{12}(\text{J}).$$

可见,核反应产生1mol氦核释放的能量是非常多的.

四、动量与能量的关系

将相对论性动量定义式[式(4.30)]平方可得

$$p^2 = m^2u^2 ,$$

再将质能关系式$E = mc^2$平方,并做计算,有

$$\begin{aligned} E^2 = m^2c^4 &= m^2c^4 - m^2u^2c^2 + m^2u^2c^2 \\ &= m^2c^4\left(1 - \frac{u^2}{c^2}\right) + p^2c^2 = m_0^2c^4 + p^2c^2, \end{aligned}$$

即

$$E^2 = p^2c^2 + m_0^2c^4 = (pc)^2 + (m_0c^2)^2 . \tag{4.36}$$

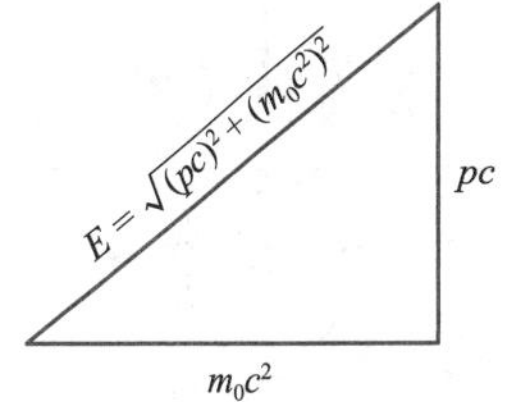

图4.10 动量与能量的关系

由于$p = mu, E_0 = m_0c^2, E = mc^2$,式(4.36)可写为

$$E^2 = E_0^2 + p^2c^2 . \tag{4.37}$$

这就是相对论性动量与能量的关系式,如图4.10所示.

如果某种粒子静质量为零,即$E_0 = 0$,则有

$$p = \frac{E}{c} = \frac{mc^2}{c} = mc .$$

这说明静质量为零的粒子一定以光速运动,如光子.

上面讨论了狭义相对论的时空观和狭义相对论动力学的一些重要结论.狭义相对论的建立是物理学史上的一个里程碑.它揭示了时间和空间之间及时空和物体运动之间的深刻联系.这表明实际的时空不同于经典力学中的绝对时间和绝对空间,而是存在统一的内在联系.狭义相对论更加客观真实地反映了自然界的客观规律,其正确性早已被大量实验事实所证实,而且成为研究宇宙学、粒子物理学等一系列问题的理论基础.但这并不意味着牛顿力学就要退出历史舞台,实际上通过前面的比较我们也可以发现,在低速情况下,相对论力学可以完美地过渡到经典力学,这说明牛顿力学是狭义相对论力学在低

速情况下的很好的近似，在日常生活中依然可以使用牛顿力学解决很多问题.

*4.6 广义相对论简介

爱因斯坦

狭义相对论只考虑了惯性系的问题，即在惯性系中物理规律的理论形式保持一致. 但实际上许多场合下的参考系并非惯性系，比如我们通常将地球表面当作惯性系，但地球也有自转和绕太阳的公转，严格来讲并不是一个惯性系. 为了将非惯性系也包含在相对论中，爱因斯坦在1915年提出广义相对论，用以处理非惯性系的问题. 下面简单介绍广义相对论的等效原理及广义相对论时空特性的几个例子.

一、广义相对论的等效原理

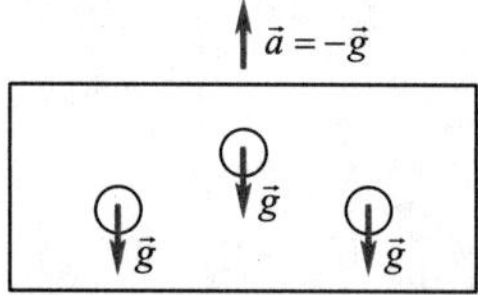

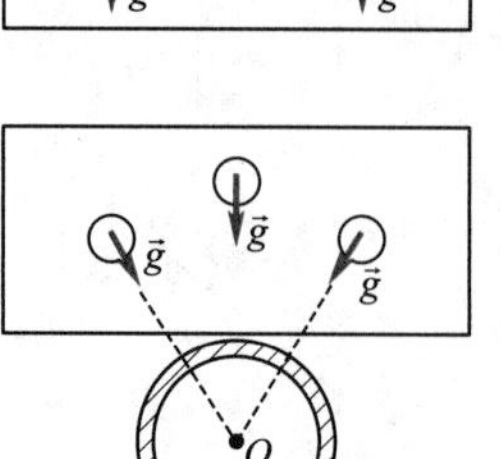

图4.11 等效原理思想实验图

爱因斯坦在经典力学的基础上提出：一个物体在均匀力场中的动力学效应与此物体在加速参考系中的动力学效应是等效的、不可区分的. 这就是广义相对论的等效原理. 下面先通过一个例子来理解这个原理.

假设一个空间实验室的引力可以忽略不计，此实验室的加速度$\vec{a}$与地球表面重力加速度$\vec{g}$的关系为$\vec{a}=-\vec{g}$.当用秤测量实验室中的几个小球的质量时，测量结果与这些小球在地球表面时进行测量的结果是一样的. 这表明，在引力可略去的情况下，实验室以加速度$\vec{a}=-\vec{g}$运动时，实验室中的动力学效应与实验室在引力作用下的动力学效应是等效的，无法区分. 在同样的外太空中加速的实验室里，假如让这些小球自由下落，可以测得小球的加速度为$\vec{g}$. 如果实验室停在地球表面，那么同样的情况下，仍然可以测得小球的加速度为$\vec{g}$. 这同样说明这两种情况下的动力学效应是无法区分的.

如图4.11所示，这两个思想实验说明，当一个工作者位于封闭的实验室中时，仅凭他所观察到的现象，无法分辨他到底是处于外太空中加速的实验室，还是位于地球表面，因为所有的现象完全一样.

广义相对论预言了许多现象，都被后续的实验一一证实，这充分说明广义相对论是与自然界的客观规律相符合的.

二、广义相对论时空特性的几个例子

1. 引力场中光线的弯曲

设想在无引力的宇宙空间中，有一个封闭的实验室正在以加速度$\vec{a}$运动，实验室的墙壁上有一个小孔，光线穿过这个小孔射入实验室．由于实验室在做加速运动，光线在$t_1,t_2,t_3,\cdots$时刻所到达的位置如图4.12（a）所示，但实验室里的观察者观测到的光线的路径如图4.12（b）中抛物线所示．按照广义相对论的等效原理，实验室中的观察者无法区分是实验室在做加速运动，还是光线好像具有质量一样，被引力吸引发生了偏转．也就是说，按照等效原理，在地球表面的实验室中，观察者应该会看到光线受到引力的作用发生偏转，然而由于光速太快，在地球表面观察这样的效应是很困难的．不过，在宇宙空间中，由于太阳附近的引力很强，有可能观察到光线在引力场中弯曲的现象．

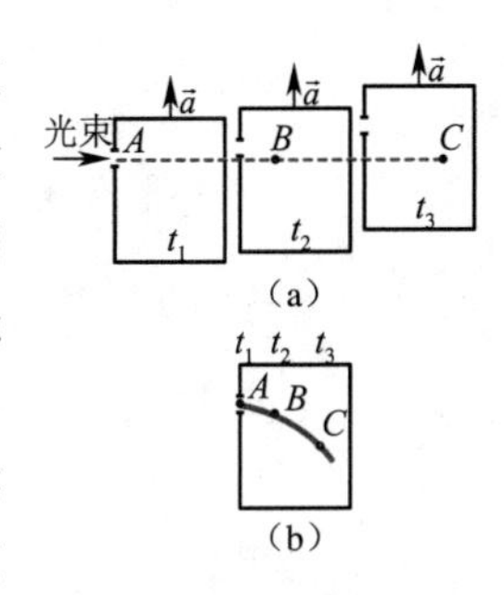

图4.12　加速参考系和引力场中光线弯曲示意

爱因斯坦曾根据广义相对论指出，远处的星体发出的光线经过太阳会发生如下角度的弯曲：

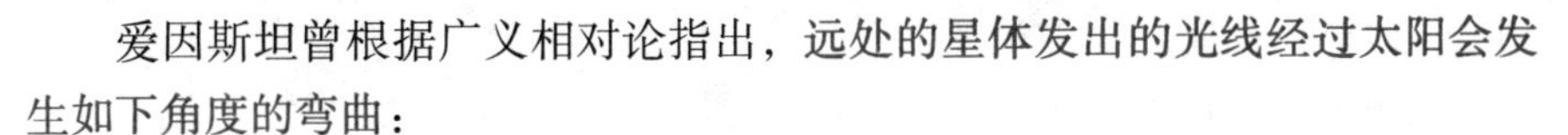

$$\alpha=\frac{4Gm}{c^2R}.$$

其中，m和R分别为太阳的质量和半径．将相关数据代入，计算得到偏转角度$\alpha\approx1.75''$．由于太阳光太亮，通常很难观测到这种偏转．1919年5月29日发生日全食时，爱丁顿和戴森分别观测到这种现象，如图4.13所示．后来，弗伦里奇、贝希鲁克和得克萨斯大学的一些研究者均各自观察到光线经过太阳发生偏转的现象．他们测得的角度与爱因斯坦的理论预测比较一致，首次从实验上证实了广义相对论，促使人们认识到广义相对论的正确性和重要价值．

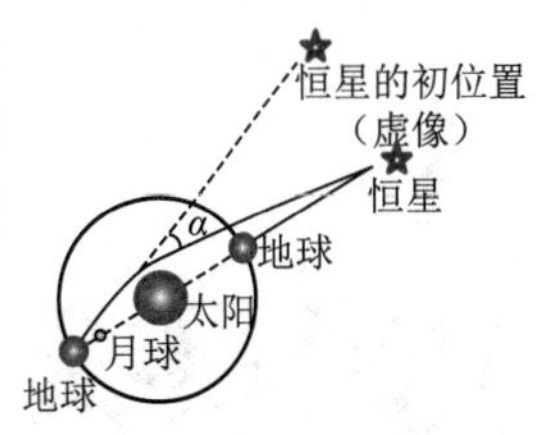

图4.13　太阳引起的光线弯曲示意

2. 引力红移

在第2章中，我们介绍过引力势能的概念，质量分别为m'和m、相距为r的两个质点之间的引力势能为

$$E_p=-\frac{Gmm'}{r}.$$

单位质量的引力势能被称为引力势，在质量为m'的物体附近，引力势为

$$\phi=-\frac{Gm'}{r}. \tag{4.38}$$

如图4.14所示，考虑与太阳相距r_1和$r_2(r_2\gg r_1)$的两个点A和B，假设太阳的质量为m'．若从A处发出一个光信号，由A处的时钟测得此光信号持续的时间为Δt_1，用同样的时钟在B处测得的该时间间隔为Δt_2．根据等效原理，处于引力场中的时钟，跟做加速运动的时钟是完全等效的，其计时的时间长短随与太阳的距离远近而不同．距离越远，引力越弱，引力势越大，时钟走得就越快．由广义相对论计算得到的Δt_1和Δt_2之间有如下关系：

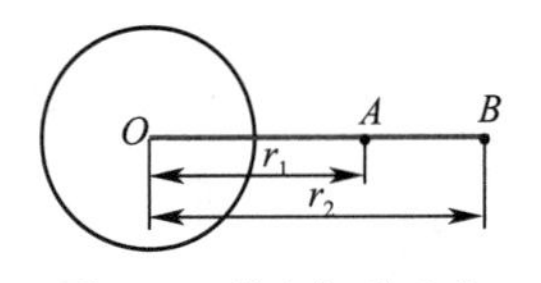

图4.14　引力红移示意

$$\Delta t_2-\Delta t_1=\Delta t_1\frac{1}{c^2}\left(\frac{Gm'}{r_1}-\frac{Gm'}{r_2}\right). \tag{4.39}$$

因为$r_2>r_1$，所以$\Delta t_2-\Delta t_1>0$．B处接收到的光信号频率相比A处发出的光信号频率更低，或者说B处接收到的光信号波长有所增加，即波长向着波长变大的方向移动．这种由引力作用导致的波长向着长波方向移动的现象称为引力红移．1959年，人们首次观测到太阳光的引力红移现象，并且红移的量与广义

相对论的预测相一致．

3．黑洞

从前面的讨论中我们知道，在引力场中，光就好比有质量的物体那样，会受到引力的作用．1939年，物理学家奥本海默（J.R.Oppenheimer，1904—1967）和斯奈德尔（H.Snyder，1913—1962）提出这样一个观点：如果一个星体的密度非常巨大，它的引力也将非常巨大，以致在某一半径（常称为临界半径）之内，包括电磁辐射在内的任何物体都不能从它的引力作用下逃逸出去．由于连电磁辐射都不能逃逸出来，理论上这样的物体是无法观察到的，因此称为黑洞．在牛顿力学部分介绍过第二宇宙速度的概念，一个质点从质量为m、半径为R的星体表面附近逃逸出引力作用的速度大小至少应为

$$v_2=\sqrt{\frac{2Gm}{R}}\,.$$

如果假设这个逃逸速度为光速c，即连光线都无法逃逸，那么从上式可以得到星体的临界半径为

$$R_S=\frac{2Gm}{c^2}\,.$$

这个半径称为史瓦西（K.Schwarzschild，1873—1916）半径．显然，任何速度小于或等于光速的物体，都会被该星体吸引，落入这个星体之中．上式还表明，对任何光束，只要在史瓦西半径内，最终都会落到星体上．

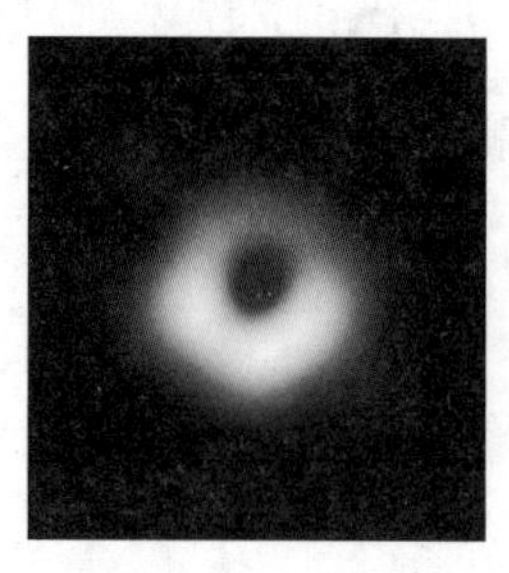

图4.15　人类首次拍摄到的黑洞照片

正因为连光线都无法逃离黑洞的引力作用，没有电磁辐射发射出来，所以黑洞是很难被探测到的．直到1965年，天文学家发现宇宙中天鹅座方向有一颗星的光谱线出现周期性的变红和变紫．经计算，在这颗星的附近应有一颗质量很大而半径很小的伴星，但又观察不到这颗伴星的谱线，因此，天文学家猜测这颗伴星实际上是一个黑洞．这是人类首次发现的黑洞．该双星系统被命名为天鹅座X–1，距离地球约6000光年．此后，天体物理学家又陆续发现了一些黑洞，并认为黑洞是恒星在自身引力坍缩后形成的．

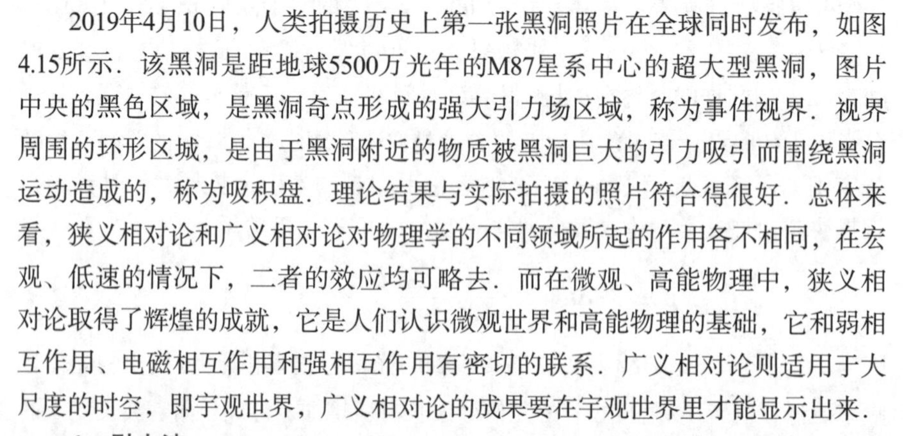

2019年4月10日，人类拍摄历史上第一张黑洞照片在全球同时发布，如图4.15所示．该黑洞是距地球5500万光年的M87星系中心的超大型黑洞，图片中央的黑色区域，是黑洞奇点形成的强大引力场区域，称为事件视界．视界周围的环形区域，是由于黑洞附近的物质被黑洞巨大的引力吸引而围绕黑洞运动造成的，称为吸积盘．理论结果与实际拍摄的照片符合得很好．总体来看，狭义相对论和广义相对论对物理学的不同领域所起的作用各不相同，在宏观、低速的情况下，二者的效应均可略去．而在微观、高能物理中，狭义相对论取得了辉煌的成就，它是人们认识微观世界和高能物理的基础，它和弱相互作用、电磁相互作用和强相互作用有密切的联系．广义相对论则适用于大尺度的时空，即宇观世界，广义相对论的成果要在宇观世界里才能显示出来．

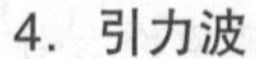

4．引力波

引力波的存在是广义相对论的又一个重要预测．当宇宙中的物体加速运

动时，会引起宇宙时空的扰动，这种扰动就是引力波．它被称为弯曲时空中的涟漪，通过波的形式从辐射源向外传播．引力波的传播速度很快，几乎是光速，但它通常很弱，又不可见，引起的时空变化很难被探测到．2015年9月，科学家们首次探测到了引力波，他们使用了一种非常灵敏的仪器——激光干涉引力波天文台（laser interferometer gravitational wave observatory，LIGO）.该引力波被认为是13亿年前两个遥远的黑洞合并时产生的．尽管其引起的测量空间长度的变化远小于一个电子的线度，但还是被LIGO检测到了．该发现再一次验证了广义相对论的正确性．此后人们相继探测到了多个引力波信号．其中，2017年的一次发现被认为是两个中子星合并引起的引力波．

本章提要

1. 伽利略时空坐标变换式

$$\begin{cases} x' = x - ut, \\ y' = y, \\ z' = z, \\ t' = t. \end{cases}$$

2. 狭义相对论的基本原理

（1）相对性原理：所有物理定律在一切惯性系中都具有完全相同的形式．这意味着所有的惯性系在描述运动时都是完全等效的，对运动的描述只有相对意义，绝对静止的参考系是不存在的．

（2）光速不变原理：在所有惯性系中真空光速沿任何方向都是常量，即c，与光源的运动无关．

3. 洛伦兹变换及洛伦兹速度变换

假设$t = 0$时刻，两个惯性系S和S'完全重合．从该时刻开始，S'以速度$\vec{u}$ 沿xx'轴相对于S运动．如果在某时刻一个事件发生在P点，从S系中看，P点坐标为(x, y, z)，时间为t，从S' 系中看，P点坐标为(x', y', z')，时间为t'．上述同一个事件在两个惯性系中满足下列变换关系．

（1）洛伦兹变换

正变换（$S \to S'$）为

$$\begin{cases} x' = \gamma(x - ut), \\ y' = y, \\ z' = z, \\ t' = \gamma\left(t - \dfrac{u}{c^2}x\right), \\ r = \dfrac{1}{\sqrt{1-\beta^2}}, \\ \beta = \dfrac{u}{c}. \end{cases}$$

逆变换（$S' \to S$）为

$$\begin{cases} x = \gamma(x' - ut'), \\ y = y', \\ z = z', \\ t = \gamma\left(t' + \dfrac{u}{c^2}x'\right), \\ r = \dfrac{1}{\sqrt{1-\beta^2}}, \\ \beta = \dfrac{u}{c}. \end{cases}$$

（2）洛伦兹速度变换

从$S \to S'$的洛伦兹速度变换式为

$$\begin{cases} v'_x = \dfrac{\mathrm{d}x'}{\mathrm{d}t'} = \dfrac{\gamma(v_x - u)\mathrm{d}t}{\gamma\left(1 - \dfrac{uv_x}{c^2}\right)\mathrm{d}t} = \dfrac{v_x - u}{1 - \dfrac{uv_x}{c^2}}, \\ v'_y = \dfrac{\mathrm{d}y'}{\mathrm{d}t'} = \dfrac{\mathrm{d}y}{\gamma\left(1 - \dfrac{uv_x}{c^2}\right)\mathrm{d}t} = \dfrac{v_y}{\gamma\left(1 - \dfrac{uv_x}{c^2}\right)}, \\ v'_z = \dfrac{\mathrm{d}z'}{\mathrm{d}t'} = \dfrac{v_z}{\gamma\left(1 - \dfrac{uv_x}{c^2}\right)}. \end{cases}$$

从$S' \to S$的洛伦兹速度变换式为

$$\begin{cases} v_x = \dfrac{v'_x + u}{1 + \dfrac{uv'_x}{c^2}}, \\ v_y = \dfrac{v'_y}{\gamma\left(1 + \dfrac{uv'_x}{c^2}\right)}, \\ v_z = \dfrac{v'_z}{\gamma\left(1 + \dfrac{uv'_x}{c^2}\right)}. \end{cases}$$

其中，$\gamma = \dfrac{1}{\sqrt{1-\beta^2}} = \dfrac{1}{\sqrt{1-\left(\dfrac{u}{c}\right)^2}}$，其中$\beta = \dfrac{u}{c}$.

4. 狭义相对论的时空观

（1）长度的相对性

物体跟随惯性系S'以速率u一起相对于惯性系S运动，在S系中测量到的物体沿x轴的长度l与在S'系中测量到的物体沿x轴的长度l_0有如下关系：

$$l = \frac{1}{\gamma} l_0 = \sqrt{1-\beta^2}\, l_0.$$

（2）时间间隔的相对性

惯性系S以速率u相对于惯性系S'运动，在S'系中某地点先后发生的两个事件的时间间隔为$\Delta t'$，在S系中观察这两个事件，它们的时间间隔为Δt，两个参考系中这两个事件的时间间隔的关系为

$$\Delta t = \gamma \Delta t'.$$

5. 相对论性的动力学

（1）相对论性质量

在相对于物体静止的参考系中，测得物体的质量为m_0，当物体相对于某参考系以速率u运动时，在该参考系中测得其质量为

$$m(u)=\frac{m_0}{\sqrt{1-\frac{u^2}{c^2}}}=\gamma m_0.$$

（2）相对论性动量

$$\vec{p}=m\vec{u}=\frac{m_0\vec{u}}{\sqrt{1-\frac{u^2}{c^2}}}=\gamma m_0\vec{u}.$$

（3）狭义相对论动力学的基本方程

$$\vec{F}=\frac{\mathrm{d}\vec{p}}{\mathrm{d}t}=\frac{\mathrm{d}}{\mathrm{d}t}\left[\frac{m_0\vec{u}}{\left(1-\beta^2\right)^{\frac{1}{2}}}\right].$$

（4）相对论性的动能表达式

$$E_{\mathrm{k}}=mc^2-m_0c^2.$$

（5）质能关系

$$E=mc^2.$$

（6）狭义相对论中动量和能量的关系

$$E^2=E_0^2+p^2c^2.$$

4.1 在一惯性系中观测到两个事件同时不同地，则在其他惯性系中观测，它们（　　）.

A．一定同时

B．可能同时

C．不可能同时，但可能同地

D．不可能同时，也不可能同地

4.2 在一惯性系中观测到两个事件同地不同时，则在其他惯性系中观测，它们（　　）.

A．一定同地

B．可能同地

C．不可能同地，但可能同时

D．不可能同地，也不可能同时

4.3 一宇航员要到离地球5光年的星球去旅行．如果宇航员希望把路程缩短为3光年，则他所乘的火箭相对于地球的速率v应为（　　）．

A．$0.5c$　　B．$0.6c$　　C．$0.8c$　　D．$0.9c$

4.4 某宇宙飞船以$0.8c$的速率离开地球，若在地球上测到它发出的两个信号之间的时间间隔为10s，则宇航员测出相应时间间隔为（　　）．

A．6s　　B．8s　　C．10s　　D．$\frac{10}{3}$ s

4.5 有两个对准的钟，一个留在地面上，另一个带到以速率v飞行的飞船上，则（　　）．

A．飞船上的人看到自己的钟比地面上的钟慢

B．地面上的人看到自己的钟比飞船上的钟慢

C．飞船上的人觉得自己的钟比原来走慢了

D．地面上的人看到自己的钟比飞船上的钟快

4.6 一艘飞船的固有长度为L，相对于地面以速率v_1做匀速直线运动，从飞船中的后端向飞船中的前端的一个靶子发射一颗相对于飞船速率为v_2的子弹．在飞船上测得子弹从射出到击中靶的时间间隔是（　　）．（c表示真空中的光速．）

A．$\dfrac{L}{v_1+v_2}$　　B．$\dfrac{L}{v_1-v_2}$　　C．$\dfrac{L}{v_2}$　　D．$\dfrac{L}{v_1\sqrt{1-\left(\frac{v_1}{c}\right)^2}}$

4.7 α粒子在加速器中被加速，当其质量为静质量的5倍时，其动能为静止能量的______倍．

4.8 质子在加速器中被加速，当其动能为静止能量的3倍时，其质量为静质量的______倍．

4.9 以$0.60c$速率运动的长度为1m的尺子，沿运动方向的长度是______．

4.10 欧洲核研中心测得以$0.9965c$的速率沿圆形轨道运行的μ子的平均寿命为26.15×10^{-6}s，μ子在相对其静止的参考系中的固有寿命为_______．

4.11 火箭以$0.85c$的速率运动时，其动质量与静质量之比为______．

4.12 粒子的静能量为E_0，当它高速运动时，其总能量为E. 已知$\frac{E_0}{E}=\frac{4}{5}$，那么，此粒子运动的速率$v$与真空中光速$c$之比$\frac{v}{c}=$_____，其动能$E_k$与总能量$E$之比$\frac{E_k}{E}=$______．

4.13 惯性系S'相对另一惯性系S沿x轴做匀速直线运动，取两惯性系原点重合时刻作为计时起点．在S系中测得两个事件的时空坐标分别为$x_1=6\times10^4\,\text{m}, t_1=2\times10^{-4}\,\text{s}$和$x_2=12\times10^4\,\text{m}, t_2=1\times10^{-4}\,\text{s}$. 已知在$S'$系中测得这两个事件同时发生．试求：

（1）S'系和S系的相对运动速度；

（2）S系中测得的米尺长度．

4.14 长度$l_0 = 1\text{m}$ 的米尺静止于S' 系中，与x' 轴的夹角$\theta' = 30°$，S' 系相对S 系沿x轴运动，在S系中观测到米尺与x 轴的夹角为$\theta = 45°$．试求：

（1）S' 系和 S 系的相对运动速度；

（2）S 系中测得的米尺长度．

4.15 观测者甲乙分别静止于两个惯性系S和S'中，甲测得在同一地点发生的两个事件的时间间隔为4s，而乙测得这两个事件的时间间隔为5s.求：

（1）S'系相对于S系的运动速度；

（2）乙测得的这两个事件发生地点间的距离．

4.16 6000m 的高空大气层中产生了一个π介子，以速率$v = 0.998c$飞向地球．假定该π介子在相对其自身静止的参考系中的寿命等于其平均寿命2×10^{-6}s.试分别从地球上的观测者和π介子静止系中的观测者两个角度来判断该π介子能否达到地球．

4.17 （1）如果将电子由静止加速到速率为$0.1c$，必须对它做多少功？（2）如果将电子由速率为$0.8c$加速到$0.9c$，必须对它做多少功？

4.18 氢原子的同位素氘$\left({}_1^2\text{H}\right)$ 和氚$\left({}_1^3\text{H}\right)$ 在高温条件下发生聚变反应，产生氦$\left({}_2^4\text{He}\right)$ 原子核和一个中子$\left({}_0^1\text{n}\right)$，并释放大量b能量，其反应方程为

$$ {}_1^2\text{H} + {}_1^3\text{H} \rightarrow {}_2^4\text{He} + {}_0^1\text{n}. $$

已知氘核的静止质量为2.0135amu（$1\text{amu} = 1.660\times10^{-27}\,\text{kg}$），氚核、氦核及中子的质量分别为 3.0155amu、4.0015amu、1.00865amu. 求上述聚变反应释放出来的能量．

4.19 牛郎星距离地球约16光年，若宇宙飞船将用4年的时间（宇宙飞船上的钟指示的时间）抵达牛郎星，则宇宙飞船要以多大的速度飞行？

4.20 求一个质子和一个中子结合成一个氘核时释放出的能量（分别用J和eV为单位表示）．已知质子、中子和氘核的静质量分别为$m_\text{p} = 1.67262\times10^{-27}\,\text{kg}$、$m_\text{n} = 1.67493\times10^{-27}\,\text{kg}$ 和$m_\text{D} = 3.34359\times10^{-27}\,\text{kg}$．

4.21 一列火车长0.3km（火车上观察者测得），以$100\text{km}\cdot\text{h}^{-1}$ 的速率行驶，地面上的观察者发现有两道光同时射向火车前后两端．问：火车上的观察者测得两道光射向火车前后两端的时间间隔为多少？

4.22 若把$0.5\times10^6\,\text{eV}$ 的能量给予电子，且电子垂直于磁场运动，则其运动轨迹是半径为2.cm的圆．（1）该磁场的磁感应强度B有多大？（2）这个电子的动质量为静质量的多少倍？

4.23 设一北斗卫星在半径$r = 26000\text{km}$ 的圆形轨道上运动．已知地球的质量$m_{地} = 5.974\times10^{24}\,\text{kg}$，地球的半径约为6400km，试计算由于广义相对论效应，该卫星上的钟与地球上的钟在一天内产生的时差．

本章习题参考答案

第5章 机械振动

振动是自然界中较为普遍的现象之一．机械振动是指物体在某固定位置附近做来回往复有规律的运动．如活塞的往复运动、树叶在空气中的抖动、琴弦的振动、心脏的跳动等都是振动．物体在受到打击或摇摆、颠簸、发声时必有振动．任何一个具有质量和弹性的系统在其运动状态发生突变时都会发生振动．

广义地说，任何一个物理量在某一量值附近随时间做周期性变化都可以叫作振动．例如，交流电路中的电流、电压，振荡电路中的电场强度和磁场强度等，均随时间做周期性变化，因此都可以称为振动．这种振动虽然和机械振动有本质的不同，但它们都具有相同的数学特征和运动规律．所以，振动的相关理论知识不仅是声学、地震学、建筑学、机械制造等领域必需的，也是电学、光学、无线电学的基础．

本章主要讨论简谐振动的基本特征及其描述，旋转矢量法，简谐振动的能量及相互转化，两个同方向同频率简谐振动的合成规律及合振动振幅极大和极小的条件；讲解两个相互垂直、同频率和不同频率简谐振动的合成规律；介绍阻尼振动、受迫振动及共振现象．

5.1 简谐振动的动力学

只有单一振动频率（或周期）的振动称为简谐振动. 简谐振动是振动中最基本最简单的振动形式，任何一个复杂的振动都可以看成若干个或是无限多个简谐振动的合成.

一个做往复运动的物体，如果其偏离平衡位置的位移x（或角位移θ）随时间t按余弦（或正弦）规律变化，即

$$x = A\cos(\omega t + \varphi_0), \tag{5.1}$$

则这种振动称为简谐振动.

研究表明，做简谐振动的物体（或系统），尽管描述它们偏离平衡位置的物理量可以千差万别，但描述它们动力学特征的运动微分方程却完全相同.

一、弹簧振子模型

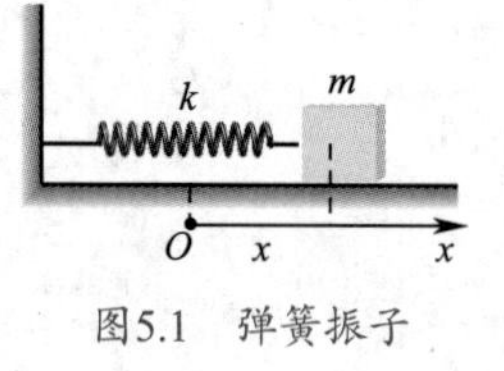

图5.1 弹簧振子

将轻弹簧（质量可忽略不计）一端固定，另一端与质量为m的物体（可视为质点）相连，若该系统在振动过程中弹簧的形变较小（即形变弹簧作用于物体的力总是满足胡克定律），那么，这样的弹簧–物体系统称为弹簧振子（简称振子）.

如图5.1所示，将弹簧振子水平放置，使其在水平光滑支撑面上振动. 以弹簧处于自然状态（弹簧既未伸长也未压缩的状态）的稳定平衡位置为坐标轴原点，当物体偏离平衡位置的位移为x时，其受到的弹性力为

$$\vec{F} = -kx\vec{i}, \tag{5.2}$$

式中k为弹簧的劲度系数，负号表示弹性力的方向与振子的位移方向相反. 即振子在运动过程中受到的弹性力总是指向平衡位置，且力的大小与振子偏离平衡位置的位移成正比，这种力也称为线性回复力.

如果不计阻力（如振子与支撑面的摩擦力、在空气中运动时受到的空气阻力），其他能量损耗也可忽略，即系统只受到弹簧弹性力的作用，由于力是位置的函数，所用的牛顿第二定律的形式是$\vec{F} = m\dfrac{\mathrm{d}^2\vec{r}}{\mathrm{d}t^2}$，在一维情况下，振子的运动微分方程为

$$-kx = m\frac{\mathrm{d}^2x}{\mathrm{d}t^2},$$

令

$$\omega^2 = \frac{k}{m}, \tag{5.3}$$

则有

$$\frac{\mathrm{d}^2x}{\mathrm{d}t^2}+\omega^2x=0 \tag{5.4}$$

这就是简谐振动的运动微分方程．它是一个常系数齐次二阶线性微分方程，它的解就是式（5.1）①，即简谐振动的运动方程．由此可以给出简谐振动的一种较普遍的定义：如某力学系统的动力学方程可归结为式（5.4）的形式，且其中ω仅取决于振动系统本身的性质，则该系统的运动即为简谐振动．能满足式（5.4）的系统，又可称为谐振子系统．

二、微振动的简谐近似

上述弹簧振子（谐振子）是一个理想模型．实际发生的振动大多较为复杂：一方面回复力可能不是弹性力，而是重力、浮力或其他的力；另一方面回复力可能是非线性的，只能在一定条件下才可近似当作线性回复力，如单摆、复摆、扭摆等．

一端固定且不可伸长的细线与可视为质点的物体相连，当它在竖直平面内做小角度（$\theta\leqslant5°$）摆动时，该系统称为单摆，如图5.2所示．

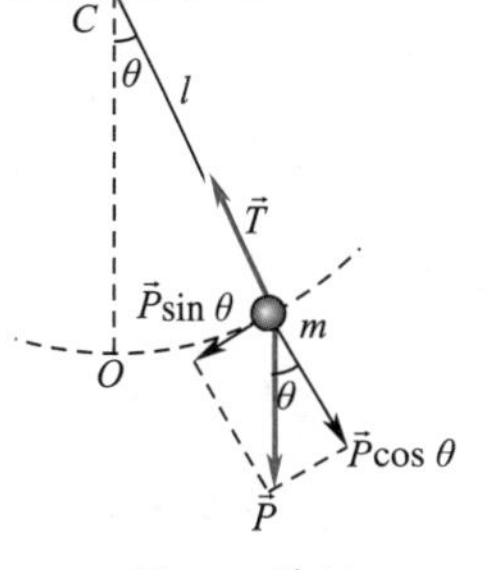

图5.2　单摆

以摆球为研究对象，单摆的运动可看作绕过C点的水平轴转动．显然，摆球在铅直方向CO处为稳定平衡位置（即回复力为零的位置）．当摆线偏离铅直方向θ角时（此处θ又称角位移），摆球受到重力$\vec{P}$与绳拉力$\vec{T}$的合力作用．由于拉力$\vec{T}$对过C点的水平轴的力矩为零，重力$\vec{P}$对过C点的水平轴的力矩为

$$M=-mgl\sin\theta, \tag{5.5}$$

式中负号表示力矩的方向总是与角位移的方向相反。在$\theta\leqslant5°$时，将θ值用弧度表示，有$\sin\theta=\theta-\frac{\theta^3}{3!}+\frac{\theta^5}{5!}\cdots$，略去高阶无穷小，式（5.5）可近似简化为

$$M=-mgl\theta. \tag{5.6}$$

此时的回复力矩与角位移成正比且反向．

旋转矢量和简谐振动的对应关系

若不计阻力，由于力矩是角位置的函数，所用的转动定律的形式是$\vec{M}=J\frac{\mathrm{d}^2\vec{\theta}}{\mathrm{d}t^2}$，从而可写出摆球的动力学方程为

$$-mgl\theta=ml^2\frac{\mathrm{d}^2\theta}{\mathrm{d}t^2}.$$

令

$$\omega^2=\frac{g}{l}, \tag{5.7}$$

则有

① 根据微分方程理论，常系数齐次二阶线性微分方程（5.4）的通解为$x=A\cos(\omega t+\varphi_0)+\mathrm{i}A\sin(\omega t+\varphi_0)$．在经典物理学中只用实数部分表示物理量．为统一起见，本书描述机械振动均采用余弦函数，所以式（5.4）的解取式（5.1）．

$$\frac{d^2\theta}{dt^2}+\omega^2\theta=0, \tag{5.8}$$

即单摆的小角度摆动是简谐振动.

绕不过质心的水平固定轴转动的物体称为复摆①，如图5.3所示．质心C在铅直位置时为平衡位置，以质心C至轴心O的距离h为摆长，同上分析，当$\theta\leqslant5°$ 时，复摆的动力学方程为

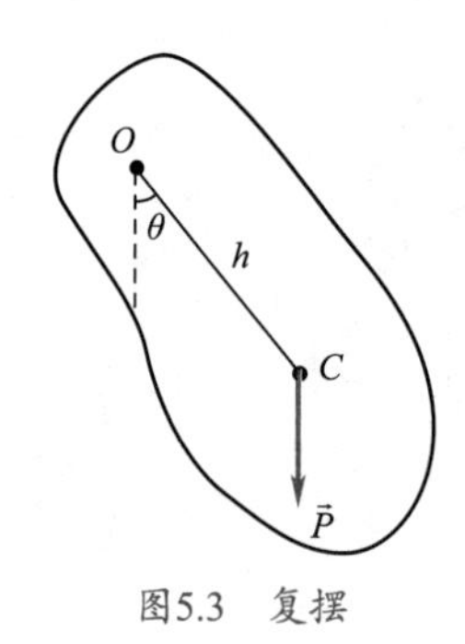

图5.3 复摆

$$-mgh\theta=J\frac{d^2\theta}{dt^2}. \tag{5.9}$$

令

$$\omega^2=\frac{mgh}{J}, \tag{5.10}$$

式中J为物体对过O点水平轴的转动惯量，于是式（5.9）亦可归为式（5.8).

由上述讨论可知，单摆或复摆在小角度摆动情况下，经过近似处理，它们的运动方程与弹簧振子的运动方程具有完全相同的数学形式，即式（5.8）和式（5.4)．进一步的研究表明，任何一个物理量（如长度、角度、电流、电压及化学反应中某种化学组分的浓度等）的变化规律只要满足式（5.4)，且常量ω取决于系统本身的性质，则该物理量做简谐振动.

例5.1 一质量为m的物体悬挂于轻弹簧下端，不计空气阻力，试证其在平衡位置附近的振动是简谐振动.

证明 如图5.4所示，以向下为x轴正方向，设某一瞬时物体的坐标为x，则物体在振动过程中的运动方程为

$$m\frac{d^2x}{dt^2}=-k(x+l)+mg,$$

式中l是弹簧挂上重物后的静伸长．因为$mg=kl$，所以上式为

$$m\frac{d^2x}{dt^2}=-kx,$$

即

$$\frac{d^2x}{dt^2}+\omega^2x=0,$$

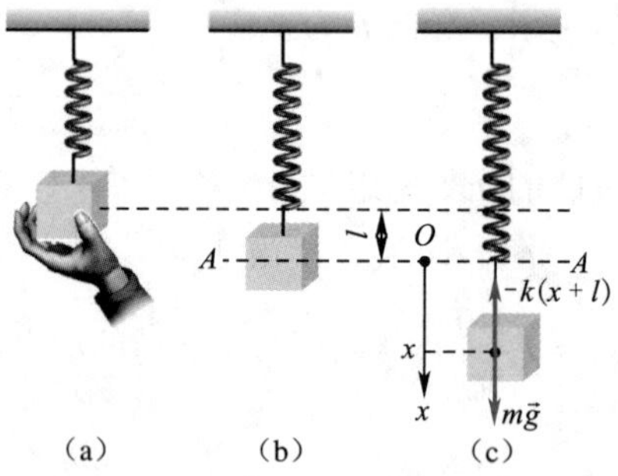

式中$\omega^2=\dfrac{k}{m}$．于是该系统做简谐振动.

图5.4 例5.1图

上例说明：若一个谐振子系统受到一个恒力（以使系统中不出现非线性因素为限）作用，只要将坐标轴原点移至恒力作用下新的平衡位置，则该系统仍是一个与原系统动力学特征相同的谐振子系统．此时的回复力$-k(x+l)+mg$称为准弹性力.

① 若悬线长l与“摆球”的线度r不满足$l\gg r$，亦称为复摆.

5.2 简谐振动的运动学

一、简谐振动的运动学方程

如前所述，微分方程

$$\frac{d^2x}{dt^2}+\omega^2x=0$$

的解可写作

$$x=A\cos\left(\omega t+\varphi_0\right), \tag{5.11}$$

式中A和φ_0是由初始条件确定的两个积分常数．式（5.11）称为简谐振动的运动学方程．

由于$\cos(\omega t+\varphi_0)=\sin\left(\omega t+\varphi_0+\frac{\pi}{2}\right)$，令$\varphi'=\varphi_0+\frac{\pi}{2}$，则式（5.11）可写成

$$x=A\sin(\omega t+\varphi'),$$

可见简谐振动的运动规律也可用正弦函数表示．本书对于机械振动统一用余弦函数表示．

二、描述简谐振动的3个重要参量

1．振幅A

按简谐振动的运动学方程，物体的最大位移不能超过A，物体偏离平衡位置的最大位移（或角位移）的绝对值叫作振幅．显然，振幅A是由初始条件决定的．

简谐振动的运动学方程和它对时间的一阶导数（简谐振动的速度方程）分别如下：

$$\begin{cases}x=A\cos\left(\omega t+\varphi_0\right),\\ v=\dfrac{dx}{dt}=-A\omega\sin(\omega t+\varphi_0).\end{cases} \tag{5.12}$$

将初始条件$t=0$，$x=x_0$，$v=v_0$代入，得

$$\begin{cases}x_0=A\cos\varphi_0,\\ \dfrac{-v_0}{\omega}=A\sin\varphi_0.\end{cases} \tag{5.13}$$

取两式的平方和，即求出振幅

$$A=\sqrt{x_0^2+\frac{v_0^2}{\omega^2}}. \tag{5.14}$$

例如，当$t=0$时，物体位移为x_0，而振速为零，此时的$|x_0|$即为振幅．又$t=0$时，物体在平衡位置，而初速为v_0，则$A=|\frac{v_0}{\omega}|$，可见此时初速越大，振幅越大．

2．周期、频率、圆频率

物体做简谐振动时，周而复始完成一次全振动所需的时间叫作简谐振动的周期，用T表示．由周期函数的性质，有

$$x=A\cos(\omega t+\varphi_0)=A\cos\left[\omega(t+T)+\varphi_0\right]=A\cos(\omega t+\varphi_0+2\pi),$$

由此可知

$$T=\frac{2\pi}{\omega}. \tag{5.15}$$

和周期密切相关的另一物理量是频率，即单位时间内系统所完成的完全振动的次数，用ν表示，

$$\nu=\frac{1}{T}=\frac{\omega}{2\pi}. \tag{5.16}$$

在国际单位制中，ν的单位是“赫兹”（符号是Hz）．

由式（5.15）和式（5.16），有

$$\omega=\frac{2\pi}{T}=2\pi\nu, \tag{5.17}$$

表示系统在2π s内完成的完全振动的次数，称为圆频率（又称角频率）．由上节讨论可知，简谐振动的圆频率ω由系统的力学性质所决定，故又称之为固有（本征）圆频率．例如：

$$弹簧振子\quad \omega=\sqrt{\frac{k}{m}},$$

$$单摆\quad \omega=\sqrt{\frac{g}{l}},$$

$$复摆\quad \omega=\sqrt{\frac{mgh}{J}}.$$

由此确定的振动周期称为固有（本征）周期．例如：

$$弹簧振子\quad T=2\pi\sqrt{\frac{m}{k}}, \tag{5.18}$$

$$单摆\quad T=2\pi\sqrt{\frac{l}{g}}, \tag{5.19}$$

$$复摆\quad T=2\pi\sqrt{\frac{J}{mgh}}. \tag{5.20}$$

3．相位和初相位

简谐振动的振幅确定了振动的范围，频率或周期则描绘了振动的快慢．不过仅有参量A和ω，还不能确切知道振动系统在任意瞬时的运动状态．式（5.12）表明，只有在A, ω, φ_0为已知时，系统的振动状态才是完全确定的．能

确定系统任意时刻振动状态的物理量

$$\varphi=\omega t+\varphi_0,\tag{5.21}$$

叫作简谐振动的相位（或称周相）. 例如，由式(5.12)可知，当相位$\omega t_1+\varphi_0=\frac{\pi}{2}$时，有$x=0$，$v=-\omega A$，系统此时的振动状态是，振子处于平衡位置并以速率$\omega A$向$x$轴负方向运动；当相位$\omega t_2+\varphi_0=\frac{3\pi}{2}$时，有$x=0$，$v=\omega A$，此时系统的振动状态是，振子处于平衡位置并以速率$\omega A$向$x$轴正方向运动. 可见，在$t_1$和$t_2$时刻，振动相位不同，系统的振动状态就不相同. 反之，系统一个确定的振动状态必与一个确定的振动相位对应. 例如，若某时刻系统的位移为$x=\frac{A}{2}$，而速率$v>0$（即向正最大位移方向移动），则由式（5.12）可推知，与此运动状态对应的振动相位为$\varphi=-\frac{\pi}{3}$（或$\frac{5\pi}{3}$）.

两振动相位之差$\Delta\varphi=\varphi_2-\varphi_1$，称作相位差. 若相位差为零或为$2\pi$的整数倍，则称两振动相位相同（或同相），如果两振动的振幅和频率也相同，则表明此时它们的振动状态相同；若$\Delta\varphi=(2k+1)\pi$，则称两振动相位相反（或反相），表明它们的运动状态相反；若$0<\Delta\varphi<\pi$，则称φ_2超前于φ_1，或说φ_1滞后于φ_2. 总之，相位差的不同，反映了两个振动不同程度的参差错落.

用相位表征简谐振动的运动状态还能充分地反映简谐振动的周期性. 简谐振动在一个周期内所经历的运动状态每时每刻都不相同，从相位来理解，这相当于相位经历了从0到2π的变化过程. 因此，对于一个以某个振幅和频率振动的系统，若它们的运动状态相同，则它们所对应的相位差必定为2π或2π的整数倍.

$t=0$时的相位叫初相位. 由式（5.13）可得

$$\tan\varphi_0=\frac{-v_0}{\omega x_0},\tag{5.22}$$

可见，初相位也是由初始条件确定的.

由式（5.22）求出的值，代入式（5.12），使两式均成立的φ_0值，即为该振动的初相位值.

若已知振子的初始振动状态，则可直接由式（5.12）分析得出其初相位. 例如，若$t=0, x_0=\frac{-A}{2}$，而$v<0$，由式（5.12）可推知，与此振动状态对应的初相位为$\varphi_0=\frac{2\pi}{3}$. 这一获取相位的方法称为分析法.

三、简谐振动的旋转矢量表示法

在研究简谐振动问题时，常采用一种较为直观的几何方法，即旋转矢量表示法.

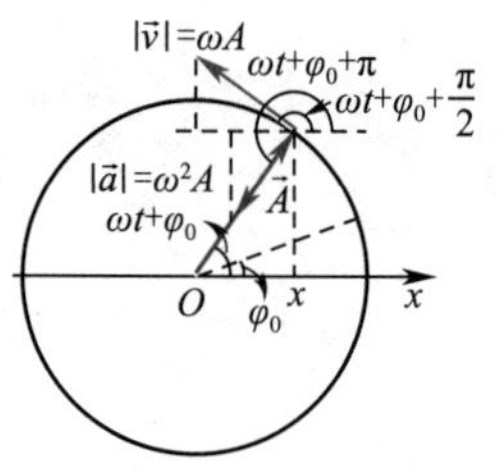

图5.5 旋转矢量表示法

如图5.5所示，从原点O（平衡位置）画一矢量$\vec{A}$，使它的模等于简谐振动的振幅A，并令$t=0$时$\vec{A}$与x轴的夹角等于简谐振动的初相位φ_0，然后使$\vec{A}$以等于角频率ω的角速度在平面上绕O点做逆时针转动，这样做出的矢量称为旋转矢量. 显然，旋转矢量$\vec{A}$任一时刻在x轴上的投影$x=A\cos(\omega t+\varphi_0)$就描述了一个简谐振动，矢端沿圆周运动的速度大小等于ωA，其方向与x轴的夹角为$\omega t+\varphi_0+\frac{\pi}{2}$，在$x$轴上的投影为$\omega A\cos\left(\omega t+\varphi_0+\frac{\pi}{2}\right)=-\omega A\sin(\omega t+\varphi_0)$，这就是简谐振动的速度方程；矢端做圆周运动的加速度大小为$a_n=\omega^2 A$，它与x轴的夹角为$\omega t+\varphi_0+\pi$，所以加速度在x轴上的投影为$\omega^2 A\cos(\omega t+\varphi_0+\pi)=-\omega^2 A\cos(\omega t+\varphi_0)=-\omega^2 x$.

旋转矢量法

以上讨论表明简谐振动速度的相位比位移超前$\frac{\pi}{2}$，加速度的相位比速度超前$\frac{\pi}{2}$，比位移超前π.

例5.2 弹簧振子沿x轴做简谐振动，振幅为0.4m，周期为2s，当$t=0$时，位移为0.2m，且向x轴负方向运动. 求简谐振动的振动方程，并画出$t=0$时的旋转矢量图.

解 设此简谐振动的振动方程为

$$x=A\cos(\omega t+\varphi_0).$$

则其速度为

$$v=\frac{\mathrm{d}x}{\mathrm{d}t}=-\omega A\sin(\omega t+\varphi_0).$$

由于$A=0.4\ \mathrm{m}$，$\omega=\frac{2\pi}{T}=\pi$，$t=0$时，$x_0=0.2\mathrm{m}$，代入$x=A\cos(\omega t+\varphi_0)$，得

$$\varphi_0=\pm\frac{\pi}{3}.$$

再由$t=0$时$v_0<0$的条件，得$v_0=-0.4\pi\sin\varphi_0<0$，所以

$$\varphi_0=\frac{\pi}{3}.$$

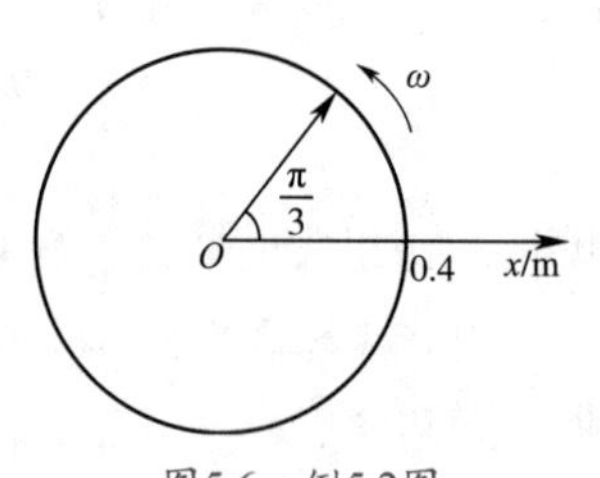

图5.6 例5.2图

于是此简谐振动的振动方程为

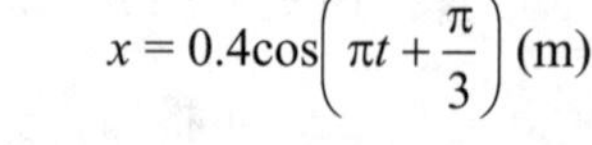

$$x=0.4\cos\left(\pi t+\frac{\pi}{3}\right)(\mathrm{m}).$$

$t=0$时的旋转矢量图如图5.6所示.

例5.3 已知简谐振动曲线如图5.7所示，试写出其振动方程.

解 这是典型的由简谐振动曲线写出振动方程的题型，我们先用分析法求出初相位，然后再用旋转矢量法求出初相位.

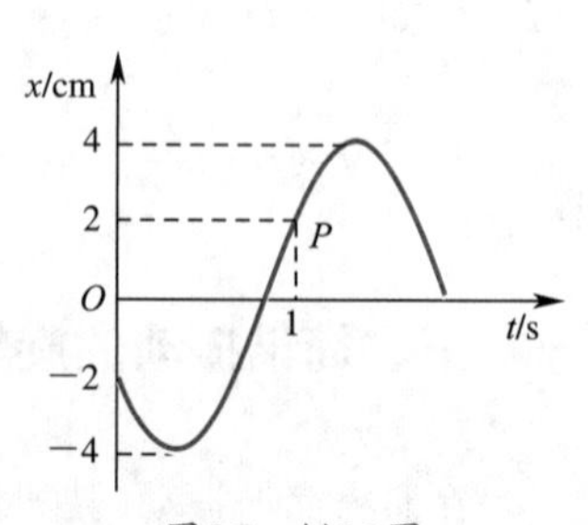

图5.7 例5.3图

设振动方程为

$$x=A\cos(\omega t+\varphi_0),$$

只要求出$A,\ \omega,\ \varphi_0$，就可以写出简谐振动的振动方程. 由图易知A

$=4\text{cm}$，下面只需求出φ_0和ω即可．据图分析可知，$t=0$时，$x_0=-2\text{cm}$，且$v_0=\dfrac{\mathrm{d}x}{\mathrm{d}t}<0$（由曲线的斜率决定），代入振动方程，有

$$-2=4\cos\varphi_0,$$

故$\varphi_0=\pm\dfrac{2}{3}\pi$. 又由$v_0=-\omega A\sin\varphi_0<0$，得$\sin\varphi_0>0$，因此只能取$\varphi_0=\dfrac{2}{3}\pi$.

再从图中分析，$t=1\text{s}$时，$x=2\text{cm}$，$v>0$，代入振动方程有

$$2=4\cos(\omega+\varphi_0)=4\cos\left(\omega+\frac{2}{3}\pi\right),$$

即

$$\cos\left(\omega+\frac{2}{3}\pi\right)=\frac{1}{2},$$

所以$\omega+\dfrac{2}{3}\pi=\dfrac{5}{3}\pi\left(\text{或}\dfrac{7}{3}\pi\right)$（应注意这里不能取$\pm\dfrac{\pi}{3}$）. 因为同时要满足$v=-\omega A\sin\left(\omega+\dfrac{2}{3}\pi\right)>0$，即$\sin\left(\omega+\dfrac{2}{3}\pi\right)<0$，所以应取$\omega+\dfrac{2}{3}\pi=\dfrac{5}{3}\pi$，即$\omega=\pi$. 故振动方程为

$$x=4\cos\left(\pi t+\frac{2}{3}\pi\right)(\text{cm}).$$

用旋转矢量法也可以简单地求出简谐振动的φ_0和ω. 如图5.8所示，在x–t曲线的左侧作x轴，其与位移坐标轴平行．由振动曲线可知，a和b两点分别对应于$t=0$和$t=1\text{s}$时的振动状态，可确定这两个时刻旋转矢量的位置分别为$\overrightarrow{Oa}$和$\overrightarrow{Ob}$.下面做详细说明．由a点向右边x轴作垂线，其与振动曲线的交点就是$t=0$时旋转矢量端点的投影点．已知该处$x_0=-2\text{cm}$，且此时$v_0<0$，故旋转矢量应在左边x轴左侧，它与x轴正方向的夹角$\varphi_0=\dfrac{2}{3}\pi$，就是$t=0$时的振动相位，即初相．又由$b$点向右边$x$轴作垂线，其与振动曲线的交点就是$t=1\text{s}$时旋转矢量端点的投影点，该处$x=2\text{cm}$且$v>0$，故此时旋转矢量应在左边$x$轴右侧，它与$x$轴的夹角$\varphi=\dfrac{5}{3}\pi$就是该时刻的振动相位，即$\omega+\dfrac{2}{3}\pi=\dfrac{5}{3}\pi$，解得$\omega=\pi$.

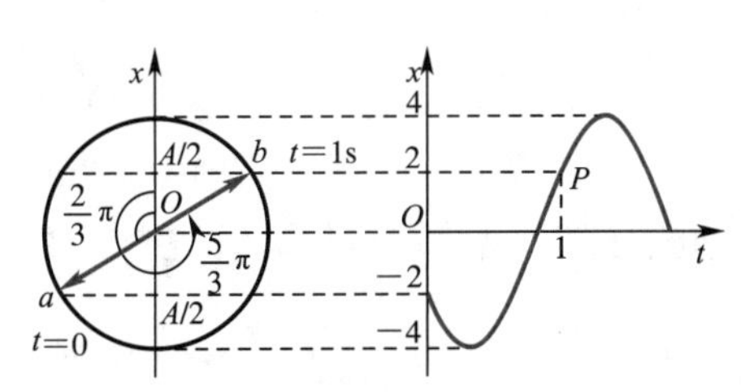

图5.8 利用旋转矢量法求φ_0和ω

例5.4 一质量为0.01kg的物体做简谐振动，其振幅为0.08m，周期为4s，起始时刻物体在$x=0.04\text{m}$处，向x轴负方向运动，如图5.9所示．试求：

（1）$t=1\text{s}$时，物体所处的位置和所受的力；

（2）由起始位置运动到$x=-0.04\text{m}$处所需的最短时间．

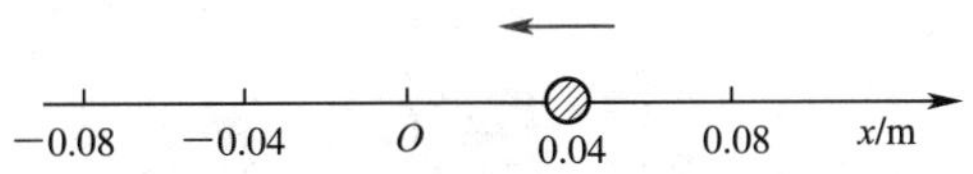

−0.08　−0.04　O　0.04　0.08　x/m

图5.9 例5.4图①

解　可设简谐振动的振动方程为

$$x = A\cos(\omega t + \varphi_0),$$

由题意知，$A = 0.08\text{m}$，则只需求出ω和φ_0即可．由于$T = 4\text{s}$，则

$$\omega = \frac{2\pi}{T} = \frac{\pi}{2}\ \text{rad}\cdot\text{s}^{-1}.$$

$t = 0$时，$x = 0.04\text{m}$，代入$x = A\cos(\omega t + \varphi_0)$，得

$$0.04 = 0.08\cos\varphi_0,$$

所以

$$\varphi_0 = \pm\frac{\pi}{3}.$$

上式究竟是取“+”号，还是取“-”号？我们先利用分析法来求解．利用振动方程对时间t求导一次，得

$$v = -\omega A\sin(\omega t + \varphi_0).$$

由于$t = 0$时$v<0$，则$\sin\varphi_0 > 0$，故有$\varphi_0 = \frac{\pi}{3}$．也可作旋转矢量图，如图5.10所示，从图中可知$\varphi_0 = \frac{\pi}{3}$．因此，此物体的振动方程是

$$x = 0.08\cos\left(\frac{\pi}{2}t + \frac{\pi}{3}\right).$$

（1）将$t = 1\text{s}$代入上式，得物体所处的位置是

$$x \approx -0.069\text{m}.$$

负号说明物体在平衡位置O的左方．物体受力为

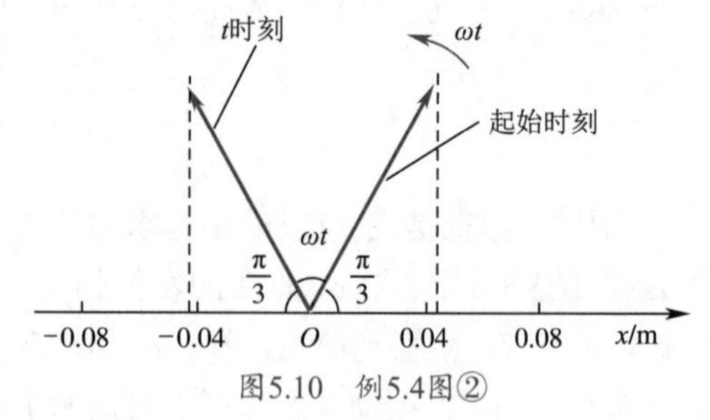

图5.10　例5.4图②

$$F = -kx = -m\omega^2 x \approx -0.01\times\left(\frac{\pi}{2}\right)^2\times(-0.069) \approx 1.7\times10^{-3}\,(\text{N}).$$

（2）设物体由起始位置运动到$x = -0.04\text{m}$处所需的最短时间为t．把$x = -0.04\text{m}$代入振动方程，得

$$-0.04 = 0.08\cos\left(\frac{\pi}{2}t + \frac{\pi}{3}\right),$$

所以

$$t = \frac{\arccos\left(-\frac{1}{2}\right) - \frac{\pi}{3}}{\frac{\pi}{2}} = \frac{2}{3}(\text{s}).$$

求t的另一个更为简便的方法是，直接从图5.10中看出

$$\omega t = \frac{\pi}{3},$$

则

$$t = \frac{\frac{\pi}{3}}{\frac{\pi}{2}} = \frac{2}{3}(\text{s}).$$

5.3 简谐振动的能量

质点振动过程伴随能量的相互转化，下面以弹簧振子为例，来说明简谐振动系统的动能和势能随时间的变化规律；进而计算总的机械能，来说明简谐振动的能量相互转化规律.

设振子质量为m，弹簧的劲度系数为k，振子在某一时刻的位移为x，速率为v，即

$$x = A\cos(\omega t + \varphi_0),$$
$$v = -\omega A\sin(\omega t + \varphi_0).$$

振子所具有的动能和势能分别为

$$E_k = \frac{1}{2}mv^2 = \frac{1}{2}m\omega^2A^2\sin^2(\omega t + \varphi_0) = \frac{1}{2}kA^2\sin^2(\omega t + \varphi_0), \tag{5.23}$$

$$E_p = \frac{1}{2}kx^2 = \frac{1}{2}kA^2\cos^2(\omega t + \varphi_0). \tag{5.24}$$

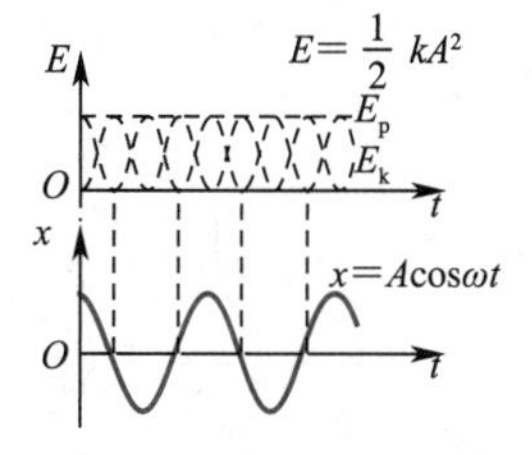

图5.11 简谐振子的动能、势能和总能量随时间变化的曲线

这说明弹簧振子的动能和势能是按余弦或正弦函数的平方随时间变化的. 图5.11所示是初相位$\varphi_0 = 0$时，简谐振子的动能、势能和总能量随时间变化的曲线. 显然，动能最大时，势能最小，而动能最小时，势能最大. 简谐振动的过程正是动能和势能相互转化的过程.

将式（5.23）和式（5.24）相加，得简谐振动的总能量为

$$E = \frac{1}{2}kA^2 = \frac{1}{2}m\omega^2A^2 = \frac{1}{2}mv_{\max}^2, \tag{5.25}$$

即简谐振动系统在振动过程中机械能守恒. 从力学观点看，这是因为做简谐振动的系统都是孤立的保守系统. 此外，式（5.25）还说明简谐振动的能量正比于振幅的平方和系统固有角频率的平方.

动能和势能在一个周期内的平均值为

$$\bar{E}_k = \frac{1}{T}\int_0^T E_k(t)\,dt = \frac{1}{T}\int_0^T \frac{1}{2}kA^2\sin^2(\omega t + \varphi_0)dt = \frac{1}{4}kA^2.$$

同理，有

$$\bar{E}_p = \frac{1}{T}\int_0^T E_p(t)\,dt = \frac{1}{T}\int_0^T \frac{1}{2}kA^2\cos^2(\omega t + \varphi_0)dt = \frac{1}{4}kA^2.$$

故

$$\bar{E}_k = \bar{E}_p = \frac{1}{4}kA^2 = \frac{1}{2}E, \tag{5.26}$$

即动能和势能在一个周期内的平均值相等，且均等于总能量的一半.

上述结论虽是从弹簧振子这一特例推出，但具有普遍意义，适用于任何一个简谐振动系统.

对于实际的振动系统，可以通过讨论它的势能曲线来研究能否做简谐振

动近似处理.

设系统沿x轴振动，其势能函数为$E_p(x)$，如果势能曲线存在一个极小值，该位置就是系统的稳定平衡位置. 在该位置（取$x=0$）附近将势能函数用级数展开为

$$E_p(x)=E_p(0)+\left.\frac{dE_p}{dx}\right|_{x=0}x+\frac{1}{2}\left.\frac{d^2E_p}{dx^2}\right|_{x=0}x^2+\cdots.$$

由于在$x=0$的平衡位置处有$\frac{dE_p}{dx}=0$，若系统是做微振动，当$\left.\frac{d^2E_p}{dx^2}\right|_{x=0}\neq 0$时，可略去$x^3$以上高阶无穷小，得到

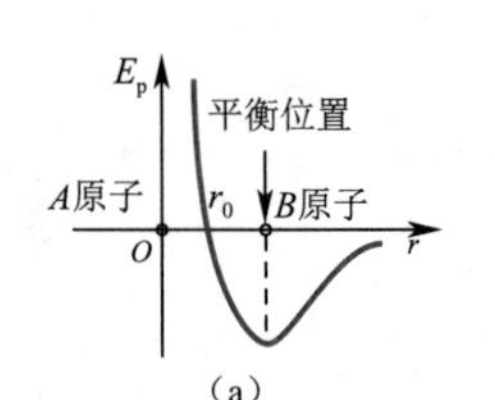

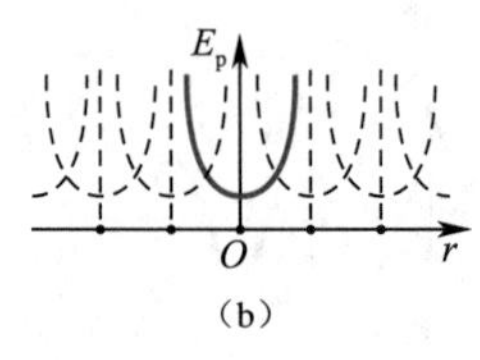

图5.12 双原子分子和晶格离子的势能曲线

$$E_p(x)\approx E_p(0)+\frac{1}{2}\left.\frac{d^2E_p}{dx^2}\right|_{x=0}x^2.$$

根据保守力与势能函数的关系$F=-\frac{dE_p(x)}{dx}$，将上式两边对x求导可得

$$F=-\left.\frac{d^2E_p}{dx^2}\right|_{x=0}x=-kx. \tag{5.27}$$

这说明，一个微振动系统一般可以当作简谐振动处理. 图5.12（a）和图5.12（b）分别是双原子分子的势能曲线和晶体中晶格离子的势能曲线，由上面讨论可知，这些原子或离子在其平衡位置附近的振动都可当作简谐振动处理.

例5.5 如图5.13所示，光滑水平面上的弹簧振子由质量为M的木块和劲度系数为k的轻弹簧构成. 现有一个质量为m、速度为$\vec{u}_0$的子弹射入静止的木块后陷入其中，此时弹簧处于自由状态.

（1）试写出该简谐振子的振动方程.

（2）求出$x=\frac{A}{2}$处系统的势能和动能.

图5.13 例5.5图

解 （1）子弹射入木块过程中，水平方向动量守恒. 设子弹陷入木块后二者的共同速度为$\vec{V}_0$，则有

$$m\vec{u}_0=(m+M)\vec{V}_0,$$

$$\vec{V}_0=\frac{m}{m+M}\vec{u}_0.$$

取弹簧处于自由状态时，木块的平衡位置为坐标轴原点，水平向右为x轴正方向，并取木块和子弹一起开始向右运动的时刻为计时起点. 因此，初始条件为$x_0=0, v_0=V_0>0$，而子弹射入木块后简谐振动系统的圆频率为

$$\omega=\sqrt{\frac{k}{m+M}},$$

设简谐振动系统的振动方程为$x=A\cos(\omega t+\varphi_0)$，将初始条件代入得

$$\begin{cases}0=A\cos\varphi_0,\\ V_0=-\omega A\sin\varphi_0>0.\end{cases}$$

联立求出

$$\varphi_0=\frac{3}{2}\pi,$$

$$A=\frac{mu_0}{\sqrt{k(m+M)}}.$$

所以简谐振子的振动方程为

$$x=A\cos(\omega t+\varphi_0)$$
$$=\frac{mu_0}{\sqrt{k(m+M)}}\cos\left(t\sqrt{\frac{k}{m+M}}+\frac{3}{2}\pi\right).$$

（2）$x=\frac{A}{2}$处简谐振动系统的势能和动能分别为

$$E_p=\frac{1}{2}kx^2=\frac{1}{2}k\left(\frac{A}{2}\right)^2=\frac{m^2u_0^2}{8(m+M)},$$

$$E_k=E-E_p=\frac{1}{2}kA^2-\frac{1}{8}kA^2=\frac{3}{8}kA^2=\frac{3m^2u_0^2}{8(m+M)}.$$

例5.6 如图5.14所示，质量为$m_1=0.6\text{kg}$的木块与一劲度系数$k=25\text{N}\cdot\text{m}^{-1}$的弹簧相连接，放在一光滑的水平桌面上，弹簧的另一端被固定．随后将一质量为$m_2=0.4\text{kg}$的木块放在m_1的正上面，且m_1与m_2之间的最大静摩擦系数为$\mu=0.5$．现将木块m_1拉离平衡位置，然后释放任其自由振动，欲使系统在振动过程中m_2与m_1始终不发生滑动，则整个系统所能具有的最大振动动能是多少？

解 设系统做自由振动的振幅为A，则总能量为$E=\frac{1}{2}kA^2$．简谐振动系统的动能最大值处是振子处于平衡位置时，$E_{k\max}=E=\frac{1}{2}kA^2$．欲使系统在振动过程中$m_2$与$m_1$始终不发生滑动，须有

$$m_2a\leqslant\mu m_2g.$$

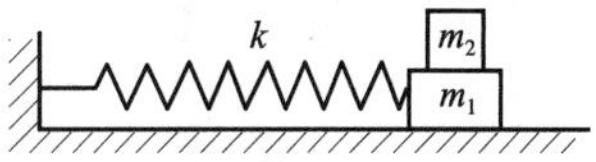

图5.14 例5.6图

极限情况下，系统的最大加速度是

$$a_{\max}=A\omega^2=\mu g,$$

而m_1和m_2与弹簧所组成的简谐振动系统的圆频率是

$$\omega=\sqrt{\frac{k}{m_1+m_2}},$$

从而有

$$A=\frac{\mu g}{\omega^2}=\frac{\mu g(m_1+m_2)}{k}.$$

最后，可得出整个系统在振动过程中m_2与m_1始终不发生滑动，所能具有的最大振动动能是

$$E_{k\max}=\frac{1}{2}kA^2=\frac{1}{2}k\left[\frac{\mu g(m_1+m_2)}{k}\right]^2=\frac{\mu^2g^2}{2k}(m_1+m_2)^2$$
$$=\frac{0.5^2\times9.8^2}{2\times25}\times(0.6+0.4)^2\approx0.48(\text{J}).$$

5.4 简谐振动的合成[1]

振动的合成具有一定的实际意义. 如轮船中悬挂的钟摆在船体破浪行驶时，钟摆的运动就是多种振动合成的运动. 一般的振动合成比较复杂，下面讨论几种简单但又属于基本的简谐振动的合成，往往更为复杂的振动都可看作由若干个或无限多个简谐振动合成而得.

一、同方向、同频率简谐振动的合成

设质点同时参与两个同方向同频率的简谐振动，

$$x_1 = A_1\cos(\omega t+\varphi_{10}),$$
$$x_2 = A_2\cos(\omega t+\varphi_{20}).$$

因为两分振动在同一方向上进行，所以质点的合位移等于两个位移的代数和，即

$$x = x_1 + x_2 = A_1\cos(\omega t+\varphi_{10}) + A_2\cos(\omega t+\varphi_{20}). \tag{5.28}$$

利用三角恒等式，式（5.28）可化为

$$\begin{aligned} x &= A_1\cos\omega t\cdot\cos\varphi_{10} - A_1\sin\omega t\cdot\sin\varphi_{10} + \\ &\quad A_2\cos\omega t\cdot\cos\varphi_{20} - A_2\sin\omega t\cdot\sin\varphi_{20} \\ &= \cos\omega t(A_1\cos\varphi_{10}+A_2\cos\varphi_{20}) - \sin\omega t(A_1\sin\varphi_{10}+A_2\sin\varphi_{20}). \end{aligned}$$

令

$$A_1\cos\varphi_{10} + A_2\cos\varphi_{20} = A\cos\varphi_0,$$
$$A_1\sin\varphi_{10} + A_2\sin\varphi_{20} = A\sin\varphi_0,$$

则式（5.28）化为

$$\begin{aligned} x &= A\cos\omega t\cdot\cos\varphi_0 - A\sin\omega t\cdot\sin\varphi_0 \\ &= A\cos(\omega t+\varphi_0), \end{aligned}$$

式中合振幅A和初相位φ_0的值可分别由以下两式求出：

$$A = \sqrt{A_1^2 + A_2^2 + 2A_1A_2\cos(\varphi_{20}-\varphi_{10})}, \tag{5.29}$$

$$\tan\varphi_0 = \frac{A_1\sin\varphi_{10}+A_2\sin\varphi_{20}}{A_1\cos\varphi_{10}+A_2\cos\varphi_{20}}. \tag{5.30}$$

由此可见，同方向同频率的简谐振动合成后仍为一简谐振动，其频率与分振动频率相同，合振动的振幅、相位由两分振动的振幅A_1和A_2及初相位φ_{10}

---

① 简谐振动的合成又可称为振动的叠加，只有线性振动才能叠加，因此，本节的各种结论对非线性振动无效.

和φ_{20}决定.

利用旋转矢量讨论上述问题则更为简洁直观. 如图5.15所示，取坐标轴Ox，画出两分振动的旋转矢量$\vec{A}_1$和$\vec{A}_2$，它们与x轴的夹角分别为φ_{10}和φ_{20}，并以相同的角速度ω按逆时针方向旋转. 因两分矢量$\vec{A}_1$和$\vec{A}_2$的夹角恒定不变，所以合矢量$\vec{A}$的模保持不变，而且同样以角速度ω旋转. 图中矢量$\vec{A}$即$t=0$时的合成振动矢量，任一时刻合振动的位移等于该时刻$\vec{A}$在x轴上的投影，即

$$x=A\cos(\omega t+\varphi_0).$$

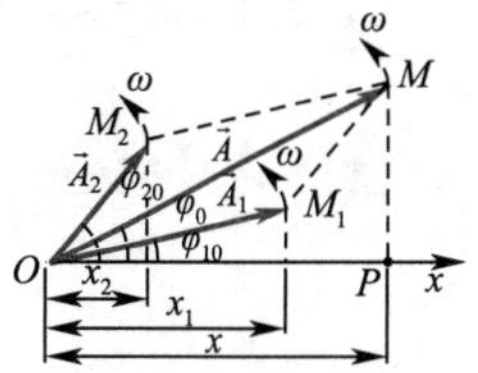

图5.15 用旋转矢量法求同一直线上两简谐振动的合成

可见合振动是振幅为A、初相位为φ_0的简谐振动，其圆频率与两分振动相同. 利用图中几何关系，可求得合振动的振幅A、初相位φ_0[同式(5.29)、式(5.30)].

现进一步讨论合振动的振幅与两分振动相位差之间的关系. 由式(5.29)可知：

(1) 相位差$\varphi_{20}-\varphi_{10}=\pm 2k\pi$ ($k=0,1,2,\cdots$) 时，

$$A=\sqrt{A_1^2+A_2^2+2A_1A_2}=A_1+A_2, \tag{5.31}$$

即两分振动相位相同时，合振幅等于两分振动振幅之和，合振幅最大;

(2) 相位差$\varphi_{20}-\varphi_{10}=\pm(2k+1)\pi$ ($k=0,1,2,\cdots$) 时，

$$A=\sqrt{A_1^2+A_2^2-2A_1A_2}=|A_1-A_2|, \tag{5.32}$$

即两分振动相位相反时，合振幅等于两分振幅之差的绝对值，合振幅最小.

一般情况下，两分振动既不同相亦非反相，合振幅在A_1+A_2与$|A_1-A_2|$之间.

同方向同频率简谐振动的合成原理，在讨论声波、光波及电磁辐射的干涉和衍射时经常用到.

例5.7 已知两个简谐振动的x–t曲线如图5.16所示，它们的频率相同，求它们的合振动方程.

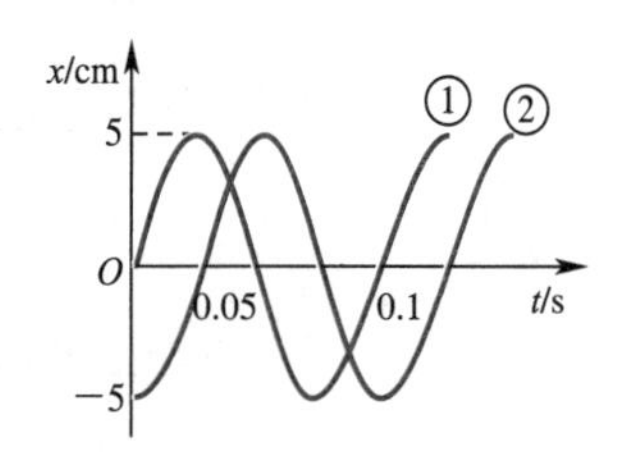

图5.16 例5.7图

解 由图中曲线可以看出，两个简谐振动的振幅相同，$A_1=A_2=A=5\text{cm}$，周期均为$T=0.1\text{s}$，因而圆频率为

$$\omega=\frac{2\pi}{T}=20\pi.$$

由x–t曲线①可知，简谐振动①在$t=0$时，$x_{10}=0$，$v_{10}>0$，因此可求出①振动的初相位$\varphi_{10}=-\frac{\pi}{2}$.

由x–t曲线②可知，简谐振动②在$t=0$时，$x_{20}=-5\text{cm}=-A$，因此可求出②振动的初相位$\varphi_{20}=\pi$.

由上面求得的$A,\omega,\varphi_{10},\varphi_{20}$，可写出振动①和②的振动方程分别为

$$x_1=5\cos\left(20\pi t-\frac{\pi}{2}\right)(\text{cm}),$$

$$x_2=5\cos(20\pi t+\pi)(\text{cm}).$$

因此，合振动的振幅和初相位分别为

$$A' = \sqrt{A_1^2 + A_2^2 + 2A_1A_2\cos(\varphi_{20} - \varphi_{10})} = 5\sqrt{2},$$

$$\varphi_0 = \arctan\left(\frac{A_1\sin\varphi_{10} + A_2\sin\varphi_{20}}{A_1\cos\varphi_{10} + A_2\cos\varphi_{20}}\right) = \arctan 1 = \frac{\pi}{4}\left(或\frac{5\pi}{4}\right).$$

由x–t曲线可知$t=0$时，$x = x_1 + x_2 = -5\text{cm}$，因此，$\varphi_0$应取$\frac{5}{4}\pi$. 故合振动方程为

$$x = 5\sqrt{2}\cos\left(20\pi t + \frac{5}{4}\pi\right)(\text{cm}).$$

事实上，从x–t曲线分析出两个分振动①和②的振动方程后，用旋转矢量法求合振动方程会更简单一些．如图5.17所示，在取定了x轴的原点O后，分别画出两个旋转矢量$\overrightarrow{OM_1}$和$\overrightarrow{OM_2}$代表两个简谐振动①和②，其中OM_1和OM_2的长度均为 5cm，由$\overrightarrow{OM_1}$与$\overrightarrow{OM_2}$两个矢量合成的矢量$\overrightarrow{OM}$就是代表合振动的旋转矢量，由矢量合成的方法，从图中很容易求出合振动振幅和初相位分别为

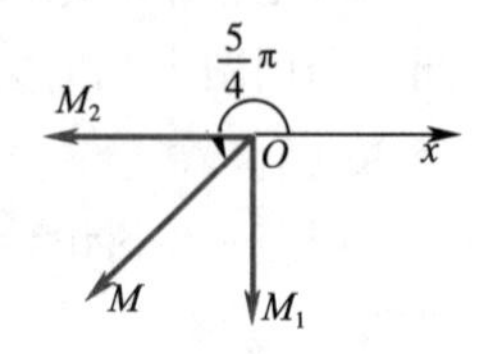

图5.17　用旋转矢量法求合振动方程

$$A' = \sqrt{2}\left|\overrightarrow{OM_1}\right| = 5\sqrt{2}\ \text{cm},\quad \varphi_0 = \frac{5}{4}\pi.$$

合振动方程为

$$x = 5\sqrt{2}\cos\left(20\pi t + \frac{5}{4}\pi\right)(\text{cm}).$$

二、同方向、不同频率简谐振动的合成及拍

设质点同时参与两个同方向但频率分别为ω_1和ω_2的简谐振动．为突出频率不同引起的效果，设两分振动的振幅相同，且初相均等于φ，即

$$x_1 = A\cos(\omega_1 t + \varphi),$$
$$x_2 = A\cos(\omega_2 t + \varphi).$$

合振动的位移为

$$x = x_1 + x_2 = A\cos(\omega_1 t + \varphi) + A\cos(\omega_2 t + \varphi).$$

利用三角恒等式可求得

$$x = 2A\cos\left(\frac{\omega_2 - \omega_1}{2}t\right)\cos\left(\frac{\omega_2 + \omega_1}{2}t + \varphi\right). \tag{5.33}$$

由式（5.33）可知，合振动不是简谐振动．但若两分振动的频率满足$\omega_2 + \omega_1 \gg |\omega_2 - \omega_1|$，式（5.33）中$2A\cos\left(\frac{\omega_2 - \omega_1}{2}t\right)$的周期要比$\cos\left(\frac{\omega_2 + \omega_1}{2}t\right)$的周期长得多．于是可将式（5.33）表示的运动看作振幅按照$\left|2A\cos\frac{\omega_2 - \omega_1}{2}t\right|$缓慢变化，而圆频率等于$\frac{\omega_2 + \omega_1}{2}$的“准简谐振动”，这是一种振幅有周期性变化的

“简谐振动”. 或者说，合振动描述的是一个高频振动受到一个低频振动调制的运动，如图5.18所示. 这种振幅时大时小的现象叫作“拍”.

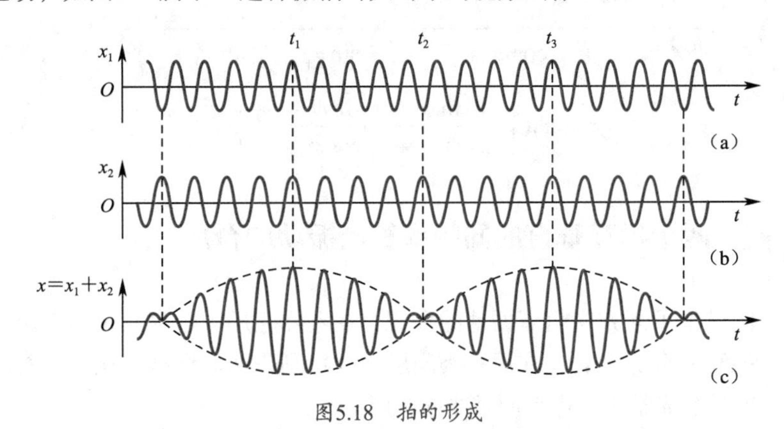

图5.18 拍的形成

合振幅每变化一个周期称为一拍，单位时间内拍出现的次数（合振幅变化的频率）叫作拍频. 由于振幅只能取正值，因此拍$\left|2A\cos\left(\frac{\omega_2-\omega_1}{2}t\right)\right|$的圆频率应为调制频率的2倍，即

$$\omega_{拍}=|\omega_2-\omega_1|.$$

于是拍频为

$$\nu_{拍}=\frac{\omega_{拍}}{2\pi}=\left|\frac{\omega_2}{2\pi}-\frac{\omega_1}{2\pi}\right|=|\nu_2-\nu_1|. \tag{5.34}$$

这就是说，拍频等于两个分振动频率之差的绝对值.

拍现象在声振动、电磁振荡和波动中经常出现. 例如，当两个频率相近的音叉同时振动时，我们可听到时强时弱的“嗡、嗡……”的拍音. 人耳能区分的拍音低于每秒7次. 利用拍现象还可以测定振动频率，校正乐器和制造拍振荡器等.

上述关于拍现象的讨论只限于线性叠加. 当两个不同频率的分振动出现物理上非线性耦合时，就可能出现“同步锁模”现象，即两个振动系统锁定在同一频率上. 历史上首先注意这种现象的是17世纪的惠更斯，偶然的因素使他发现了家中挂在同一木板墙壁上的两个挂钟因相互影响而同步的现象. 后来的观察表明，这种锁模现象也发生在“生物钟”内. 在电子示波器中，人们充分利用这一原理把波形锁定在屏幕上.

*三、多个同方向、同频率简谐振动的合成

对于多个同方向同频率的简谐振动，其合成振动仍然是简谐振动，仍可采用旋转矢量方法，先对两个振动进行合成，然后再用合成后的简谐振动与第三个简谐振动合成，依次进行下去. 也可采用矢量合成三角形法则进行合成.

例如，设有N个同方向同频率的简谐振动，其振动方程表示为

$x_1=A_1\cos(\omega t+\varphi_1), x_2=A_2\cos(\omega t+\varphi_2), x_3=A_3\cos(\omega t+\varphi_3),\cdots$，则其合振动为 $x=x_1+x_2+x_3+\cdots=A\cos(\omega t+\varphi)$，其中

$$A=\sqrt{\left(A_1\cos\varphi_1+A_2\cos\varphi_2+\cdots\right)^2+\left(A_1\sin\varphi_1+A_2\sin\varphi_2+\cdots\right)^2}\ , \tag{5.35}$$

$$\varphi=\arctan\left(\frac{A_1\sin\varphi_1+A_2\sin\varphi_2+\cdots}{A_1\cos\varphi_1+A_2\cos\varphi_2+\cdots}\right). \tag{5.36}$$

*四、两个相互垂直的同频率简谐振动的合成

上面讨论了同方向简谐振动的合成，在实际应用中也存在振动方向不同的简谐振动的合成问题．在后一类问题中，特别是两简谐振动相互垂直的情况，在电学、光学中有广泛而重要的应用．

当一个质点同时参与两个不同方向的简谐振动时，质点的位移是这两个振动的位移的矢量和．一般情况下，质点将在平面上做曲线运动．质点轨道的各种形状由两个振动的频率、振幅和相位差等决定．下面先讨论两个相互垂直的同频率简谐振动的合成情况．

设质点同时参与两个相互垂直方向上的简谐振动，一个沿x轴方向，另一个沿y轴方向，并且两振动频率相同，以质点的平衡位置为坐标轴原点，两个振动方程分别为

$$x=A_1\cos(\omega t+\varphi_{10}),$$
$$y=A_2\cos(\omega t+\varphi_{20}).$$

在任何时刻t，质点的位置是(x,y)；t改变时，(x,y)也改变．所以这两个方程就是含参变量t的质点的运动方程，消去时间参数t，便得到质点合振动的轨道方程是

$$\frac{x^2}{A_1^2}+\frac{y^2}{A_2^2}-\frac{2xy}{A_1A_2}\cos(\varphi_{20}-\varphi_{10})=\sin^2(\varphi_{20}-\varphi_{10}). \tag{5.37}$$

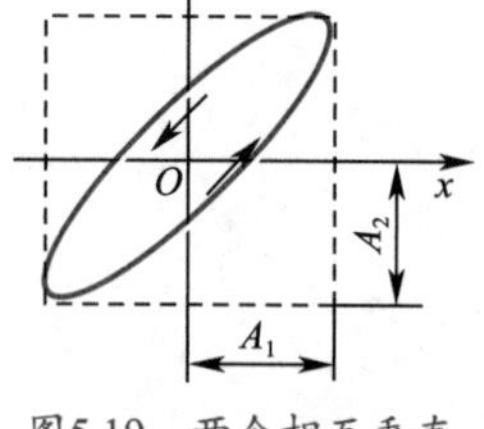

图5.19　两个相互垂直简谐振动的合成

由式（5.37）可知，质点合振动的轨道一般为椭圆，如图5.19所示．因为质点在两个垂直方向上的位移x和y只在一定范围内变化，所以椭圆轨道不会超出以$2A_1$和$2A_2$为边长的矩形范围．当两个分振动振幅A_1和A_2给定时，椭圆的其他性质（长短轴及方位）由两个分振动的相位差$\varphi_{20}-\varphi_{10}$决定．下面讨论几种特殊情况．

（1）$\varphi_{20}-\varphi_{10}=0$，即两个分振动初相位相同，这时式（5.37）简化为

$$\left(\frac{x}{A_1}-\frac{y}{A_2}\right)^2=0,$$

即

$$y=\frac{A_2}{A_1}x,$$

或

$$\frac{x}{A_1}=\frac{y}{A_2}.$$

合振动的轨迹为通过原点且在第一、第三象限内的直线，其斜率为两个分振动的振幅之比$\frac{A_2}{A_1}$，如图5.20（a）所示．在任一时刻t，质点离开平衡位置的位移（即合振动的位移）大小为

$$s=\sqrt{x^2+y^2}=\sqrt{A_1^2+A_2^2}\cos(\omega t+\varphi).$$

上式表明，这种情况下合振动也是简谐振动，且与原来两个分振动频率相同，但振幅为$\sqrt{A_1^2+A_2^2}$.

（2）$\varphi_{20}-\varphi_{10}=\pi$，即两个分振动相位相反，当其中一个分振动达到正最大时，另一个达到负最大，此时式（5.37）简化为

$$\left(\frac{x}{A_1}+\frac{y}{A_2}\right)^2=0,$$

即

$$\frac{x}{A_1}=-\frac{y}{A_2},$$

或

$$y=-\frac{A_2}{A_1}x.$$

其合振动的轨迹仍为一直线（在二、四象限内），但直线的斜率为$-\frac{A_2}{A_1}$．质点将在此直线上做振幅为$\sqrt{A_1^2+A_2^2}$、圆频率为ω的简谐振动，如图5.20（b）所示.

（3）$\varphi_{20}-\varphi_{10}=\frac{\pi}{2}$，即$y$方向上的分振动比$x$方向上的分振动超前$\frac{\pi}{2}$，此时式（5.37）简化为

$$\frac{x^2}{A_1^2}+\frac{y^2}{A_2^2}=1,$$

即合振动的轨迹为以x轴和y轴为轴线的椭圆，两个半轴分别为A_1和A_2，如图5.20（c）所示．这时两个分振动方程为

$$x=A_1\cos(\omega t+\varphi_{10}),$$

$$y=A_2\cos\left(\omega t+\varphi_{10}+\frac{\pi}{2}\right).$$

当某一瞬时$\cos(\omega t+\varphi_{10})=0$时，$x=A_1$，$y=0$，质点在图中$P$点；下一瞬间，有$\omega t+\varphi_{10}>0$，因而此时$x$将略小于$A_1$，同时此瞬间的$\omega t+\varphi_{10}+\frac{\pi}{2}$略大于$\frac{\pi}{2}$，故$y<0$，质点将处于第四象限，从而可判定质点沿椭圆运动的方向是顺时针的.

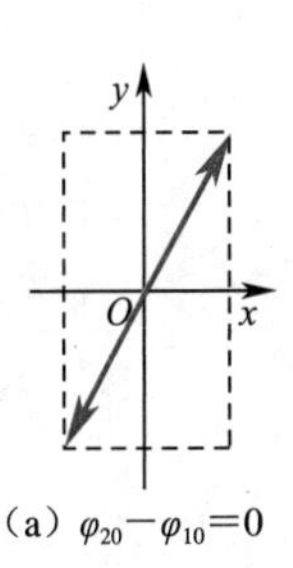

（a）$\varphi_{20}-\varphi_{10}=0$

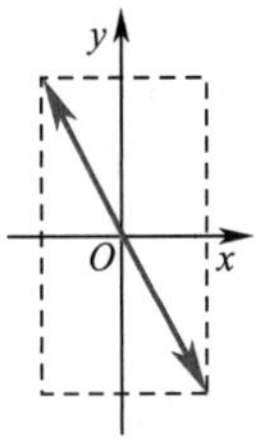

（b）$\varphi_{20}-\varphi_{10}=\pi$

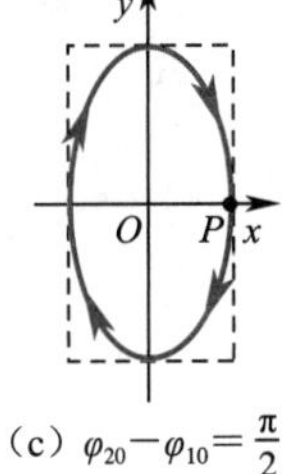

（c）$\varphi_{20}-\varphi_{10}=\frac{\pi}{2}$

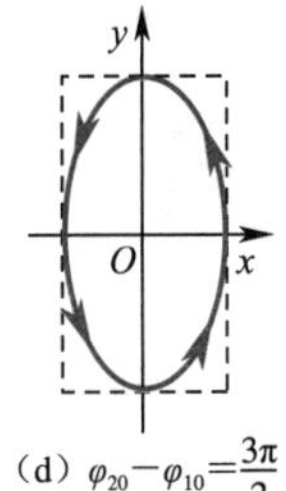

（d）$\varphi_{20}-\varphi_{10}=\frac{3\pi}{2}$

图5.20　两个不同相位差的垂直振动的合成轨迹

（4）$\varphi_{20}-\varphi_{10}=-\frac{\pi}{2}$，即$x$方向上的分振动比$y$方向上的分振动超前$\frac{\pi}{2}$，与上面（3）中分析类似，合振动的轨迹仍为以$x$轴和$y$轴为轴线的椭圆，如图5.20（d）所示，但质点的运动方向与（3）中相反.

在上面（3）和（4）中，若两个分振动的振幅相同，即$A_1=A_2$，则合振动的轨迹为一圆周.

上面是几种特殊情形，一般情况下，若两个分振动的相位差取其他数值，则合振动的轨迹将为形状与方位各不相同的椭圆，质点的运动方向则可能为顺时针或逆时针，如图5.21所示.

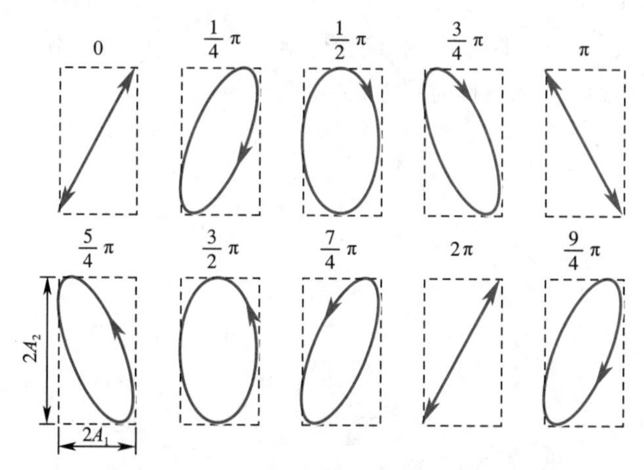

图5.21　两个相互垂直的振幅不同频率相同的简谐振动的合成

总之，一般来说，两个振动方向相互垂直的同频率的简谐振动合成的结果是合振动轨迹为一直线、圆或椭圆. 轨道的具体形状、方位和运动方向由分振动的振幅和相位差决定. 在电子示波器中，若使相互垂直的正弦变化的电学量频率相同，就可以在屏幕上观察到合振动的轨迹.

以上讨论也说明：任何一个直线简谐振动、椭圆运动或匀速圆周运动，都可以分解为两个相互垂直的同频率的简谐振动.

简谐振动和三种阻尼振动的关系

*5.5 阻尼振动、受迫振动和共振

一、阻尼振动

前面所讨论的简谐振动，是在一种无阻尼（无摩擦和辐射损失）状态下的自由振动，所以在振动过程中系统的机械能守恒，是一种理想的状况. 在实际中，阻尼是不可消除的，如没有能量补充，由于机械能有损耗，振幅将

不断地衰减．这种振幅随时间不断衰减的振动叫作阻尼振动，如图5.22所示．

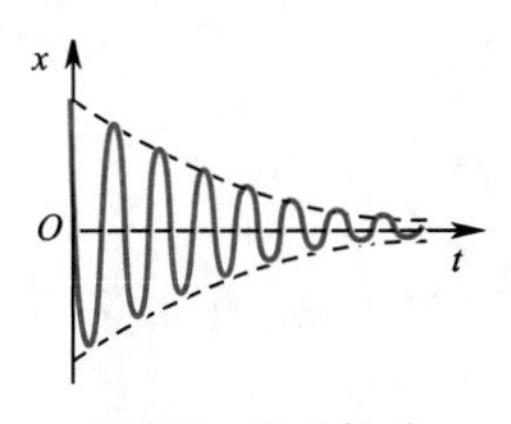

图5.22 阻尼振动

下面讨论的是谐振子系统受到弱介质阻力而衰减的情况．弱介质阻力是指当振子运动速度较低时，介质对物体的阻力仅与速度的一次方成正比，即这时阻力为

$$f_x=-\gamma v=-\gamma\frac{\mathrm{d}x}{\mathrm{d}t},\qquad(5.38)$$

γ称为阻力系数，与物体的形状、大小、表面性质及介质性质有关．

设弹簧振子系统中质点受弹力和阻力作用．由于力是位置的函数，所使用的牛顿第二定律形式是$\vec{F}=m\frac{\mathrm{d}^2\vec{r}}{\mathrm{d}t^2}$．在一维情况下，这时振子的动力学方程为

$$m\frac{\mathrm{d}^2x}{\mathrm{d}t^2}=-kx-\gamma\frac{\mathrm{d}x}{\mathrm{d}t}.$$

令$\omega_0^2=\frac{k}{m},2\beta=\frac{\gamma}{m}$，则上式可化成

$$\frac{\mathrm{d}^2x}{\mathrm{d}t^2}+2\beta\frac{\mathrm{d}x}{\mathrm{d}t}+\omega_0^2x=0,\qquad(5.39)$$

式中ω_0是系统的固有角频率，β称为阻尼系数．

按照β大小的不同，齐次常系数二阶线性微分方程（5.39）的解有3种不同的形式．

（1）当$\beta\ll\omega_0$时，称为弱阻尼，微分方程（5.39）的解为

$$x=A_0\mathrm{e}^{-\beta t}\cos(\omega t+\varphi_0),\qquad(5.40)$$

式中$\omega=\sqrt{\omega_0^2-\beta^2}$，$A_0$和$\varphi_0$依然是由初始条件确定的两个积分常数．阻尼振动的位移随时间变化的曲线如图5.23（a）所示，图中虚线表示阻尼振动的振幅$A_0\mathrm{e}^{-\beta t}$随时间t按指数衰减，阻尼越大（在$\beta\ll\omega_0$范围内）振幅衰减越快．阻尼振动的准周期为

$$T=\frac{2\pi}{\omega}=\frac{2\pi}{\sqrt{\omega_0^2-\beta^2}}>\frac{2\pi}{\omega_0}.\qquad(5.41)$$

可见，阻尼振动的周期比系统的固有周期长．

（2）若$\beta>\omega_0$，称为过阻尼，此时微分方程（5.39）的解为

$$x=c_1\mathrm{e}^{-(\beta-\sqrt{\beta^2-\omega_0^2})t}+c_2\mathrm{e}^{-(\beta+\sqrt{\beta^2-\omega_0^2})t}.\qquad(5.42)$$

这时系统也不做往复运动，而是非常缓慢地回到平衡位置，如图5.23（b）所示．

（3）若$\beta=\omega_0$，称为临界阻尼，这时微分方程（5.39）的解为

$$x=(c_1+c_2t)\mathrm{e}^{-\beta t}.\qquad(5.43)$$

此时系统不做往复运动，而是较快地回到平衡位置并停下来，如图5.23（c）所示．

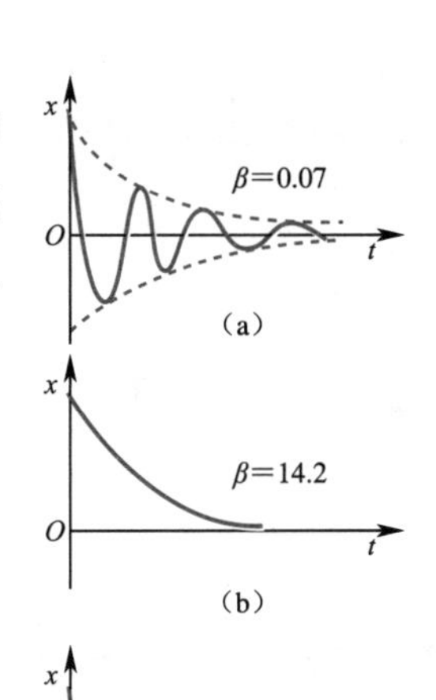

图5.23 阻尼振动3种情况的比较[（c）表示临界阻尼情况]

在实际应用中，常利用改变阻尼的方法来控制系统的振动情况．例如，各类机器的防震器大多采用一系列的阻尼装置；有些精密仪器（如物理

天平、灵敏电流计）中装有阻尼装置并调至临界阻尼状态，使测量快捷、准确.

二、受迫振动

阻尼振动又称减幅振动．要使有阻尼的振动系统维持等幅振动，必须不断地给振动系统补充能量，即施加持续的周期性外力作用．振动系统在周期性外力作用下发生的振动叫作受迫振动．这个周期性外力叫作策动力．

为简单起见，假设策动力为

$$F = F_0 \cos pt, \tag{5.44}$$

式中F_0为策动力的幅值，p为策动力的频率．这种策动力又称谐和策动力．

仍以弹簧振子为例，讨论弱阻尼谐振子系统在谐和策动力作用下的受迫振动．由于力是位置的函数，所使用的牛顿第二定律形式仍然是$\vec{F} = m\dfrac{d^2\vec{r}}{dt^2}$.
在一维情况下，其动力学方程为

$$m\frac{d^2x}{dt^2} = -kx - \gamma\frac{dx}{dt} + F_0 \cos pt. \tag{5.45}$$

令$\omega_0^2 = \dfrac{k}{m}, 2\beta = \dfrac{\gamma}{m}, f_0 = \dfrac{F_0}{m}$，方程（5.45）化为

$$\frac{d^2x}{dt^2} + 2\beta\frac{dx}{dt} + \omega_0^2 x = f_0 \cos pt. \tag{5.46}$$

方程（5.46）是典型的非齐次常系数二阶线性微分方程，其解为

$$x = A_0 e^{-\beta t}\cos(\omega t + \varphi_0) + A\cos(pt + \varphi). \tag{5.47}$$

由微分方程理论可知，解的第一项实际上是式（5.39）在弱阻尼下的通解，随着时间的推移，很快就会衰减为零，故第一项称为衰减项．第二项才是稳定项，即式（5.46）的稳定解为

$$x = A\cos(pt + \varphi). \tag{5.48}$$

可见，稳定受迫振动的频率等于策动力的频率.

将式（5.48）代入式（5.46），并采用待定系数法，可确定稳定受迫振动的振幅为

$$A = \frac{f_0}{\sqrt{(\omega_0^2 - p^2)^2 + 4\beta^2 p^2}}. \tag{5.49}$$

这说明，稳定受迫振动的振幅与系统的初始条件无关，而是与系统固有频率、阻尼系数及策动力频率和幅值均有关的函数.

三、共振

共振是受迫振动中一个重要而具有实际意义的现象，下面分别从位移共振和速度共振两方面加以讨论.

1. 位移共振

由式（5.49）可知，对于一个给定的振动系统，当阻尼和策动力幅值不变时，受迫振动的位移振幅是策动力的频率p的函数，它存在一个极值．受迫振动的位移达极大值的现象称为位移共振．将式（5.49）对p求导并令$\dfrac{\mathrm{d}A(p)}{\mathrm{d}p}=0$，

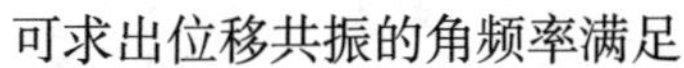

可求出位移共振的角频率满足

$$p_r=\sqrt{\omega_0^2-2\beta^2}\,. \tag{5.50}$$

显然，位移共振的角频率与阻尼有关，其关系如图5.24所示．

图5.24 位移共振曲线

2. 速度共振

系统做受迫振动时，其速度也是与策动力角频率相关的函数，即

$$v=-pA\sin(pt+\varphi)=-v_{\mathrm{m}}\sin\left(pt+\varphi\right),$$

式中

$$v_{\mathrm{m}}=pA=\frac{pf_0}{\sqrt{(\omega_0^2-p^2)^2+4\beta^2p^2}}, \tag{5.51}$$

共振的形成、应用与危害

称为速度振幅．同样可求出当$p_r=\omega_0$时，速度振幅有极大值，这种现象称为速度共振，如图5.25所示．进一步的研究表明，当系统发生速度共振时，外界能量的输入处于最佳状态，即策动力在整个周期内对系统做正功，用以补偿阻尼引起的能耗．因此，速度共振又称为能量共振．在弱阻尼情况下，位移共振与速度共振的条件趋于一致，所以一般可以不必区分两种共振．

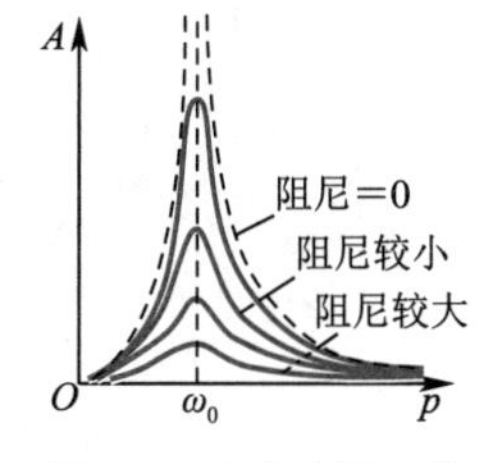

图5.25 速度共振曲线

共振现象在光学、电学、无线电技术中应用极广．例如，收音机的“调谐”就利用了“电共振”．此外，如何避免共振对桥梁、烟囱、水坝、高楼等建筑物的破坏，也是设计制造者必须考虑的问题．

例5.8 一转动惯量为J、半径为R的定滑轮，如图5.26所示，一轻绳绕过该定滑轮，一端系一质量为m的物体，另一端与一劲度系数为k且一端固定的轻质弹簧相连．现将物体从平衡位置沿竖直方向移动一微小距离后轻轻释放．试分析该物体的运动，并求其运动的周期．（不考虑物体、绳子与滑轮及空气间的摩擦．）

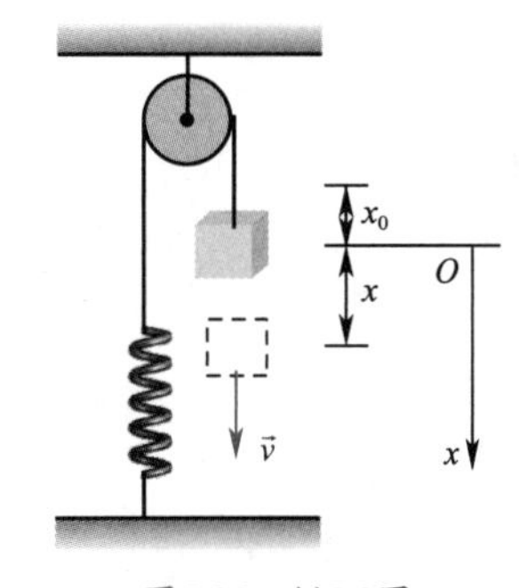

图5.26 例5.8图

解 如图5.26所示，选取物体处于平衡时的位置点为原点O、竖直向下为x轴正方向．物体在原点O时，物体的重力势能为零，弹簧的伸长量为x_0，弹簧的弹性势能及系统的初始机械能为$E_0=\dfrac{1}{2}kx_0^2$，且有$kx_0=mg$.

任意位置x处，弹簧的伸长量为x_0+x，物体的速率为v. 利用系统机械能守恒有

$$E=\frac{1}{2}mv^2+\frac{1}{2}J\omega^2-mgx+\frac{1}{2}k\left(x+x_0\right)^2,$$

利用$v=R\omega,\ kx_0=mg$，代入上式中后，分析简化有

$$E-\frac{1}{2}kx_0^2=\frac{1}{2}\left(m+\frac{J}{R^2}\right)v^2+\frac{1}{2}kx^2=\text{常量}.$$

对上式，令$m'=m+\dfrac{J}{R^2}$，则上式简化为

$$\frac{1}{2}m'v^2+\frac{1}{2}kx^2=\text{常量}.$$

将上式两边对时间t求导，可得

$$m'v\frac{\mathrm{d}v}{\mathrm{d}t}+kx\frac{\mathrm{d}x}{\mathrm{d}t}=0.$$

任意时刻速率$v=\dfrac{\mathrm{d}x}{\mathrm{d}t}\neq 0$，上式两边同时除以$v$，有

$$m'\frac{\mathrm{d}v}{\mathrm{d}t}+kx=0.$$

设$\omega^2=\dfrac{k}{m'}$，则有$\dfrac{\mathrm{d}^2x}{\mathrm{d}t^2}+\omega^2x=0$成立．这表明由该物体、弹簧等构成的系统的运动为简谐振动，其周期

$$T=\frac{2\pi}{\omega}=2\pi\sqrt{\frac{m+\left(\frac{J}{R}\right)^2}{kR^2}}.$$

本章提要

1. 简谐振动表达式

$$x = A\cos(\omega t + \varphi_0)$$

（1）3个特征物理量

- 振幅A，由系统的能量（或初始条件）决定.
- 周期T（或角频率ω），由系统的力学性质所决定.
- 初相φ_0，取决于初始时刻的选取.

（2）由初始条件确定振幅和相位

$$A = \sqrt{x_0^2 + \frac{v_0^2}{\omega^2}},\ \tan\varphi_0 = -\frac{v_0}{\omega x_0}.$$

2. 简谐振动的运动微分方程

$$\frac{d^2 x}{dt^2} + \omega^2 x = 0,$$

式中ω是系统振动的角频率，例如，

弹簧振子 $\omega^2 = \frac{k}{m}$,

单摆 $\omega^2 = \frac{g}{l}$,

复摆 $\omega^2 = \frac{mgh}{J}$.

周期：$T = \frac{2\pi}{\omega}$.

3. 简谐振动的能量

$$E = E_k + E_p = \frac{1}{2}m\left(\frac{dx}{dt}\right)^2 + \frac{1}{2}kx^2 = \frac{1}{2}kA^2,$$

$$\bar{E}_k = \bar{E}_p = \frac{1}{2}E = \frac{1}{4}kA^2.$$

4. 两个简谐振动的合成

（1）同方向同频率的简谐振动的合成，是与分振动同频率的简谐振动，合振动的振幅是

$$A = \sqrt{A_1^2 + A_2^2 + 2A_1A_2\cos(\varphi_{20} - \varphi_{10})},$$

合振动的初相位为

$$\varphi_0 = \arctan \frac{A_1 \sin \varphi_{10} + A_2 \sin \varphi_{20}}{A_1 \cos \varphi_{10} + A_2 \cos \varphi_{20}}.$$

*（2）同方向不同频率的简谐振动合成时，若$\omega_1 + \omega_2 \gg |\omega_1 - \omega_2|$，将产生拍振动，拍频是

$$\nu_{拍} = |\nu_2 - \nu_1|.$$

*（3）多个同方向同频率简谐振动的合成，其合振幅是

$$A = \sqrt{\left(A_1 \cos \varphi_1 + A_2 \cos \varphi_2 + \cdots\right)^2 + \left(A_1 \sin \varphi_1 + A_2 \sin \varphi_2 + \cdots\right)^2}.$$

合振动的初相位是

$$\varphi = \arctan \frac{A_1 \sin \varphi_1 + A_2 \sin \varphi_2 + \cdots}{A_1 \cos \varphi_1 + A_2 \cos \varphi_2 + \cdots}.$$

*（4）两个振动方向相互垂直的同频率简谐振动的合振动为一椭圆振动，即

$$\frac{x^2}{A_1^2} + \frac{y^2}{A_2^2} - \frac{2xy}{A_1 A_2} \cos\left(\varphi_{20} - \varphi_{10}\right) = \sin^2\left(\varphi_{20} - \varphi_{10}\right),$$

具体形状由两分振动的相位差决定.

*5. 阻尼振动、受迫振动及共振

（1）弱阻尼振动（阻尼系数$\beta \ll \omega_0$，ω_0是系统的固有角频率）

$$x = A_0 e^{-\beta t} \cos(\omega t + \varphi_0),$$

式中$\omega = \sqrt{\omega_0^2 - \beta^2}$.

（2）受迫振动

稳定受迫振动的频率等于策动力频率，其振幅与系统的初始条件无关.

（3）共振

当$p_r = \sqrt{\omega_0^2 - 2\beta^2}$时，发生位移共振.

当$p_r = \omega_0$时，发生能量共振，此时外界对系统的能量输入处于最佳状态.

本章习题

5.1 把单摆摆球从平衡位置向位移正方向拉开，使摆线与竖直方向成一微小角度θ，然后由静止放手任其振动，从放手时开始计时．若用余弦函数表示其运动方程，则该单摆振动方程的初相位为（　　）.

A. π　　B. $\frac{\pi}{2}$　　C. 0　　D. θ

5.2 一质量为m 的物体挂在劲度系数为k的轻质弹簧下端，整个系统在竖直方向的振动角频率是ω．若把此弹簧分割成长度相同的两根弹簧，将物体m挂在分割后的一根弹簧上，则振动的角频率是（　　）.

A．2ω　　B．$\sqrt{2}\omega$　　C．$\frac{\omega}{\sqrt{2}}$　　D．$\frac{\omega}{2}$

5.3 一质点做简谐振动，其振动速率与时间的曲线如图5.27所示．若质点的振动规律用余弦函数描述，则其初相位应为（　　）.

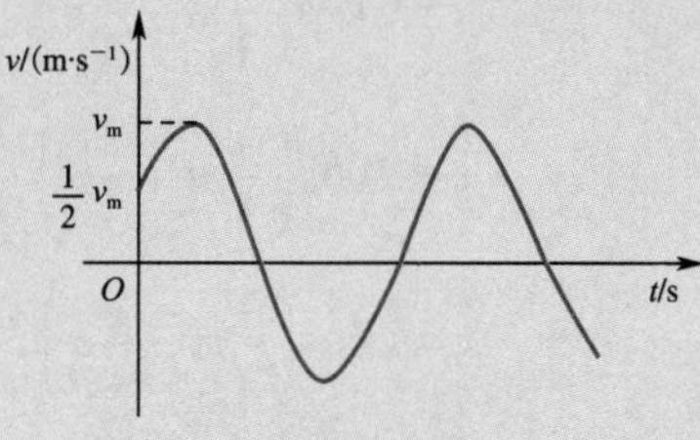

图5.27　5.3题图

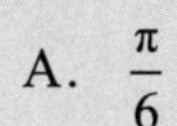

A．$\frac{\pi}{6}$　　B．$\frac{5\pi}{6}$　　C．$-\frac{5\pi}{6}$

D．$-\frac{\pi}{6}$　　E．$-\frac{2\pi}{3}$

5.4 一质点沿x轴做简谐振动，振动方程为$x=0.04\cos\left(2\pi t+\frac{1}{3}\pi\right)$（SI）．从$t=0$时刻起到质点位置在$x=-2$cm处 且向$x$轴正方向运动的最短时间间隔为（　　）.

A．$\frac{1}{8}$s　　B．$\frac{1}{6}$s　　C．$\frac{1}{4}$s　　D．$\frac{1}{3}$s　　E．$\frac{1}{2}$s

5.5 一质点在x轴方向做简谐振动，振幅$A=4$cm，周期$T=2$s，取其平衡位置为坐标原点．若$t=0$时刻质点第一次通过$x=-2$cm处，且向x轴负方向运动，则质点第二次经过$x=-2$cm处的时刻为（　　）.

A．1s　　B．$\frac{2}{3}$s　　C．$\frac{4}{3}$s　　D．2s

5.6 一质点在x轴方向做简谐振动，其振动方程为$x=A\cos(\omega t+\varphi)$，当时间$t=\frac{T}{2}$（$T$为物体做简谐振动的周期）时，质点的速率为（　　）.

A．$-A\omega\sin\varphi$　B．$A\omega\sin\varphi$　C．$-A\omega\cos\varphi$　D．$A\omega\cos\varphi$

5.7 两个同周期简谐振动曲线如图5.28所示．x_1的相位比x_2的相位（　　）.

A．落后$\frac{\pi}{2}$　　B．超前$\frac{\pi}{2}$　　C．落后 π

D．超前 π

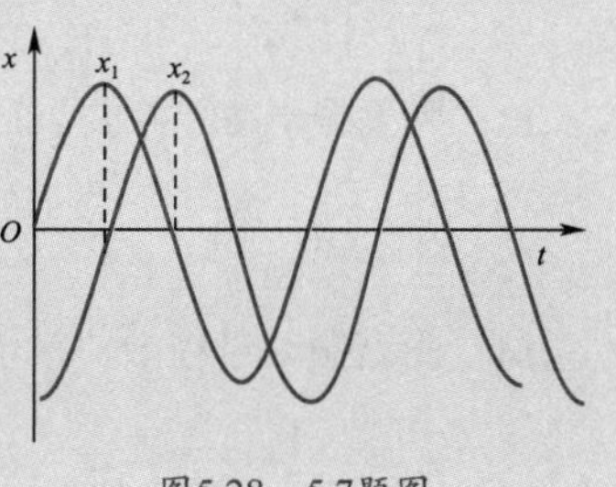

图5.28　5.7题图

5.8 一质点沿x轴做简谐振动，其周期为T，则质点由平衡位置向x轴正方向运动时，从平衡位置到$\frac{1}{2}$最大位移处这段路程所耗费的时间为（　　）.

A．$\frac{T}{4}$　　B．$\frac{T}{6}$　　C．$\frac{T}{8}$　　D．$\frac{T}{12}$

5.9 一质点做简谐振动的振动曲线如图5.29所示，则其振动周期是（　　）.

A．2.62s　　B．2.40s　　C．2.20s　　D．2.00s

5.10 已知某一质点做简谐振动的振动曲线如图5.30所示，位移的单位为cm，时间的单位为s，则此质点做简谐振动的振动方程是（　　）.

A．$x=2\cos\left(\frac{2}{3}\pi t+\frac{2}{3}\pi\right)$　　B．$x=2\cos\left(\frac{2}{3}\pi t-\frac{2}{3}\pi\right)$

C．$x=2\cos\left(\frac{4}{3}\pi t+\frac{2}{3}\pi\right)$　　D．$x=2\cos\left(\frac{4}{3}\pi t-\frac{2}{3}\pi\right)$

E．$x=2\cos\left(\frac{4}{3}\pi t-\frac{1}{4}\pi\right)$

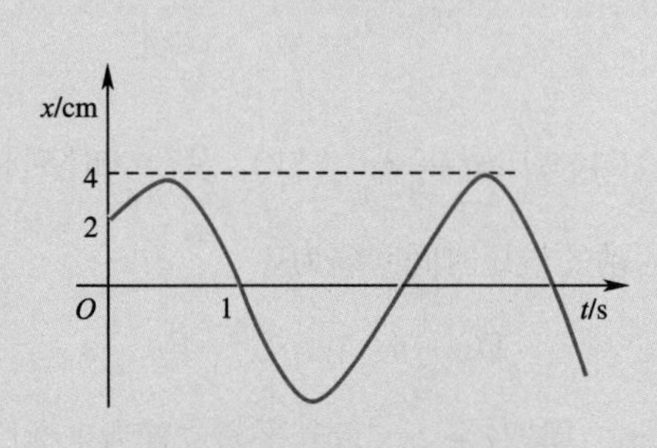

图 5.29　5.9 题图

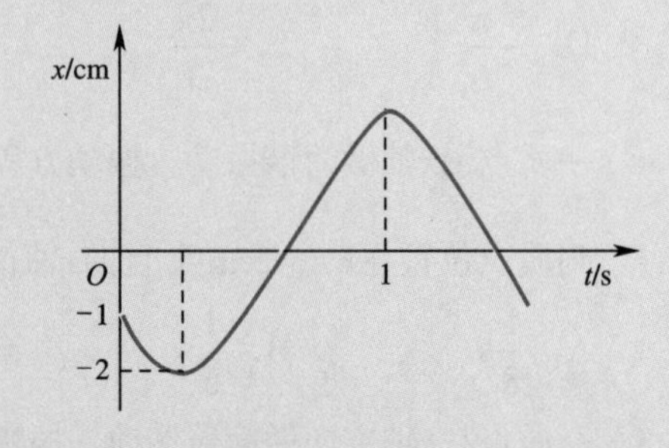

图 5.30　5.10 题图

5.11 一弹簧与重物所组成的弹簧振子做简谐振动，总能量为E_1，如果简谐振动振幅增加为原来的两倍，重物的质量增加为原来的4倍，则它的总能量E_2变为（　　）.

A．$\frac{E_1}{4}$　　B．$\frac{E_1}{2}$　　C．$2E_1$　　D．$4E_1$

5.12 一物体做简谐振动，振动方程为$x=A\cos\left(\omega t+\frac{\pi}{2}\right)$，则该物体在$t=0$时刻的动能与$t=\frac{T}{8}$（$T$为物体做简谐振动的周期）时刻的动能之比为（　　）.

A．1∶4　　B．1∶2　　C．1∶1　　D．2∶1

5.13 弹簧振子在光滑水平面上做简谐振动时，弹性力在半个周期内所做的功为（　　）.

A．kA^2　　B．$\frac{kA^2}{2}$　　C．$\frac{kA^2}{4}$　　D．0

5.14 简谐振动过程中，动能和势能相等的位置的位移等于（　　）.

A．$\pm\frac{A}{4}$　　B．$\pm\frac{A}{2}$　　C．$\pm\frac{\sqrt{3}A}{2}$　　D．$\pm\frac{\sqrt{2}A}{2}$

5.15 一质点在x轴上做简谐振动，振幅$A=4$cm，周期$T=4$s，将其平衡位置取为原点O．若$t=0$时质点第一次通过$x=2$cm处且向x轴负方向运动，则质点第二次通过$x=2$cm处的时刻为________________s.

5.16 一水平弹簧振子的振动曲线如图5.31所示．振子在位移为零、速率为$-\omega A$、加速度为零和弹性力为零的状态时，对应于曲线上的____________点．振子处在位移的绝对值为A、速率为零、加速度大小为$-\omega^2 A$和弹性力为$-kA$的状态时，对应曲线上的____________点．

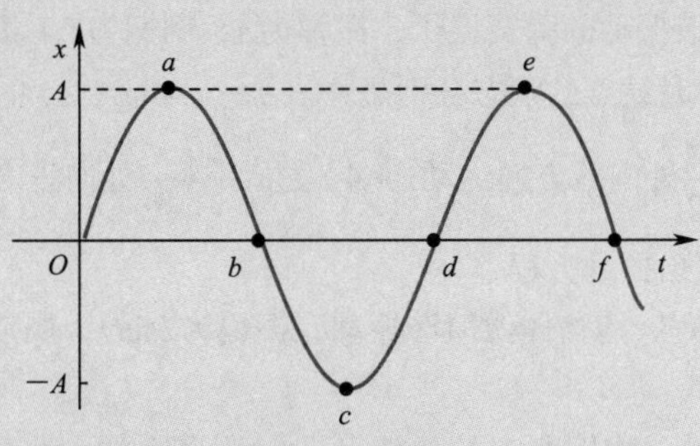

图5.31　5.16题图

5.17 一质点沿x轴做简谐振动，振动范围的中心点为x轴的原点，已知周期为T，振幅为A.

（1）若$t=0$时质点过$x=0$处且朝x轴正方向运动，则振动方程为x = ____________.

（2）若$t=0$时质点过$x=\dfrac{A}{2}$处且朝x轴负方向运动，则振动方程为x = ____________.

5.18 符合什么规律的运动才是简谐振动？分别分析下列运动是不是简谐振动.

（1）拍皮球时球的运动.

（2）如图 5.32 所示，一小球在一个半径很大的光滑凹球面内滚动（设小球所经过的弧线很短）.

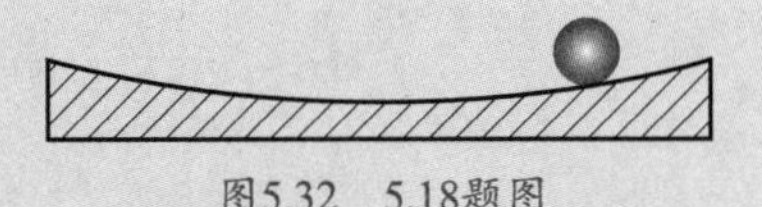

图5.32　5.18题图

5.19 弹簧振子的振幅增大到原振幅的两倍时，其振动周期、振动能量、最大速度和最大加速度等物理量将如何变化？

5.20 单摆的周期受哪些因素影响？ 把某一单摆从赤道拿到北极去，它的周期是否变化？

5.21 简谐振动的速度和加速度在什么情况下是同号的？在什么情况下是异号的？加速度为正值时，振动质点的速率是否一定在增大？

5.22 质量为10×10^{-3}kg的小球与轻弹簧组成的系统，按$x=0.1\cos\left(8\pi t+\dfrac{2\pi}{3}\right)$（SI）的规律做简谐振动．求：

（1）振动的周期、振幅、初相位及速度与加速度的最大值；

（2）最大的回复力、振动能量、平均动能和平均势能，以及动能与势能相等的位置.

（3）$t_2 = 5\text{s}$ 与 $t_1 = 1\text{s}$ 两个时刻的相位差.

5.23 一个沿x轴做简谐振动的弹簧振子，振幅为A，周期为T，其振动方程用余弦函数表示．如果$t = 0$时质点的状态分别是：（1）$x_0 = -A$；（2）过平衡位置向正方向运动；（3）过$x = \dfrac{A}{2}$处向负方向运动；（4）过$x = -\dfrac{A}{\sqrt{2}}$处向正方向运动．试求出相应的初相位，并写出振动方程.

5.24 一质量为10×10^{-3}kg的物体做简谐振动，振幅为24cm，周期为4s，当$t = 0$时位移为$+24$cm.求：

（1）$t = 0.5\text{s}$ 时，物体所在的位置及此时所受力的大小和方向；

（2）由起始位置运动到 $x = 12\text{cm}$ 处所需的最短时间；

（3）在 $x = 12\text{cm}$ 处物体的总能量.

5.25 有一轻弹簧，下面悬挂质量为1g的物体时，伸长为4.9cm. 用这个弹簧和一个质量为8g的小球构成弹簧振子，将小球由平衡位置向下拉开1cm后，给予向上的初速率$v_0 = 5\text{cm} \cdot \text{s}^{-1}$，求振动周期和振动表达式.

5.26 图5.33所示为两个简谐振动的x–t曲线，试分别写出其简谐振动方程.

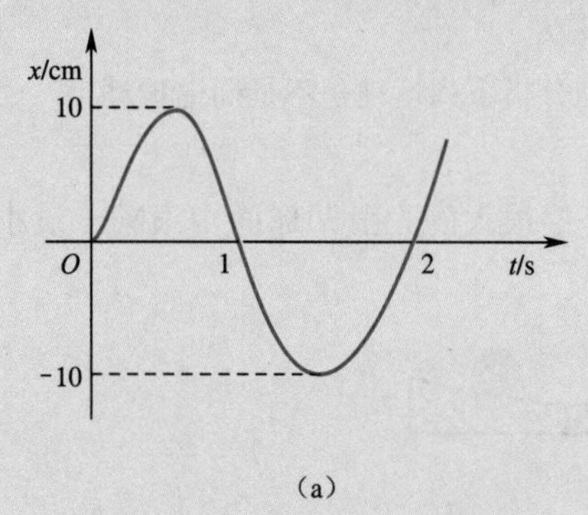

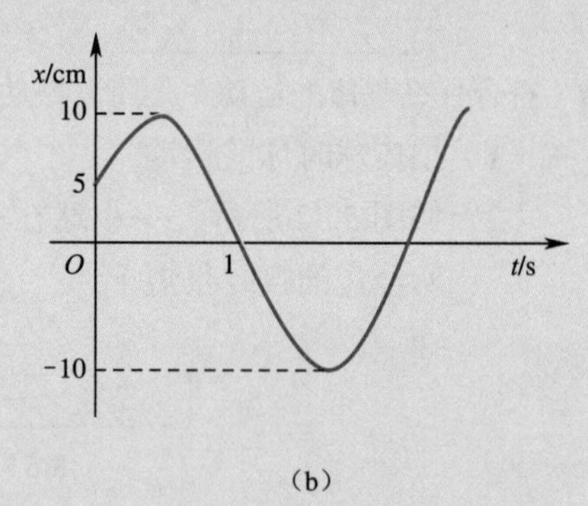

图5.33　5.26题图

5.27 一轻弹簧的劲度系数为k，其下端悬有一质量为M的盘子．现有一质量为m的物体从离盘底h高度处自由下落到盘中并和盘子粘在一起，于是盘子开始振动.

（1）此时的振动周期与空盘子做振动时的周期有何不同？

（2）此时的振动振幅多大？

（3）取物体和盘子受力为零的位置为原点，位移以向下为正，并以弹簧开始振动时作为计时起点，求初相位并写出物体与盘子的振动方程.

5.28 有一单摆，摆长l = 1m，摆球质量m = 10 × 10^{-3}kg，当摆球处在平衡位置时，若给小球一水平向右的冲量$F\Delta t$ = 1 × 10^{-4}kg · m · s^{-1}，取打击时刻为计时起点（t = 0），求振动的初相位和角振幅（最大摆角），并写出小球的振动方程.

5.29 有两个同方向同频率的简谐振动，其合振动的振幅为0.2m，相位与第一个振动的相位差$\frac{\pi}{6}$，已知第一个振动的振幅为0.173m，求第二个振动的振幅及第一、第二两个振动的相位差.

5.30 试用最简单的方法求出下列两组简谐振动合成后所得合振动的振幅.

（1）$\begin{cases} x_1 = 5\cos\left(3t + \dfrac{\pi}{3}\right)(\text{cm}), \\ x_2 = 5\cos\left(3t + \dfrac{7\pi}{3}\right)(\text{cm}). \end{cases}$

（2）$\begin{cases} x_1 = 5\cos\left(3t + \dfrac{\pi}{3}\right)(\text{cm}), \\ x_2 = 5\cos\left(3t + \dfrac{4\pi}{3}\right)(\text{cm}). \end{cases}$

5.31 一质点同时参与在同一直线上的两个简谐振动，振动方程为

$$\begin{cases} x_1 = 0.4\cos\left(2t + \dfrac{\pi}{6}\right)(\text{m}), \\ x_2 = 0.3\cos\left(2t - \dfrac{5}{6}\pi\right)(\text{m}). \end{cases}$$

试分别用旋转矢量法和振动合成法求合振动的振幅和初相位，并写出振动方程.

***5.32** 如图5.34所示，两个相互垂直的简谐振动的合振动图形为一椭圆，已知x轴方向的振动方程为x = 6cos(2πt)(cm)，求y轴方向的振动方程.

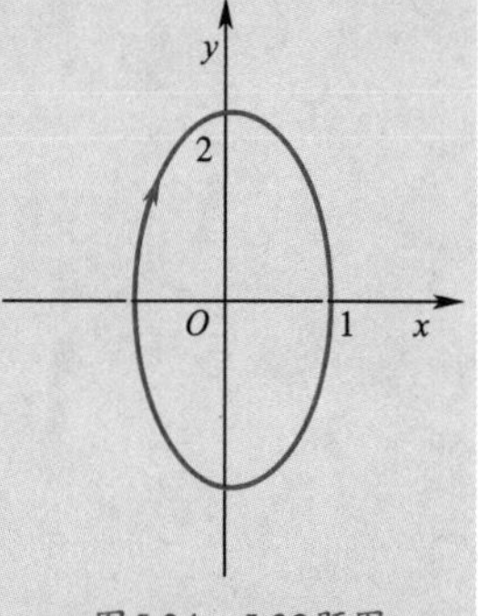

图5.34 5.32题图

本章习题参考答案

第6章 机械波

在上一章讨论机械振动的基础上，本章将进一步研究振动在空间的传播过程——波动．波动是物质运动的普遍形式之一；从物理性质上来说，可以分为机械波、电磁波、引力波和物质波．波具有一些独特的性质，主要包括波的叠加、干涉、衍射特性等．

机械振动在连续介质内的传播叫作机械波，如水波、声波等都是机械波．变化的电场和变化的磁场在真空或介质中的传播叫作电磁波，如无线电波、光波、伦琴射线等都是电磁波．近代物理还发现，微观粒子以至任何物体都具有波动性，这种波叫作物质波．此外，还有由时空变化所引起的引力波．

机械波、电磁波、物质波和引力波在本质上虽然不相同，但是都具有波动的共同特征，并且伴随能量的传播．本章以机械波为例，讨论波动过程的现象和规律．

本章主要内容：机械波的形成，波函数和波的能量，惠更斯原理及其在波的干涉、衍射等方面的应用，驻波，多普勒效应等．

6.1 机械波的形成和传播

一、机械波产生的条件

当某个物体做机械振动时，如果它是孤立的，周围没有任何介质，那么它的振动无法传播出去．如果该物体在介质中振动，情况就完全不同了．例如，将石子投入平静的水池中，投石处的水质元会发生振动，振动向四周水面传播而泛起的涟漪即为水面波；音叉振动时，引起周围空气振动，此振动在空气中传播叫作声波．可见，机械波的产生必须具备两个条件：①有做机械振动的物体，谓之波源；②有连续的介质（从宏观来看，气体、液体、固体均可视作连续介质）．

横波传播特征

如果波动中使介质各部分振动的回复力是弹性力，则称为弹性波．例如，声波即为弹性波．机械波不一定都是弹性波，如水面波就不是弹性波．水面波中的回复力是水质元所受的重力和表面张力，它们都不是弹性力．下面我们只讨论弹性波．

二、横波和纵波

按振动方向与波传播方向之间的关系，可将波分为横波与纵波．振动方向与传播方向垂直的波叫作横波，振动方向与传播方向平行的波称为纵波．

图6.1所示是横波在一根弦线上传播的示意图．将弦线分成许许多多可视为质点的小段，质点之间以弹性力相联系．设$t=0$时，质点都在各自的平衡位置，此时质点1在外界作用下由平衡位置向上运动．由于弹性力的作用，质点1带动质点2向上运动，继而质点2又带动质点3……于是各质点就先后上下振动起来．图中画出了不同时刻各质点的振动状态．设波源的振动周期为T．由图可知，$t=\frac{T}{4}$时，质点1的初始振动状态传到了质点4，$t=\frac{T}{2}$时，质点1的初始振动状态传到了质点7……$t=T$时，质点1完成了自己的一次全振动，其初始振动状态传到了质点13．此时，质点1至质点13之间各点偏离各自平衡位置的矢端曲线就构成了一个完整的波形．在以后的过程中，每经过一个周期，就向右传出一个完整波形．可见沿着波的传播方向向前看去，前面各质点的振动相位都依次落后于波源的振动相位．

横波的振动方向与传播方向垂直．这说明当横波在介质中传播时，介质中层与层之间将发生相对位错，即产生切变．只有固体能承受切变，因此，横波只能在固体中传播．

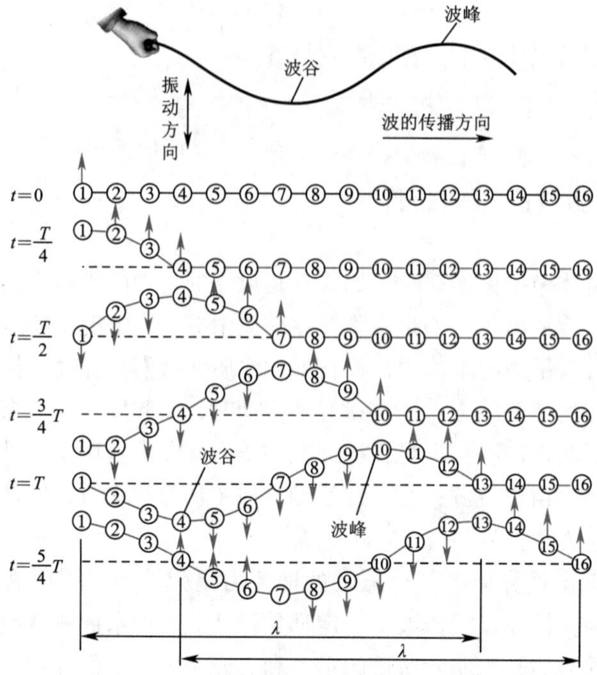

图6.1 横波传播示意

图6.2所示是纵波在一根弹簧中传播的示意图．在纵波中，质点的振动方向与波的传播方向平行，因此在介质中就形成稠密和稀疏的区域，故又称为疏密波．纵波可引起介质产生容变．固体、液体、气体都能承受容变，因此，纵波能在所有物质中传播．纵波传播的其他规律与横波相同．

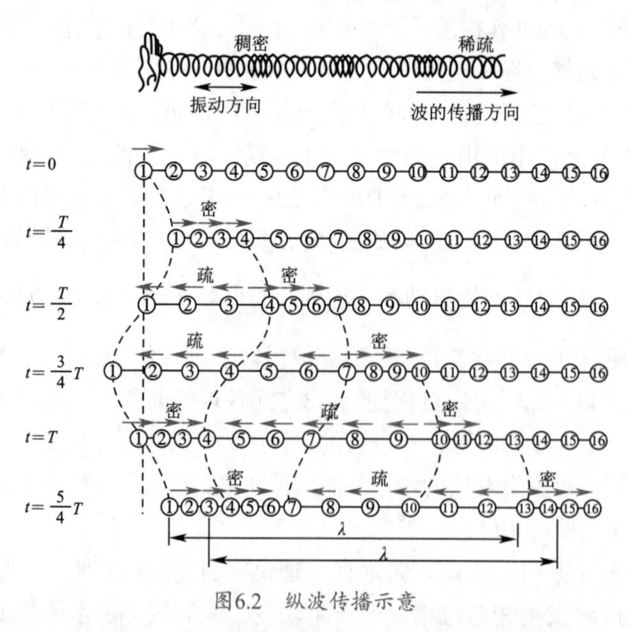

图6.2 纵波传播示意

液面上因有表面张力，故能承受切变．所以液面波是纵波与横波的合成波．此时，组成液体的微元在自己的平衡位置附近做椭圆运动．

综上所述，机械波向外传播的是波源（及各质点）的振动状态和能量.

三、波线和波面

为了形象地描述波在空间中的传播，我们介绍如下一些概念.

波传播到的空间称为波场．在波场中，代表波的传播方向的射线，称为波射线，也简称为波线．波场中同一时刻振动相位相同的点的轨迹，称为波面．某一时刻波源最初的振动状态传到的波面叫作波前，即最前方的波面．因此，任意时刻只有一个波前，而波面可有任意多个，如图6.3所示.

按波面的形状，波可分为平面波、球面波和柱面波等．在各向同性介质中，波线恒与波面垂直.

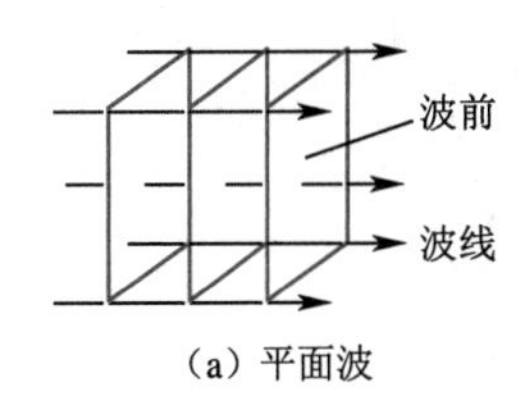

(a) 平面波

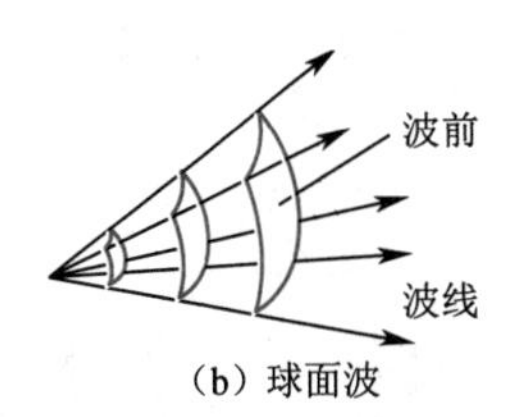

(b) 球面波

图6.3 波线和波面

四、简谐波

一般来说，波动中各质点的振动是复杂的．最简单而又最基本的波动是简谐波，即波源及介质中各质点的振动都是在做简谐振动．这种情况只能发生在各向同性、均匀、无限大、无吸收的连续弹性介质中．以下我们所提到的介质都是这种理想化的介质．由于任何复杂的波都可以看成由若干个简谐波叠加而成，因此，研究简谐波具有特别重要的意义.

*五、物体的弹性形变

固体、液体和气体在受到外力作用时，不仅运动状态会发生变化，而且其形状和体积也会发生改变，这种改变称为形变．如果外力不超过一定限度，在外力撤去后，物体的形状和体积能完全恢复原状，这种形变称为弹性形变．这个外力限度称为弹性限度．形变有以下3种基本形式.

1. 长变

如图6.4所示，在棒的两端沿轴向施加两个大小相等、方向相反的外力$\vec{F}$时，其长度发生变化，由l变为$l+\Delta l$，伸长量Δl的正负（伸长或压缩）由外力方向决定，$\dfrac{\Delta l}{l}$表示棒长的相对改变，称为应变或胁变．设棒的横截面积为S，则$\dfrac{\vec{F}}{S}$称为应力或胁强．胡克定律指出，在弹性限度范围内，应力与应变成正比，即

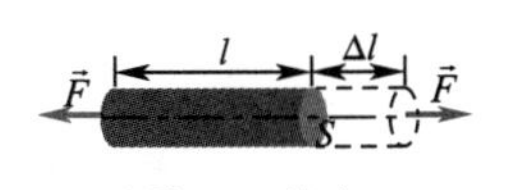

图6.4 长变

$$\frac{F}{S}=E\frac{\Delta l}{l}, \tag{6.1}$$

式中比例系数E只与材料的性质有关，称为杨氏弹性模量，其定义为

$$E=\frac{F/S}{\Delta l/l}. \tag{6.2}$$

2. 切变

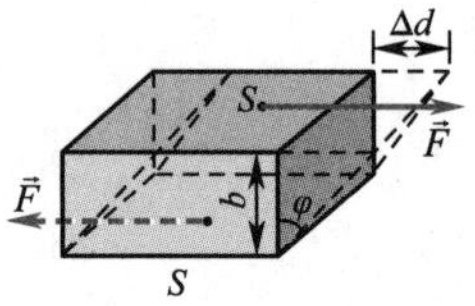

如图6.5所示，在一块材料的两个相对面上各施加一个与水平面平行、大小相等而方向相反的外力$\vec{F}$时，块状材料将发生图中所示的形变，即相对面发生相对滑移，称为切变．设施力的平面面积为S，则$\frac{\vec{F}}{S}$称为切变的应力或胁强，两个施力的相对面移动的角度$\varphi = \arctan\frac{\Delta d}{b}$称为切变的应变或胁变．根据胡克定律，在弹性限度内，切变的应力和应变成正比，即

图6.5　切变

$$\frac{F}{S} = G\varphi, \tag{6.3}$$

式中G是比例系数，只与材料性质有关，称为切变弹性模量，其定义式为

$$G = \frac{F/S}{\varphi}. \tag{6.4}$$

3. 容变

当物体（固体、液体或气体）表面受到的压力改变时，其体积也会发生改变，这种形变称为容变．如图6.6所示，物体受到的压强由p变为$p + \Delta p$，物体的体积由V变为$V + \Delta V$，显然，ΔV与Δp的符号恒相反．$\frac{\Delta V}{V}$表示体积的相对变化，称为容变的应变．实验表明，在弹性限度内，压强的改变与应变的大小成正比，即

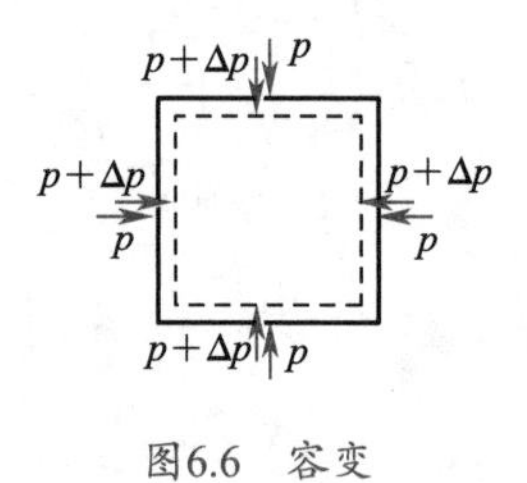

图6.6　容变

$$\Delta p = -B\frac{\Delta V}{V}, \tag{6.5}$$

式中比例系数B只与材料性质有关，称为容变弹性模量，其定义式为

$$B = -\frac{\Delta p}{\Delta V/V}. \tag{6.6}$$

六、描述波动的几个主要物理量

1. 波速

波动是振动状态（即相位）的传播，振动状态在单位时间内传播的距离叫作波速，因此，波速又称相速，用u表示．对于机械波，波速通常由介质的性质决定．可以证明，对于简谐波，在固体中传播的横波和纵波的波速分别由式（6.7）、式（6.8）确定，即

$$u_{\perp} = \sqrt{\frac{G}{\rho}}, \tag{6.7}$$

$$u_{\parallel} = \sqrt{\frac{E}{\rho}}. \tag{6.8}$$

式中G和E分别是介质的切变弹性模量和杨氏模量，ρ为介质的密度．对于同一固体介质，一般有$E>G$，所以$u_{\parallel}>u_{\perp}$.顺便指出，只有纵波在均匀细长棒中

传播时，式（6.8）才准确成立，在非细长棒中，纵向长变过程中引起的横向形变不能忽略，因此，容变不能简化成长变，式（6.8）只能近似成立.

在弦中传播的横波波速为

$$u_{\perp}=\sqrt{\frac{T}{\mu}},\tag{6.9}$$

式中T是弦中张力，μ为弦的线密度.

在液体或气体中只能传递纵波，其波速为

$$u_{\parallel}=\sqrt{\frac{B}{\rho}},\tag{6.10}$$

式中B为介质的容变弹性模量. 对于理想气体，若把波的传播过程视为绝热过程，则由分子运动理论及热力学方程可导出理想气体中的声速公式为

$$u=\sqrt{\frac{\gamma p}{\rho}}=\sqrt{\frac{\gamma RT}{M_{\mathrm{mol}}}},\tag{6.11}$$

式中γ为气体的摩尔热容比，p为气体的压强，ρ为气体的密度，T是气体的热力学温度，R是普适气体恒量，M_{mol}是气体的摩尔质量.

应该注意，机械波的波速是相对于介质的传播速度. 若观察者相对于介质为静止，所测出的波速就是波在介质中的传播速度. 如果观察者相对于介质有运动，则应根据速度合成的法则计算出机械波相对于观察者的传播速度. 也就是说，当观察者相对于介质有不同的运动时，可观测到不同的波速. 此结论不适用于电磁波.

顺便指出，波速与介质中质点的振动速度是两个不同的概念，请读者加以区分.

2. 波动周期和频率

波动过程也具有时间上的周期性. 波动周期是指一个完整波形通过介质中某固定点所需的时间，用T表示. 周期的倒数叫作频率，波动频率即为单位时间内通过介质中某固定点完整波的数目，用ν表示. 由于波源每完成一次全振动，就有一个完整的波形发送出去，由此可知，当波源相对于介质静止时，波动周期即为波源的振动周期，波动频率即为波源的振动频率. 波动周期T与频率ν之间的关系为

$$T=\frac{2\pi}{\omega}=\frac{1}{\nu}.\tag{6.12}$$

3. 波长

如前所述，同一时刻，沿波线上各质点的振动相位依次落后，则同一波线上相邻的相位差为2π的两质点之间的距离叫作波长，用λ表示. 当波源做一次全振动时，波传播的距离就等于一个波长，如图6.1所示，因此，波长反映了波的空间周期性. 显然，波长与波速、周期和频率的关系为

$$\lambda=uT=\frac{u}{\nu}.\tag{6.13}$$

此式不仅适用于机械波，也适用于电磁波.

由于机械波的波速仅由介质的力学性质决定，因此不同频率的波在同一介质中传播时都具有相同的波速，而同一频率的波在不同介质中传播时其波长不同.

6.2 平面简谐波

通过相位差的关系来推导波函数

平面简谐波在介质中传播，虽然各质点都在各自的平衡位置附近按余弦（或正弦）规律运动，但同一时刻各质点的振动状态却不尽相同．只有定量地描述出每个质点的振动状态，才算解决了平面简谐波的运动学问题.

在平面简谐波中，波线是一组垂直于波面的平行射线，因此可选用其中一根波线为代表来研究平面波的传播规律．也就是说，我们所求的平面简谐波的波函数，就是任一波线上任一点的振动方程的通式.

一、平面简谐波的波函数

设有一平面简谐波，在理想介质中沿x轴正方向传播，x轴即为某一波线，在此波线上任取一点为原点O，并在原点O处质点振动相位为零时开始计时，则原点O处质点的振动方程为

$$y_0 = A\cos\omega t. \tag{6.14}$$

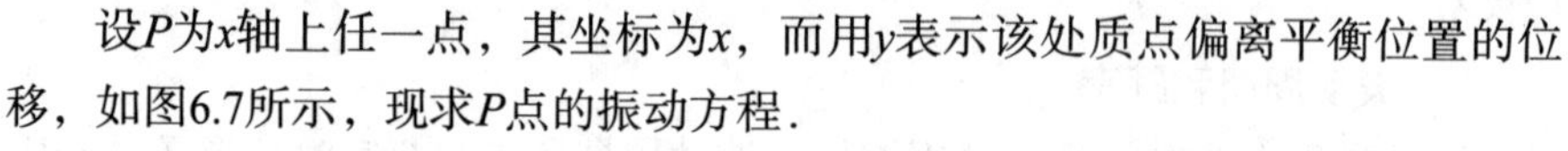

设P为x轴上任一点，其坐标为x，而用y表示该处质点偏离平衡位置的位移，如图6.7所示，现求P点的振动方程.

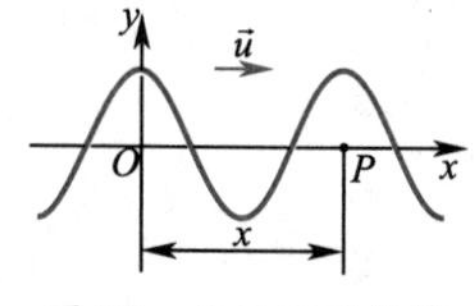

图6.7　波函数的推导

设波在介质中的传播速度为$\vec{u}$，则原点的振动状态传到P点所需要的时间为$\Delta t = \frac{x}{u}$，因此，P点在t时刻将重复原点在$t-\frac{x}{u}$时刻的振动状态，即P点在t时刻的振动方程为

$$y = A\cos\left[\omega\left(t-\frac{x}{u}\right)\right]. \tag{6.15}$$

式（6.15）就是沿x轴正方向传播的平面简谐波的表达式，或称波函数，有时也称波动方程[①].

如6.1节所述，当一列波在介质中传播时，沿着波的传播方向向前看去，前方各质点的振动要依次落后于波源的振动．因此，式（6.15）中$-\frac{x}{u}$也可理解为P点的振动落后于原点振动的时间．显然，这列波若沿x轴负方向传播，

① 平面简谐波也可用复数表示为$y(x,t) = Ae^{i\omega\left(t-\frac{x}{u}\right)}$，和简谐振动一样，在经典物理中我们只取其实部.

则P点的振动超前于原点的振动，超前的时间为$+\frac{x}{u}$，此时P点的振动方程为

$$y = A\cos\omega\left(t+\frac{x}{u}\right). \tag{6.16}$$

这就是沿x轴负方向传播的平面简谐波的表达式.

若波源（原点）的振动初相位在开始时不为零，即

$$y_0 = A\cos(\omega t+\varphi_0), \tag{6.17}$$

由于波源的初相位对波传播过程的贡献是固定的，与波的传播方向、时间、距离无关，因此波函数为

$$y = A\cos\left[\omega\left(t\mp\frac{x}{u}\right)+\varphi_0\right]. \tag{6.18}$$

将$\omega = 2\pi\nu = \frac{2\pi}{T}, u = \frac{\lambda}{T} = \frac{\omega}{2\pi}\lambda$代入式（6.18），经整理，可得到如下几种常用的波函数：

$$y = A\cos\left[2\pi\left(\frac{t}{T}\mp\frac{x}{\lambda}\right)+\varphi_0\right], \tag{6.19}$$

$$y = A\cos\left(2\pi\nu t\mp\frac{2\pi}{\lambda}x+\varphi_0\right), \tag{6.20}$$

$$y = A\cos\left[\frac{2\pi}{\lambda}(ut\mp x)+\varphi_0\right] = A\cos[k(ut\mp x)+\varphi_0]. \tag{6.21}$$

式中$k=\frac{2\pi}{\lambda}$称为波矢，它表示在2π长度内所具有的完整波的数目.

二、波函数的物理意义

为了深刻理解平面简谐波波函数的物理意义，下面分几种情况进行讨论.

（1）如果$x = x_0$为给定值，则位移y仅是时间t的函数：$y = y(t)$.波函数蜕化为

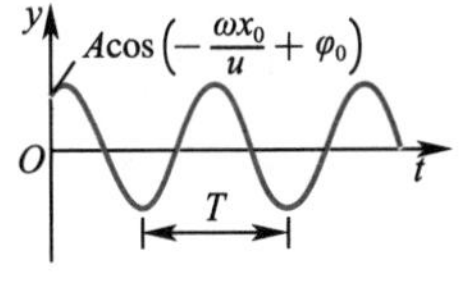

图6.8 波线上给定点的振动曲线

$$y(t) = A\cos\left(\omega t-\frac{\omega x_0}{u}+\varphi_0\right) = A\cos\left(\omega t-2\pi\frac{x_0}{\lambda}+\varphi_0\right). \tag{6.22}$$

这就是波线上x_0处质点在任意时刻离开自己平衡位置的位移，式（6.22）即为x_0处质点的振动方程，表明任意坐标x_0处质点均在做简谐振动，相应可画出振动曲线，如图6.8所示.

由式（6.22）可知，x_0处质点在$t = 0$时刻的位移为

$$y(0,x_0) = A\cos\left(-\frac{\omega x_0}{u}+\varphi_0\right) = A\cos\left(-2\pi\frac{x_0}{\lambda}+\varphi_0\right).$$

该处质点的振动初相位为$\varphi' = -\frac{\omega x_0}{u}+\varphi_0 = -2\pi\frac{x_0}{\lambda}+\varphi_0$，显然$x_0$处质点的振动相

位比原点O处质点的振动相位始终落后一个值$\frac{\omega x_0}{u}$或$2\pi\frac{x_0}{\lambda}$，x_0越大，相位落后越多，因此，沿着波的传播方向，各质点的振动相位依次落后．$x_0=\lambda, 2\lambda, 3\lambda, \cdots$各处质点的振动相位依次为$\varphi'=-2\pi+\varphi_0, -4\pi+\varphi_0, -6\pi+\varphi_0, \cdots$这正好表明波线上每隔一个波长的距离，质点的振动曲线就重复一次，波长的确代表了波的空间周期性．

读者自己可以导出同一质点在相邻两个时刻的振动相位差为

$$\Delta\varphi=\omega\left(t_2-t_1\right)=\frac{t_2-t_1}{T}2\pi. \tag{6.23}$$

（2）如果$t=t_0$为给定值，则位移y只是坐标x的函数：$y=y(x)$．波函数变为

$$y=A\cos\left[\omega\left(t_0-\frac{x}{u}\right)+\varphi_0\right]. \tag{6.24}$$

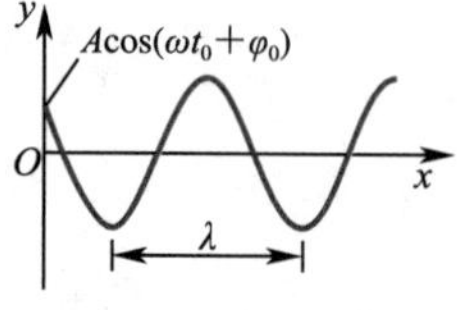

图6.9 给定时刻（$t=t_0$）的波形

这时方程给出了在t_0时刻波线上各质点离开各自平衡位置的位移分布情况，称为t_0时刻的波形方程．t_0时刻的波形曲线如图6.9所示，它是一条简谐函数曲线，正好说明它是一列简谐波．应该注意的是，对于横波，t_0时刻的y-x曲线实际上反映了该时刻波线上所有质点的分布情况；而对于纵波，波形曲线并不反映真实的质点分布情况，而只是反映该时刻所有质点的位移分布情况．

由上面的讨论，读者自己可以导出，同一波线上两质点之间的相位差为

$$\Delta\varphi=-\frac{2\pi}{\lambda}(x_2-x_1). \tag{6.25}$$

这说明波动周期反映了波动在时间上的周期性．

（3）如果t和x都在变化，波函数

$$y(t,x)=A\cos\left[\omega\left(t-\frac{x}{u}\right)+\varphi_0\right]$$

给出了波线上各个不同质点在不同时刻的位移，或者说它包括了各个不同时刻的波形，也就是反映了波形不断向前推进的波动传播的全过程．

进一步分析波函数便可更深入了解波动的本质．

根据波函数可知，t时刻的波形方程为

$$y(x)=A\cos\left[\omega\left(t-\frac{x}{u}\right)+\varphi_0\right],$$

而$t+\Delta t$时刻的波形方程为

$$y(x)=A\cos\left[\omega\left(t+\Delta t-\frac{x}{u}\right)+\varphi_0\right].$$

我们在图6.10中分别用实线和虚线表示t时刻和稍后的$t+\Delta t$时刻的两条波形曲线．从图6.10可以看出，整个波形在向前传播，且波形向前传播的速度就等于波速u．

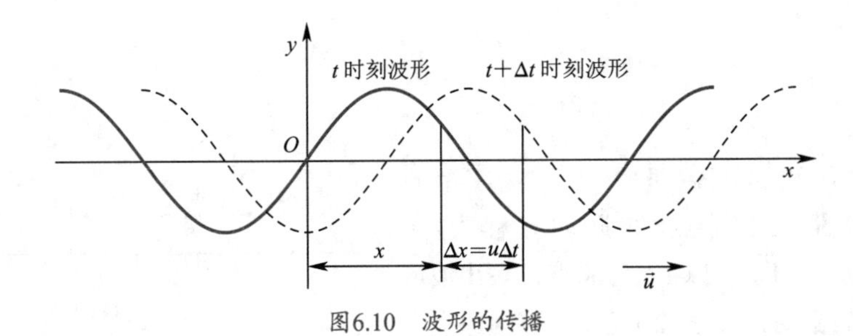

图6.10 波形的传播

波函数的例题讲解

设t时刻x处的某个振动状态经过Δt，传播了$\Delta x = u\Delta t$的距离，用波函数表示即为

$$A\cos\left[\omega\left(t+\Delta t-\frac{x+u\Delta t}{u}\right)+\varphi_0\right]=A\cos\left[\omega\left(t-\frac{x}{u}\right)+\varphi_0\right],$$

亦即

$$y(t+\Delta t, x+\Delta x)=y(t, x). \tag{6.26}$$

这就是说，想获取$t+\Delta t$时刻的波形，只要将t时刻的波形沿波的前进方向移动$\Delta x(=u\Delta t)$距离即可得到．故式（6.26）描述的波称为行波．

例6.1 已知波函数为$y=0.1\cos\left[\frac{\pi}{10}(25t-x)\right]$，其中$x$和$y$的单位为m，$t$的单位为s．求：（1）振幅、波长、周期、波速；（2）距原点为8m和10m两点处质点振动的相位差；（3）波线上某质点在时间间隔0.2s内的相位差．

解 （1）用比较法，将题中的波函数改写成标准的波函数$y=A\cos\left[\omega\left(t-\frac{x}{u}\right)+\varphi_0\right]$，为

$$y=0.1\cos\left[\frac{25}{10}\pi\left(t-\frac{x}{25}\right)\right].$$

与波函数的标准形式$y=A\cos\left[\omega\left(t-\frac{x}{u}\right)+\varphi_0\right]$比较，即可得振幅是$A=0.1\text{m}$，相应的圆频率是$\omega=\frac{25}{10}\pi\left(\text{s}^{-1}\right)$，波速是$u=25\text{m}\cdot\text{s}^{-1}$，初相位是$\varphi_0=0$，所以周期是$T=\frac{2\pi}{\omega}=0.8\text{s}$，波长为$\lambda=uT=20\text{m}$.

（2）同一时刻波线上坐标为x_1和x_2两点处质点振动的相位差

$$\Delta\varphi=-\frac{2\pi}{\lambda}(x_2-x_1)=-2\pi\frac{\delta}{\lambda},$$

$\delta=x_2-x_1$是波传播到x_1和x_2处的波程之差，上式就是同一时刻波线上任意两点间相位差与波程差的关系．当$\delta=x_2-x_1=10-8=2(\text{m})$时，有

$$\Delta\varphi=-2\pi\frac{\delta}{\lambda}=-\frac{\pi}{5}.$$

负号表示x_2处的振动相位落后于x_1处的振动相位．

（3）对于波线上任意一个给定点（x一定），在时间间隔Δt内的相位差是

$$\Delta\varphi=\omega(t_2-t_1)=\omega\Delta t,$$

当$\Delta t = 0.2$s时，有

$$\Delta\varphi = \frac{\pi}{2}.$$

例6.2　一平面波在介质中以速率$u = 20\mathrm{m\cdot s^{-1}}$沿直线传播，已知在传播路径上某点$A$的振动方程为$y_A = 3\cos(4\pi t)$，如图6.11所示.（1）若以$A$点为原点，写出波函数，并求出$C$点和$D$点的振动方程.（2）若以$B$点为原点，写出波函数，并求出$C$点和$D$点的振动方程.

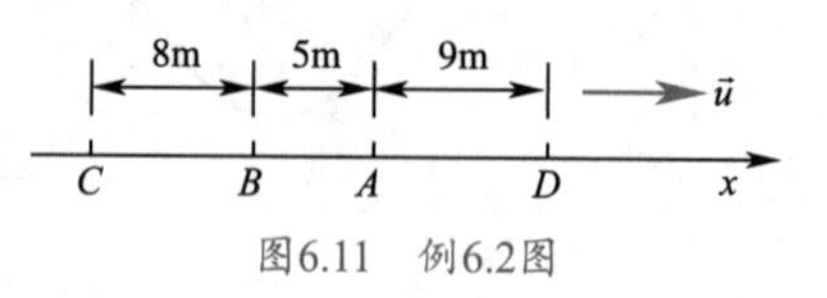

图6.11　例6.2图

解　已知$u = 20(\mathrm{m\cdot s^{-1}})$，$\omega = 4\pi$，则

$$T = \frac{2\pi}{\omega} = 0.5\mathrm{s}，\lambda = uT = 10(\mathrm{m}).$$

（1）若以A点为原点，则原点的振动方程为$y_O = y_A = 3\cos(4\pi t)$，所以波函数为

$$y = 3\cos\left[4\pi\left(t - \frac{x}{20}\right)\right] = 3\cos\left(4\pi t - \frac{\pi}{5}x\right),$$

其中x是波线上任意一点的坐标（以A点为原点）. 对于C点，$x_C = -13\mathrm{m}$；对于D点，$x_D = 9\ \mathrm{m}$.故可直接写出C点和D点的振动方程，分别为

$$y_C = 3\cos\left(4\pi t - \frac{\pi}{5}x_C\right) = 3\cos\left(4\pi t + \frac{13}{5}\pi\right),$$

$$y_D = 3\cos\left(4\pi t - \frac{\pi}{5}x_D\right) = 3\cos\left(4\pi t - \frac{9}{5}\pi\right).$$

（2）若以B点为原点，则原点的振动方程为$y_O = y_B$. 由于波从左向右传播，因此B点的振动始终比A点超前一段时间，且$\Delta t = \frac{5}{20} = \frac{1}{4}$（s）。$B$点在$t$时刻的振动状态与$A$点在$t + \Delta t$时刻的振动状态相同，即

$$y_O = y_B\ (t) = y_A\ (t + \Delta t) = 3\cos 4\pi\left(t + \frac{1}{4}\right) = 3\cos(4\pi t + \pi).$$

此时波函数为

$$y = 3\cos\left[4\pi\left(t - \frac{x}{20}\right) + \pi\right] = 3\cos\left(4\pi t - \frac{\pi}{5}x + \pi\right),$$

其中x是波线上任意一点的坐标（以B点为原点）. 对于C点，$x_C = -8\mathrm{m}$；对于D点，$x_D = 14\ \mathrm{m}$.代入波函数可写出C点和D点的振动方程，分别为

$$y_C = 3\cos\left(4\pi t + \frac{8}{5}\pi + \pi\right) = 3\cos\left(4\pi t + \frac{13}{5}\pi\right),$$

$$y_D = 3\cos\left(4\pi t - \frac{\pi}{5}\times 14 + \pi\right) = 3\cos\left(4\pi t - \frac{9}{5}\pi\right).$$

从本例的讨论可以看出，对一列给定的平面波，原点选取不同，波函数的形式就不同，但每个质点的振动方程却相同，即每个质点的振动规律是确定的，与原点的选取无关.

例6.3　一平面简谐横波以$u = 400\mathrm{m\cdot s^{-1}}$的波速在均匀介质中沿$x$轴正方向传播. 位于原点

O的质点的振动周期为0.01s，振幅为0.1m，取原点O处质点经过平衡位置且向正方向运动时作为计时起点.

（1）写出波函数.

（2）写出距原点O为2m处的质点P的振动方程.

（3）画出$t=0.005$s和$t=0.0075$s时的波形图.

（4）若以相距原点O为2m处作为新的原点，写出该状态下的波函数.

解 （1）由题意知，原点O处质点的振动初始条件为：$t=0$时，$y_0=0$，$v_0>0$. 设原点O处质点的振动方程为$y_0=A\cos(\omega t+\varphi_0)$，将初始条件代入，可求出原点$O$处质点的振动初相位$\varphi_0=\frac{3}{2}\pi$，$\omega=\frac{2\pi}{T}=\frac{2\pi}{0.01}=200\pi$. 因此，可得到原点$O$处质点的振动方程为

$$y_0=0.1\cos\left(200\pi t+\frac{3}{2}\pi\right).$$

由于整列波是沿x轴正方向传播的，故可写出波函数为

$$y=0.1\cos\left[200\pi\left(t-\frac{x}{400}\right)+\frac{3}{2}\pi\right].$$

（2）因P质点的坐标是$x_P=2$m，代入上面波函数，即可写出P质点的振动方程为

$$y_P=0.1\cos\left[200\pi\left(t-\frac{2}{400}\right)+\frac{3}{2}\pi\right]=0.1\cos\left(200\pi t+\frac{\pi}{2}\right).$$

（3）将$t_1=0.005$s代入波函数，得此时刻的波形方程为

$$y=0.1\cos\left[200\pi\left(0.005-\frac{x}{400}\right)+\frac{3}{2}\pi\right]=0.1\cos\left(\frac{\pi}{2}-\frac{\pi}{2}x\right).$$

画出对应的波形曲线，如图6.12中实线所示. $T=0.01$s，从$t_1=0.005$s到$t_2=0.0075$s经历了$\Delta t=t_2-t_1=0.0025\text{s}=\frac{1}{4}T$，故$t_2=0.0075$s时刻的波形曲线只需将$t_1=0.005$s时刻的波形曲线沿波的传播方向平移$\frac{1}{4}\lambda=\frac{1}{4}uT=1$m即可得到，如图6.12中虚线所示.

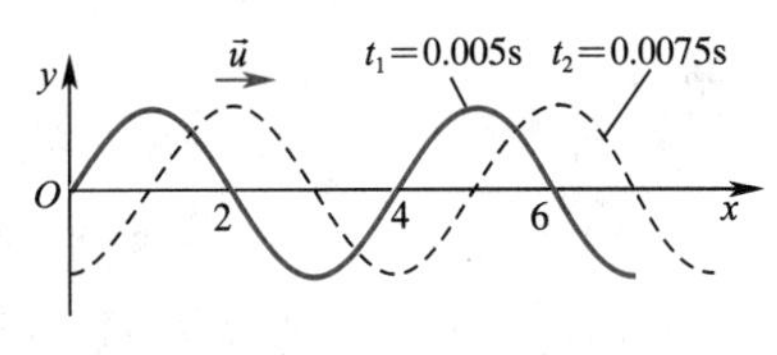

图6.12 例6.3图

（4）由（2）中结果可知，新坐标原点O'处质点的振动方程为

$$y_{O'}=y_P=0.1\cos\left(200\pi t+\frac{\pi}{2}\right),$$

所以新坐标下的波函数为

$$y'=0.1\cos\left[200\pi\left(t-\frac{x'}{400}\right)-\frac{\pi}{2}\right],$$

式中x'是波线上各点在新坐标下的位置坐标.

例6.4 一机械波沿x轴正方向传播，$t=0$时刻的波形如图6.13所示，已知波速为$10\text{m}\cdot\text{s}^{-1}$，波长为2m. 求：

（1）该机械波的波函数；

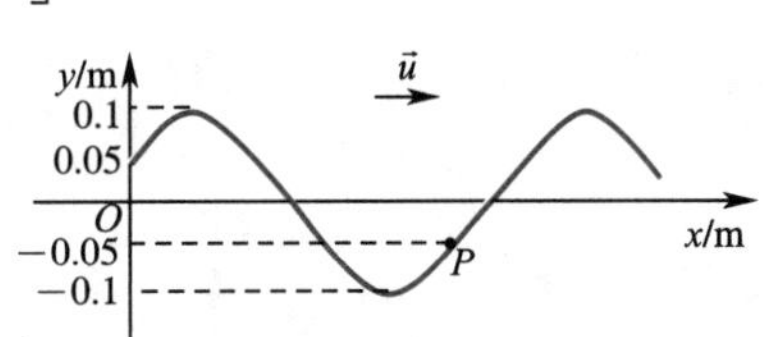

图6.13 例6.4图①

（2）图6.13中P点处质点的振动方程；

（3）图6.13中P点的坐标；

（4）P点回到平衡位置所需的最短时间．

解 （1）设原点处质点的振动方程是

$$y_0 = A\cos(\omega t + \varphi_0),$$

从图6.13可知，$A = 0.1\text{m}$，且当$t = 0$时，$y_0 = 0.05\text{m}$，得$\cos\varphi_0 = 0.5$．又因为$v_0<0$，所以$\varphi_0 = \frac{\pi}{3}$.
又由题意知，$\lambda = 2\text{m}$，$u = 10\text{m}\cdot\text{s}^{-1}$，则$\nu = \frac{u}{\lambda} = 5\text{Hz}$. 故$\omega = 2\pi\nu = 10\pi$．从而得到原点处质点的振动方程是

$$y_0 = 0.1\cos\left(10\pi t + \frac{\pi}{3}\right).$$

由于整列波是向右传播的，因此该机械波的波函数为

$$y = 0.1\cos\left[10\pi\left(t - \frac{x}{10}\right) + \frac{\pi}{3}\right].$$

（2）由图6.13可知，$t = 0$时，$y_P = -0.05\text{m}$，得$\cos\varphi_P = -0.5$．又因为$v_P<0$，所以$\varphi_P = -\frac{4\pi}{3}$.
因此，P点处质点的振动方程是

$$y_P = 0.1\cos\left(10\pi t - \frac{4\pi}{3}\right).$$

（3）根据$\left.\left[10\pi\left(t - \frac{x}{10}\right) + \frac{\pi}{3}\right]\right|_{t=0} = -\frac{4\pi}{3}$，解得

$$x = \frac{5}{3}\text{m} \approx 1.67\text{m}.$$

（4）根据（2）中的结果可作旋转矢量图，如图6.14所示，则P点回到平衡位置应经历的相位角是

$$\Delta\varphi = \frac{\pi}{3} + \frac{\pi}{2} = \frac{5}{6}\pi,$$

所需的最短时间是

$$\Delta t = \frac{\Delta\varphi}{\omega} = \frac{\frac{5}{6}\pi}{10\pi} = \frac{1}{12}(\text{s}).$$

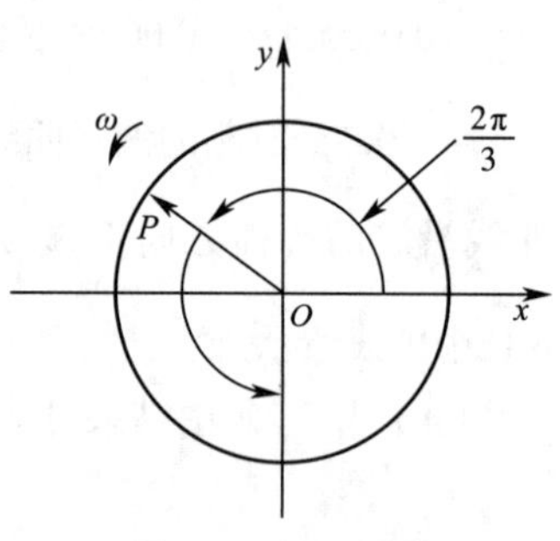

图6.14 例6.4图②

6.3 波的能量及能流密度

一、波的能量和能量密度

在波的传播中，载波的介质并不随波向前移动，波源的振动能量则通过介质间的相互作用而传播出去．介质中各质点都在各自的平衡位置附近振动，因而具有动能；同时，介质因形变而具有弹性势能．下面我们以介质中任一体积元dV为例来讨论波动能量．

设有一平面简谐波在密度为ρ的弹性介质中沿x轴正方向传播，设其波函数为

$$y = A\cos\left[\omega\left(t-\frac{x}{u}\right)+\varphi_0\right].$$

在坐标为x处取一体积元dV，其质量为$\mathrm{d}m = \rho\mathrm{d}V$，视该体积元为质点．当波传播到该体积元时，其振动速度为

$$v = \frac{\partial y}{\partial t} = -\omega A\sin\left[\omega\left(t-\frac{x}{u}\right)+\varphi_0\right],$$

则该体积元的动能为

$$\mathrm{d}E_{\mathrm{k}} = \frac{1}{2}(\mathrm{d}m)v^2 = \frac{1}{2}\rho\mathrm{d}V\omega^2A^2\sin^2\left[\omega\left(t-\frac{x}{u}\right)+\varphi_0\right]. \tag{6.27}$$

同时，该体积元因形变而具有弹性势能，可以证明，该体积元的弹性势能为

$$\mathrm{d}E_{\mathrm{p}} = \frac{1}{2}\rho\mathrm{d}V\omega^2A^2\sin^2\left[\omega\left(t-\frac{x}{u}\right)+\varphi_0\right]. \tag{6.28}$$

于是该体积元内总的波动能量为

$$\mathrm{d}E = \mathrm{d}E_{\mathrm{k}}+\mathrm{d}E_{\mathrm{p}} = \rho(\mathrm{d}V)A^2\omega^2\sin^2\left[\omega\left(t-\frac{x}{u}\right)+\varphi_0\right]. \tag{6.29}$$

式（6.29）表明，波在介质中传播时，介质中任一体积元的总能量随时间做周期性变化．这说明该体积元和相邻的介质之间有能量交换．体积元的能量增加时，它从相邻介质中吸收能量；体积元的能量减少时，它向相邻介质释放能量．这样，能量不断地从介质中的一部分传递到另一部分．所以，波动过程也就是能量传播的过程．

应当注意，波动的能量和简谐振动的能量有明显的区别．在一个孤立的谐振动系统中，它和外界没有能量交换，所以机械能守恒且动能和势能在不断地相互转化，当动能为极大值时势能为极小值，当动能为极小值时势能为极大值．而在波动中，体积元内总能量不守恒，且同一体积元内的动能和势能是同步变化的，即动能为极大值时势能也为极大值，反之亦然．如图6.15所示，横波在绳上传播时，平衡位置Q处体积元的速度最大值，因而动能最

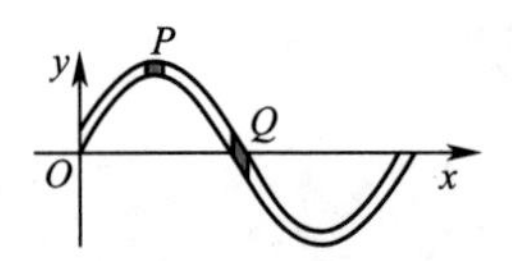

图6.15 体积元在平衡位置时，相对形变量最大；体积元在最大位移时，相对形变为零

大，此时Q处体积元的相对形变也最大，因此弹性势能也为最大；在振动位移最大的P处体积元，其振动速度为零，动能等于零，而此处体积元的相对形变量为最小值零$\left(\left.\frac{\partial y}{\partial x}\right|_P=0\right)$，其弹性势能亦为零.

单位体积介质中所具有的波动能量，称为能量密度，用w表示. 由式（6.29）有

$$w=\frac{\mathrm{d}E}{\mathrm{d}V}=\rho A^2\omega^2\sin^2\left[\omega\left(t-\frac{x}{u}\right)+\varphi_0\right]. \tag{6.30}$$

可见能量密度w随时间做周期性变化，实际应用中是取其平均值. 能量密度w在一个周期内的平均值称为平均能量密度，用$\bar{w}$表示，则对平面简谐波有

$$\bar{w}=\frac{1}{T}\int_0^T w\mathrm{d}t=\frac{1}{T}\int_0^T \rho A^2\omega^2\sin^2\left[\omega\left(t-\frac{x}{u}\right)+\varphi_0\right]\mathrm{d}t=\frac{1}{2}\rho\omega^2A^2. \tag{6.31}$$

式（6.31）表明，平均能量密度与波振幅的平方、角频率的平方及介质密度成正比. 此公式适用于各种弹性波.

二、波的能流和能流密度

为了描述波动过程中能量的传播，还需引入能流和能流密度的概念.

所谓能流，即单位时间内通过某一截面的能量. 如图6.16所示，设想在介质中作一个垂直于波速的截面ΔS（面积也用ΔS表示）及长度为u的长方体，则在单位时间内，体积为$u\Delta S$的长方体内的波动能量都要通过截面ΔS，因此通过截面ΔS的能流为$P=\frac{w\Delta Su\mathrm{d}t}{\mathrm{d}t}=w\Delta Su$，将能量密度$w$用平均能量密度$\bar{w}$代替，可得

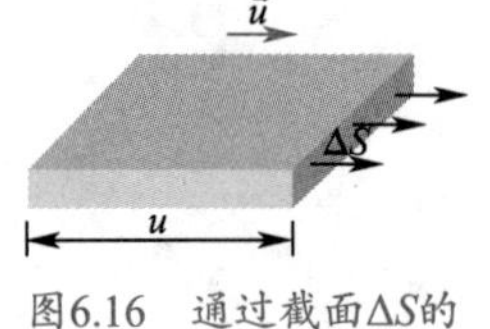

图6.16 通过截面ΔS的平均能流

$$\bar{P}=\frac{1}{T}\int_0^T w\Delta Su\mathrm{d}t=\bar{w}\Delta Su, \tag{6.32}$$

式（6.32）中$\bar{P}$称为平均能流.

显然，平均能流$\bar{P}$与截面积ΔS有关. 与波的传播方向垂直的单位面积的平均能流称为能流密度或波的强度，简称波强. 用I表示，则有

$$I=\frac{\bar{P}}{\Delta S_\perp}=\bar{w}\cdot u. \tag{6.33}$$

能流密度是一个矢量，在各向同性介质中，其方向与波速方向相同，矢量式为

$$\vec{I}=\bar{w}\cdot\vec{u}.$$

波强等于波的平均能量密度与波速的乘积.

简谐波的波强大小为

$$I=\frac{1}{2}\rho\omega^2A^2u, \tag{6.34}$$

即波强与波振幅的平方、圆频率的平方成正比．式（6.34）只对弹性波成立．

波强的单位是瓦[特]每平方米（$W \cdot m^{-2}$）.

若平面简谐波在各向同性、均匀、无吸收的理想介质中传播，可以证明其波振幅在传播过程中将保持不变．

设一平面波的传播方向如图6.17所示，在垂直于传播方向上取两个相等面积的平行平面S_1和S_2，其平均能流分别为$\bar{P}_1$和$\bar{P}_2$，因能量无损失，应有

$$\bar{P}_1 = \bar{P}_2,$$

即

$$I_1 S_1 = I_2 S_2.$$

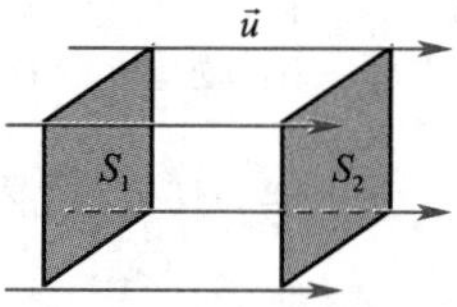

图6.17 平面波的振幅不变

由式（6.34），有

$$\frac{1}{2}\rho\omega^2 A_1^2 u S_1 = \frac{1}{2}\rho\omega^2 A_2^2 u S_2,$$

因$S_1 = S_2$，于是有

$$A_1 = A_2.$$

用同样的方法，读者自己可以证明，在理想介质中传播的球面波的振幅随离波源距离的增加成反比地减小．

三、波的吸收

波在实际介质中传播时，由于波动能量总有一部分会被介质吸收，所以波的机械能会不断减少，波强亦逐渐减弱，这种现象称为波的吸收．

设波通过厚度为$\mathrm{d}x$的介质薄层后，其振幅衰减量为$-\mathrm{d}A$，实验指出

$$-\mathrm{d}A = \alpha A \mathrm{d}x,$$

经积分$\int_{A_0}^{A} -\frac{\mathrm{d}A}{A} = \int_0^x \alpha \,\mathrm{d}x$，得

$$A = A_0 \mathrm{e}^{-\alpha x}, \tag{6.35}$$

式中A_0和A分别是$x=0$和$x=x$处的波振幅，α是常量，称为介质的吸收系数．

由于波强与波振幅的平方成正比，所以波强的衰减规律为

$$I = I_0 \mathrm{e}^{-2\alpha x}. \tag{6.36}$$

式中I_0和I分别是$x=0$和$x=x$处波的强度．

例6.5 在弹性介质中传播的平面简谐波，在t时刻某质元的动能是10J，则在$t+T$时刻（T为周期），该质元振动的总能量是多少？

解 由于简谐波质元的动能和势能同相位，且经过一个周期后质元的动能应该还是10J，则此时质元的势能也是10J，因此该质元振动的总能量是20J．

例6.6 空气中声波的吸收系数为$\alpha_1 = 2\times10^{-11}\nu^2\left(\mathrm{m}^{-1}\right)$，钢中声波的吸收系数为$\alpha_2 = 4\times10^{-7}\nu\left(\mathrm{m}^{-1}\right)$，式中$\nu$代表声波的频率．问：频率为5MHz的超声波透过多厚的空气或钢后，其波强减为原来的1%？

解 由于波强与波振幅的平方成正比，且波强的衰减规律为

$$I = I_0 e^{-2\alpha x},$$

可得

$$x = \frac{1}{2\alpha}\ln\frac{I_0}{I}.$$

由题知，$\alpha_1 = 2\times10^{-11}\nu^2 = 2\times10^{-11}\times\left(5\times10^6\right)^2 = 500\left(\mathrm{m}^{-1}\right)$，$\alpha_2 = 4\times10^{-7}\times5\times10^6 = 2\left(\mathrm{m}^{-1}\right)$，且 $\frac{I_0}{I} = 100$，代入上式得空气的厚度为

$$x_1 = \frac{1}{1000}\ln100 \approx 0.046\left(\mathrm{m}\right),$$

钢的厚度为

$$x_2 = \frac{1}{4}\ln100 \approx 1.15\left(\mathrm{m}\right).$$

可见高频超声波很难通过气体，但极易通过固体.

6.4 惠更斯原理及波的叠加和干涉

一、惠更斯原理

当波在弹性介质中传播时，由于介质质点间的弹性力作用，介质中任何一点的振动都会引起邻近各质点的振动，因此，波动到达的任一点都可看作新的波源. 例如，水面波的传播，如图6.18所示，当一块开有小孔的隔板挡在波的前面时，不论原来的波面是什么形状，只要小孔的线度远小于波长，都可以看到穿过小孔的波是圆形波，就好像以小孔为点波源发出的一样，这说明小孔可以看作新的波源，其发出的波称为次波（子波）.

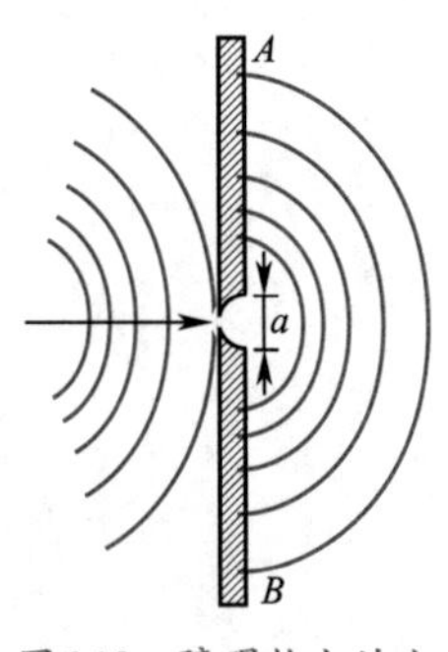

图6.18 障碍物上的小孔成为新波源

荷兰物理学家惠更斯观察和研究了大量类似现象，于1690年提出了一条描述波传播特性的重要原理：介质中波阵面（波前）上的各点，都可以看作发射子波的波源，其后任一时刻这些子波的包迹就是新的波阵面. 这就是惠更斯原理的内容.

惠更斯原理不仅适用于机械波，也适用于电磁波. 而且不论波动经过的介质是均匀的还是非均匀的，是各向同性的还是各向异性的，只要知道了某一时刻的波阵面，就可以根据这一原理，利用几何作图法来确定以后任一时刻的波阵面，进而确定波的传播方向. 此外，根据惠更斯原理，还可以很简单地说明波在传播中发生的反射和折射等现象. 下面以球面波和平面波为例，说明惠更斯原理的应用.

如图6.19（a）所示，点波源O在各向同性的均匀介质中以波速$\vec{u}$发出球面波，已知在t时刻的波阵面是半径为R_1的球面S_1.根据惠更斯原理，S_1上的各点都可以看作发射子波的新波源，经过Δt时间，各子波波阵面是以S_1球面上各点为球心、以$\vec{r}=\vec{u}\Delta t$为半径的许多球面，这些子波波阵面的包迹面S_2，就是球面波在$t+\Delta t$时刻的新的波阵面．显然，S_2是一个仍以点波源O为球心、以$R_2=R_1+u\Delta t$为半径的球面．

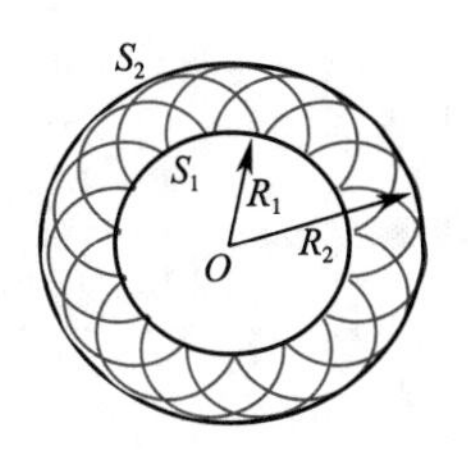

（a）球面波

平面波可近似地看作半径很大的球形波阵面上的一小部分．例如，从太阳射出的球面光波，到达地面上时，就可看作平面波．如图6.19（b）所示，若已知在各向同性均匀介质中传播的平面波在某时刻t的波阵面S_1，用惠更斯原理就可以求出以后任一时刻$t+\Delta t$的新的波阵面S_2，它是一个与S_1相距$u\Delta t$且与S_1平行的平面．

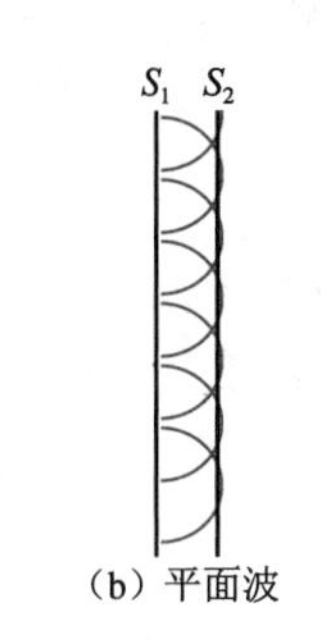

（b）平面波

图6.19 用惠更斯原理求新波阵面

从以上讨论可以看出，当波在各向同性均匀介质中传播时，波阵面的几何形状总是保持不变，即波线方向或者波的传播方向是不变的．当波在不均匀介质或各向异性介质中传播时，我们同样可以根据惠更斯原理，用作图法求出新的波阵面，只是波阵面的形状和波的传播方向都可能发生变化．

*下面应用惠更斯原理证明波的反射和折射定律．

当波从一种介质传播到另一种介质的分界面时，传播方向会发生改变，其中一部分反射回原介质，称为反射波；另一部分进入第二种介质，称为折射波．这种现象称为波的反射和折射现象．通常把入射波、反射波和折射波的波线称为入射线、反射线和折射线．相应地，它们与分界面法线之间的夹角分别称为入射角、反射角和折射角．无数观察和实验表明，波在反射和折射时分别遵从如下反射定律和折射定律．

（1）反射定律：反射线、入射线和界面法线在同一平面内，且反射角i'恒等于入射角i，即$i'=i$.

（2）折射定律：折射线、入射线和界面法线在同一平面内，且入射角i的正弦和折射角γ的正弦之比等于第一种介质中波速与第二种介质中波速之比，即$\dfrac{\sin i}{\sin\gamma}=\dfrac{u_1}{u_2}$.

下面用惠更斯原理解释波的反射和折射定律．

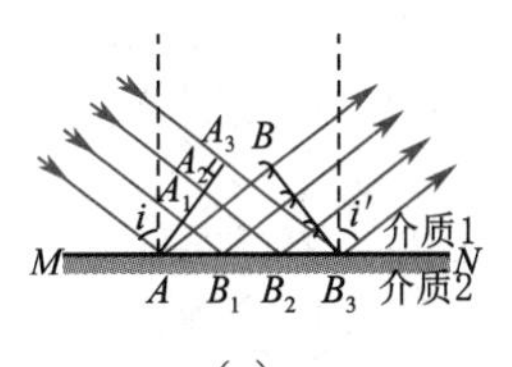

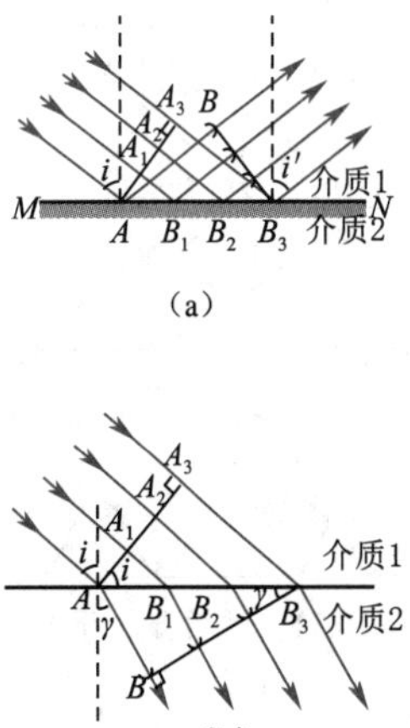

（a）

如图6.20（a）所示，设一平面波传播到两种介质的分界面MN上，它在介质1中的波速为u_1.在t时刻，入射波的波阵面到达$AA_1A_2A_3$位置（波阵面为通过AA_3线并与纸面垂直的平面），A点先和分界面相遇，此后波阵面上A_1, A_2, A_3各点经过相等的时间间隔依次到达分界面上的B_1, B_2, B_3各点．设在$t+\Delta t$时刻，A_3点传播到分界面上B_3点，则A_1和A_2点依次在$t+\dfrac{1}{3}\Delta t$和$t+\dfrac{2}{3}\Delta t$时刻传播到分界面上的B_1和B_2点．根据惠更斯原理，入射波到达分界面上的各点都可看作发射子波的波源，则在$t+\Delta t$时刻，从A, B_1, B_2, B_3各点向介质1中发出的子波半径分别为$u_1\Delta t$，$\dfrac{2}{3}u_1\Delta t$，$\dfrac{1}{3}u_1\Delta t$，0，这些子波的包迹面即为图中的B_3B

（b）

图6.20 波的反射和折射

面．B_3B面就是$t+\Delta t$时刻的波阵面，作垂直于此波阵面的直线，即为反射线．从图中可以看出，反射线、入射线和分界面法线均在同一个平面内，且$\triangle AA_3B_3 \cong \triangle AB_3B$，故$\angle A_3AB_3 = \angle BB_3A$，从而得到$i=i'$，即反射角等于入射角，这就是波的反射定律．

如图6.20（b）所示，一平面波从介质1传播到两种介质的分界面时，一部分进入介质2继续传播，相应地，波速由u_1变为u_2．设在t时刻，入射波的波阵面是$AA_1A_2A_3$，此时A点已到达分界面，此后波阵面上A_1, A_2, A_3各点经过相等的时间间隔依次到达分界面上的B_1, B_2, B_3处．若假定$t+\Delta t$时刻A_3点到达B_3处，则A_1和A_2到达B_1和B_2处的时刻分别是$t+\dfrac{1}{3}\Delta t$和$t+\dfrac{2}{3}\Delta t$．A, B_1, B_2, B_3各点作为新的波源向介质2中发出子波，在$t+\Delta t$时刻，它们发出的子波半径分别为$u_2\Delta t, \dfrac{2}{3}u_2\Delta t, \dfrac{1}{3}u_2\Delta t, 0$，这些子波的包迹面$B_3B$面就是此时波动在介质2中的波阵面，作垂直于此波阵面的直线即为折射线．从图中可以看出：折射线、入射线和分界面法线都在同一个平面内，且$A_3B_3=u_1\Delta t=AB_3\sin i$，$AB=u_2\Delta t=AB_3\sin\gamma$，由此可得$\dfrac{\sin i}{\sin\gamma}=\dfrac{u_1}{u_2}$.因为$n_1=\dfrac{c}{u_1}$，$n_2=\dfrac{c}{u_2}$，所以有

$$\frac{\sin i}{\sin\gamma}=\frac{u_1}{u_2}=\frac{n_2}{n_1}=n_{21}. \tag{6.37}$$

其中，n_1和n_2分别为介质1和介质2的折射率；$n_{21}=\dfrac{n_2}{n_1}$称为介质2对介质1的相对折射率．这就是波的折射定律，又称为斯涅尔定律，是由荷兰科学家斯涅尔在1618年首次发现的．

二、波的叠加原理

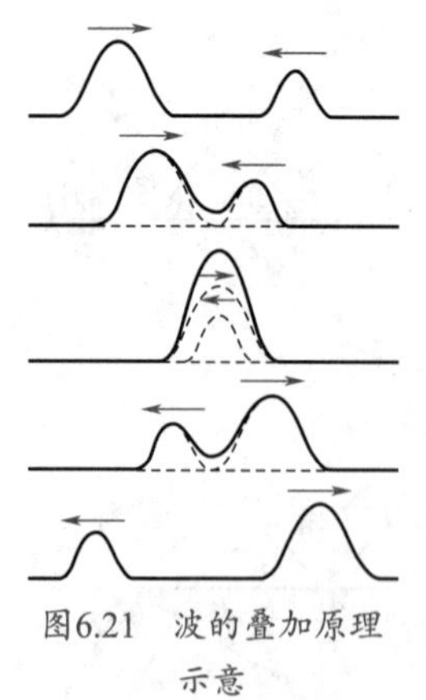

图6.21　波的叠加原理示意

当n个波源激发的波在同一介质中相遇时，可总结出如下规律：（1）各列波在相遇前和相遇后都保持原来的特性（频率、波长、振动方向、传播方向等）不变，并按照原来的方向继续前进，与各波单独传播时一样；（2）在相遇处各质点的振动则是各列波在该处激起的振动的合成．这就是波传播的独立性原理或波的叠加原理．例如，把两个石块同时投入静止的水中，两个振源所激起的水波可以互相贯穿地传播．又如，在嘈杂的公共场所，各种声音都传到人的耳朵，但我们仍能将它们区分开来．每天空中同时有许多无线电波在传播，我们却能随意地选取某一电台的广播收听．这些实例都反映了波传播的独立性．图6.21是波的叠加原理的示意．

波的叠加与振动的叠加是不完全相同的．

振动的叠加仅发生在单一质点上，而波的叠加则发生在两波相遇范围内的许多质元上，这就构成了波的叠加所特有的现象，如下面将要介绍的波的

干涉现象．此外，正如任何复杂的振动都可以分解为不同频率的许多简谐振动的叠加一样，任何复杂的波也都可以分解为频率或波长不同的许多平面简谐波的叠加．

产生波的干涉的3个条件

两个实物粒子相遇时会发生碰撞，而两列波相遇则仅在重叠区域构成合成波，过了重叠区又能分道扬镳，这就是波不同于粒子的一个重要运动特征．

三、波的干涉

机械波的叠加与干涉

在一般情况下，n列波的合成波既复杂又不稳定，没有实际意义．但满足下述条件的两列波在介质中相遇时，可形成一种稳定的叠加图样，即出现所谓干涉现象．

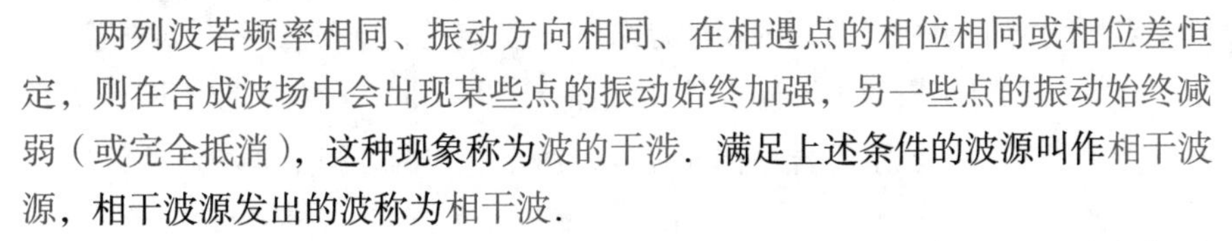

两列波若频率相同、振动方向相同、在相遇点的相位相同或相位差恒定，则在合成波场中会出现某些点的振动始终加强，另一些点的振动始终减弱（或完全抵消），这种现象称为波的干涉．满足上述条件的波源叫作相干波源，相干波源发出的波称为相干波．

由以上讨论可知，定量分析波的干涉的出发点仍然是求相干区域内各质元的同频率、同方向简谐振动的合成振动．

设S_1和S_2为两相干波源，它们的振动方程分别为

$$y_1 = A_1 \cos(\omega t + \varphi_{10}),$$
$$y_2 = A_2 \cos(\omega t + \varphi_{20}),$$

式中ω为角频率，A_1, A_2为两波源的振幅，$\varphi_{10}, \varphi_{20}$分别为两波源的振动初相位．设由这两个波源发出的两列波在同一理想介质中传播后相遇（见图6.22），现在分析相遇区域中任意一点P的振动合成结果．

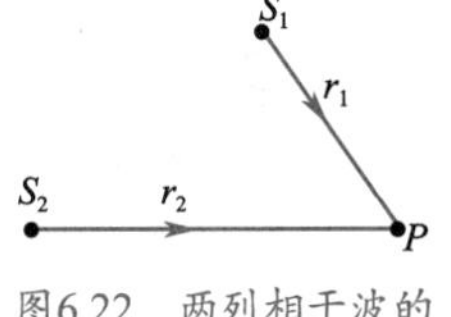

图6.22　两列相干波的叠加

两列波各自单独传播到P点时，在P点引起的振动的方程分别为

$$y_{1P} = A_1 \cos\left(\omega t + \varphi_{10} - \frac{2\pi r_1}{\lambda}\right),$$
$$y_{2P} = A_2 \cos\left(\omega t + \varphi_{20} - \frac{2\pi r_2}{\lambda}\right),$$

式中r_1和r_2分别为S_1和S_2到P点的距离，λ是波长．P点同时参与了这两个同频率、同方向的简谐振动．从上式容易看出，这两个分振动的初相位分别为$\varphi_{10} - \frac{2\pi}{\lambda} r_1$和$\varphi_{20} - \frac{2\pi}{\lambda} r_2$．根据上一章两个同方向同频率简谐振动的合成结论，$P$点的合振动也是简谐振动，合振动方程为

$$y = y_1 + y_2 = A\cos(\omega t + \varphi_0). \tag{6.38}$$

而P点处合振动的初相位φ_0和振幅A分别由下面两式给出：

$$\tan\varphi_0 = \frac{A_1 \sin\left(\varphi_{10} - \frac{2\pi}{\lambda} r_1\right) + A_2 \sin\left(\varphi_{20} - \frac{2\pi}{\lambda} r_2\right)}{A_1 \cos\left(\varphi_{10} - \frac{2\pi}{\lambda} r_1\right) + A_2 \cos\left(\varphi_{20} - \frac{2\pi}{\lambda} r_2\right)}, \tag{6.39}$$

$$A=\sqrt{A_1^2+A_2^2+2A_1A_2\cos\Delta\varphi}. \qquad (6.40)$$

由于波的强度正比于振幅的平方，若以I_1、I_2和I分别表示两个分振动和合振动的强度，则式（6.40）可写成

$$I=I_1+I_2+2\sqrt{I_1I_2}\cos\Delta\varphi, \qquad (6.41)$$

式中$\Delta\varphi$是P点处两个分振动的相位差，

$$\Delta\varphi=(\varphi_{20}-\varphi_{10})-2\pi\frac{r_2-r_1}{\lambda}. \qquad (6.42)$$

$\varphi_{20}-\varphi_{10}$是两个相干波源的相位差，为一常量；$r_2-r_1$是两个波源发出的波传到$P$点的几何路程之差，称为波程差；$2\pi\frac{r_2-r_1}{\lambda}$是两列波之间因波程差而产生的相位差，对于空间任一给定的P点，它也是常量．因此，两列相干波在空间任一给定点所引起的两个分振动的相位差$\Delta\varphi$也是恒定的，从而合振幅A或强度I也是一定的．但对于空间中不同点处，波程差r_2-r_1不同，故相位差不同，从而不同点有不同的、恒定的合振幅或强度．所以，在两列相干波相遇的区域会呈现出振幅或强度分布不均匀而又相对稳定的干涉图样．具体讨论如下．

对于满足

$$\Delta\varphi=(\varphi_{20}-\varphi_{10})-\frac{2\pi}{\lambda}(r_2-r_1)=2k\pi\ (k=0,1,2,\cdots) \qquad (6.43)$$

的空间各点，$A=A_1+A_2=A_{\max}$，$I=I_1+I_2+2\sqrt{I_1I_2}=I_{\max}$，合振幅和强度最大，这些点处的振动始终加强，称为干涉加强或干涉相长．

对于满足

$$\Delta\varphi=(\varphi_{20}-\varphi_{10})-\frac{2\pi}{\lambda}(r_2-r_1)=(2k+1)\pi\ (k=0,1,2,\cdots) \qquad (6.44)$$

的空间各点，$A=|A_1-A_2|=A_{\min}$，$I=I_1+I_2-2\sqrt{I_1I_2}=I_{\min}$，合振幅和强度最小，这些点处的合振动始终减弱，称为干涉减弱或干涉相消．

进一步，如果$\varphi_{10}=\varphi_{20}$，即对于振动初相位相同的两个相干波源，上述干涉加强或减弱的条件可简化为

$$\delta=r_2-r_1=\begin{cases}\pm k\lambda, & \text{干涉加强,}\\ \pm(2k+1)\dfrac{\lambda}{2}, & \text{干涉减弱.}\end{cases}\quad (k=0,1,2,\cdots.)$$

以上两式表明，当两个相干波源同相位时，在两列波的叠加区域内，波程差δ等于零或半波长偶数倍的各点，振幅和强度最大；波程差δ等于半波长奇数倍的各点，振幅和强度最小．

从以上讨论可知，两列相干波叠加时，空间各处的强度并不简单地等于两列波强度之和，这反映出能量在空间的重新分布．但这种能量的重新分布在时间上是稳定的，在空间上又是强弱相间且具有周期性的．两列不满足相干条件的波相遇叠加称为波的非相干叠加，这时空间任一点合成波的强度就等于两列波强度的代数和，即

$$I = I_1 + I_2. \qquad (6.45)$$

干涉现象是波动所独具的基本特征之一，只有波动的叠加，才可能产生干涉现象．干涉现象在光学、声学中都非常重要，对于近代物理学的发展也起着重大作用．

例6.7 图6.23为声波干涉仪的示意图．声波从入口E处进入仪器，分B, C两路在管中传播，然后到喇叭口A会合后传出．弯管C可以伸缩，当它渐渐伸长时，喇叭口发出的声音周期性增强或减弱．设C管每伸长8cm，由A发出的声音就减弱一次，求此声波的频率（空气中声速为$340\text{m}\cdot\text{s}^{-1}$）．

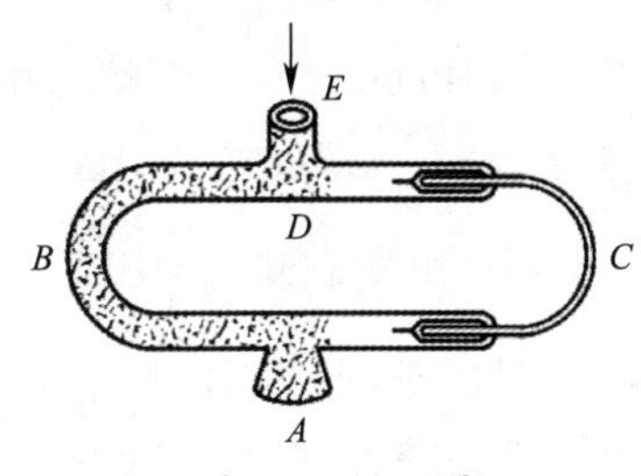

图6.23 例6.7图

解 声波从入口E进入仪器后分B和C两路传播，这两路声波满足相干条件，它们在喇叭口A处产生相干叠加，干涉减弱的条件是

$$\delta = \widehat{DCA} - \widehat{DBA} = (2k+1)\frac{\lambda}{2}\ (k=0,1,2,\cdots).$$

当C管伸长$x = 8\text{cm}$时，再一次出现干涉减弱，即此时两路波的波程差应满足条件

$$\delta' = \delta + 2x = [2(k+1)+1]\frac{\lambda}{2}.$$

以上两式相减得$\delta' - \delta = 2x = \lambda$，于是可求出声波的频率为

$$\nu = \frac{u}{\lambda} = \frac{u}{2x} = \frac{340}{2\times 0.08} = 2125(\text{Hz}).$$

例6.8 如图6.24所示，同一介质中有两个相干波源S_1和S_2，振幅皆为$A = 33\text{cm}$．当S_1点为波峰时，S_2正好为波谷．设介质中波速$u = 100\text{m}\cdot\text{s}^{-1}$，欲使两列波在$P$点干涉后得到加强，这两列波的最小频率为多大?

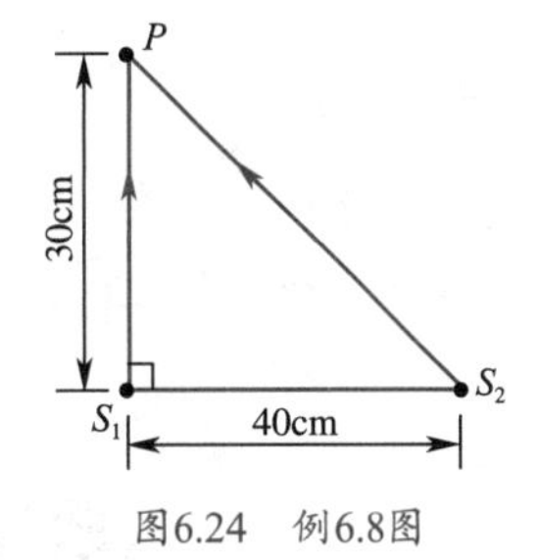

图6.24 例6.8图

解 由图中数据可得，$S_1P = r_1 = 30\text{cm}$，$S_2P = r_2 = \sqrt{30^2+40^2}\text{cm} = 50\text{cm}$．要使从$S_1$和$S_2$两个波源发出的波在$P$点干涉后得到加强，其波长必须满足

$$\Delta\varphi = (\varphi_2 - \varphi_1) - 2\pi\frac{r_2 - r_1}{\lambda} = \pm 2k\pi\ (k=0,1,2,\cdots)$$

由题意知$\varphi_2 - \varphi_1 = \pi$，而$r_2 - r_1 = 20\ (\text{cm})$，代入上式得

$$\pi - \frac{40\pi}{\lambda} = \pm 2k\pi,$$

即有

$$\lambda = \frac{40}{1+2k}.$$

当$k = 0$时，λ有最大值$\lambda_{\max}$，

$$\lambda_{\max} = \left.\frac{40}{1+2k}\right|_{k=0} = 40\text{cm} = 0.4\text{m}.$$

故

$$\nu_{\min}=\frac{u}{\lambda_{\max}}=\frac{100}{0.4}\text{Hz}=250\text{Hz}.$$

例6.9 如图6.25所示，B和C为同一介质中的两个相干波源，相距30m，它们产生的相干波频率为$\nu=100\text{Hz}$，波速$u=400\text{m}\cdot\text{s}^{-1}$，且振幅都相同．已知$B$点为波峰时，$C$点恰为波谷．求$BC$连线上因干涉而静止的各点的位置．

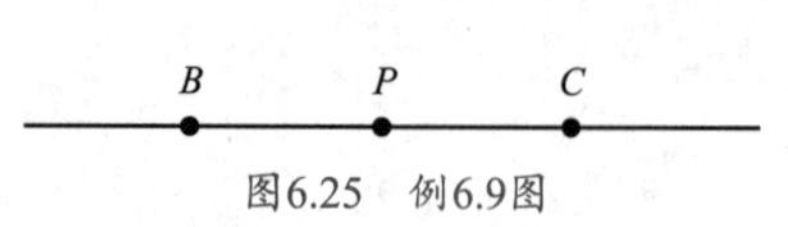

图6.25 例6.9图

解 由题意知，两波源B和C的振动相位正好相反，即$\varphi_{C0}-\varphi_{B0}=\pi$，而$\lambda=\frac{u}{\nu}=\frac{400}{100}\text{m}=4\text{m}$．设$BC$连线上的任意一点$P$与两个波源的距离分别为$BP=r_B$, $CP=r_C$，要使两列波传播到P点因产生叠加干涉而使P点静止，则两列波传播到P点的相位差必须满足

$$\Delta\varphi=\left(-\frac{2\pi r_C}{\lambda}+\varphi_{C0}\right)-\left(-\frac{2\pi r_B}{\lambda}+\varphi_{B0}\right)=\pm(2k+1)\pi,$$

可得

$$r_B-r_C=\pm k\lambda. \quad (k=0,1,2,\cdots). \text{①}$$

现在进一步做具体讨论．

（1）若P点在B左侧，则$r_B-r_C=r_B-(r_B+BC)=-30\text{m}$，它不可能为$\lambda=4\text{m}$的整数倍，即不满足①的要求，故在$B$点左侧不存在因干涉而静止的点．

（2）若P点在C右侧，由与上面类似的讨论可知，C点右侧也不存在因干涉而静止的点．

（3）若P点在B和C两波源之间，则$r_B-r_C=2r_B-(r_B+r_C)=2r_B-BC$，由①可得

$$2r_B-BC=\pm k\lambda,$$

即

$$2r_B-30=\pm k\lambda \quad (k=0,1,2,\cdots),$$

所以在B和C之间且与波源B相距$r_B=15\pm2k=1\text{m},3\text{m},5\text{m},\cdots$，29m的各点会因干涉而静止．

6.5 驻波

驻波是一种特殊的干涉现象．两列振幅相同、相向传播的相干波的叠加称为驻波．平面简谐波正入射到两种介质的分界面上，入射波和反射波进行叠加即可形成驻波．

一、驻波方程

设在坐标系原点，入射波和反射波的初相位相同且为零，用A表示它们的振幅，用ω表示它们的角频率，则它们的运动学方程分别为

$$y_1 = A\cos\left(2\pi\nu t - \frac{2\pi}{\lambda}x\right), y_2 = A\cos\left(2\pi\nu t + \frac{2\pi}{\lambda}x\right).$$

合成波的方程为

$$\begin{aligned} y = y_1 + y_2 &= A\cos\left(2\pi\nu t - \frac{2\pi}{\lambda}x\right) + A\cos\left(2\pi\nu t + \frac{2\pi}{\lambda}x\right) \\ &= 2A\cos\left(\frac{2\pi}{\lambda}x\right)\cdot\cos(2\pi\nu t) = \phi(x)\psi(t). \end{aligned} \tag{6.46}$$

这就是驻波方程．其中，$\cos(2\pi\nu t)$表明是简谐振动，$\left|2A\cos\left(\frac{2\pi}{\lambda}x\right)\right|$为简谐振动的振幅．式中$x$与$t$被分隔于两个余弦函数中，说明此函数不满足$y(t+\Delta t, x+u\Delta t)=y(t,x)$，因此它不表示行波，只表示各质点都在做与原频率相同的简谐振动，但各点的振幅随位置的不同而不同．图6.26所示为不同时刻的入射波、反射波和合成波的波形图，图中粗线表示合成波．

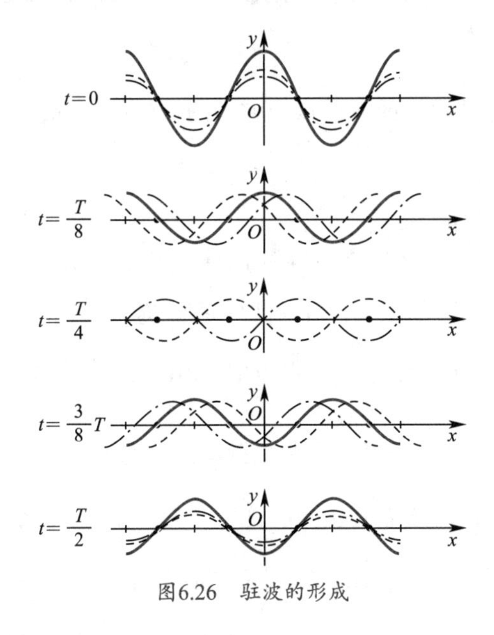

图6.26　驻波的形成

二、驻波振幅与相位分布特征

1．波腹与波节及驻波振幅分布特征

由图6.26可以看出，波线上有些点始终不动（振幅为零），称之为波节；而有些点的振幅始终具有极大值，称之为波腹．

由式（6.46）可知，对应于使$\left|2A\cos\left(\frac{2\pi}{\lambda}x\right)\right|=0\left[\text{即}\frac{2\pi}{\lambda}x=(2k+1)\frac{\pi}{2}\right]$的各点为波节的位置，因此有波节点坐标

$$x=(2k+1)\frac{\lambda}{4},\quad k=0,\pm1,\pm2,\cdots. \tag{6.47}$$

同理，使$\left|2A\cos\left(\frac{2\pi}{\lambda}x\right)\right|=1\left(即\frac{2\pi}{\lambda}x=k\pi\right)$的各点为波腹的位置，因此有波腹点坐标

$$x=k\cdot\frac{\lambda}{2},\ k=0,\ \pm 1,\ \pm 2,\ \cdots. \tag{6.48}$$

由式（6.47）和式（6.48）可知，相邻两个波节或相邻两个波腹之间的距离都是$\frac{\lambda}{2}$，而相邻的波节、波腹之间的距离为$\frac{\lambda}{4}$. 这就为我们提供了一种测定行波波长的方法，只要测出相邻两波节或相邻两波腹之间的距离，就可以确定原来两列行波的波长λ.

需要说明的是，式（6.47）和式（6.48）给出的波节、波腹位置的结论不具有普遍性，因为它们是从两列波的初相位为零的特例中导出的. 但关于两相邻波腹、两相邻波节间距为$\frac{\lambda}{2}$的结论具有普遍性，求波节、波腹的方法和思路具有普遍性.

介于波腹、波节之间的各质点，它们的振幅随坐标位置按$\left|2A\cos\left(\frac{2\pi}{\lambda}x\right)\right|$的规律变化.

2. **驻波相位分布特征**

在驻波方程式（6.46）中，振动因子为$\cos(2\pi\nu t)$，但不能认为驻波中各点的振动相位也相同，或如行波中那样逐点不同. x处的振动位移由$2A\cos\left(\frac{2\pi}{\lambda}x\right)$确定，显然对应于不同的$x$值，$2A\cos\left(\frac{2\pi}{\lambda}x\right)$可正可负. 如果把相邻两波节之间的各点视为一段，则由余弦函数的取值规律可知，$2A\cos\left(\frac{2\pi}{\lambda}x\right)$的值对于同一段内的各质点有相同的符号，对于分别在相邻两段内的两质点则符号相反（参考图6.26）. 以$\left|2A\cos\left(\frac{2\pi}{\lambda}x\right)\right|$作为振幅，这种符号的相同或相反就表明，在驻波中，同一段上的各质点振动相位相同，相邻两段中各质点的振动相位相反. 因此，驻波实际上是一种特殊的分段振动现象. 同一段内各质点沿相同方向同时到达各自振动位移的最大值，又沿相同方向同时通过平衡位置；而波节两侧各质点同时沿相反方向到达振动位移的正、负最大值，又沿相反方向同时通过平衡位置. 图6.27所示是用电动音叉在弦上激起的驻波振动简图. 某时刻电动音叉在A点输出一个波列，传到B点被界面（支点B）反射回来，入射波与反射波叠加的结果即在AB弦上形成驻波.

A B

图6.27 弦上的驻波

对于有限大小的二维介质面同样可以激起驻波振动. 图6.28所示是一矩形膜上的二维驻波，其中阴影部分和明亮部分表示相邻部位振动反相，二者的交界线为波节.

*3. 驻波的能量特征

驻波振动中既没有相位的传播，也没有能量的传播. 由公式$I=\frac{1}{2}\rho\omega^2A^2u$可知，入射波的波强与反射波的波强大小相等、方向相反，即介质中总的波强之矢量和为零. 驻波波强为零并不表示各质点在振动中能量守恒. 例如，位于波节处的质点动能始终为零，势能则不断变化. 当两波节间各点的振动位移分别达到各自的正、负最大值时，各点处的动能均为零，两波节间总势能最大，波节附近因相对形变最大，势能有极大值，而波腹附近因相对形变最小，则势能有极小值；当两波节间各点从同一方向通过平衡位置时，介质中各处的相对形变为零，势能均为零，总动能达到最大值. 波腹附近则因振动速度最大而有最大动能，离波节越近，动能越小，其他时刻则动能、势能并存. 这就是说，在驻波振动中，一个波段内不断地进行动能与势能的相互转化，并不断地分别集中在波腹和波节附近而不向外传播，故谓之驻波.

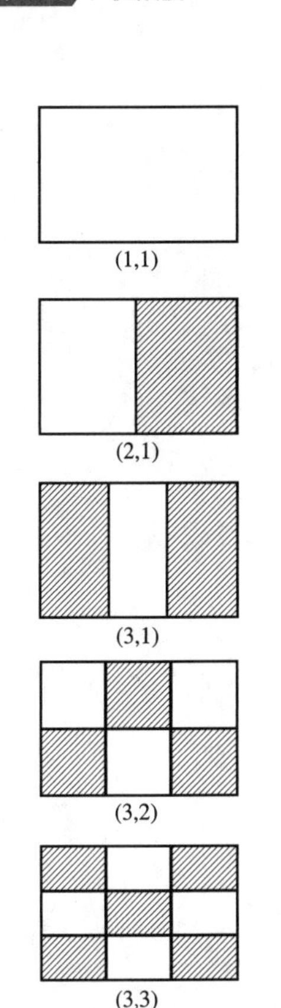

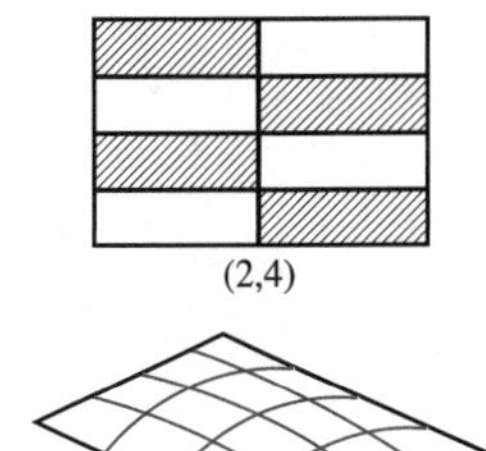

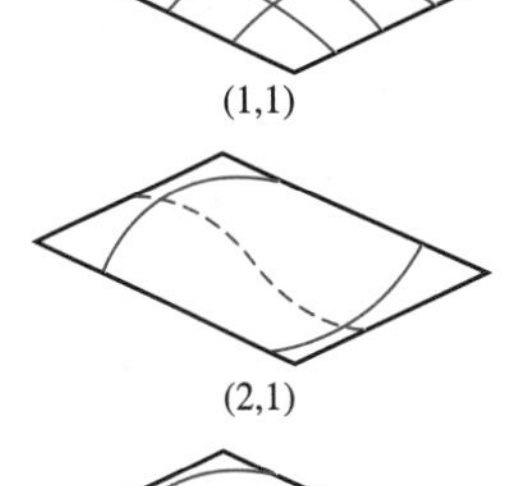

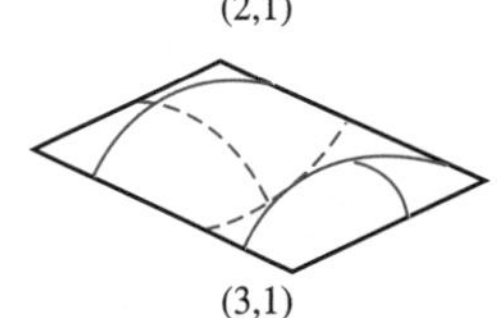

图6.28 矩形膜上的二维驻波

三、相位跃变与半波损失

现在我们把注意力集中在两种介质的分界面处. 实验发现，在分界面处有时形成波节，有时形成波腹，那么规律是什么呢?

理论和实验表明，这一切均取决于分界面两边介质的相对波阻.

波阻（波的阻抗）是指介质的密度与波速之乘积ρu. 在分界面处，相对波阻较大的介质称为波密介质，相对波阻较小的介质称为波疏介质. 实验表明：波从波疏介质入射而从波密介质上反射时，分界面处形成波节；波从波密介质入射而从波疏介质上反射时，分界面处形成波腹.

如果在分界面处形成波节，则表明在分界面处入射波与反射波的相位始终相反，或者说在分界面处入射波的相位与反射波的相位始终存在π的相位差，这种现象叫作相位跃变（或称作半波损失）. 由上面的讨论可知，使反射波产生半波损失的条件是：波从波疏介质入射并从波密介质反射；对于机械波，还必须是正入射.

如果在分界面处形成波腹，则表明在分界面处入射波与反射波的相位始终相同，这时反射波没有半波损失.

“半波损失”是一个很重要的概念，它在研究声波、光波的反射问题时会经常涉及.

*四、简正模式

在实际应用中，常用波在两个反射壁之间来回反射形成驻波. 例如，将拉紧的弦两端固定，当轻击弦使之产生向右行进的波时，这波传到弦的右方固定端处被反射，再当此左行反射波到达左方固定端时，又发生第二次反射，如此继续也能形成驻波．因弦的两端固定，故必然形成波节，从而驻波的波长必然受到限制，弦长l必须是半波长$\frac{\lambda}{2}$的整数倍，即

$$l = n\frac{\lambda}{2}\ (n=1,2,3,\cdots). \tag{6.49}$$

从式（6.47）或式（6.48）可以看出，如果弦长是固定的，波长就不能任意，只能是

$$\lambda = \frac{2l}{n}\quad (n=1,2,3,\cdots). \tag{6.50}$$

而波速$u=\lambda\nu$，从而对频率也有限制，允许存在的频率为

$$\nu = \frac{u}{\lambda} = n\frac{u}{2l}.\ (n=1,2,3,\cdots) \tag{6.51}$$

对于弦线，因为$u=\sqrt{\frac{T}{\mu}}$，所以

$$\nu = n\frac{1}{2l}\sqrt{\frac{T}{\mu}}. \tag{6.52}$$

其中与$n=1$对应的频率称为基频，其后频率依次称为2次、3次…谐频（对于声驻波，则称基音和泛音）．各种允许频率所对应的驻波振动（简谐振动模式）称为简正模式（或称本征振动）．相应的频率为简正频率（或称本征频率）．由此可见，对于两端固定的弦，这一驻波振动系统，有许多个简正模式和简正频率，即有许多个振动自由度．式（6.51）也适用于两端闭合或两端开放的管（其中为声驻波），若为闭合管，则两端为波节；若为开放管，则两端为波腹．

对于一端固定、一端自由的弦（或一端封闭、一端开放的管），也可做类似讨论，对于二维膜也可进行，但要比这复杂得多．实际上各类乐器发出的乐音无非是各种不同质地、形状、长度、大小的管、弦、膜的驻波振动引起的．图6.29所示为弦（管）的几种简正模式．

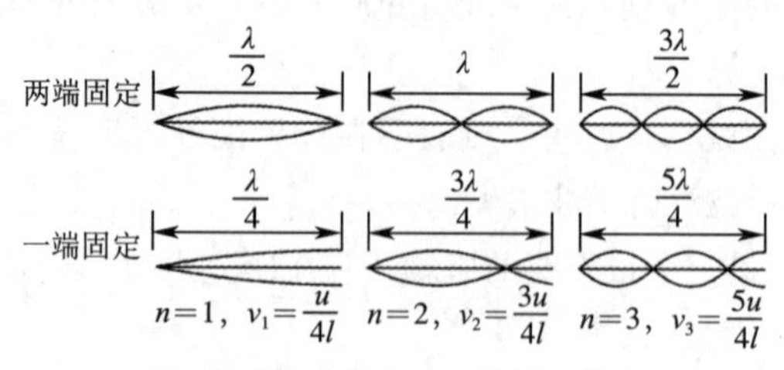

图6.29　弦（管）的几种简正模式

上面的讨论表明，无论是管还是弦，只要其长度有限，其固有振动（本征振动）频率就只能取分立值而非连续值．这些结论在德布罗意提出物质波的设想时发挥了作用．德布罗意把电子在原子中能量取分立值叫作取“整数”，将本征振动频率取分立值也叫作取“整数”．他曾说：“在光的问题上，

我们被迫同时引入微粒思想和波动性思想.”另一方面，电子在原子中的稳定运动的确引入了“整数”. 直到今天，物理学上包含“整数”的现象就是干涉和简谐振动模式. 这个事实告诉我们，不能把电子认为是单纯的微粒，必须赋予它波动性特征.

例6.10　如图6.30所示，一列沿x轴正方向传播的平面简谐波的波函数为$y = 0.2\cos\left[200\pi\left(t-\dfrac{x}{200}\right)\right]$（SI），两种介质的分界面$P$与原点$O$相距$d = 6\text{m}$，入射波在界面上反射后振幅无变化，且反射处为固定端. 求：（1）入射波在P点的振动方程；（2）反射波在P点的振动方程；（3）反射波的波函数；（4）驻波方程；（5）在O与P间各个波节和波腹点的坐标.

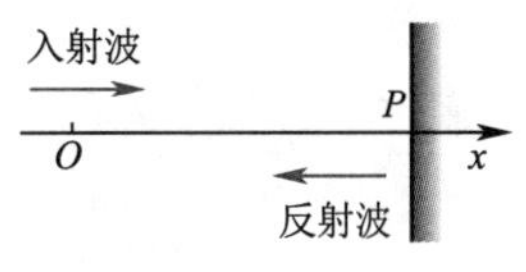

图6.30　例6.10图

解　（1）只要将平面简谐波波函数中的x用P点的坐标$x = d = 6\text{m}$代入，就得到入射波在P点处的振动方程，即

$$y_{P入} = 0.2\cos\left[200\pi\left(t-\frac{6}{200}\right)\right] = 0.2\cos(200\pi t - 6\pi) = 0.2\cos 200\pi t.$$

（2）因为反射点是固定端，所以反射波和入射波在相位上存在半波损失，也就是反射波在P点处的振动相位与入射波在该点的振动相位相反. 入射波的振幅$A = 0.2\text{m}$，角频率$\omega = 200\pi$，波速$u = 200\text{m}\cdot\text{s}^{-1}$，故波长$\lambda = \dfrac{u}{v} = 2\text{m}$. 由题意知，反射波的振幅、频率和波速均与入射波相同，故反射波在P点的振动方程是

$$y_{P反} = 0.2\cos(200\pi t + \pi).$$

（3）欲求反射波的波函数，就要求出反射波在原点O处的振动方程，然后将振动方程中的t用$t+\dfrac{x}{u}$代替就可得到. 由于反射波的波速与入射波的波速相同，故反射波以速率$u = 200\text{m}\cdot\text{s}^{-1}$向$x$轴负方向传播. 原点$O$处的相位比$P$点处的相位落后，$\varphi_O - \varphi_P = -\dfrac{2\pi}{\lambda}d = -6\pi$，由此可得反射波在原点$O$处的振动方程是

$$y_{O反} = 0.2\cos(200\pi t + \pi - 6\pi) = 0.2\cos(200\pi t - 5\pi).$$

因此，反射波的波函数是

$$y_{反} = 0.2\cos\left[200\pi\left(t+\frac{x}{200}\right)-5\pi\right] = 0.2\cos\left[200\pi\left(t+\frac{x}{200}\right)-\pi\right].$$

（4）驻波方程为

$$\begin{aligned}y &= 0.2\cos\left[200\pi\left(t-\frac{x}{200}\right)\right]+0.2\cos\left[200\pi\left(t+\frac{x}{200}\right)-\pi\right]\\ &= 0.2\cos\left[200\pi\left(t-\frac{x}{200}\right)\right]-0.2\cos\left[200\pi\left(t+\frac{x}{200}\right)\right]\\ &= 0.4\sin(\pi x)\sin(200\pi t).\end{aligned}$$

（5）由驻波方程可知，$\sin\pi x=0$为驻波波节点，即$\pi x=2k\frac{\pi}{2}$（$k=0,1,2,3,\cdots,6$），得波节点的坐标为

$$x=0,1,2,3,4,5,6;$$

$|\sin\pi x|=1$为驻波波腹点，即$\pi x=(2k+1)\frac{\pi}{2}$（$k=0,1,2,\cdots,5$），得波腹点的坐标为

$$x=\frac{1}{2},\frac{3}{2},\frac{5}{2},\frac{7}{2},\frac{9}{2},\frac{11}{2}.$$

6.6 多普勒效应

多普勒效应示例

具体计算中采用怎样的多普勒效应形式

前面几节所讨论的波源相对介质静止，即假定了波源和观察者相对于介质都静止，这时观察者接收到的波的频率与波源的振动频率相等．但是，在日常生活和科学研究中，经常会遇到波源或观察者（或这二者同时）相对于介质运动的情况，那么，这时观察者接收到的波的频率与波源的振动频率是否依然相等呢？例如，站在站台上，当一列火车迎面飞驰而来时，我们听到它的汽笛声高昂，而当火车从我们身边疾驰而去时，却听到它的汽笛声变得低沉．实际上，火车鸣笛的音调并未改变（波源的振动频率未变），而火车接近和驶离我们时，人耳接收到的频率却不同．这些现象表明：当波源或观察者（或者二者同时）相对于介质有相对运动时，观察者接收到的波的频率与波源的振动频率不同．这类现象是由多普勒（Doppler）于1842年发现并提出的，故称为多普勒效应或多普勒频移．

为简单起见，我们将介质选为参考系，并假定波源和观察者的运动发生在二者的连线上．用$\vec{V}_S$表示波源相对于介质的运动速度，用$\vec{V}_B$表示观察者相对于介质的运动速度，用$\vec{u}$表示波在介质中的传播速度．并规定：波源和观察者相互接近时，$\vec{V}_S$和$\vec{V}_B$取正值；波源和观察者相互远离时，$\vec{V}_S$和$\vec{V}_B$取负值．值得注意的是，波速$\vec{u}$是波相对于介质的速度，它只取决于介质性质，而与波源或观察者的相对运动无关，它恒为正值．在具体讨论之前，读者应将波源振动频率ν_S、介质的波动频率ν、观察者的接收频率ν'_B这3种频率严格区分开来．实际上，ν_S和ν的定义在前面章节已有说明，接收频率则是指接收器（观察者）在单位时间内接收到的完整波的数目．虽然对于波动频率和接收频率均有$\nu=\frac{u}{\lambda}$成立，但它们却是在不同的参考系中．波动频率是以介质为参考系，接收频率是以接收者为参考系，在$\nu'_B=\frac{u'}{\lambda'}$中，$u'$和$\lambda'$是观察者测得的波速和波长．

显然，在波源和观察者均相对于介质静止时，没有多普勒频移发生，即 $\nu_B=\nu=\nu_S$. 因此，多普勒效应是针对下面3种情况的.

（1）波源静止而观察者以$\vec{V}_B$相对于介质运动（即$\vec{V}_S=0,\vec{V}_B\neq 0$）.

如图6.31所示，设观察者向着波源运动，即$V_B>0$，则波相对于观察者的速率为$u'=u+V_B$. 由于波源在介质中静止，所以波的频率与波源的频率相等，即在不涉及相对论效应时，有$\lambda'=\lambda$. 因此，单位时间内，观察者接收到的完整波形的数目，即观察者实际接收到的波的频率，为

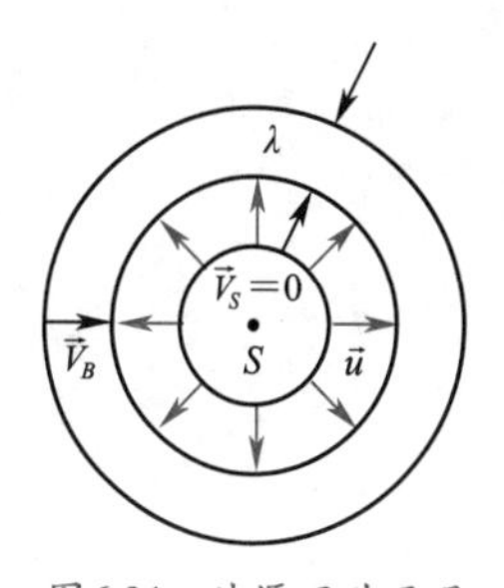

图6.31 波源不动而观察者向着波源运动的多普勒效应示意

$$\nu_B'=\frac{u'}{\lambda'}=\frac{u+V_B}{\lambda}=\frac{u+V_B}{\dfrac{u}{\nu_S}}=\frac{u+V_B}{u}\nu_S=\left(1+\frac{V_B}{u}\right)\nu_S. \tag{6.53}$$

式（6.53）表明，观察者向着波源运动时，接收到的频率为波源振动频率的$\left(1+\dfrac{V_B}{u}\right)$倍；当观察者远离波源运动时，式（6.53）仍适用，只要将式中V_B取为负值即可，显然，这时观察者所接收到的频率会小于波源的振动频率；特别地，当$V_B=-u$时，$\nu'_B=0$，这就是观察者随着波的传播以波速远离波源运动的情况，当然观察者就接收不到波了.

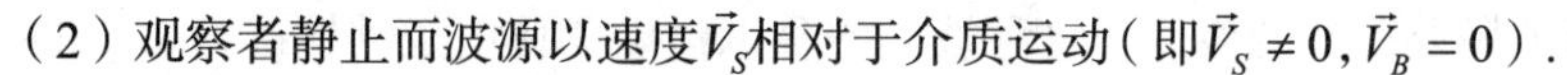

（2）观察者静止而波源以速度$\vec{V}_S$相对于介质运动（即$\vec{V}_S\neq 0,\vec{V}_B=0$）.

如图6.32所示，先假设波源S以速率V_S向着观察者运动. 因为波在介质中的传播速率u只取决于介质的性质，与波源的运动与否无关，所以这时波源S的振动在一个周期内向前传播的距离就等于一个波长，即$\lambda=uT$. 但由于波源向着观察者运动，V_S为正，所以在一个周期内波源也在波的传播方向上移动了V_ST的距离而达到S'点，结果使一个完整的波被挤压在$S'O$之间，这就相当于波长减少为$\lambda'=\lambda-V_ST$. 因此，观察者在单位时间内接收到的完整波的数目，即观察者接收到的频率，为

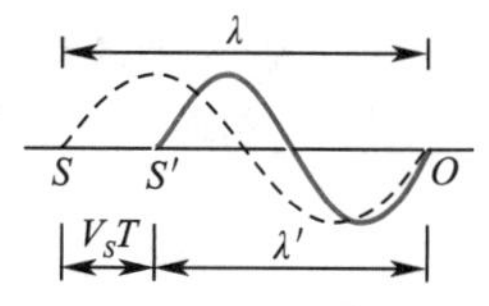

图6.32 观察者不动而波源向着观察者运动的多普勒效应示意

$$\nu_B'=\frac{u'}{\lambda'}=\frac{u}{\lambda-V_ST}=\frac{u}{uT-V_ST}=\frac{u}{u-V_S}\nu_S \tag{6.54}$$

式（6.54）表明：波源向着观察者运动时，观察者接收到的频率为波源振动频率的$\dfrac{u}{u-V_S}$倍，比波源频率要高；若波源远离观察者运动，则式（6.54）依然适用，只是V_S应取负值，所以此时观察者接收到的频率ν'_B将小于波源的振动频率.

由式（6.54），当$V_S\to u$时，接收频率ν'_B应趋于无穷大，但这是不可能的. 当接收频率越来越高时，波长λ'越来越短，当λ'小于组成介质的分子间距时，介质对于此波列不再是连续的了，波列也就不能传播了.

（3）波源和观察者同时相对于介质运动（即$\vec{V}_S\neq 0$，$\vec{V}_B\neq 0$）.

综合以上两种情况可知，当观察者以V_B相对于介质运动时，相对观察者来说，波速变为$u'=u+V_B$；而波源以V_S相对于介质运动时，相当于使波长变

为$\lambda' = \lambda - V_S T$．当波源和观察者同时运动时，观察者接收到的波的频率为

$$\nu'_B = \frac{u'}{\lambda'} = \frac{u + V_B}{uT - V_S T} = \frac{u + V_B}{u - V_S}\nu_S. \tag{6.55}$$

式中，当观察者与波源接近时，V_B和V_S取正值，远离时V_B和V_S取负值．

从以上讨论可以得出结论：在多普勒效应中，不论是波源还是观察者运动，或二者都运动，当波源和观察者接近时，观察者接收到的频率ν'总是大于波源振动的频率ν；当波源和观察者远离时，ν'总是小于ν.

*冲击波

若波源的运动速率V_S大于波在介质中的传播速率u，按照式（6.54）计算可知，这时接收频率ν'_B为负值，仅就这一点而言，它在物理上是无意义的．但波源运动速率大于波在介质中的传播速率的问题，在现代科学技术中却越来越重要．

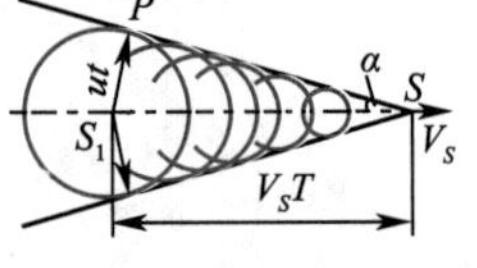

图6.33　冲击波形成原理示意

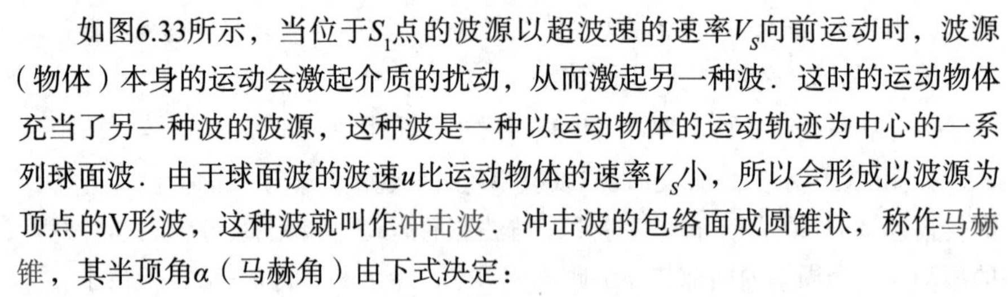

如图6.33所示，当位于S_1点的波源以超波速的速率V_S向前运动时，波源（物体）本身的运动会激起介质的扰动，从而激起另一种波．这时的运动物体充当了另一种波的波源，这种波是一种以运动物体的运动轨迹为中心的一系列球面波．由于球面波的波速u比运动物体的速率V_S小，所以会形成以波源为顶点的V形波，这种波就叫作冲击波．冲击波的包络面成圆锥状，称作马赫锥，其半顶角α（马赫角）由下式决定：

$$\sin\alpha = \frac{u}{v_S}. \tag{6.56}$$

$M = \frac{v_S}{u}$称为马赫数．由此可见，在u一定时，随V_S的增大，V形波愈加变得尖锐．如果这个冲击波是声波，那么必然是在运动物体通过之后人们才能听到其声音．这就是超音速飞机飞过我们头顶之后，我们才听到强烈响声的原因．

当冲击波产生时，除伴有尖锐的噪声外，还有剧烈的打击感．例如原子弹爆炸时，产生的高温气体速率高达1000km·s^{-1}，它比声速要大很多，其产生的冲击波就具有极大的破坏力．

超音速飞机在空中飞行时，在机头前方产生的冲击波会造成压强的突变，给飞机附加很大的阻力，消耗发动机的能量．因此，减弱冲击波的强度是超音速飞机（包括导弹等）设计中的重大课题．而宇宙飞船重返大气层时会像流星一样带着熊熊烈火，形成热障，如何利用宇宙飞船船头形成的冲击波来化解热障，则是另一个方向的重大课题．当带电粒子以超过光在介质中的传播速率通过介质时，同样会产生冲击波并引发电磁辐射，这种辐射称为切伦科夫辐射．利用切伦科夫辐射原理制成的闪烁计数器已广泛应用于高能物理、农学、医学及生物学中．

例6.11 图6.34中A和B两处各有一汽笛，频率均为500Hz．假设A处汽笛处于静止状态，而B处汽笛以60 $m \cdot s^{-1}$的速率沿AB的连线向右运动．在两汽笛的连线之间的O点，一观察者以30 $m \cdot s^{-1}$的速率沿着连线向右运动．已知空气中的声速为330 $m \cdot s^{-1}$，求：

（1）观察者听到来自A处汽笛的频率；

（2）观察者听到来自B处汽笛的频率；

（3）观察者听到的频拍．

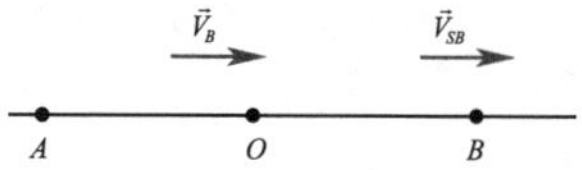

图6.34 例6.11图

解 在$\nu_B' = \dfrac{u + V_B}{u - V_S}\nu_S$[式（6.55）]中，$u = 330\ m \cdot s^{-1}$，$V_{SA} = 0$，$V_{SB} = 60\ m \cdot s^{-1}$，$V_B = 30 m \cdot s^{-1}$，$\nu_S = 500Hz$.

（1）由于观察者远离波源A运动，V_B应取负号．观察者听到来自A处汽笛的频率是

$$\nu_B' = \frac{u + V_B}{u - V_S}\nu_S = \frac{330 + (-30)}{330 - 0} \times 500 \approx 454.5(Hz).$$

（2）由于观察者向着波源B运动，V_B应取正号；而波源B远离观察者运动，V_{SB}也应取负号．观察者听到来自B处汽笛的频率是

$$\nu_B'' = \frac{u + V_B}{u - V_S}\nu_S = \frac{330 + 30}{330 - (-60)} \times 500 \approx 461.5(Hz).$$

（3）观察者听到的频拍是

$$\Delta\nu = |\nu_B' - \nu_B''| \approx 7(Hz).$$

例6.12 利用多普勒效应监测汽车行驶的速率．一固定的超声波源发出频率为100kHz的超声波．当汽车向超声波源迎面驶来时，与超声波源安装在一起的接收器接收到从汽车反射回来的超声波的频率为110kHz．设空气中的声速为330 $m \cdot s^{-1}$，试计算汽车的行驶速率．

解 解此问题分两步．第一步，波向着汽车传播并被汽车接收，此时波源是静止的，汽车作为观察者向着波源运动．设汽车的行驶速率为V_B，则汽车接收到的超声波的频率是

$$\nu_B' = \frac{u + V_B}{u - V_S}\nu_S = \frac{u + V_B}{u}\nu_S,$$

式中ν_S是静止的超声波源的原频率．

第二步，超声波从汽车反射回来，而汽车以速率V_B向着接收器运动，汽车反射波的频率就是接收器接收到的波的频率ν_B'，接收器此时是观察者，它所接收到的频率是

$$\nu_B'' = \frac{u}{u - V_B}\nu_B' = \frac{u + V_B}{u - V_B}\nu_S.$$

将上式整理后可得汽车的行驶速率为

$$V_B = \frac{\nu_B'' - \nu_S}{\nu_B'' + \nu_S}u = \frac{110 - 100}{110 + 100} \times 330 \approx 15.7(m \cdot s^{-1}) \approx 56.5(km \cdot h^{-1}).$$

例6.13 利用多普勒效应测飞行物高度. 如图6.35所示，飞机在上空以速率$V_S = 200\text{m}\cdot\text{s}^{-1}$沿水平直线飞行，发出频率为$\nu_S = 2000\text{Hz}$的声波. 当飞机飞过静止于地面的观察者上空时，观察者在4s内测出的声波频率由$\nu_{B1} = 2400\text{Hz}$降为$\nu_{B2} = 1600\text{Hz}$. 已知声波在空气中的速率为$u = 330\text{m}\cdot\text{s}^{-1}$，试求飞机的飞行高度.

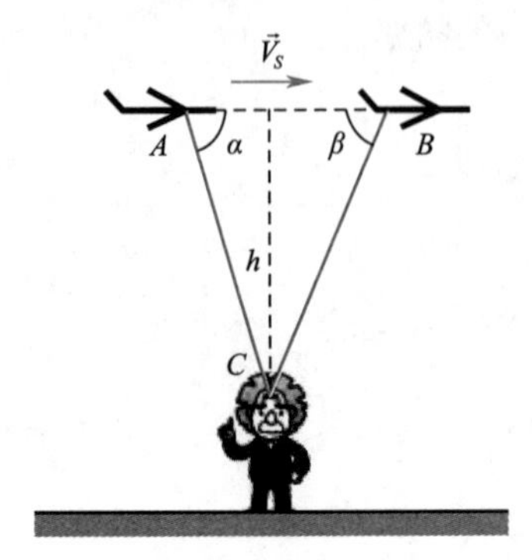

图6.35 例6.13图

解 按题意，飞机在4s内经过观察者所在地点C的上空，且飞机在4s内飞行的距离是

$$AB = V_S t = h(\cot\alpha + \cot\beta),$$

声波沿AC和BC方向的分速度大小分别为

$$V_{SAC} = V_S\cos\alpha, V_{SBC} = V_S\cos\beta.$$

由多普勒效应可得观察者接收到的来自A点和B点的声波频率分别为

$$\nu_{B1} = \frac{u}{u - V_{SAC}}\nu_S = \frac{u}{u - V_S\cos\alpha}\nu_S,$$

$$\nu_{B2} = \frac{u}{u + V_{SBC}}\nu_S = \frac{u}{u + V_S\cos\beta}\nu_S.$$

由上述两式可得

$$\cos\alpha = \frac{\nu_{B1} - \nu_S}{\nu_{B1}V_S}u = \frac{2400 - 2000}{2400\times 200}\times 330 = 0.275,$$

$$\cos\beta = \frac{\nu_S - \nu_{B2}}{\nu_{B2}V_S}u = \frac{2000 - 1600}{1600\times 200}\times 330 \approx 0.413.$$

因此，飞机的飞行高度是

$$h = \frac{V_S t}{\cot\alpha + \cot\beta} = \frac{V_S t}{\dfrac{\cos\alpha}{\sqrt{1-\cos^2\alpha}} + \dfrac{\cos\beta}{\sqrt{1-\cos^2\beta}}} \approx 1.08\times 10^3(\text{m}).$$

1. 平面简谐波的表达式

（1）表达式 $y = A\cos\left[\omega\left(t \mp \frac{x}{u}\right) + \varphi_0\right]$

（2）描述波函数的物理量

- 周期 $T = \frac{2\pi}{\omega} = \frac{1}{v}$
- 波数 $k = \frac{2\pi}{\lambda}$
- 相速度 $u = \frac{\lambda}{T} = \lambda v$

2. 波动微分方程与波速

（1）波动微分方程 $\frac{\partial^2 y}{\partial x^2} = \frac{1}{u^2}\frac{\partial^2 y}{\partial t^2}$

（2）波速（弹性介质）

- 固体中 $u_{\perp} = \sqrt{\frac{G}{\rho}}$ $u_{\parallel} = \sqrt{\frac{E}{\rho}}$
- 流体中 $u_{\parallel} = \sqrt{\frac{B}{\rho}}$

3. 波动的能量

（1）平均能量密度 $\bar{w} = \frac{1}{2}\rho\omega^2 A^2$

（2）平均能流密度（即波强） $I = \frac{1}{2}\rho\omega^2 A^2 u$

4. 波的叠加和干涉

（1）惠更斯原理：波动传播到的各点都可以看作发射子波的新的波源；其后在任一时刻，这些子波的包迹就是新的波阵面.

（2）叠加原理：几列波在同一介质中传播并相遇时，各列波均保持原来的特性（频率、波长、振动方向、传播方向）传播，在相遇点各点的振动是各列波单独到达该处引起的振动的合成.

（3）波的干涉：一种稳定的叠加图像.

- 相干条件：两列波频率相同、振动方向相同、在相遇点有恒定的相位差.
- 干涉相长和干涉相消的条件：

若$\varphi_{10}=\varphi_{20}$，则当波程差

$$\delta=r_2-r_1=\begin{cases}k\lambda, & \text{干涉相长},\\(2k+1)\dfrac{\lambda}{2}, & \text{干涉相消}.\end{cases}\quad(k=0,\pm1,\pm2,\cdots)$$

若$\varphi_{10}\neq\varphi_{20}$，则在相遇点的相位差

$$\Delta\varphi=(\varphi_{20}-\varphi_{10})-\frac{2\pi}{\lambda}(r_2-r_1)=\begin{cases}2k\pi, & \text{干涉相长},\\(2k+1)\pi, & \text{干涉相消}.\end{cases}\quad(k=0,\pm1,\pm2,\cdots)$$

（4）驻波：两列振幅相同、相向传播的相干波在介质中叠加后形成的波.

- 波节和波腹：相邻两个波节（腹）之间的间距为$\dfrac{\lambda}{2}$，相邻波节、波腹之间的间距为$\dfrac{\lambda}{4}$；相邻两波腹间各点的振幅随x按余弦规律变化.
- 相位分布特点：相邻两个波节之间所有质点的振动相位为同相、同步振动；任一波节两侧的质点振动相位为反相，相位差为π.
- 半波损失（又称为相位突变）：波在反射时发生π的相位突变的现象；条件是正入射，且由波疏介质入射到波密介质上反射；当有半波损失时，界面一定形成波节.

5. 多普勒效应

当波源或观察者（或者二者同时）相对于介质有相对运动时，观察者接收到的波的频率与波源的振动频率不同. 这类现象称为多普勒效应.

（1）波源静止而观察者以$\vec{V}_B$相对于介质运动，观察者接收到的频率为

$$\nu'_B=\left(1+\frac{V_B}{u}\right)\nu_S.$$

（2）观察者静止而波源以速度$\vec{V}_s$相对于介质运动，观察者接收到的频率为

$$\nu'_B=\frac{u}{u-V_S}\nu_S.$$

（3）波源和观察者同时相对于介质运动，观察者接收到的频率为

$$\nu'_B=\frac{u+V_B}{u-V_S}\nu_S.$$

上述三式中，接收器与波源相互运动靠近时，V_B、V_S取正值；相互远离时，V_B、V_S取负值.

6.1 横波以波速$\vec{u}$沿x轴负方向传播．t时刻的波形如图6.36所示，则该时刻（　　）.

A．A点的振动速度最大　　B．B点静止不动

C．C点向下运动　　D．D点振动速度小于零

6.2 图6.37（a）所示为$t=0$时简谐波的波形图，波沿x轴正方向传播．图6.37（b）为一质点的振动曲线．图6.37（a）所表示的$x=0$处质点振动的初相位与图6.37（b）所表示的质点振动的初相位分别是（　　）.

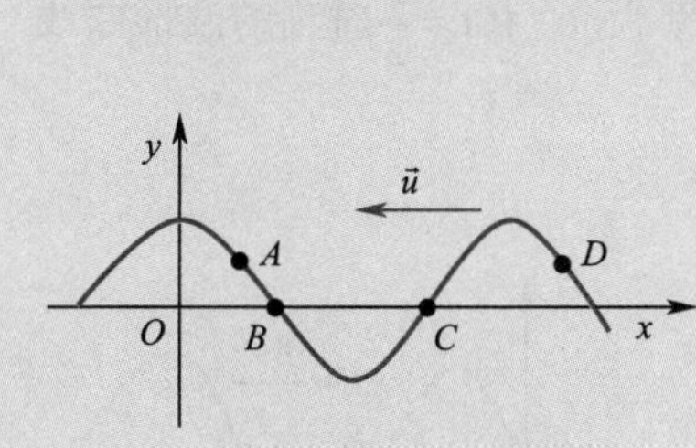

图6.36　6.1题图

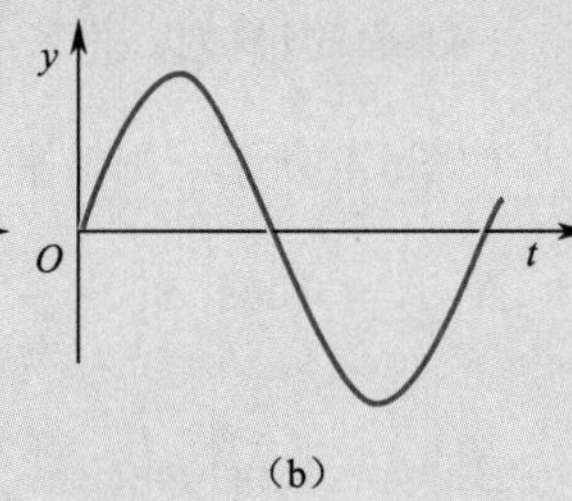

图6.37　6.2题图

A．均为零　　B．均为$\frac{\pi}{2}$　　C．均为$-\frac{\pi}{2}$　　D．$\frac{\pi}{2}$与$-\frac{\pi}{2}$　　E．$-\frac{\pi}{2}$与$\frac{\pi}{2}$

6.3 若一平面简谐波的波函数是$y=A\cos(Bt-Cx)$，式中A,B,C均为正常数，则（　　）.

A．波速为C　　B．周期为$\frac{1}{B}$

C．波长为$\frac{2\pi}{C}$　　D．角频率为$\frac{2\pi}{B}$

6.4 一横波沿x轴负方向传播，t时刻的波形曲线如图6.38所示，则在$t+\frac{T}{4}$时刻，x轴上的点1, 2, 3的振动位移分别是（　　）.

A．$A, 0, -A$　　B．$-A, 0, A$

C．$0, A, 0$　　D．$0, -A, 0$

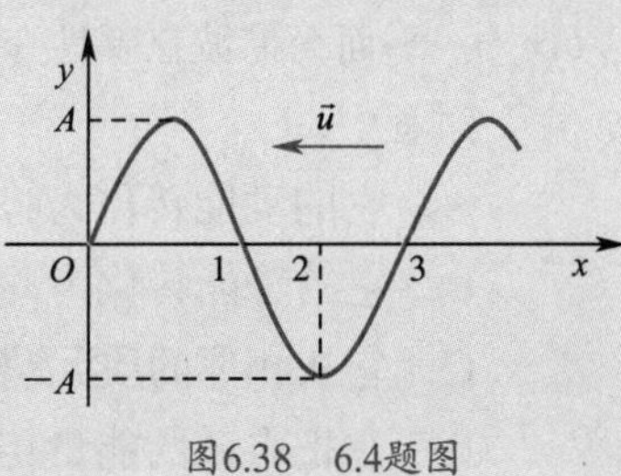

图6.38　6.4题图

6.5 已知一平面简谐波的波函数是$y=A\cos(at-bx)$（a，b均为正常数），则（　　）.

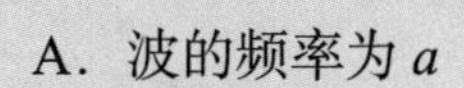

A．波的频率为a　　B．波的传播速率为$\frac{b}{a}$

C．波长为$\frac{\pi}{b}$　　D．波的周期为$\frac{2\pi}{a}$

6.6 一平面简谐波以速率u沿x轴负方向传播，在$t=t'$时刻的波形曲线如图6.39所示，则原点O处质点的振动方程为（　　）.

A．$y=a\cos\left[\frac{u}{b}(t-t')+\frac{\pi}{2}\right]$

B．$y=a\cos\left[2\pi\frac{u}{b}(t-t')-\frac{\pi}{2}\right]$

C．$y=a\cos\left[\pi\frac{u}{b}(t+t')+\frac{\pi}{2}\right]$

D．$y=a\cos\left[\pi\frac{u}{b}(t-t')-\frac{\pi}{2}\right]$

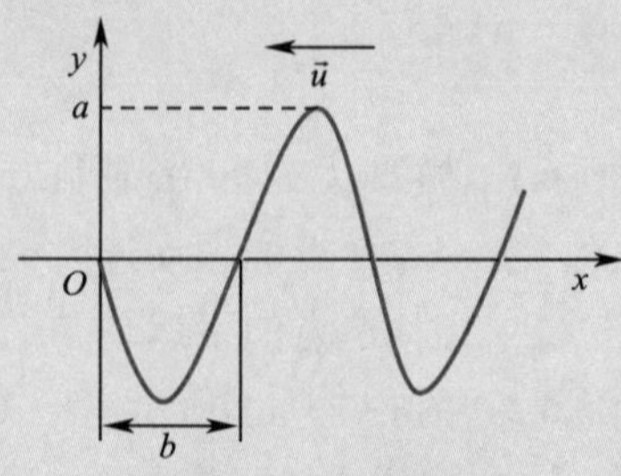

图6.39　6.6题图

6.7 一平面简谐波以速率u沿x轴负方向传播，其角频率为ω．在$t=\frac{T}{4}$时刻的波形曲线如图6.40所示，则该平面简谐波的波函数为（　　）.

A．$y=A\cos\left[\omega\left(t-\frac{x}{u}\right)\right]$

B．$y=A\cos\left[\omega\left(t-\frac{x}{u}\right)+\frac{\pi}{2}\right]$

C．$y=A\cos\left[\omega\left(t+\frac{x}{u}\right)\right]$

D．$y=A\cos\left[\omega\left(t+\frac{x}{u}\right)+\pi\right]$

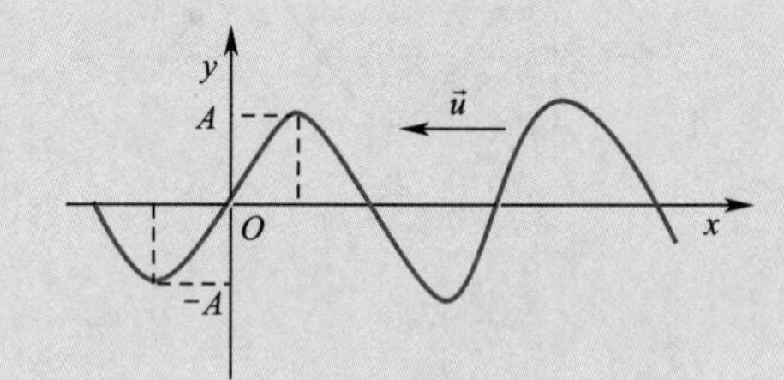

图6.40　6.7题图

6.8 一平面简谐波在弹性介质中传播时，某一时刻一介质质元处于负的最大位移处，则它的能量是（　　）.

A．动能为零，势能最大　　B．动能为零，势能为零

C．动能最大，势能最大　　D．动能最大，势能为零

6.9 一平面简谐波在弹性介质中传播，一介质质元在从平衡位置运动到最大位移处的过程中，（　　）.

A．它的动能转化为势能

B．它的势能转化为动能

C．它从相邻的质元获得能量，其能量逐渐增大

D．它把自己的能量传给相邻的质元，其能量逐渐减小

6.10 如图6.41所示，两列波长为λ的相干波在P点相遇．波在S_1点振动的初相位为φ_1，S_1到P点的距离为r_1；波在S_2点振动的初相位为φ_2，S_2到P点的距离为r_2．用k代表零或正、负整数，则P点是干涉极大的条件为（　　）.

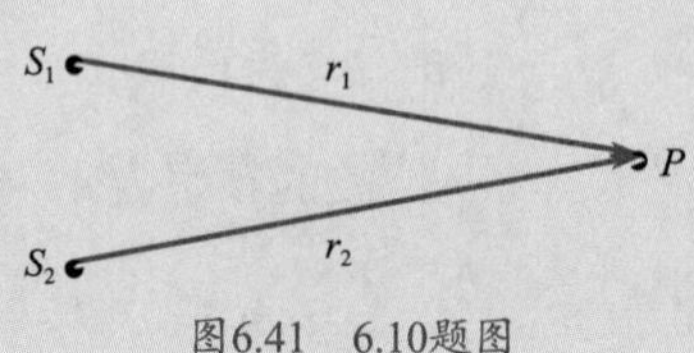

图6.41　6.10题图

A. $r_2 - r_1 = k\lambda$　　B. $\varphi_2 - \varphi_1 = 2k\pi$

C. $\varphi_2 - \varphi_1 + \frac{2\pi}{\lambda}(r_2 - r_1) = 2k\pi$　　D. $\varphi_2 - \varphi_1 + \frac{2\pi}{\lambda}(r_1 - r_2) = 2k\pi$

6.11 在驻波中，两个相邻波节之间各质元的振动（　　）.

A. 振幅相同，相位相同　　B. 振幅不同，相位相同

C. 振幅相同，相位不同　　D. 振幅不同，相位不同

6.12 在驻波中，一个波节的两侧各质元的振动（　　）.

A. 对称点的振幅相同，相位相同　　B. 对称点的振幅不同，相位相同

C. 对称点的振幅相同，相位相反　　D. 对称点的振幅不同，相位相反

6.13 在波长为λ的驻波中，两相邻波腹之间的距离是（　　）.

A. λ　　B. $\frac{\lambda}{2}$　　C. $\frac{3\lambda}{4}$　　D. $\frac{\lambda}{4}$

6.14 在波长为λ的驻波中，两相邻波节之间的距离是（　　）.

A. λ　　B. $\frac{\lambda}{2}$　　C. $\frac{3\lambda}{4}$　　D. $\frac{\lambda}{4}$

6.15 在波长为λ的驻波中，相邻波节和波腹之间的距离是（　　）.

A. λ　　B. $\frac{\lambda}{2}$　　C. $\frac{3\lambda}{4}$　　D. $\frac{\lambda}{4}$

6.16 某时刻驻波波形曲线如图6.42所示，则a, b两点相位差是（　　）.

A. π

B. $\frac{\pi}{2}$

C. $\frac{5\pi}{4}$

D. 0

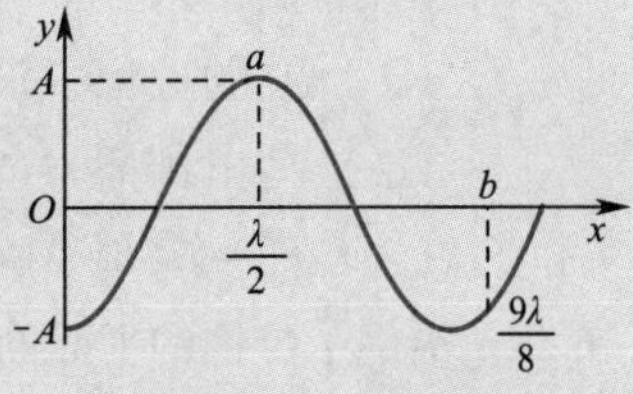

图6.42　6.16题图

6.17 设声波在介质中的传播速率为u，声源的频率为v_S. 若声源S不动，而接收器R相对于介质以速率V_B沿着S和R的连线向声源S运动，则位于S和R连线中点的质点P的振动频率为（　　）.

A. v_S　　B. $\frac{u+V_B}{u}v_S$　　C. $\frac{u}{u+V_B}v_S$　　D. $\frac{u}{u-V_B}v_S$

6.18 一机动车静止时其汽笛鸣叫声的频率为750Hz，现机动车以$90\text{km}\cdot\text{h}^{-1}$的速率远离静止的观察者时发出鸣笛声，则观察者听到该鸣笛的频率为（设空气中的声速为$340\ \text{m}\cdot\text{s}^{-1}$）（　　）.

A. 810Hz　　B. 699Hz　　C. 805Hz　　D. 695Hz

6.19 频率为100 Hz、传播速率为$300\text{m}\cdot\text{s}^{-1}$的平面简谐波，波线上两点振动的相位差为$\frac{\pi}{3}$，则此两点相距________m.

6.20 一横波的波函数是$y = 0.02\sin 2\pi(100t-0.4x)$（SI），则振幅是____________，波长是____________，频率是____________，波的传播速率是____________.

6.21 设入射波的表达式为$y_1 = A\cos\left[2\pi\left(\nu t + \frac{x}{\lambda}\right) + \pi\right]$，波在$x = 0$处反射，反射点为一固定端，则反射波的表达式为__________，驻波的表达式为__________，入射波和反射波合成的驻波的波腹所在处的坐标为__________.

6.22 产生机械波的条件是什么？ 两列波叠加产生干涉现象必须满足什么条件？ 满足什么条件的两列波叠加后可形成驻波？ 在什么情况下会出现半波损失？

6.23 波长、波速、周期和频率这4个物理量中，哪些量由传播介质决定？哪些量由波源决定？

6.24 波速和介质质元的振动速度相同吗？它们各表示什么意思？波的能量是以什么速度传播的？

6.25 振动和波动有什么区别和联系？平面简谐波波函数和简谐振动方程有什么不同？又有什么联系？振动曲线和波形曲线有什么不同？行波和驻波有何区别？

6.26 波源向着观察者运动和观察者向着波源运动都会产生频率增高的多普勒效应，这两种情况有何区别？

6.27 已知波源在原点的一列平面简谐波，波函数是$y = A\cos(Bt - Cx)$，式中A, B, C均为正常数．求：

（1）波的振幅、波速、频率、周期与波长；

（2）写出传播方向上距离波源为l处的一点的振动方程；

（3）任一时刻，在波的传播方向上相距为d的两点的相位差．

6.28 沿绳子传播的平面简谐波的波函数为$y = 0.05\cos(10\pi t-4\pi x)$，式中$x$和$y$以m计，$t$以s计．求：

（1）绳子上各质点振动时的最大速度和最大加速度；

（2）$x = 0.2\text{m}$处质点在$t = 1\text{s}$时的相位，它是原点在哪一时刻的相位？这一相位所代表的运动状态在$t = 1.25\text{ s}$时刻到达哪一点？

6.29 图6.43所示是沿x轴传播的平面余弦波在t时刻的波形曲线．（1）若波沿x轴正方向传播，该时刻O, A, B, C各点的振动相位是多少？（2）若波沿x轴负方向传播，上述各点的振动相位又是多少？

6.30 一列平面余弦波沿x轴正方向传播，波速为$5\text{m}\cdot\text{s}^{-1}$，波长为2m，原点处质点的振动曲线如图6.44所示．

（1）写出波函数．

（2）画出$t = 0$时的波形图及距离波源0.5 m处质点的振动曲线．

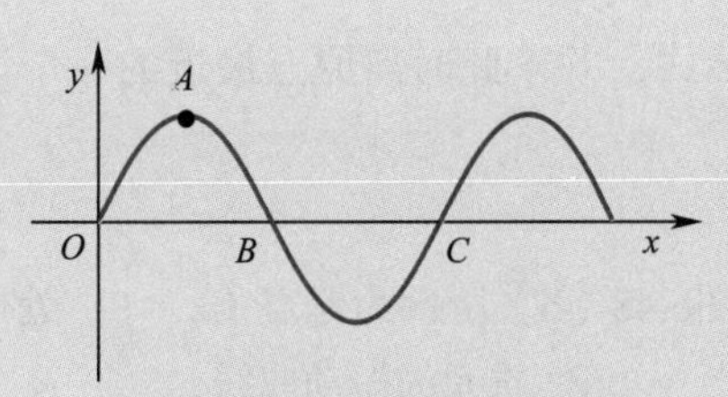

图6.43 6.29题图

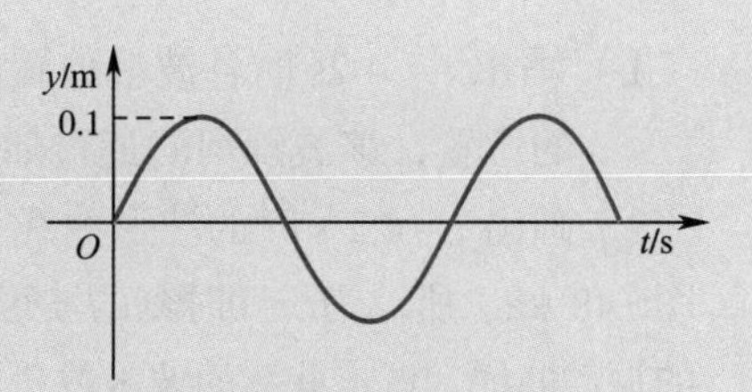

图6.44 6.30题图

6.31 如图6.45所示，已知$t = 0$时和$t = 0.5\text{s}$时的波形曲线分别为图中曲线①和②，周期$T>0.5\text{s}$，波沿x轴正方向传播，试根据图中信息求：（1）波函数；（2）P点的振动方程.

6.32 一列机械波沿x轴正方向传播，$t = 0$时的波形曲线如图6.46所示，已知波速为$10\text{m}\cdot\text{s}^{-1}$，波长为2m，求：

（1）波函数；

（2）P点的振动方程及振动曲线；

（3）P点的坐标；

（4）P点回到平衡位置所需的最短时间.

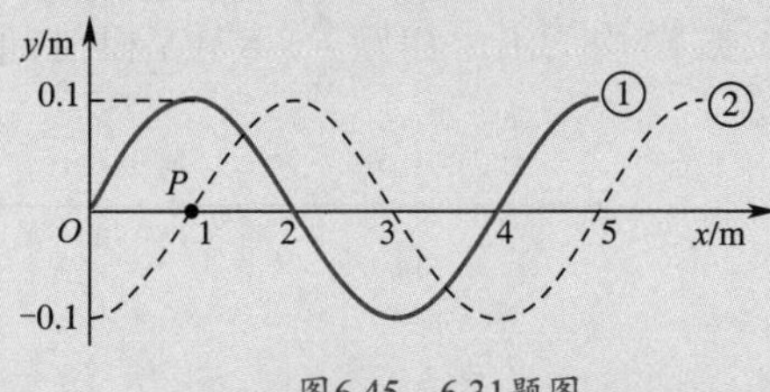

图6.45 6.31题图

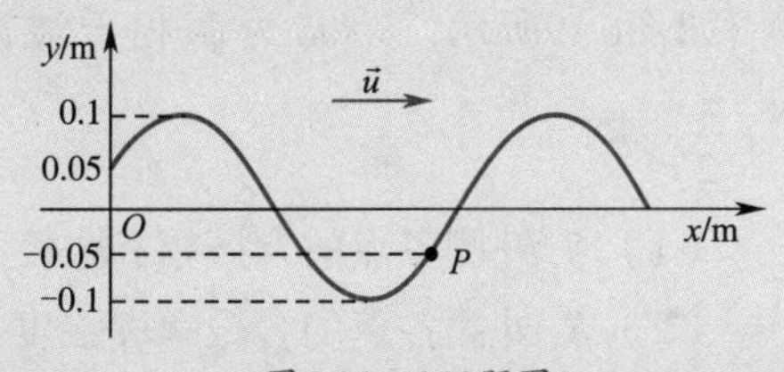

图6.46 6.32题图

6.33 如图6.47所示，有一平面简谐波在空间传播，已知P点的振动方程为$y_P = A\cos(\omega t+\varphi_0)$.

（1）当P点处于图6.47（a）中的（l,0）位置时，请写出平面简谐波的波函数.

（2）当P点处于图6.47（b）中的原点O时，请写出平面简谐波的波函数.

（3）分别写出图6.47（a）和图6.47（b）中距P点距离为b的Q点的振动方程.

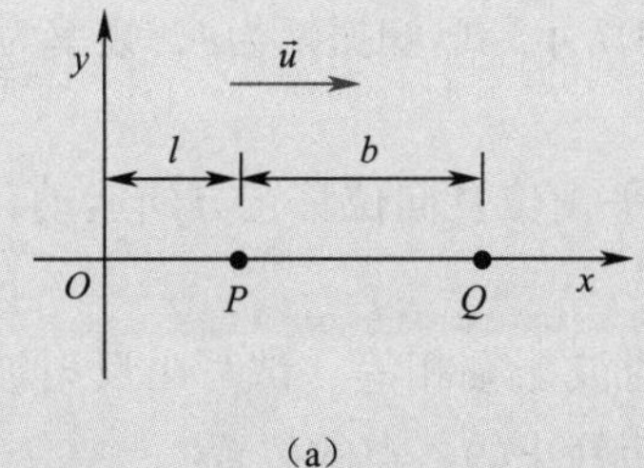

（a）

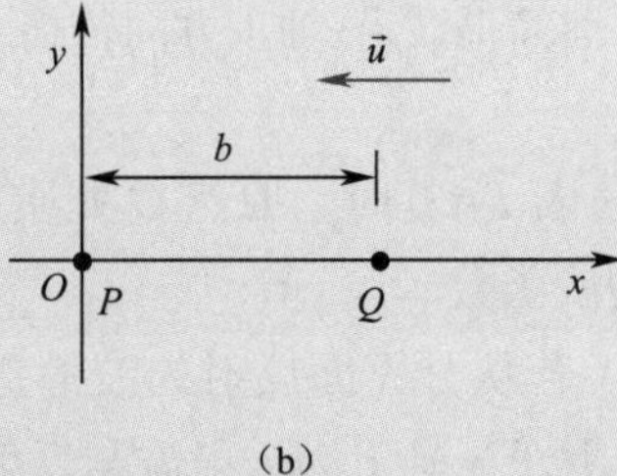

（b）

图6.47 6.33题图

6.34 已知平面简谐波的波函数为

$$y = A\cos\pi(4t+2x)(\text{SI}).$$

（1）写出 $t=4.2\text{s}$ 时各波峰位置的坐标式，并求此时离原点最近的一个波峰的位置，该波峰何时通过原点？

（2）画出 $t=4.2\text{ s}$ 时的波形曲线．

6.35 图6.48（a）所示为$t=0$时刻的波形图，图6.48（b）所示为原点（$x=0$）处质元的振动曲线，试求此波的波函数，并画出$x=2\text{m}$处质元的振动曲线．

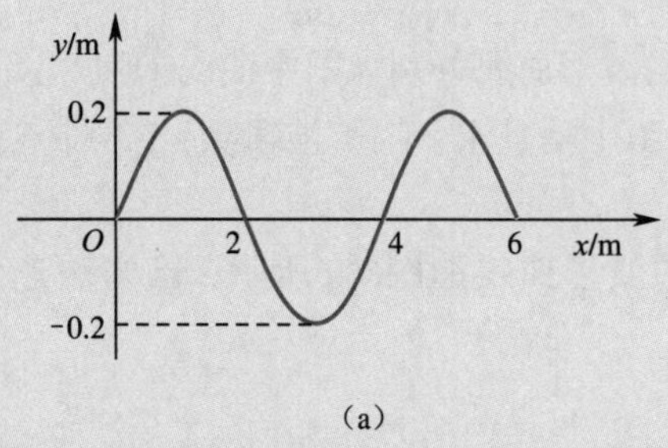

（a）

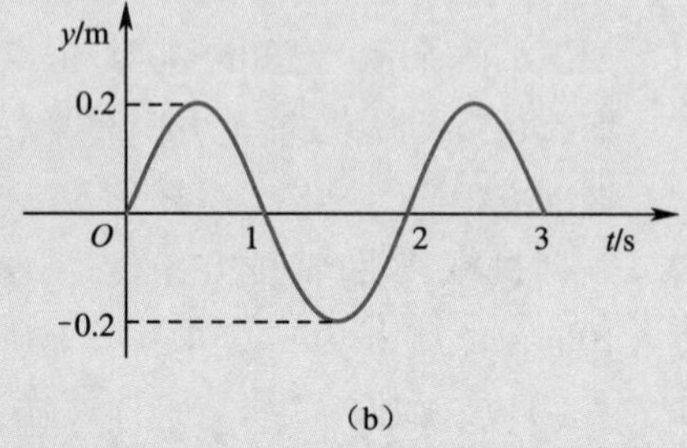

（b）

图6.48　6.35题图

6.36 一平面余弦波，沿直径为14cm的圆柱形管传播，波的强度为$1.8\times10^{-2}\,\text{J}\cdot\text{m}^{-2}\cdot\text{s}^{-1}$，频率为300Hz，波速为$300\text{m}\cdot\text{s}^{-1}$，求波的平均能量密度和最大能量密度．

6.37 如图6.49所示，S_1和S_2为两相干波源，振幅均为A_1，相距$\dfrac{\lambda}{4}$，S_1较S_2相位超前$\dfrac{\pi}{2}$，求：

（1）S_1外侧各点的合振幅和强度；

（2）S_2外侧各点的合振幅和强度．

S_1　S_2

图6.49　6.37题图

6.38 如图6.50所示，设B点发出的平面横波沿BP方向传播，它在B点的振动方程为$y_1=2\times10^{-3}\cos(2\pi t)$（SI）；$C$点发出的平面横波沿$CP$方向传播，它在$C$点的振动方程为$y_2=2\times10^{-3}\cos(2\pi t+\pi)$（SI）．设$BP=0.4\text{m}$，$CP=0.5\text{m}$，波速$u=0.2\text{m}\cdot\text{s}^{-1}$，求：

（1）两波传到P点时的相位差；

（2）当这两列波的振动方向相同时，P点合振动的振幅．

6.39 一平面简谐波沿x轴正方向传播，如图6.51所示．已知振幅为A，频率为ν，波速为u.

（1）若$t=0$时，原点O处质元正好由平衡位置向位移正方向运动，写出此波的波函数．

（2）若从分界面反射的波的振幅与入射波振幅相等，试写出反射波的波函数，并求x轴上因入射波与反射波干涉而静止的各点的位置．

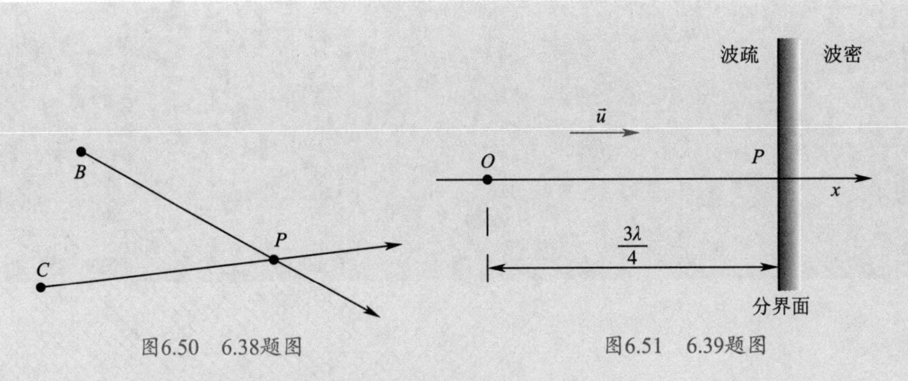

图6.50　6.38题图　　图6.51　6.39题图

6.40 驻波方程为$y=0.02\cos(20x)\cos(750t)$（SI），求：

（1）形成此驻波的两列行波的振幅和波速；

（2）相邻两波节间距离.

6.41 在弦上传播的横波，它的波函数为$y_1=0.1\cos(13t+0.0079x)$（SI），试写出一个波函数，使它表示的波能与这列已知的横波叠加形成驻波，并在$x=0$处为波节.

6.42 两列波在一根很长的细绳上传播，它们的波函数分别为

$$y_1=0.06\cos(\pi x-4\pi t)\quad(\text{SI}),$$
$$y_2=0.06\cos(\pi x+4\pi t)\quad(\text{SI}).$$

（1）试证明绳子将做驻波式振动，并求波节、波腹的位置.

（2）波腹处的振幅多大？ $x=1.2$ m 处振幅多大？

6.43 汽车驶过车站时，车站上的观测者测得汽笛声频率由1200Hz变为了1000Hz，设空气中声速为$330\text{m}\cdot\text{s}^{-1}$，求汽车的速率.

6.44 两列火车分别以$72\text{km}\cdot\text{h}^{-1}$和$54\text{km}\cdot\text{h}^{-1}$的速率相向而行，第一列火车发出一个600Hz的汽笛声，若声速为$340\text{m}\cdot\text{s}^{-1}$，求第二列火车上的观测者听见该声音的频率在相遇前和相遇后分别是多少？

本章习题参考答案

第二篇

热学

热学是研究宏观物体的各种热现象及其相互联系与规律的一门学科．一切与宏观物体冷热状态相关联的自然现象，都称为热现象，而物体的冷热状态通常用温度这个宏观量进行表征．从微观来看，热现象是组成宏观物体的大量微观粒子永不停息、无规则热运动的集体表现．热运动是物质运动的基本形式之一．也可以说，热学是研究物体分子热运动规律的一门学科．

从研究的思路和采用的方法来看，热学又分为宏观理论和微观理论，即热力学和统计物理学两大类．热力学是宏观理论，它是基于大量的实验观察和总结，从能量的观点出发，分析研究在物质状态变化过程中有关热功转换的关系和条件，给出普遍规律和结论．而统计物理学是微观理论，它是基于大量分子做无规则热运动这一基本事实，从物体的微观结构出发，应用统计力学的方法，确定宏观量和微观量之间的对应关系，从微观上给出热现象的本质．统计物理学是研究微观粒子热运动规律的，因此也叫分子动理论．热力学和分子动理论从不同角度来研究热现象，二者是相辅相成的．

第 7 章 气体动理论基础

气体动理论是热现象的微观理论，它是从宏观物体的微观结构出发，并基于分子不停地做热运动这一基本事实，运用统计力学的方法，来揭露物质宏观热现象的本质.

本章首先介绍热学中的系统、平衡态、温度等基本概念；然后从物质的微观结构出发，阐明平衡态下系统的压强和温度的微观本质；接着由能量均分定理导出理想气体的内能公式；最后讨论理想气体分子在平衡态下的几个统计规律.

7.1 平衡态、温度及理想气体物态方程

一、平衡态与状态参量

在热学中，一般的研究对象是由大量微观粒子（分子、原子等）组成的宏观物体，通常称之为热力学系统（或简称系统）. 系统以外的物体统称为外界或环境. 如果一个热力学系统同外界之间既有能量交换又有物质交换，这样的系统称为开放系统. 与外界只有能量交换而无物质交换的系统称为封闭系统. 同外界既无能量交换又无物质交换的系统称为孤立系统.

在不受外界影响的条件下，系统的宏观性质不随时间变化的状态，称为平衡态，否则就是非平衡态. 一定质量的气体装在一定容积的绝热容器里，经过一段时间后，容器中气体的压强和温度处处相同且不随时间变化，这样的状态叫作平衡态. 若系统受到外界的影响，如将一根金属棒的两端分别放在沸水和冰水混合物中，经过一段时间后，虽然金属棒的温度不随时间变化，达到一个稳定状态，称为定常态，但却不是平衡态. 因此，当系统处于平衡态时，必须同时满足两个条件：一是系统与外界没有相互作用，即没有物质和能量的交换；二是系统的宏观性质不随时间变化.

实际中并不存在孤立系统，所以严格来讲，平衡态是一种理想状态. 当系统与外界相互作用时，系统会从一个状态经历一个变化过程而达到另一个状态，其进展速度可以很快，也可以很慢，但往往都是比较复杂的. 此外，从微观角度来看，在平衡态下，组成系统的大量粒子仍在不停地、无规则地运动，只是其运动的平均效果不变，这在宏观上就表现为系统达到平衡. 因此，热力学平衡态又称为热动平衡态.

要研究一个系统的性质及其变化规律，首先要对系统的状态加以描述. 对一个系统的状态从整体上加以描述的方法叫宏观描述，此时所用的表征系统状态和属性的物理量称为宏观量，我们通常采用一些可以被直接测量的量来描述系统的宏观性质，如几何的（体积）、力学的（压强）、热学的（温度）、化学的（摩尔质量、物质的量）等. 从诸多宏观量中选出一组相互独立的参量，来描述系统的平衡态，这些宏观参量叫作系统的状态参量. 对于一般的简单系统，常用体积V、压强p和温度T等作为状态参量. 若是通过对微观粒子运动状态的说明来对系统的状态加以描述，这种方法称为微观描述. 相应地，描述一个微观粒子运动状态的物理量叫作微观量，如分子的质量、速度、动量、能量等.

开尔文

在国际单位制中，宏观状态参量体积V的单位为m^3，温度T的单位为K，压强p的单位是帕斯卡（Pa）.Pa与大气压（atm）及毫米汞柱（mmHg）的关系为

$$1\text{atm} = 760\text{mmHg} = 1.013 \times 10^5\text{Pa}.$$

二、热力学第零定律及温度

温度是热学中用来描述系统状态的一个独特的宏观参量，它表征了物体的冷热程度. 但是人们对冷热感觉的范围有限，并且靠感觉判断物体的冷热程度既不精确也不完全可靠，因此，要定量地表示出系统的温度，不能建立在人们对物体冷热的主观感觉上，而应该建立在热学实验事实基础上，确切地说，是建立在热力学第零定律的基础上.

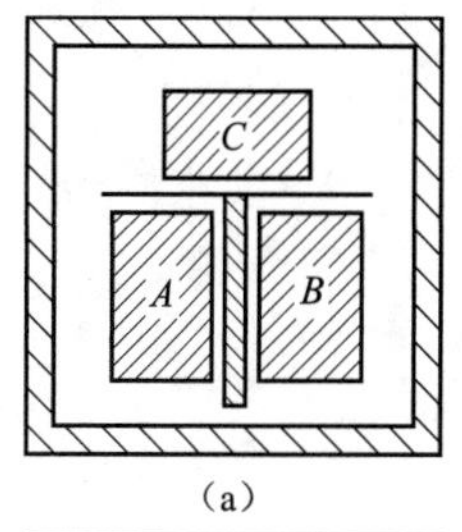

(a)

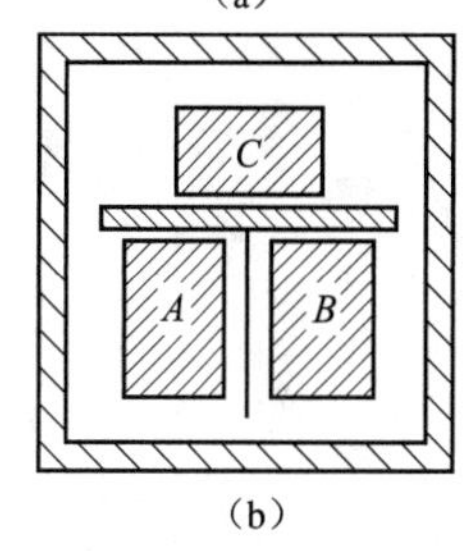

(b)

图7.1 热力学第零定律说明

设有不受外界影响的两个系统A和B，原来各自处在一定的平衡态. 如使A和B两个系统相互接触，实验表明，接触后两个系统的状态都将发生变化. 经过一段时间后，发现A和B的冷热程度变得一致，也就是说，两个系统之间发生了热传递，使两系统最后达到一个共同的平衡态，称之为两系统彼此达到热平衡. 若在最开始将A和B两个系统用绝热壁隔开，并都与第三个系统C热接触，整个装置用绝热壁包裹起来［见图7.1（a）］，经过一段时间后，A与C处于热平衡，B与C也处于热平衡. 此时若再将A和B之间的绝热壁换成透热壁，而与C之间换成绝热壁隔开，实验结果表明，A和B两个系统的状态不会发生变化，即此时A和B也处于热平衡［见图7.1（b）］.

上述实验的结论可以简述如下：与第三个系统处于热平衡的两个系统，彼此也一定处于热平衡. 这个实验定律称为热力学第零定律. 热力学第零定律命名在第一、第二定律之后，而按热力学逻辑而言，它又应该在第一、第二定律之前，所以被称为“第零定律”.它是对实验结果的总结，不是逻辑推理的结果.

热力学第零定律指出，互相处于热平衡的系统具有一个共同的宏观物理性质. 若两系统这一共同性质相同，它们互相接触时不会有热传递；若两系统这一共同性质不相同，则情况正好相反，系统间会有热传导，彼此热平衡状态将会发生变化. 决定系统热平衡的这一共同的宏观物理性质为系统的温度，即温度是反映系统热平衡宏观性质的物理量：两个系统达到热平衡，它们的温度就相同；反之，两系统温度相同，它们彼此必定处于热平衡. 温度相等是两个系统达到热平衡的充分必要条件.

几个系统相互接触达到温度相等的热平衡后，若把它们分开，实验发现，在没有其他影响的情况下，各个系统的热平衡状态不会改变. 这表明，热接触仅仅为热平衡建立创造了条件. 每个系统热平衡时的温度完全取决于系统内部热运动的状态，即温度是反映系统大量分子无规则运动剧烈程度的一个宏观量.

基于热力学第零定律给出的温度的概念，我们可以制订一套定量给出温度量值的方法，这套方法称为温标. 制订一种温标，首先要选择一种物质系统（测温物质），然后选择该系统某个随温度变化明显的状态参量（测温参量）来标志温度，其余参量则保持恒定．如固定压强下的某种液体或某种气体的体积、固定体积下某种气体的压强、金属丝的电阻随温度变化的特性等．测温物质和测温参量选定之后，人为规定温度与测温参量之间的函数关系（即定标方程），来具体给出温度的量值．为了简便起见，一般定标方程取线性函数，如

$$T(x)=kx. \tag{7.1}$$

式（7.1）中k是个待定常数．为确定待定常数k，还需要选择一个易于复现的特定状态作为温度的固定点，并规定这个固定点的温度值．通常选择水的三相点（冰、水和水蒸气三相共存的平衡态）作为固定点，其温度为273.16K．测温物质系统与水的三相点处于热平衡时，测量出其测温参量的值为x_3，那么由式（7.1）可知待定常数k为

$$k=\frac{273.16}{x_3}.$$

综合以上两式，只要测量出测温物质系统的测温参量x的具体数值，即可得出该系统的温度$T(x)$值．这种温标的建立依赖于测温物质及它的测温属性，所以是一种经验温标．

常用的摄氏温标是摄耳修斯（A. Celsius）建立的：选择酒精或水银作为测温物质，液面高度随温度的变化作为测温参量，规定标准状态下水的冰点为0℃，沸点为100℃，然后将0～100℃等分，每份表示1℃，并认定液柱高度（体积）随温度做线性变化，这样就可以根据液柱的高度来指示温度．另一种温标是开尔文在热力学第二定律的基础上建立的，称为热力学温标．根据1987年第18届国际计量大会对国际实用温标的决议，热力学温标为最基本的温标，单位为K．摄氏温标和热力学温标之间的关系为

$$T=t+273.15,$$

即热力学温标的273.15K为摄氏温标的0℃．

三、理想气体物态方程

理想气体是反映各种气体在压强趋于零时具有共同极限性质的一种气体．实验表明，一般气体在密度不太高、压强不太大（与大气压比较）和温度不太低（与室温比较）的条件下，都遵守玻意耳定律、盖吕萨克定律和查理定律．而在任何情况下都能严格遵从上述3个实验定律的气体称为理想气体．

我们知道，当系统处于热平衡态时，表示平衡态的3个状态参量p,V,T之间存在一定的函数关系，我们把这种函数关系叫作系统的物态方程，其具体形式是通过实验来确定的．由气体的3个实验定律可以得到，当质量为M、摩尔质量为μ的理想气体处于平衡态时，它的物态方程为

$$pV=\frac{M}{\mu}RT. \tag{7.2}$$

式中的R是普适气体常量，在国际单位制中$R = 8.31(\mathrm{mol}\cdot\mathrm{K})^{-1}$. 在常温常压下，实际气体都可近似地当作理想气体来处理.

处在平衡态的气体状态可以用一组p,V,T值来表示，也可用以p为纵轴、以V为横轴的$p-V$图上一个确定的点来表示，当然也可以用$p-T$或者$V-T$图上的一个点来表示，每个点对应于系统不同的平衡态. 如果系统经历一个变化的过程，并且过程中每一个状态都可以近似地看作平衡态，那么该过程就可以在$p-V$图上用一条连续的曲线来表示，曲线上的箭头表示过程进行的方向，不同曲线代表不同过程，如图7.2所示.

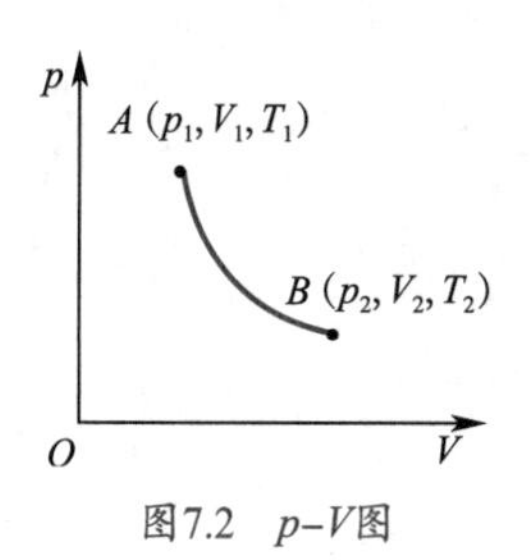

图7.2 $p-V$图

7.2 理想气体的压强和温度公式

宏观物体，也就是热力学系统，是由大量的分子组成的，且不管是固体、液体还是气体，组成这些物体的分子之间都是有一定间隙的，因为典型的实验事实告诉我们，任何物体都是可以被压缩的. 这些分子永不停息地在做无规则的热运动，从扩散现象和布朗运动的实验中，我们可以很清楚地看到这一点. 此外，为什么大量做热运动的分子不会飞散？答案是分子之间存在相互吸引的力. 固体、液体为什么又很难被压缩？这是因为分子间除有引力外，当它们之间的距离太小时，会出现相互排斥的斥力.

若要从微观角度来讨论理想气体，了解其宏观状态（如温度和压强等）与微观粒子热运动之间的关系，首先要建立平衡态下理想气体的微观模型. 此外，由于理想气体的分子也在不停地做热运动和频繁地碰撞，所以我们不能简单地用力学方法来处理分子热运动的问题. 好在虽然个别分子的热运动是杂乱无章、毫无规律的，但就大量分子的集体来看，却又存在一定的统计规律，这就为我们从微观角度来研究热力学系统的热现象提供了方便.

一、理想气体的微观模型和统计假设

从气体动理论来看，理想气体是一种理想化的气体模型，其微观基本假设的内容可以分为两部分：一部分是关于分子个体的理想气体的微观模型；另一部分是关于分子集体的统计假设.

1. 理想气体的微观模型

（1）分子本身的线度和分子之间的平均距离相比小很多，以致可以忽略不计，气体分子可视为质点.

（2）由于分子间距很大，除碰撞瞬间外，分子间相互作用可以忽略不计，因此在两次碰撞之间，分子做匀速直线运动.

（3）气体分子之间及分子与容器壁之间发生的碰撞可以看作完全弹性碰撞，即在碰撞前后气体分子的动能是守恒的.

综上所述，理想气体可以看成由大量做无规则运动、彼此间相互作用可以不予考虑的弹性小球组成的一个理想模型. 虽然理想气体个别分子的热运动遵从经典力学规律，但其状态是极为复杂和难以预测的，而大量分子热运动整体上却呈现出一定的统计规律性，所以我们对平衡态下的理想气体分子，还需要做出一些统计性的假设.

2. 统计假设

（1）平衡态时，气体分子在空间各处出现的概率相同，即分子在空间的分布是均匀的，所以分子数密度n处处相同.

（2）平衡态时，气体分子沿空间各个方向运动的概率是一样的，或者说，分子速度按方向的分布是均匀的，因此，分子速度在各个方向上的平均值相等，如

$$\overline{v_x}=\overline{v_y}=\overline{v_z}=0, \overline{v_x^2}=\overline{v_y^2}=\overline{v_z^2}=\frac{1}{3}\overline{v^2}.$$

二、理想气体压强公式

根据理想气体的微观模型及统计假设，我们来定量地推导理想气体的压强公式. 从微观上看，理想气体对容器壁的压强，是因大量的气体分子对容器壁频繁碰撞而产生的. 每个分子与容器壁相碰，给予容器壁一个冲量，虽是间断、随机进行的，但大量分子相互替续、不断碰撞，犹如密集的雨滴打在伞面上一样，可以看成容器壁受到了持续的压力作用，从而产生了压强.

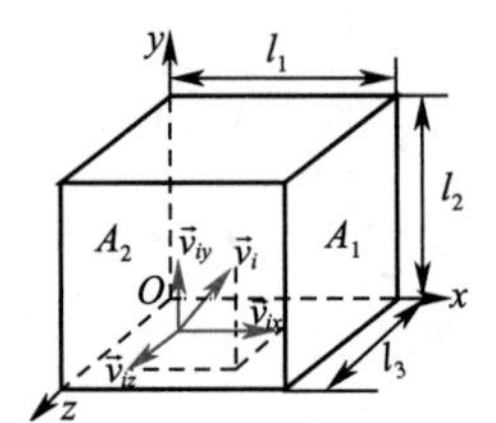

图7.3 压强公式推导图

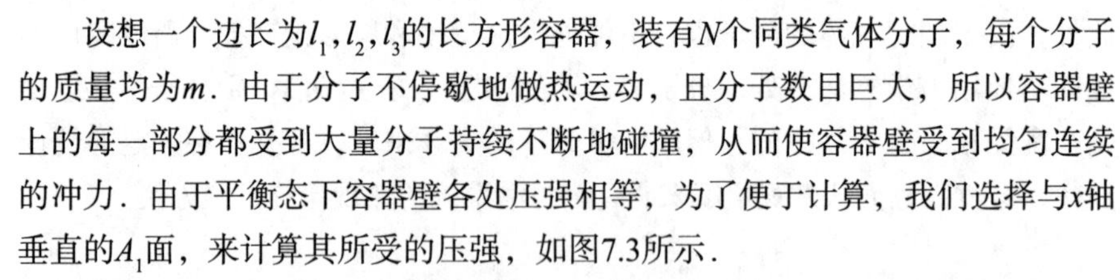

设想一个边长为l_1, l_2, l_3的长方形容器，装有N个同类气体分子，每个分子的质量均为m. 由于分子不停歇地做热运动，且分子数目巨大，所以容器壁上的每一部分都受到大量分子持续不断地碰撞，从而使容器壁受到均匀连续的冲力. 由于平衡态下容器壁各处压强相等，为了便于计算，我们选择与x轴垂直的A_1面，来计算其所受的压强，如图7.3所示.

假设容器中任一分子的速度为$\vec{v_i}$，其沿直角坐标轴3个方向的速度分量分别为$\vec{v_{ix}}$, $\vec{v_{iy}}$, $\vec{v_{iz}}$. 当该分子与容器壁A_1碰撞时，由于碰撞是弹性的，分子在x轴方向上的动量大小由mv_{ix}变为$-mv_{ix}$. 根据动量定理，容器壁A_1给予分子的冲量等于分子动量的改变量，即

$$\Delta p_{ix}=(-mv_{ix})-(mv_{ix})=-2mv_{ix}.$$

根据牛顿第三定律，该次碰撞分子给予容器壁A_1一个大小相等、方向相反的冲量$2mv_{ix}$.

分子在与A_1碰撞后以$-v_{ix}$弹回，飞向A_2面并与A_2面碰撞后以v_{ix}弹回，并再次与A_1面碰撞. 在与A_1面相继两次的碰撞过程中，分子沿x轴所移动的距离是

$2l_1$，所经历的时间为$\frac{2l_1}{v_{ix}}$，那么单位时间内该分子与A_1面碰撞的次数为$\frac{v_{ix}}{2l_1}$. 于是在单位时间内，分子作用在A_1面上总的冲量大小就为$2mv_{ix}\cdot\frac{v_{ix}}{2l_1}$，作用于$A_1$面上的力的平均值为

$$\overline{F_i}=2mv_{ix}\cdot\frac{v_{ix}}{2l_1}=\frac{mv_{ix}^2}{l_1}.$$

以上讨论的是一个分子对容器壁的碰撞，考虑到实际情况，容器中有大量的分子都在与A_1面进行碰撞，需对所有分子给予A_1面的作用力求和，有

$$\overline{F}=\sum_{i=1}^{N}\overline{F_i}=\frac{m}{l_1}\sum_{i=1}^{N}v_{ix}^2.$$

按压强的定义有

$$p=\frac{\overline{F}}{l_2l_3}=\frac{m}{l_1l_2l_3}\sum_{i=1}^{N}v_{ix}^2=\frac{mN}{l_1l_2l_3N}\sum_{i=1}^{N}v_{ix}^2.$$

这里$\frac{N}{l_1l_2l_3}$为单位体积内的分子数，即分子数密度n. $\frac{1}{N}\sum_{i=1}^{N}v_{ix}^2$为$x$轴方向上速度分量平方的平均值，记为$\overline{v_x^2}$，所以上式可以写成$p=nm\overline{v_x^2}$.

再根据前面的统计假设，压强p可以表示为

$$p=\frac{1}{3}nm\overline{v^2}=\frac{2}{3}n\left(\frac{1}{2}m\overline{v^2}\right),$$

定义$\overline{\varepsilon_k}=\frac{1}{2}m\overline{v^2}$为分子的平均平动动能，它表示分子平动动能的平均值，则上式可以表示为

$$p=\frac{2}{3}n\overline{\varepsilon_k}. \tag{7.3}$$

式（7.3）称为理想气体的压强公式. 从这个公式可以看出，气体作用于容器壁的压强，正比于分子数密度和分子的平均平动动能，即分子数密度越大，压强越大；分子的平均平动动能越大，压强也越大. 式（7.3）给出了系统的宏观量压强p和微观量统计平均值$\overline{\varepsilon_k}$及分子数密度n之间的关系，而统计平均值只对大数粒子系统有意义，因此，说个别分子或者少量分子产生多大压强是没有意义的.

压强公式的其他推导方法

三、温度的本质和统计意义

由理想气体物态方程和压强公式，可以得到气体的温度与分子平均平动动能之间的关系，进而可以说明温度这一宏观量的微观本质.

可将理想气体物态方程［式（7.2）］改写成

$$pV = \frac{mN}{mN_A}RT,$$

可得$p = \frac{N}{V} \cdot \frac{R}{N_A}T$．式中$N_A = 6.02 \times 10^{23}\,\text{mol}^{-1}$，为阿伏加德罗常数．两个常数的比值为$k = \frac{R}{N_A} = 1.38 \times 10^{23}\,\text{J} \cdot \text{K}^{-1}$，叫作玻尔兹曼常量．因此，理想气体物态方程可以表示为

$$p = nkT. \tag{7.4}$$

将式（7.4）与压强公式［式（7.3）］比较，得到温度公式

$$\overline{\varepsilon_k} = \frac{1}{2}m\overline{v^2} = \frac{3}{2}kT. \tag{7.5}$$

式（7.5）给出了系统的宏观量温度T与微观量统计平均值$\overline{\varepsilon_k}$之间的关系，说明温度与分子的平均平动动能成正比，即气体的温度是分子平均平动动能的量度，给出了温度的统计意义，揭示了其微观本质．由于$\overline{\varepsilon}_k$是平动动能的统计平均值，故温度是大量气体分子热运动的集体表现，对于个别分子或者少量分子，谈温度也是没有意义的．

若有两种气体处于热平衡状态，也即两个系统的温度相等，那么由式（7.5）可以看出，这两种气体分子的平均平动动能也相等．反过来，如果两种气体分子的平均平动动能相等，则两种气体的温度相等，把它们放在一起进行热接触，两种气体之间将没有宏观的能量传递．因此，温度是表征气体处于热平衡状态的物理量，这也是热力学第零定律的微观机理．

7.3 能量均分定理与理想气体的内能

前面在讨论理想气体分子的热运动时，忽略了每个分子的大小和形状，将它们视作质点，只考虑了分子的平动．实际上，气体分子是有结构且比较复杂的，一般来讲不能看作质点．因此，分子的运动形式不光有平动，还有转动，以及分子内原子间的振动．在计算分子热运动的能量时，也应该将这些运动形式的能量计算在内．为了用统计方法来推算分子的总动能，需要引用力学中有关自由度的概念．

一、自由度

所谓自由度，是指在确定一个物体的空间位置时，所需要的独立坐标的数目，常用i来表示．

按分子结构来划分，气体分子可以是单原子分子（如He等）、双原子分子（如O_2等）、多原子分子（如H_2O、NH_3等），其结构如图7.4所示．若分子内的原子之间，距离保持不变，即不考虑分子内部出现振动，这种分子称为刚性分子；否则称为非刚性分子．在常温下，大多数分子的振动可以不予考虑，所以这里我们把气体分子都看成刚性分子．

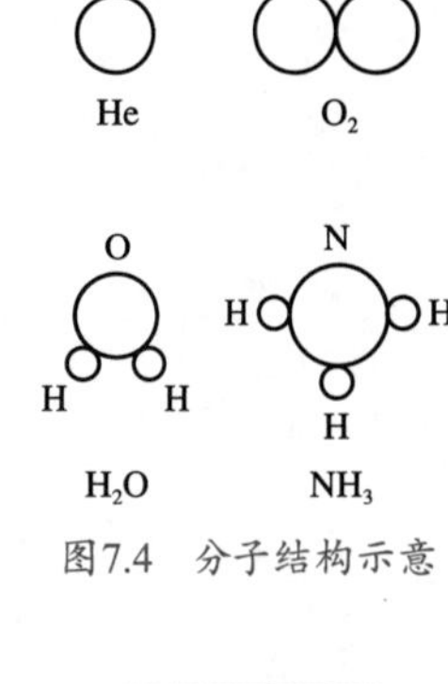

图7.4 分子结构示意

刚性分子的自由度

由于原子很小，单原子分子仍可视作质点，确定一个自由的单原子分子在空间中的位置，只需要3个独立的坐标就可以了，因此单原子气体分子有3个平动自由度．双原子分子可看作两个质点通过一个刚性键连接在一起（哑铃型），确定其质心的位置需要3个坐标，故其也有3个平动自由度．此外，两个质点连线的方位需用2个方位角来确定，且以连线为轴的转动又可忽略不计，所以双原子分子还有2个转动自由度．这样加起来，双原子分子一共有5个自由度．在3个或3个以上的多原子分子中，整个分子可以看作自由刚体，所以除了具有像双原子分子一样的3个平动自由度和2个转动自由度，还有一个绕轴自转的自由度．这样，多原子分子有3个平动自由度和3个转动自由度，共计6个自由度．表7.1给出了上述3类分子的自由度．

表7.1　3类分子的自由度

分子种类	平动自由度	转动自由度	总自由度
单原子分子	3	0	3
双原子分子	3	2	5
多原子分子	3	3	6

如前所述，大多数气体分子内原子间的振动可忽略不计，故它们的振动自由度可以不予考虑．

二、能量均分定理

理想气体处于热平衡状态时，其温度T与气体分子的平均平动动能之间的关系为

$$\overline{\varepsilon_{\mathrm{k}}}=\frac{1}{2}m\overline{v^2}=\frac{3}{2}kT,$$

考虑到大量分子做杂乱无章的热运动时，气体分子沿各个方向运动的机会均等，根据之前的统计假设可知

$$\overline{v^2}=\overline{v_x^2}+\overline{v_y^2}+\overline{v_z^2},\quad \overline{v_x^2}=\overline{v_y^2}=\overline{v_z^2}=\frac{1}{3}\overline{v^2},$$

于是有

$$\frac{1}{2}m\overline{v_x^2}=\frac{1}{2}m\overline{v_y^2}=\frac{1}{2}m\overline{v_z^2}=\frac{1}{3}\left(\frac{1}{2}m\overline{v^2}\right)=\frac{1}{3}\left(\frac{3}{2}kT\right)=\frac{1}{2}kT.$$

该式表明，对3个平动自由度而言，平衡态下，分子的平均平动动能是均匀地分配在每一个平动自由度上的，即每个自由度分得的动能为 $\frac{1}{2}kT$.

为什么会出现这种情况？这是因为对于平衡态下的大数分子系统，分子间频繁无规则地碰撞，导致任何一种运动形式机会均等，没有哪一种运动形式比其他运动形式更占优势．我们把平动动能的统计规律推广到其他运动形式上去，即一般来说，不论何种运动，每一自由度上的平均动能都应该相等．具体到气体分子，不仅各个平动自由度上的平均动能应该相等，各个转动自由度上的平均动能也应该相等，且都等于每个平动自由度上的平均动能．在气体处于温度为T的平衡态时，分子任一自由度的平均动能都等于$\frac{1}{2}kT$，这就是能量按自由度均分定理．能量均分定理是关于分子无规则运动动能的统计规律，是大量分子统计平均所得出的结果，也是分子热运动统计性的一种反映．

如果气体分子的自由度为i，则每个分子的平均总动能为

$$\bar{\varepsilon}=\frac{i}{2}kT. \tag{7.6}$$

对于单原子分子，$\bar{\varepsilon}=\frac{3}{2}kT$；对于双原子分子，$\bar{\varepsilon}=\frac{5}{2}kT$；对于多原子分子，$\bar{\varepsilon}=3kT$.

式（7.6）是对大量分子的统计平均结果，单就个别分子而言，其运动动能一般不等于$\frac{i}{2}kT$，各种运动形式的动能也不按照自由度均分，且动能随时间而变．此外，如果分子不是刚性的，则意味着其振动自由度不能忽略，在计算分子的平均总动能时，需要考虑振动形式带来的影响，这里从略．

三、理想气体的内能

组成物质的分子或原子，其之间一般存在相互作用力，因此，如果讨论系统的内能，除了分子热运动的动能，还应该包括分子间相互作用势能．通常把物体中所有分子的热运动动能与分子间相互作用势能的总和，称为物体的内能．对理想气体来说，其分子间的相互作用力忽略不计，所以分子间的相互作用势能也就忽略不计，理想气体的内能仅为所有分子热运动各类动能的总和．

根据式（7.6），单个分子的平均动能为$\frac{i}{2}kT$，则1mol理想气体的内能为

$$E_m=N_A\left(\frac{i}{2}kT\right)=\frac{i}{2}RT, \tag{7.7}$$

质量为M的理想气体的内能为

$$E=\frac{M}{\mu}E_m=\nu\frac{i}{2}RT,\tag{7.8}$$

这里 ν 为物质的量（即摩尔数）. 从式（7.8）可以看出，理想气体的内能是温度的单值函数，对于给定气体，理想气体的内能只取决于系统的温度，而跟压强和体积无关，这是理想气体的一个重要性质. 当气体的温度发生ΔT的改变时，其内能的改变量为

$$\Delta E=\nu\frac{i}{2}R\Delta T.\tag{7.9}$$

式（7.9）表明，一定量的理想气体内能的改变量，只与系统的温度变化有关，而与具体过程无关.

7.4 麦克斯韦速率分布律

根据之前对分子热运动的描述可知，气体分子以各种速度沿各个方向运动，且由于分子间频繁地相互碰撞，其速度的大小和方向在不停地发生变化，也就是说，单个分子的运动具有偶然性，是随机的. 但是，在平衡态下，大量气体分子的速率分布却遵从一定的统计规律. 早在1859年，麦克斯韦就应用统计概念首先推导出了上述规律，囿于当时实验条件的限制，气体分子速率分布的规律，直到20世纪20年代才得到验证.

一、气体分子速率的实验测定

1920年，施特恩（O. Stern）率先使用原子束实验测定和验证了麦克斯韦气体分子速率分布的统计规律. 此后，科学家们通过不断完善实验条件和改进实验方法来佐证这个定律. 1934年，我国物理学家葛正权，在铋蒸气分子束实验中，以更精确的实验结果验证了气体分子速率分布规律的正确性.

葛正权

图7.5所示是诸多测定气体分子速率分布装置的一种，是用来产生金属分子蒸气并观测蒸气分子速率分布的实验装置. 图中O是产生金属蒸气分子的气源，S_1和S_2是两条平行狭缝，B_1和B_2是两个相距为l的同轴圆盘，盘上各开一条狭缝，两条狭缝略微错开形成一个大约为2°的小角，P则是接收分子的胶片屏，整个装置放置在高真空的容器里.

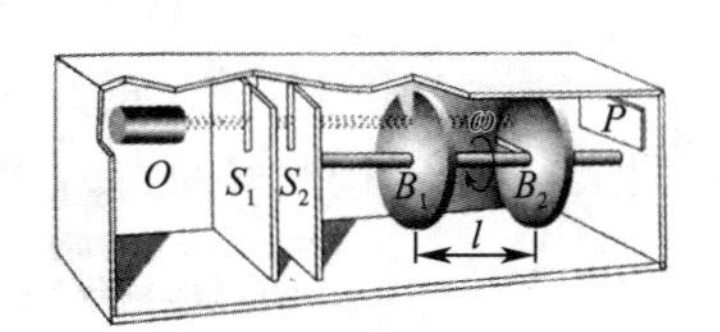

图7.5 测定气体分子速率分布的实验装置

气源O产生的金属蒸气通过狭缝S_1和S_2后，形成一束定向的分子射线. 当

圆盘B_1和B_2以角速度ω旋转一周时，分子射线通过B_1一次．因为蒸气分子的速率各不相同，所以分子从B_1到达B_2的时间也各不相同，也就是说，并非所有通过B_1的分子都能通过B_2最后射到胶片屏上．那么同时能通过B_1和B_2最终到达胶片屏的分子的速率应该满足什么条件呢？设分子速率为v，l为两盘之间的距离，φ表示两盘狭缝错开的角度，则速率满足$vt=l$和$\omega t=\varphi$条件的分子，才能通过B_2最终射到胶片屏P上．由

$$t=\frac{l}{v}=\frac{\varphi}{\omega},$$

可得

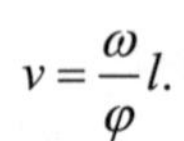

$$v=\frac{\omega}{\varphi}l.$$

估算某速率区间分子数的百分比

可见，圆盘B_1和B_2实际上起到了速率选择的作用，是一个滤速器．如果改变ω的数值，就可以使不同速率的分子通过．由于两圆盘上的狭缝实际上都有一定的宽度，所以当角速度ω一定时，能到达胶片屏P的分子的速率并不严格相同，而是分布在一个速率区间$v\sim v+\Delta v$内．

实验中令圆盘分别以不同的角速度$\omega_1,\omega_2,\omega_3,\cdots$转动，用光度学的方法测定每次沉积在胶片屏上的金属原子层的厚度，根据厚度，进而可以比较不同速率区间内的分子数．这里我们不直接比较分子的数目，而是比较不同速率区间内的分子数ΔN与总分子数N的相对比值，不难看出，这个比值表示分子出现在$v\sim v+\Delta v$速率区间内的概率．

实验结果表明：分布在不同区间内的分子数是不相同的，但在实验条件（如分子射线强度、温度等）不变的情况下，分布在给定速率区间内的分子数相对比值却是完全确定的．这说明，尽管个别分子的速率为多大是完全随机的，但大量分子的速率分布，整体服从一定的统计规律，这个规律叫分子速率分布规律．值得一提的是，我国物理学家丁西林于1921年以热电子发射实验，揭示了高温下的电子和气体分子一样，也遵从这个速率分布规律．

二、气体分子的速率分布函数

为了定量地描述气体分子速率分布情况，引入速率分布函数．

假设一定量气体总的分子数为N，与研究一般的分布问题相似，需要先把这N个分子按速率的大小分成若干相等的区间$v\sim v+\Delta v$（如300～310m·s^{-1}、400～410m·s^{-1}），ΔN相应地表示速率在这些区间内的分子数，那么$\frac{\Delta N}{N}$就表示分布在这些区间内的分子数占总分子数的百分比，即分子在这些速率区间内出现的概率．显然，在不同的速率v（如300m·s^{-1}、400m·s^{-1}）附近取相等的速率区间（如取Δv=10m·s^{-1}），比率$\frac{\Delta N}{N}$一般是不同的，它与速率v有关．更明显的事实

是，在给定速率v附近，如果所取速率区间Δv越大，则分布在这个速率区间内的分子数就越多，比率$\frac{\Delta N}{N}$也就越大.

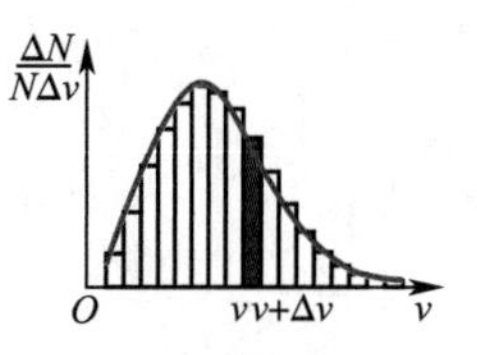

图7.6 分子速率分布曲线

通过分析实验结果，若以速率v为横坐标，以$\frac{\Delta N}{N\Delta v}$为纵坐标，可画出金属气体分子射线的分子速率分布曲线，如图7.6所示．图中小矩形的面积，表示分布在不同速率v附近的$v\sim v+\Delta v$速率区间内的分子数占总分子数的百分比$\frac{\Delta N}{N}$．如前所述，$\frac{\Delta N}{N}$与速率v和Δv有关，除以Δv后，$\frac{\Delta N}{N\Delta v}$仅与速率$v$相关.

若要将气体分子按速率分布进行更准确的描述，则需要把速率区间尽可能取小．当$\Delta v\to 0$时，分子速率区间变为$\mathrm{d}v$，相应地落在其间的分子数变为$\mathrm{d}N$，此时图7.6中的曲线将变为一条平滑的曲线．又因为该曲线对应的函数是速率v的函数，我们把它记为$f(v)$，称为分子速率分布函数，显然

$$f(v)=\lim_{\Delta v\to 0}\frac{\Delta N}{N\Delta v}=\frac{1}{N}\lim_{\Delta v\to 0}\frac{\Delta N}{\Delta v}=\frac{1}{N}\frac{\mathrm{d}N}{\mathrm{d}v}. \tag{7.10}$$

它表示分布在速率v附近的单位速率区间内的分子数占总分子数的百分比，也表示分子在速率v附近的单位速率区间内出现的概率．因此，速率分布函数$f(v)$也叫作概率密度，它描述了分子数按速率分布的情况.

如果速率分布函数$f(v)$的数学形式能够确定，根据

$$\frac{\mathrm{d}N}{N}=f(v)\mathrm{d}v,$$

我们就可以采用积分的方法，求出速率在$v_1\sim v_2$区间内的分子数占总分子数的百分比，即有

$$\frac{\Delta N}{N}=\int_{v_1}^{v_2}f(v)\mathrm{d}v. \tag{7.11}$$

由于全部分子的速率百分之百分布在$0\to+\infty$这个范围，若令$v_1=0, v_2=+\infty$，则式（7.11）积分的结果显然等于1，即

$$\int_0^{+\infty}f(v)\mathrm{d}v=1. \tag{7.12}$$

麦克斯韦

从几何意义来看，式（7.12）表明速率分布函数曲线下面所包围的总面积等于1，这是由速率分布函数$f(v)$本身的物理意义所决定的，也是$f(v)$所必须满足的条件，此条件称为速率分布函数的归一化条件.

三、麦克斯韦速率分布律简介

1859年，麦克斯韦从理论上推导出理想气体处在平衡态且无外场作用时，气体分子速率分布函数的具体形式

$$f(v)=4\pi\left(\frac{m}{2\pi kT}\right)^{\frac{3}{2}}\mathrm{e}^{-\frac{mv^2}{2kT}}v^2, \tag{7.13}$$

式中T为气体的热力学温度，m是每个分子的质量，k为玻尔兹曼常量．由式（7.13）可得，分布在任一速率区间$v \sim v+\mathrm{d}v$内的分子数占总分子数的百分比（或分子出现在此区间的概率）为

$$\frac{\mathrm{d}N}{N}=4\pi\left(\frac{m}{2\pi kT}\right)^{\frac{3}{2}}\mathrm{e}^{-\frac{mv^2}{2kT}}v^2\mathrm{d}v\ . \tag{7.14}$$

我们把以上结论称为麦克斯韦速率分布律．

据式（7.13）画出$f(v)$与v之间的函数关系——麦克斯韦速率分布曲线，如图7.7所示．从曲线的趋势可以看出以下几点．

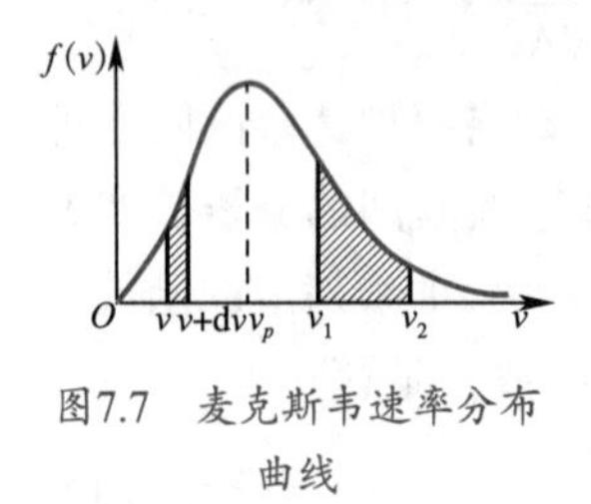

图7.7　麦克斯韦速率分布曲线

（1）从原点O出发，曲线随着速率的增大而上升，经过一极大值后，随着速率的增大而下降，并渐近于横坐标轴．这表明气体分子的速率可以取$0 \sim +\infty$之间的一切数值，但速率很大和速率很小的分子占比很小，而具有中等速率的分子占比相对较大．

（2）对于任一速率区间$v \sim v+\mathrm{d}v$，曲线下的小面积等于$f(v)\mathrm{d}v=\frac{\mathrm{d}N}{N}$，表示在$v$附近$\mathrm{d}v$速率区间内分子出现的概率．在不同的区间面积的大小不同，这说明不同区间内气体分子分布的百分率不相同．面积较大的地方，分子具有该区间速率值的可能性也较大．

（3）曲线下面积总和为1，表示分子速率值出现在$0 \sim +\infty$之间的概率为1，满足之前提到的归一化条件．

（4）$f(v)$曲线上有一个最大值的位置，与之对应的速率称为最概然速率，通常用v_p表示．它的物理意义是：一定温度下，在v_p附近单位速率区间内分子出现的概率最大．

（5）不同温度下的分子速率分布曲线如图7.8所示．随着温度的升高，气体分子的速率普遍增大，最概然速率的值也相应增大，但由于曲线下面包围的总面积（即分子数的百分比总和）始终为1保持不变，因此，分子速率分布曲线若是宽度增加，其高度就要降低，整个曲线将变得相对平坦．

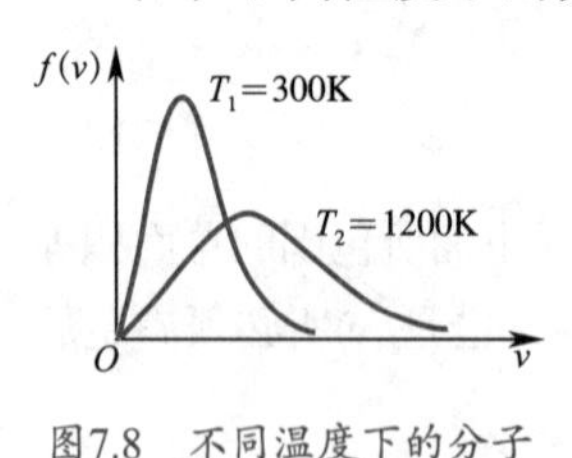

图7.8　不同温度下的分子速率分布曲线

需要指出的是，麦克斯韦速率分布律只适用于气体的平衡态，若气体处于非平衡态，则分子的速率不遵从麦克斯韦速率分布律．

四、3种统计速率

应用麦克斯韦速率分布律，可以求出分子动理论中常用到的3种速率，即

最概然速率、平均速率和方均根速率.

1. 最概然速率

如前所述，气体分子速率分布曲线上的最大值所对应的速率，叫作气体分子的最概然速率，通常用v_p表示．它的物理意义是：若将气体分子的速率分成许多相等的速率区间，在一定温度下，气体在最概然速率v_p附近单位速率区间内相对分子数最多，也就是说，分子出现在v_p附近的概率最大．由极值条件

$$\frac{\mathrm{d}f(v)}{\mathrm{d}v}=0,$$

即可求得处于平衡态下气体分子的最概然速率

$$v_p=\sqrt{\frac{2kT}{m}}=\sqrt{\frac{2RT}{\mu}}\approx 1.41\sqrt{\frac{RT}{\mu}}. \tag{7.15}$$

2. 平均速率

大量分子速率的算数平均值称为分子的平均速率，通常用$\bar{v}$来表示．按照求平均值的计算方法，

$$\bar{v}=\frac{\sum v_i\Delta N_i}{N}.$$

考虑到分子速率可以在0～+∞连续取值，且速率v附近的速率区间$\mathrm{d}v$很小，所以可近似地认为速率v附近$\mathrm{d}v$内的$\mathrm{d}N$个分子的速率是相同的，且都等于v．再由$\mathrm{d}N=Nf(v)\mathrm{d}v$，积分可得

$$\bar{v}=\frac{\int_0^{+\infty}vNf(v)\mathrm{d}v}{N}=\int_0^{+\infty}vf(v)\mathrm{d}v.$$

将麦克斯韦速率分布函数$f(v)$代入上式，可以得到速率分布在0～+∞整个区间的理想气体分子的平均速率

$$\bar{v}=\sqrt{\frac{8kT}{\pi m}}=\sqrt{\frac{8RT}{\pi\mu}}\approx 1.6\sqrt{\frac{RT}{\mu}}. \tag{7.16}$$

3. 方均根速率

同理可求大量分子速率平方的平均值

$$\overline{v^2}=\frac{\int_0^{+\infty}v^2Nf(v)\mathrm{d}v}{N}=\int_0^{+\infty}v^2f(v)\mathrm{d}v,$$

代入麦克斯韦速率分布函数$f(v)$，求得理想气体分子的方均根速率

$$\sqrt{\overline{v^2}}=\sqrt{\frac{3kT}{m}}=\sqrt{\frac{3RT}{\mu}}\approx 1.73\sqrt{\frac{RT}{\mu}}. \tag{7.17}$$

以上3种速率都具有统计平均意义，反映的是大量分子做热运动的统计规律，就不同的问题有着各自的应用．最概然速率表征了气体分子速率分布特征；分子间的碰撞用平均速率来描述；在计算分子的平均平动动能时，要用

到方均根速率.

*7.5 玻尔兹曼能量分布律和等温气压公式

上一节我们讨论了理想气体在平衡态下，分子满足麦克斯韦速率分布律，忽略了外力场（如重力场）的影响，这一节将讨论这个问题.

一、玻尔兹曼能量分布律

在没有外力场的影响下，气体所占据的空间各点从物理性质看是相同的，或者说空间各点是均匀的，即分子按空间位置的分布是均匀的，容器中分子数密度n处处相同. 若气体处于外力场当中，由于空间各点的性质遭到了破坏，分子在空间的分布就不均匀了，不同位置的分子数密度将会变得不同. 下面我们就来讨论外力场对平衡态下理想气体分子位置分布的影响.

在麦克斯韦速率分布律公式中，因子$\mathrm{e}^{-\frac{mv^2}{2kT}}$可以改写为$\mathrm{e}^{-\frac{\varepsilon_{\mathrm{k}}}{kT}}$，这里$\varepsilon_{\mathrm{k}}=\frac{1}{2}mv^2$，为分子的平动动能. 分子在不受外力场影响的情况下

$$\mathrm{d}N=N\left(\frac{m}{2\pi kT}\right)^{\frac{3}{2}}\mathrm{e}^{-\frac{\varepsilon_{\mathrm{k}}}{kT}}4\pi v^2\mathrm{d}v. \tag{7.18}$$

若考虑分子速度方向，则速率分布函数变为速度分布函数. 1859年，麦克斯韦同样推导出了平衡态下理想气体的速度分布函数

$$f(v)=f\left(v_x,v_y,v_z\right)\left(\frac{m}{2\pi kT}\right)^{\frac{3}{2}}\mathrm{e}^{-\frac{m}{2kT}\left(v_x^2+v_y^2+v_z^2\right)}=\left(\frac{m}{2\pi kT}\right)^{\frac{3}{2}}\mathrm{e}^{-\frac{mv^2}{2kT}},$$

因此有

玻尔兹曼

$$\mathrm{d}N=N\left(\frac{m}{2\pi kT}\right)^{\frac{3}{2}}\mathrm{e}^{-\frac{mv^2}{2kT}}\mathrm{d}v_x\mathrm{d}v_y\mathrm{d}v_z=N\left(\frac{m}{2\pi kT}\right)^{\frac{3}{2}}\mathrm{e}^{-\frac{\varepsilon_{\mathrm{k}}}{kT}}\mathrm{d}v_x\mathrm{d}v_y\mathrm{d}v_z. \tag{7.19}$$

如果理想气体处于保守力场中，气体分子不仅具有动能，还具有势能. 玻尔兹曼认为，式（7.19）中的动能应该用总能$\varepsilon=\varepsilon_{\mathrm{k}}+\varepsilon_{\mathrm{p}}$来代替. 这里$\varepsilon_{\mathrm{p}}$为分子在力场中的势能，一般情况下势能与位置相关，是分子在空间的位置坐标的函数，即$\varepsilon_{\mathrm{p}}=\varepsilon_{\mathrm{p}}(x,y,z)$，因此，分子在空间的分布不会是均匀的. 所以，在有外力场的情况下，我们既要考虑分子按速度的分布，也要考虑分子按空间位置的分布.

从这个观点出发，玻尔兹曼运用统计的方法，得到分子速度处于

$v_x \sim v_x + \mathrm{d}v_x$, $v_y \sim v_y + \mathrm{d}v_y$, $v_z \sim v_z + \mathrm{d}v_z$区间内，坐标处于$x \sim x + \mathrm{d}x$, $y \sim y + \mathrm{d}y$, $z \sim z + \mathrm{d}z$区间内的分子数为

$$\mathrm{d}N' = n_0 \left(\frac{m}{2\pi kT} \right)^{\frac{3}{2}} \mathrm{e}^{-\frac{(\varepsilon_\mathrm{k}+\varepsilon_\mathrm{p})}{kT}} \mathrm{d}v_x \mathrm{d}v_y \mathrm{d}v_z \mathrm{d}x\mathrm{d}y\mathrm{d}z. \tag{7.20}$$

其中，n_0表示势能$\varepsilon_\mathrm{p}=0$处单位体积内具有各种速度的分子数．式（7.20）是平衡态下，理想气体分子按能量的分布规律，叫作玻尔兹曼能量分布律．$\mathrm{e}^{-\frac{(\varepsilon_\mathrm{k}+\varepsilon_\mathrm{p})}{kT}}$称为玻尔兹曼能量因子，也叫概率因子，它是决定分子数多少的重要因素．当温度一定时，在给定的速度区间和坐标区间内，分子的能量$\varepsilon = \varepsilon_\mathrm{k} + \varepsilon_\mathrm{p}$越大，分子数就越少．从统计的意义来看，气体分子优先占据能量较小的状态．

如将式（7.20）对位置积分，就可得到麦克斯韦速率分布律．反过来，如将该式对所有可能的速度积分，就可得到分子按位置的分布，也即位置坐标在x,y,z附近的空间体积元$\mathrm{d}V = \mathrm{d}x\mathrm{d}y\mathrm{d}z$中各种速度的分子数，为

$$\mathrm{d}N_{x,y,z} = n_0 \left(\frac{m}{2\pi kT} \right)^{\frac{3}{2}} \left(\int_{-\infty}^{+\infty}\int_{-\infty}^{+\infty}\int_{-\infty}^{+\infty} \mathrm{e}^{\frac{-\varepsilon_\mathrm{k}}{kT}} \mathrm{d}v_x \mathrm{d}v_y \mathrm{d}v_z \right) \mathrm{e}^{\frac{-\varepsilon_\mathrm{p}}{kT}} \mathrm{d}x\mathrm{d}y\mathrm{d}z.$$

考虑到麦克斯韦速度分布函数满足归一化条件，上式可以写为

$$\mathrm{d}N_{x,y,z} = n_0 \mathrm{e}^{\frac{-\varepsilon_\mathrm{p}}{kT}} \mathrm{d}x\mathrm{d}y\mathrm{d}z. \tag{7.21}$$

式（7.21）反映了分子数是如何按位置进行分布的．若考虑单位体积内的分子数，则有

$$n = \frac{\mathrm{d}N_{x,y,z}}{\mathrm{d}V} = \frac{\mathrm{d}N_{x,y,z}}{\mathrm{d}x\mathrm{d}y\mathrm{d}z} = n_0 \mathrm{e}^{\frac{-\varepsilon_\mathrm{p}}{kT}}. \tag{7.22}$$

该式反映了分子数密度按势能的分布情况，也是玻尔兹曼能量分布的一种常用形式．

二、重力场中的等温气压公式

若分子处于重力场中，地球表面附近分子的势能为$\varepsilon_\mathrm{p} = mgz$，代入式（7.22），可以确定气体分子在重力场中按高度分布的规律为

$$n = n_0 \mathrm{e}^{\frac{-mgz}{kT}}. \tag{7.23}$$

式中的n和n_0分别表示z和z=0处的气体分子数密度，T为气体的温度．该式是重力场中理想气体分子数密度随高度变化的公式，也叫作重力场中的气体数密度公式．显然，随着高度的增加，气体分子数密度按指数规律减小．分子数密度与分子质量m相关，分子质量越大，分子数密度减小得越快．此外，气体温度越高，分子数密度减小得越慢．

为什么会出现这种情况呢？这是因为在重力场中，气体分子受到两种相互对立的作用：无规则的热运动将使气体分子均匀分布于空间各处；而重力场的作用，又要使分子聚集到地面．两种作用相互竞争达到平衡时，气体分子在空间呈现非均匀的分布，分子数密度随高度的增加而减小．分子质量越大，受到的重力越大，分子更倾向于向地面聚拢；气体温度越高，分子热运动就越剧烈，剧烈的热运动将降低分子数密度随高度变化的程度，从而使分子数密度减小得比较缓慢一些．

如果把地球表面的气体看作理想气体，并忽略大气层上下温度及重力加速度的差异，根据理想气体物态方程$p=nkT$，可得

$$p = n_0 kT\mathrm{e}^{\frac{-mgz}{kT}} = p_0\mathrm{e}^{\frac{-mgz}{kT}} = p_0\mathrm{e}^{\frac{-\mu gz}{RT}}. \tag{7.24}$$

式中的p和p_0分别表示z和$z=0$处的大气压强，μ为气体的摩尔质量．式（7.24）被称为重力场中的等温气压公式，显然，随着高度的增加，气体的压强逐渐减小．

在实际情况中，大气层气体温度上下不均匀，随高度变化，所以根据式（7.24）得到的结果只是近似的．但在高度相差不大的情况下，仍可近似地利用式（7.24）估算不同高度的大气压．在航测、登山等活动中，可应用这个公式来判断所处的高度．将式（7.24）取对数并整理，可得

$$z = \frac{RT}{\mu g}\ln\frac{p_0}{p}, \tag{7.25}$$

由此来测定大气压强随高度变化的量值．飞机上的高度计、户外运动手表等，就是根据这个原理制成的．

7.6 分子的平均碰撞频率和平均自由程

在常温下，气体分子的平均速率通常能达到几百米每秒，这样看来，由于分子的速率极高，气体中进行的一切过程应该是相当快速的，但实际情况却并非如此．比如气体的扩散进行得相当缓慢：打开一瓶香水后，香味要经过几秒甚至几十秒才能传过几米的距离．这是因为，气体分子的数量非常之大，常温常压下分子数密度可达$10^{23}\sim10^{25}\,\mathrm{m}^{-3}$数量级．因此，一个分子以每秒几百米的速率在如此密集的分子中运动，必然要与其他的分子做频繁碰撞，从而改变它的运动方向．

在前面的讨论中，我们已经知道，正是气体分子对容器壁持续不断地碰撞，形成了对容器壁的压强；气体分子通过频繁碰撞来进行动量、动能的交换，达到能量的均分；也正是分子的无规则碰撞，实现了气体从非平衡态到

平衡态的转换，如通过分子频繁地碰撞交换动能，热量由高温物体传递给低温物体，最终达到热平衡状态．

分子平均碰撞频率的推导过程

总之，分子间的碰撞也是气体动理论的重要内容之一．为了进一步讨论分子碰撞的频繁程度及其规律，我们引入平均碰撞频率和平均自由程的概念．

一、平均碰撞频率

设想理想气体处于某一平衡态下，由于频繁碰撞，分子速度的大小和方向不断地发生改变，其经过的路径是曲折的．为计算简单起见，我们假定分子都是直径为d的弹性小球．从碰撞来看，重要的是分子间的相对运动，所以我们假定除了一个分子外，其他分子都静止不动，这个分子以平均相对速率$\overline{u}$运动．当这个分子与其他的分子碰撞时，两个分子中心间的距离就是d．

现在我们来跟踪一个分子A的运动．根据前设，其他分子是静止不动的，分子A以平均相对速率$\overline{u}$运动．由于行进的过程中，A分子不断与其他分子碰撞，所以A的球心轨迹是一条折线．我们以A分子球心轨迹折线作为轴线，以d为半径，画一曲折的圆柱体，如图7.9所示．显然，球心位于该圆柱体内的其他分子，都将与A分子进行碰撞，球心在圆柱体外的分子，则不会和A相碰．

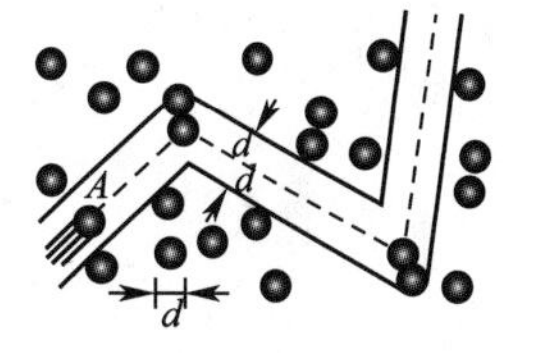

图7.9　分子碰撞示意

设分子数密度为n，考虑单位时间，则A分子前行的平均路程$\overline{u}$即为圆柱体的长度．考虑其截面积为πd^2，相应的圆柱体的体积为$\pi d^2\overline{u}$，因此，单位时间内与A分子进行碰撞的分子数，也就是分子A在1s内和其他分子发生碰撞的平均次数，为

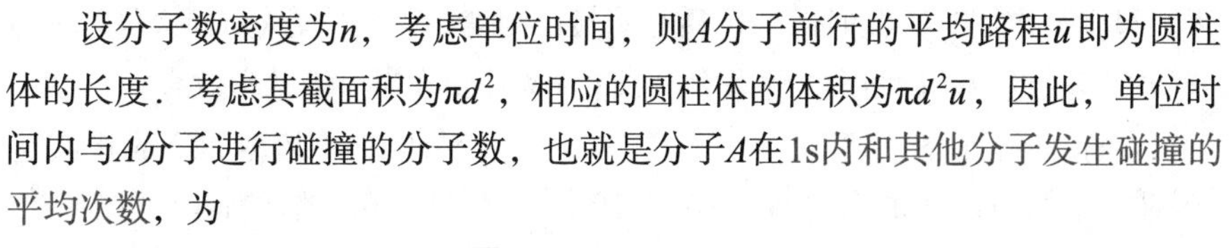

$$\overline{Z}=\pi d^2\overline{u}n. \tag{7.26}$$

式中，πd^2也叫碰撞截面，$\overline{Z}$称为气体分子的平均碰撞频率．

在推导式（7.26）的过程中，我们假定其他分子不动，A分子以平均相对速率$\overline{u}$运动．实际情况是所有的分子都在不停地运动，且每个分子运动速率各不相同，但都遵守麦克斯韦速率分布律．不难求出，气体分子的平均速率$\overline{v}$与平均相对速率$\overline{u}$之间的关系为$\overline{u}=\sqrt{2}\overline{v}$，代入式（7.26），气体分子平均碰撞频率最终表达式为

$$\overline{Z}=\sqrt{2}\pi d^2\overline{v}n\ . \tag{7.27}$$

可以看出，平均碰撞频率$\overline{Z}$与分子数密度n、分子平均速率$\overline{v}$及分子直径d的平方成正比．

二、平均自由程

气体分子在任意两次连续碰撞之间，所经过的自由路程长短显然不同，但大量分子无规则热运动的结果，使分子的自由程和碰撞频率一样，满足一

定的统计规律．根据前面得到的平均碰撞频率，我们可以求出每两次连续碰撞间一个分子自由运动的平均路程，即分子的平均自由程，为

$$\bar{\lambda}=\frac{\bar{v}}{\bar{Z}}=\frac{1}{\sqrt{2}\pi d^2 n}. \tag{7.28}$$

又因为$p=nkT$，我们可以求出$\bar{\lambda}$和温度T及压强p的关系，为

$$\bar{\lambda}=\frac{kT}{\sqrt{2}\pi d^2 p}. \tag{7.29}$$

式（7.29）表明，当温度一定时，平均自由程$\bar{\lambda}$与气体的压强p成反比，压强越小，平均自由程就越长，如表7.2所示．

表7.2　0℃时不同压强下空气中分子的$\bar{\lambda}$

p/(133.3Pa)	760	1	10^{-2}	10^{-4}	10^{-6}
$\bar{\lambda}$/m	7×10^{-8}	5×10^{-5}	5×10^{-3}	0.5	50

应当指出，在推导平均碰撞频率的过程中，我们把气体分子当作直径为d的弹性小球，这其实并不完全准确，因为分子并不是真正的球体，并且当分子间距很小、相距极近时，它们之间存在相互作用的斥力．当分子间的斥力开始起显著作用时，此时两分子质心间最小距离的平均值就是d，这也是气体分子能够靠近的最近距离的平均值，所以我们把d称为分子的有效直径．

在标准情况下，可以估算出气体分子的平均碰撞频率$\bar{Z}$的数量级为$10^9\,\text{s}^{-1}$，平均自由程的数量级为$10^{-8}\sim10^{-7}\,\text{m}$．可见，在短短的1s内，1个气体分子平均要与其他的分子碰撞几十亿次，因此，分子的平均自由程非常短．这样频繁的碰撞是远超我们想象的，由此可见分子热运动极大的无规则性，但正是频繁碰撞使大量分子整体呈现出统计规律性．

例7.1　试计算在标准状态下氧分子平均碰撞频率和平均自由程，已知氧分子的有效直径d为2.9×10^{-10}m.

解　氧分子的平均速率为

$$\bar{v}=\sqrt{\frac{8RT}{\pi\mu}}=\sqrt{\frac{8\times8.31\times273}{3.14\times32\times10^{-3}}}\approx425(\text{m}\cdot\text{s}^{-1}).$$

分子数密度

$$n=\frac{p}{kT}=\frac{1.103\times10^5}{1.38\times10^{-23}\times273}\approx2.9\times10^{25}(\text{m}^{-3}).$$

平均碰撞频率为

$$\bar{Z}=\sqrt{2}\pi d^2\bar{v}n=\sqrt{2}\times3.14\times(2.9\times10^{-10})^2\times425\times2.9\times10^{25}\approx4.6\times10^9(\text{s}^{-1}).$$

平均自由程为

$$\overline{\lambda}=\frac{\overline{v}}{\overline{Z}}\approx\frac{425}{4.6\times10^{9}}=9.2\times10^{-8}(\mathrm{m}).$$

即在标准状态下的1s内，一个氧分子的平均碰撞次数达40亿次以上，而平均自由程只有一亿分之几米.

*7.7 气体的输运现象

前面我们讨论的都是气体处于平衡态下的性质和所遵循的规律. 平衡态时，气体的性质处处均匀，且气体内各气层之间也没有相对运动. 但在实际情况中，气体常处于非平衡态，其各部分的物理性质是不均匀的，如温度、压强、密度或流速各处都不相同，或许各气层之间还有相对运动. 系统处于非平衡态时，由于气体分子无规则热运动和不断地相互碰撞，导致质量、动量或者能量会从气体的一部分向另一部分迁移，这种现象称为气体的输运现象，具体可分为3种：黏滞现象、热传导现象和扩散现象. 下面分别对它们进行简要介绍.

一、黏滞现象

当流体系统内各层之间的流速不同时，在相邻的两个流层之间，会出现一对等值反向的切向相互作用力，从而阻碍两个流层的相对运动. 这种相互作用力类似于摩擦力，将使流速快的流层速度减慢，流速慢的流层速度加快，这种力称为黏滞力. 不同流速的流层之间出现黏滞力的这种性质称为流体的黏滞性，黏滞性流体运动过程中发生的现象称为黏滞现象.

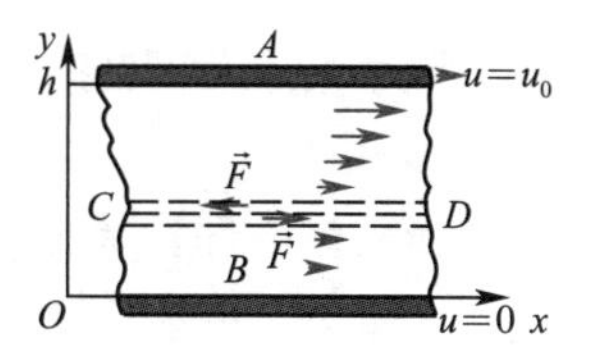

图7.10 黏滞现象

设一气体被限制在平行放置的A和B两块平板之间，在$y=0$处的平板B是静止的，在$y=h$处的平板A则以速率u_0沿着x轴正方向运动，如图7.10所示.

由于附着在A板的顶层气体将随A板以速率u_0一起运动，附着在B板的底层气体静止，因此在A和B板之间，沿着y轴向下各层气体的流动速度就不一样. 在相邻两层之间，流速大的气层将对流速小的气层产生拉力，而流速小的气层对流速大的气层施加阻力，称为黏滞力，于是气体就出现了黏滞现象. 实验表明，在CD平面处的黏滞力F与该处气层流速梯度（流速在它变化最大的方向，即沿着y轴方向单位距离的增量$\frac{\mathrm{d}u}{\mathrm{d}y}$）成正比，与$CD$的面积$\Delta S$也成正比，有

$$F=-\eta\frac{\mathrm{d}u}{\mathrm{d}y}\Delta S. \tag{7.30}$$

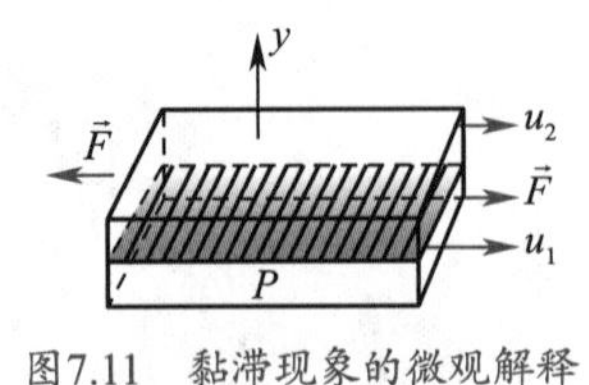

图7.11　黏滞现象的微观解释

此处比例系数η称为黏滞系数，它与气体的性质和状态有关，在国际单位制中，η的单位为$\mathrm{Pa\cdot s}$. 式中的负号表示黏滞力的方向总是与流速梯度方向相反.

我们可以从气体动理论的观点出发，对黏滞现象进行解释. 从微观角度看，系统内各处的分子除了进行无规则热运动，还具有宏观的定向运动. 分子的热运动会使不同流速气层的分子相互交流，从而在气体中出现宏观的动量由流速大的气层向临近的流速小的气层传递或输运现象. 如图7.11所示，我们沿流速的方向任意选择一个平面P，在该平面的上、下两侧，由于分子的热运动，将有许多分子穿过这一平面，且在同一时间内，穿过P平面上下两侧的分子数，平均来说是相等的. 由于上侧分子的定向运动速度比下侧分子的定向运动速度要大一些，即上侧分子的定向运动动量大于下侧分子的定向运动动量，这样，上下两侧气层不断交换分子的结果，就是使上侧气层的定向运动动量减少，而下侧气层的定向运动动量增加，表现为定向运动动量由气层从上到下定向输运. 从宏观上来看，就表现为有黏滞力作用在上侧气层上，使气层的流速有所减小，而与之对应的是，黏滞力使下侧气层的流速相应增加. 总之，气体黏滞现象的微观本质，是由于分子无规则热运动和分子间频繁地碰撞，实现了气体分子定向运动动量的迁移.

二、热传导现象

当气体内部各部分温度不均匀时，热量将会从温度较高处向温度较低处进行传递，这一现象称为热传导.

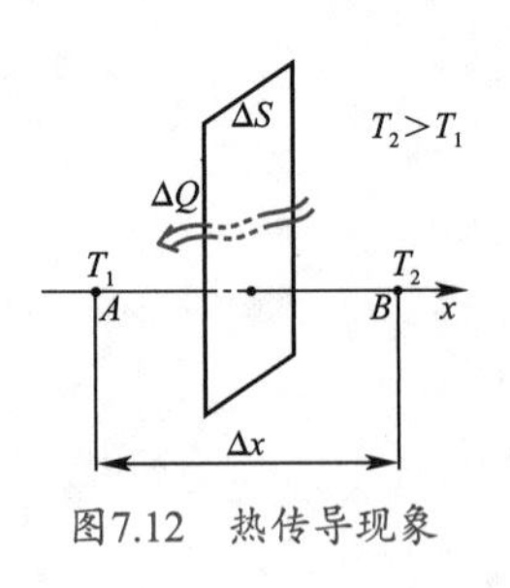

图7.12　热传导现象

设想一种简单的情形，气体的温度沿着x轴方向逐渐升高，其温度梯度为$\frac{\mathrm{d}T}{\mathrm{d}x}$，如图7.12所示. 在系统内任意处取一个与$x$轴垂直的截面$\Delta S$（面积也记为$\Delta S$），设单位时间流过该截面的热量为$\Delta Q$. 由于$T_2>T_1$，热量将从温度较高的右侧，通过$\Delta S$向温度较低的左侧传递. 实验表明，$\Delta Q$与该截面所在处的温度梯度成正比，也与面积$\Delta S$成正比，即

$$\frac{\Delta Q}{\Delta t}=-\kappa\frac{\mathrm{d}T}{\mathrm{d}x}\Delta S. \tag{7.31}$$

式中比例系数κ称为导热系数或者热导率，单位是$\mathrm{W\cdot(m\cdot K)^{-1}}$，与物质的种类

和状态有关．式中的负号表示热量传递方向是从高温向低温，也就是向温度减小的方向输运．由于这个实验规律首先由傅里叶（Fourier）在1808年提出，所以也被称为热传导的傅里叶定律．

在气体动理论中，热传导现象可以这样解释：气体内部温度不均匀，表明内部各处分子热运动平均动能不同．温度较高的地方，分子平均动能较大；温度较低的地方，分子平均动能较小．结合图7.12，截面ΔS右侧气体分子的平均动能要大于左侧气体分子的平均动能．由于在同一时间内，两侧气体穿过ΔS交换的平均分子数相等，因此ΔS左右两侧的气体分子，在穿过截面ΔS后，交换的平均动能是不等值的，从而出现了热运动能量从右侧热层向左侧冷层的输运．从宏观上来看，热量从温度高的地方传递到温度低的地方．所以说，气体热传导现象的微观本质就是分子热运动能量的定向迁移，而这种迁移也是通过分子无规则热运动和分子间频繁地碰撞来完成的．

三、扩散现象

混合气体中，当某种气体的密度分布不均匀时，这种气体分子将从密度大的地方向密度小的地方迁移，这种现象叫作扩散．单就一种气体来说，当气体内部温度均匀时，若密度不均匀，则会导致各处气体压强不均匀，从而产生气体的定向流动，这样在气体内部发生的就不是单纯的扩散现象了．为了简化对扩散问题的讨论，我们选择由两种气体分子组成的混合气体，其温度、压强和分子量都相等，如N_2和CO_2，分别置于中间被隔板分成两部分的容器中．当隔板被抽出后，由于温度、压强处处相同，两种气体中每种气体就只会因为其自身的密度分布不均匀而进行扩散，而不会产生定向的流动．那么，我们只需要选择其中一种气体，来对它的扩散行为进行考察就可以了．

如图7.13所示，设气体密度沿x轴正方向增大，其密度梯度为$\frac{d\rho}{dx}$．在气体内任取一个垂直于x轴的截面ΔS（面积也记为ΔS）．实验表明，在单位时间内，从密度较大的一侧通过ΔS向密度较小的一侧扩散的气体的质量，与这一处的密度梯度和面积ΔS成正比，有

$$\frac{\Delta M}{\Delta t}=-D\frac{d\rho}{dx}\Delta S. \tag{7.32}$$

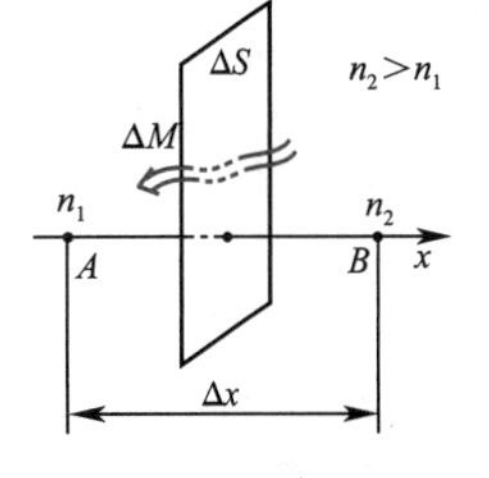

图7.13 扩散现象

其中，比例系数D叫作扩散系数，单位是$m^2\cdot s^{-1}$，它的数值与气体种类有关；负号表示气体的扩散总是从密度较大处向密度较小处，也就是沿着质量密度ρ减小的方向进行．

从气体动理论观点来看，由于分子的无规则热运动，ΔS左右两侧都会有气体分子穿过该截面．由于$n_2>n_1$，在ΔS的右侧，气体分子数密度较大，也即质量密度较大，而左侧气体分子数密度（即质量密度）相对较小，因而在相同的时间内，右侧穿过ΔS的分子数目要比左侧穿过ΔS的分子数目多．也就

是说，由于ΔS两侧分子数量上的不等量交换，使右侧的分子数减少，而左侧的分子数增多，从而实现了分子数从右向左迁移．从宏观上来看，气体的质量发生了定向输运，形成了扩散现象．总之，气体扩散现象的微观本质，也是由于分子无规则热运动和分子间频繁地碰撞，实现了气体分子数或质量定向迁移．

*7.8 真实气体的范德瓦尔斯方程

理想气体是一种理想的模型，反映了各种真实气体在温度不太低、压强不太高的情况下，所共有的极限性质．也就是说，在一般的温度和压强下，可以把真实气体当作理想气体来处理．但如果压强太大或温度太低，真实气体和理想气体就有了显著的差异，前面讲述的理想气体物态方程就不再适用，必须考虑到真实气体的特征而予以必要的修正．20世纪以来，许多物理学家先后提出了各种不同的修正意见，其中最重要、最具有代表性，且形式相对简单，物理意义也比较清楚的，当属范德瓦尔斯（van der Waals）方程．

前面我们在建立理想气体模型时，曾做了如下假设：（1）气体分子可当作质点，本身体积忽略不计；（2）除了碰撞瞬间，气体分子间的相互作用力可忽略不计．而真实气体由于温度较低、压强较大，气体分子数密度n也较大，分子间平均距离比理想气体小得多．在这种情况下，气体分子的体积和分子间相互作用力就必须加以考虑．范德瓦尔斯认为正是这两个因素，引起了真实气体和理想气体的偏差．因此，范德瓦尔斯方程就是在理想气体物态方程的基础上，考虑分子本身的体积和分子间相互作用力不能忽略，对理想气体物态方程进行了修正．

1mol理想气体的物态方程为

$$pV_m = RT.$$

这里V_m表示1mol气体可被压缩的空间．由于气体分子的体积被忽略不计，V_m也即整个容器的容积．范德瓦尔斯模型认为，由于分子间斥力的存在，每个分子具有一定的其他分子不能入侵的体积，应把气体分子看作有一定体积的刚性小球．所以，气体的体积可被压缩的空间，应该小于容器容积一个量值b．实验表明，b是与气体种类有关的恒量．因此，真实气体的物态方程应该修正为

$$p(V_m - b) = RT,$$

或气体的压强为

$$p = \frac{RT}{V_m - b}.$$

以上是考虑了真实气体分子间的斥力作用，导致气体可被压缩的空间减少，从而引起的对气体压强的修正．如果再考虑分子间的引力作用，气体的压强如何变化呢？

我们知道，分子间的引力是一个短程力，它随分子间距离的增加而迅速减小．也就是说，分子只与其近邻分子产生引力作用，距离较远的分子的引力则可忽略不计．我们在容器的中间部分任意选定一个分子，并设分子引力平均作用距离为r．显然，该分子只受到以它自己为中心、以r为半径的球内分子的引力作用．或者说，对该分子有引力作用的其他分子，都分布在半径为r的球内，这个球叫作分子引力作用球，r叫分子引力作用半径，如图7.14所示．

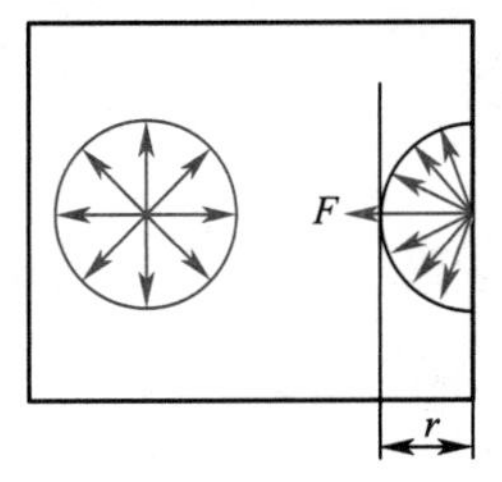

图7.14　气体分子所受的力

由于球内分子相对于该分子对称分布，所以它们对这个分子的引力是相互抵消的，从而该分子在运动中并不受其他分子引力作用的影响．但是当这个气体分子运动到距离容器壁小于r的位置后，情况将会变得不同．此时每个分子的引力作用球都是不完整的，分子受其他气体分子的引力将不能抵消，而是受到指向气体内部的引力F作用．由于引力F作用的存在，当分子接近容器壁时，削弱了分子碰撞容器壁时的动量，导致其与容器壁碰撞时对容器壁的作用力减小，从而对容器壁的压强也减小．也就是说，如果考虑气体分子间引力的存在，则要减去一个由于气体分子引力作用而产生的压强，称为内压强p_i，此时真实气体的实际压强为

$$p=\frac{RT}{V_m-b}-p_i.$$

上式整理可得

$$\left(p+p_i\right)\left(V_m-b\right)=RT. \tag{7.33}$$

由于内压强和引力F有关，F又与分子数密度n成比例；另一方面，内压强和单位时间内碰撞到容器壁上的分子数有关，而这个分子数与分子数密度n也成比例，因此，气体内压强$p_i \propto n^2$，或者$p_i \propto \frac{1}{V_m^2}$，写成$p_i=\frac{a}{V_m^2}$，代入式（7.33），即得范德瓦尔斯方程

$$\left(p+\frac{a}{V_m^2}\right)(V_m-b)=RT. \tag{7.34}$$

式（7.34）适用于1mol实际气体．比例系数a和b一样，也是一个常数，取决于气体的性质，可通过实验测定（见表7.3）．

表7.3　气体的范德瓦尔斯常量

气体	分子式	$a/(0.1\,\text{Pa}\cdot\text{m}^6\cdot\text{mol}^{-2})$	$b/(10^6\,\text{m}^3\cdot\text{mol}^{-1})$
氢	H_2	0.244	27
氦	He	0.034	24
氮	N_2	1.39	39
氧	O_2	1.36	32

续表

气体	分子式	a / (0.1 Pa · m^6 · mol^{-2})	b / (10^6 m^3 · mol^{-1})
氩	Ar	1.34	32
水	H_2O	5.46	30
二氧化碳	CO_2	3.59	43

应当指出，范德瓦尔斯方程是在理想气体物态方程的基础上，做了一些简单的修正得到的半经验方程，不如一些经验方程那样与实际气体符合得很好，还不够精确．但其物理模型明确，与理想气体物态方程相比，能较好地反映客观实际．此外，在气体的密度较低的情况下，范德瓦尔斯方程与理想气体物态方程已经十分接近．

1. 理想气体基本公式

理想气体的物态方程 $pV=\frac{M}{\mu}RT$ 或 $p=nkT$

理想气体的压强公式 $p=\frac{2}{3}n\overline{\varepsilon_{\mathrm{k}}}$

理想气体的温度公式 $\overline{\varepsilon_{\mathrm{k}}}=\frac{3}{2}kT$

理想气体的内能 $E=\frac{M}{\mu}\cdot\frac{i}{2}RT$

2. 统计分布规律

分子的平均总动能 $\bar{\varepsilon}=\frac{i}{2}kT$

麦克斯韦速率分布律 $\frac{\mathrm{d}N}{N}=f(v)=4\pi\left(\frac{m}{2\pi kT}\right)^{\frac{3}{2}}\mathrm{e}^{-\frac{mv^2}{2kT}}v^2\mathrm{d}v$

麦克斯韦速度分布律 $\frac{\mathrm{d}N}{N}=\left(\frac{m}{2\pi kT}\right)^{\frac{3}{2}}\mathrm{e}^{-\frac{m\left(v_x^2+v_y^2+v_z^2\right)}{2kT}}\mathrm{d}v_x\mathrm{d}v_y\mathrm{d}v_z$

玻尔兹曼分布律 $\mathrm{d}N=n_0\left(\frac{m}{2\pi kT}\right)^{\frac{3}{2}}\mathrm{e}^{-\frac{\varepsilon_{\mathrm{k}}+\varepsilon_{\mathrm{p}}}{kT}}\mathrm{d}v_x\mathrm{d}v_y\mathrm{d}v_z\mathrm{d}x\mathrm{d}y\mathrm{d}z$

3. 3种速率

最概然速率 $v_p=\sqrt{\frac{2kT}{m}}=\sqrt{\frac{2RT}{\mu}}\approx1.41\sqrt{\frac{RT}{\mu}}$

平均速率 $\bar{v}=\sqrt{\frac{8kT}{\pi m}}=\sqrt{\frac{8RT}{\pi\mu}}\approx1.6\sqrt{\frac{RT}{\mu}}$

方均根速率 $\sqrt{\overline{v^2}}=\sqrt{\frac{3kT}{m}}=\sqrt{\frac{3RT}{\mu}}\approx1.73\sqrt{\frac{RT}{\mu}}$

4. 平均碰撞频率和平均自由程

平均碰撞频率 $\bar{Z}=\sqrt{2}\pi d^2\bar{v}n$

平均自由程 $\bar{\lambda}=\frac{\bar{v}}{\bar{Z}}=\frac{1}{\sqrt{2}\pi d^2n}$

5. 范德瓦尔斯方程

1mol范德瓦尔斯方程 $\left(p+\frac{a}{V_m^2}\right)(V_m-b)=RT$

本章习题

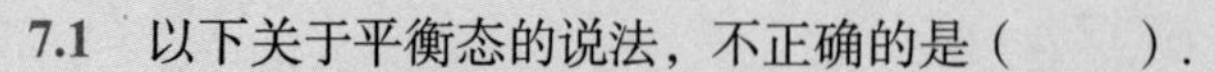

7.1　以下关于平衡态的说法，不正确的是（　　）.

A．宏观性质不随时间变化　　B．一个理想状态

C．微观性质不随时间变化　　D．平衡态是一种动态平衡

7.2　图7.15所示是在不同条件下的理想气体体积密度ρ随压强变化的5种曲线，其中准确地描述了等温条件下一定质量的气体的密度随压强变化的是（　　）.

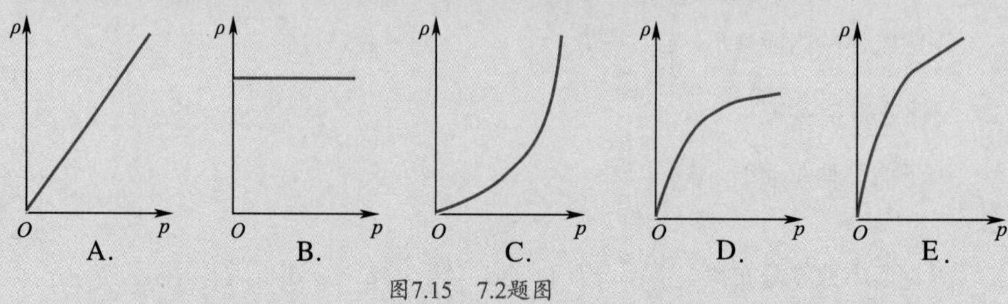

图7.15　7.2题图

7.3　一定量的理想气体贮于某一容器中，温度为T，气体分子的质量为m．根据理想气体分子模型和统计假设，分子速度在x轴方向的分量的平均值为（　　）.

A．$\overline{v}_x=\sqrt{\dfrac{8kT}{\pi m}}$　　B．$\overline{v}_x=\dfrac{1}{3}\sqrt{\dfrac{8kT}{\pi m}}$　　C．$\overline{v}_x=\sqrt{\dfrac{8kT}{3\pi m}}$　　D．$\overline{v}_x=0$

7.4　两瓶不同种类的理想气体，它们的温度和压强都相同，但体积不同，则单位体积内的气体分子数n、单位体积内气体分子的总平动动能$\dfrac{E_{\mathrm{k}}}{V}$、单位体积内的气体质量$\rho$之间的关系是（　　）.

A．n不同，$\dfrac{E_{\mathrm{k}}}{V}$不同，$\rho$不同　　B．$n$不同，$\dfrac{E_{\mathrm{k}}}{V}$不同，$\rho$相同

C．n相同，$\dfrac{E_{\mathrm{k}}}{V}$相同，$\rho$不同　　D．$n$相同，$\dfrac{E_{\mathrm{k}}}{V}$相同，$\rho$相同

7.5　气体的温度升高时，麦克斯韦速率分布函数曲线的变化是（　　）.

A．曲线下的面积增大，最概然速率增大

B．曲线下的面积不变，最概然速率增大

C．曲线下的面积减小，最概然速率增大

D．曲线下的面积不变，最概然速率减小

7.6　一定量的理想气体，保持体积不变，温度升高后，分子平均碰撞频率和平均自由程分别（　　）.

A．变大、不变　　B．变大、变小　　C．变小、不变　　D．变小、变大

7.7 一气缸内储有理想气体，气体的压强、摩尔体积和温度分别为p_1, V_1, T_1．现将气缸加热，使气体的压强和体积同比例增大，即在初态和末态，气体的压强p和摩尔体积V都满足$p=CV$，则常数C为________．设T_1=200K，当摩尔体积增大到$3V_1$时，气体的温度为________．

7.8 3个状态参量p, V, T都相同的氦气和氧气，它们的分子数密度之比为$n_{O_2}:n_{He}=$________；它们的内能之比为$E_{O_2}:E_{He}=$________．

7.9 1mol氧气（视为刚性双原子分子的理想气体）贮于一氧气瓶中，温度为27℃，这瓶氧气的内能为________J；分子的平均平动动能为________J；分子的平均总动能为________J．

7.10 一定质量的理想气体，从状态$A(p, V)$经过等体过程变到状态$B(2p, V)$，则两状态的最概然速率之比为________．

7.11 有N个同种分子的理想气体，在温度T_1和T_2（$T_1>T_2$）时的麦克斯韦速率分布情况分别由两曲线Ⅰ和Ⅱ表示（见图7.16）．

（1）对应T_1的速率分布曲线是________，最概然速率为________．

（2）若阴影部分的面积为A，则在两种温度下气体中分子运动速率小于v_0的分子数之差为________．

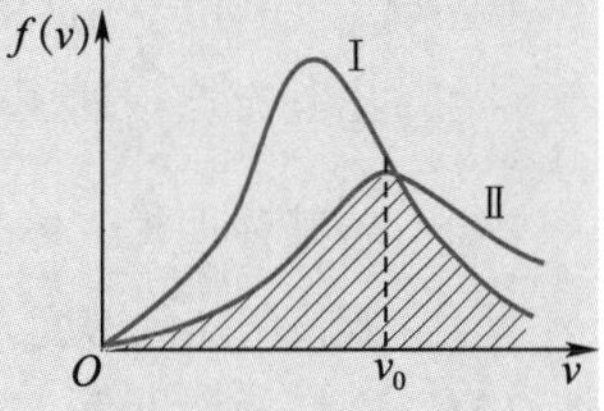

图7.16　7.11题图

7.12 如果理想气体的温度保持不变，当压强降为原值的一半时，分子的平均碰撞频率变为原来的________倍，平均自由程变为原来的________倍．

7.13 夏季装有空调、温度稳定维持为25℃的房间，房间中空气处于平衡状态吗？

7.14 一容器内储有氧气，其压强为1.01×10^5Pa，温度为27℃，求：

（1）气体的分子数密度；

（2）氧气的质量密度；

（3）氧分子的质量；

（4）分子间的平均距离（设分子均匀等距分布）．

7.15 氢气和氦气的压强、体积和温度均相等时，它们的质量比$\frac{m_{H_2}}{m_{He}}$和内能比$\frac{E_{H_2}}{E_{He}}$各为多少？

7.16 容器内盛有理想气体，其密度为$1.25\times10^{-2}\text{kg}\cdot\text{m}^{-3}$，温度为273K，压强为$1.0\times10^{-2}$atm．求：

（1）气体的摩尔质量，并确定是什么气体；

（2）气体分子的平均平动动能和平均转动动能；

（3）单位体积内分子的总平动动能；

（4）若该气体有0.3mol，其内能是多少？

7.17 有6个微粒，试就下列几种情形计算它们的方均根速率．

（1）6 个微粒的速率均为 $10m \cdot s^{-1}$.

（2）3 个微粒的速率为 $5m \cdot s^{-1}$，另外 3 个为 $10m \cdot s^{-1}$.

（3）3 个静止，另外 3 个的速率为 $10\ m \cdot s^{-1}$.

7.18 图7.17所示是氢气和氧气在同一温度下的麦克斯韦速率分布曲线．试由图中的数据求：

（1）氢分子和氧分子的最概然速率；

（2）两种气体的温度．

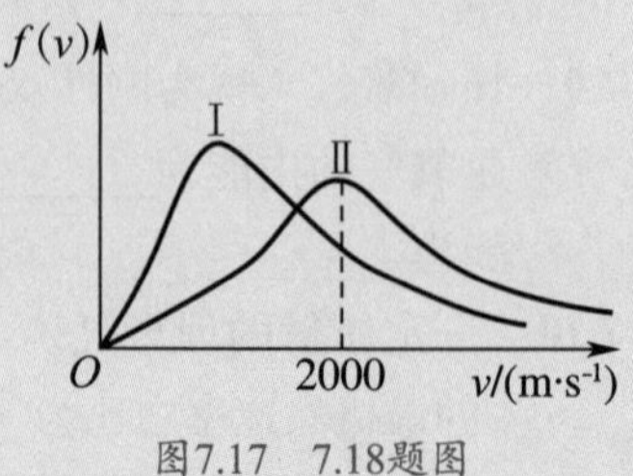

图7.17　7.18题图

7.19 （1）某气体在平衡温度T_2时的最概然速率与它在平衡温度T_1时的方均根速率相等，求$\frac{T_2}{T_1}$.

（2）如已知这种气体的压强 p 和密度 ρ，试导出其方均根速率表达式．

7.20 若某种理想气体分子的方均根速率 $(\overline{v^2})^{\frac{1}{2}} = 450\,m \cdot s^{-1}$，气体压强为$p=7\times10^4$Pa，则该气体的密度$\rho$为多少？

7.21 在同一温度下，不同气体分子的平均平动动能相等．拿氢分子和氧分子比较，氧分子的质量比氢分子大，所以氢分子的速率一定比氧分子大，对吗？

7.22 一定量氢气（视为刚性分子的理想气体），若温度每升高1K，其内能增加41.6J，则该氢气的质量为多少？

7.23 储有某种刚性双原子分子理想气体的容器以速率v=100m · s^{-1}运动，假设该容器突然停止，气体的全部定向运动动能都变为气体分子热运动的动能，此时容器中气体的温度上升 6.74K，则容器中气体的摩尔质量为多少？

7.24 储有1mol氧气、容积为$1m^3$的容器以v=10m · s^{-1} 的速率运动．设容器突然停止，其中氧气的80%的机械运动动能转化为气体分子热运动动能．问：气体的温度及压强各升高了多少？（氧分子视为刚性分子．）

7.25 用绝热材料制成的一个容器，容积为$2V_0$，被绝热板隔成A和B两部分，A内储有1mol单原子分子理想气体，B内储有2mol刚性双原子分子理想气体，A和B两部分压强相等，均为p_0，两部分体积均为V_0.

（1）两种气体各自的内能分别为多少？

（2）抽去绝热板，两种气体混合后处于平衡时的温度为多少？

7.26 温度为27℃时，1mol氧气具有多少平动动能、多少转动动能？

7.27 现有两条气体分子速率分布曲线①和②，如图7.18所示．若两条曲线分别表示了同一种气体处于不同

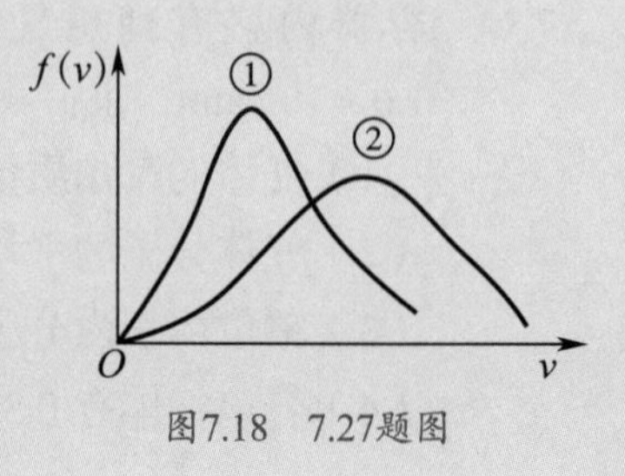

图7.18　7.27题图

温度下的速率分布情况，则哪条曲线表示气体温度较高？若两条曲线分别表示同一温度下的氢气和氧气的速率分布情况，则哪条曲线表示的是氧气的速率分布情况？

7.28 已知$f(v)$为麦克斯韦速率分布函数，N为总分子数.

（1）速率 $v>100\text{m}\cdot\text{s}^{-1}$ 的分子数占总分子数的百分比的表达式是什么？

（2）速率 $v>100\text{m}\cdot\text{s}^{-1}$ 的分子数的表达式是什么？

7.29 有N个粒子，其速率分布函数为$f(v)=\begin{cases}C(0\leqslant v\leqslant v_0)\\0,(v>v_0)\end{cases}$，其中$C$为常数.

（1）绘制速率分布曲线.

（2）由 v_0 求常数 C.

（3）求粒子的平均速率.

7.30 计算气体分子热运动速率介于$v_p-\dfrac{v_p}{100}$和$v_p+\dfrac{v_p}{100}$之间的分子数占总分子数的百分比.

7.31 在什么高度处大气压强减为地面的75%？设空气的温度为0℃.

7.32 飞机起飞前机舱中的压强指示器显示为1atm，温度为27℃；起飞后，压强指示器显示为0.8atm，温度仍为27℃，试计算飞机距地面的高度.

7.33 试估算空气中分子在下列两种情况下在0℃的平均自由程.

（1）$p_1=1.013\times10^5\text{Pa}$.（2）$p_2=1.33\times10^{-3}\text{Pa}$.

7.34 1mol 氧气从初态出发，经过等容升压过程，压强增大为原来的2倍，然后又经过等温膨胀过程，体积增大为原来的2倍，求末态与初态之间分子平均自由程的比值.

7.35 实验测得在标准状态下，氧气的扩散系数D为$1.9\times10^{-5}\text{m}^2\cdot\text{s}^{-1}$，试根据这个数据计算氧分子的平均自由程和分子的有效直径.

7.36 在标准状态下氦气的导热系数为$\kappa=5.19\times10^{-2}\text{W}\cdot(\text{m}\cdot\text{K})^{-1}$，分子的平均自由程$\overline{\lambda}=2.6\times10^{-7}\text{m}$，试求氦分子的平均速率.

7.37 和实际情况相比，理想气体模型存在哪些缺陷？

7.38 已知1mol范德瓦尔斯气体方程为$\left(p+\dfrac{a}{V_m^2}\right)(V_m-b)=RT$. 试说明：当气体的摩尔体积增大时，范德瓦尔斯方程将趋向于理想气体方程.

7.39 把氧气当作范德瓦尔斯气体，它的范德瓦尔斯方程常量为$a=1.36\times10^{-1}\text{m}^6\cdot\text{Pa}\cdot\text{mol}^{-2}$，$b=32\times10^{-6}\text{m}^3\cdot\text{mol}^{-1}$. 问：压强为10.1MPa时，密度为$100\text{kg}\cdot\text{m}^{-3}$的氧气，其温度是多少？

本章习题参考答案

第8章 热力学基础

上一章从气体分子热运动观点出发，运用统计方法研究了热运动的规律及其理想气体的一些热学性质．本章则从能量观点出发，以大量实验观测为基础，研究物质热现象的宏观基本规律及其具体应用．与从气体分子热运动观点出发的气体动理论（微观理论）不同的是，热力学是热现象的宏观理论，它是从能量观点出发，以大量的实验观测为基础，研究热力学系统状态变化过程中功和热的转化关系与条件．热力学理论共有4条定律：热力学第零定律定义了温度的概念；热力学第一定律是包括热现象在内的能量守恒与转化定律；热力学第二定律指明了热力学过程进行的方向；热力学第三定律指出绝对零度是不可能达到的．

本章着重讨论热力学第一和第二定律，主要内容包括：准静态过程、功和热量、内能等基本概念；热力学第一定律和它在理想气体各种等值过程中的应用，理想气体的摩尔热容，循环过程及其效率，卡诺循环；热力学第二定律，熵和熵增加原理，以及热力学第二定律的统计意义．

8.1 准静态过程、功和热量

一、准静态过程

当一个热力学系统与外界相互作用时，其状态会发生变化，原来的平衡态将被打破，需要经过一段时间后，才能达到新的平衡态．系统从一个平衡态过渡到另一个平衡态所经过的变化历程，称为热力学过程．根据系统所经历中间状态的不同，热力学过程又分为非静态过程和准静态过程．

在实际的热力学过程中，系统在始末两平衡态之间所经历的中间状态，都不是平衡态，而是非平衡态．例如，推进活塞压缩气缸内的气体时，气体的体积、密度、温度和压强都将随时间发生变化，并且气缸内各部分气体的密度、温度和压强都不完全相同，如图8.1所示．为了能够利用系统处于平衡态时的性质来研究热力学过程的规律，我们引入准静态过程．所谓准静态过程，是指在过程进行的任一时刻，系统都无限地接近平衡态．也就是说，任一时刻系统的状态都可以当作平衡态来处理，这样的过程就是准静态过程．

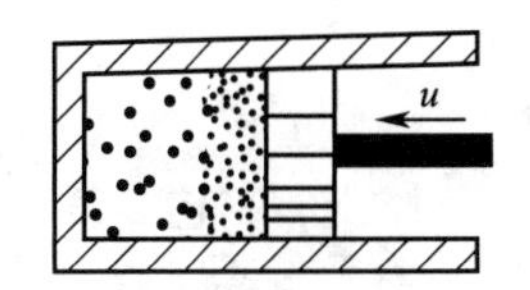

图8.1 推进活塞压缩气缸内的气体

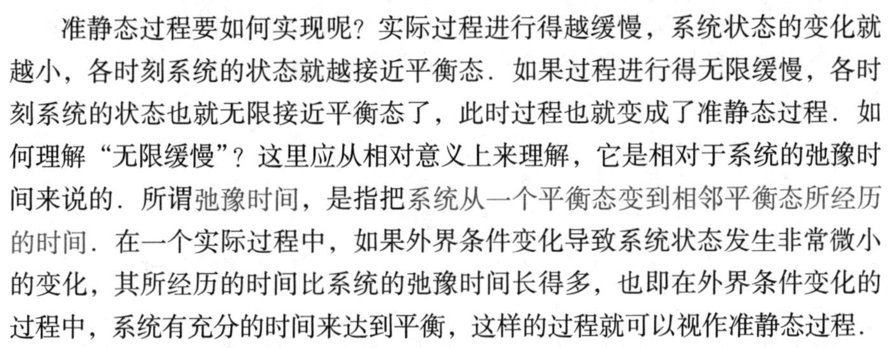
准静态过程要如何实现呢？实际过程进行得越缓慢，系统状态的变化就越小，各时刻系统的状态就越接近平衡态．如果过程进行得无限缓慢，各时刻系统的状态也就无限接近平衡态了，此时过程也就变成了准静态过程．如何理解“无限缓慢”？这里应从相对意义上来理解，它是相对于系统的弛豫时间来说的．所谓弛豫时间，是指把系统从一个平衡态变到相邻平衡态所经历的时间．在一个实际过程中，如果外界条件变化导致系统状态发生非常微小的变化，其所经历的时间比系统的弛豫时间长得多，也即在外界条件变化的过程中，系统有充分的时间来达到平衡，这样的过程就可以视作准静态过程．

内燃机的工作过程

例如，上述气缸内处于平衡态的气体被压缩后再达到平衡态所需时间即为弛豫时间，大约为10^{-3}s．实际操作过程中，若压缩一次所用去的时间为1s，这时间是上述弛豫时间的10^3倍，所以气体的这一压缩过程就可以认为是准静态过程．实际内燃机气缸中的燃气经历一次压缩的时间大约为10^{-2}s，这个时间是气体弛豫时间的10倍，所以，内燃机中燃气状态的变化过程可视为准静态过程．

在第7章中我们提到，系统的平衡态可以用p–V图上的一个点来表示，那么连接始末两点间的一条曲线，就可以用来表示由一系列平衡态组成的准静态过程．图8.2中曲线表示由初态Ⅰ到末态Ⅱ的准静态过程，其中箭头方向表示过程的进行方向．这条曲线叫作过程曲线，表示这条曲线的方程叫作过程方程．

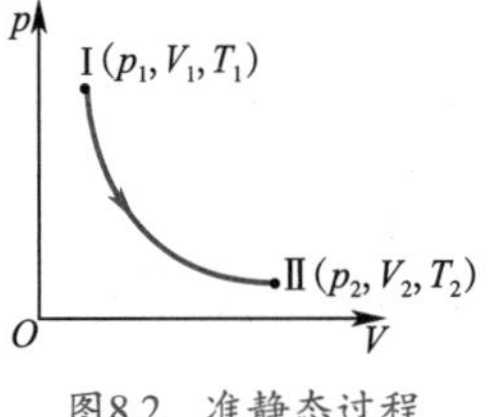

图8.2 准静态过程

应当指出，准静态过程是理想化的过程，是实际过程的理想化和抽象化，实际中并不存在，但它对热力学的理论研究和实际应用有重要的指导意义．在本章中，如不特别指明，所讨论的过程都是准静态过程．

二、功和热量

热力学系统处于某一状态时，具有一定的能量，称为系统的内能．系统的状态发生改变，也即系统的内能发生改变，可以通过两种方式来进行：一是通过外界对系统做功，二是向系统传递热量，或者两种方式兼而有之．两种方式虽然不同，但都能导致相同的状态变化．例如，一杯水，可以通过加热也就是热传递的方法，从某一温度升高到另一温度；也可以通过搅拌做功，使这杯水升高相同的温度．由此可见，做功和传递热量是等效的，因此，做功和传递热量均可作为内能变化的量度．

在国际单位制中，内能、功、热量的单位均为焦耳（J）．过去在习惯上，人们还用卡（cal）作为热量的单位，根据焦耳的热功当量实验可知

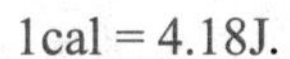

$$1\text{cal} = 4.18\text{J}.$$

焦耳

实验表明，系统状态发生变化只要始、末态确定，则不论经历怎样的变化过程，外界对系统所做的功和外界向系统传递热量的总和，总是恒定不变的．这说明：内能的改变量只取决于始、末两个状态，而与所经历的过程无关．也就是说，内能是状态量，是系统状态的单值函数．用ΔE表示系统从初态到末态内能的增量，当$\Delta E > 0$时，表示系统内能增加；当$\Delta E < 0$时，表示系统内能减少．

由上一章得出理想气体的内能为

$$E = \nu \frac{i}{2} RT.$$

对于一定的理想气体，内能是温度的单值函数，系统温度发生改变，则内能发生改变．

应当指出，虽然做功与传递热量对内能的改变具有等效性，但也存在本质上的差别．做功总是和宏观位移相联系，大量分子都做同样的位移，这样的运动可叫作分子的有规则运动．通过做功来改变系统的内能，实际上是分子有规则运动能量向分子无规则运动能量的转化和传递．而高温物体和低温物体相接触产生热量传递，其实就是分子无规则热运动能量从高温向低温的传递，所以做功与传热是两种本质不同的能量转移方式．

三、准静态过程的功和热量

现在来讨论当一个热力学系统经历一个准静态过程时，由于其体积变化所做的功．准静态过程中，无论是外界对系统做的功，还是系统对外界做的功，都可以用平衡态的状态参量来表示和定量计算．

我们仍以气缸内气体体积变化做功为例，设气体的压强为p，活塞面积为

S，活塞与气缸壁之间的摩擦不计，如图8.3所示．

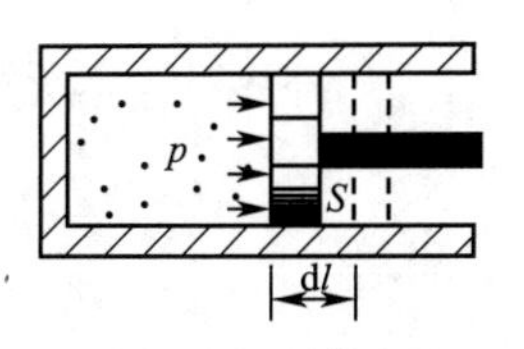

图8.3　气体膨胀时做功的计算

气体对活塞的压力为$F=pS$，当气体推动活塞缓慢地向外移动一段微小的位移$\mathrm{d}l$时，气体对外界所做的功为

$$\mathrm{d}W=F\mathrm{d}l=pS\mathrm{d}l=p\mathrm{d}V.$$

这里$S\mathrm{d}l=\mathrm{d}V$，是气体体积微小膨胀的体积．若气体从初态Ⅰ变化到末态Ⅱ，体积从V_1变化到V_2，则气体对外界所做的功为

$$W=\int_{\mathrm{I}}^{\mathrm{II}}\mathrm{d}W=\int_{V_1}^{V_2}p\mathrm{d}V.\qquad(8.1)$$

这一公式虽然是通过图8.3的特例导出的，但可以证明它是准静态过程中“体积功”的一般计算公式，并且可用系统的状态参量表示．显然，当系统体积膨胀时，$\mathrm{d}V>0$，$\mathrm{d}W>0$，此时系统对外界做正功；当系统体积被压缩时，$\mathrm{d}V<0$，$\mathrm{d}W<0$，此时系统对外界做负功或外界对系统做正功．也就是说，在同一个准静态过程中，由于系统和外界时刻处于平衡态，因此系统对外界做的功和外界对系统做的功，总是大小相等、符号相反．若系统体积不变，则$\mathrm{d}V=0$，$\mathrm{d}W=0$，此时外界和系统都不做功．

如果知道过程中系统压强随体积变化的具体关系式，将它代入式（8.1），就可求出该过程系统对外界所做的功．此外，系统在一个准静态过程中做的体积功，也可以在p–V图上直观地表示出来，如图8.4所示．系统从初态Ⅰ变化到末态Ⅱ的过程中，微小过程中的元功$\mathrm{d}W$就是图中小矩形的面积．再由积分的意义可知，整个过程系统对外界做功的大小，就等于该过程曲线下方的面积．

从图8.4可以看出，系统从状态Ⅰ变化到状态Ⅱ，并不只限于图中这一种变化过程，可能有很多的路径．可见同样由Ⅰ变化到Ⅱ，过程不同功就不同，因而曲线下面所包围的面积也不相同．也就是说，只知道系统的初态和末态，并不能确定功的大小，它还和系统具体经历的过程有关．因此，功和内能不一样，它不是状态量，而是与过程有关的“过程量”．

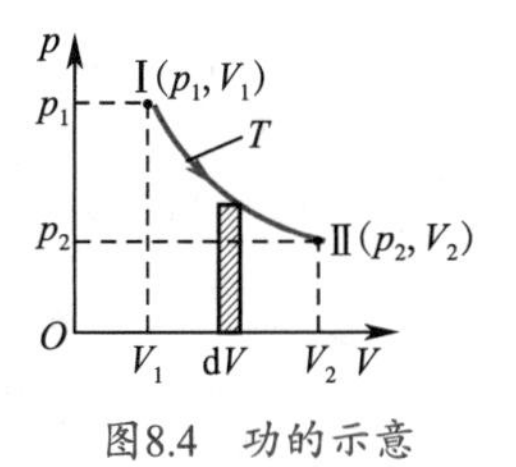

图8.4　功的示意

准静态过程中热量的计算可以通过以下方法来进行．若系统在某一过程中，温度由T_1变化到T_2，则系统吸收（或放出）的热量Q为

$$Q=\int_{T_1}^{T_2}C\mathrm{d}T=\int_{T_1}^{T_2}Mc\mathrm{d}T.\qquad(8.2)$$

式中M为系统的质量，C为此过程的热容量，小写的c为比热容．关于热容量，我们后面还会讲到．通常规定，$Q>0$表示系统从外界吸热，$Q<0$表示系统向外界放热．

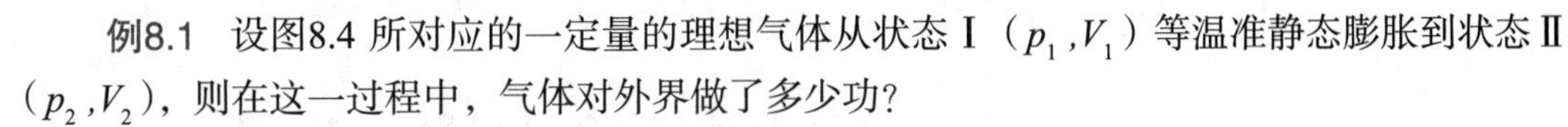

例8.1　设图8.4 所对应的一定量的理想气体从状态Ⅰ（p_1,V_1）等温准静态膨胀到状态Ⅱ（p_2,V_2），则在这一过程中，气体对外界做了多少功？

解　理想气体状态方程为$p=\dfrac{\nu RT}{V}$，

等温准静态膨胀过程气体对外界做的功为 $W=\int_{T_1}^{T_2}p\mathrm{d}V=\int_{T_1}^{T_2}\dfrac{\nu RT}{V}\mathrm{d}V=\nu RT\ln\dfrac{V_2}{V_1}.$

外界对气体所做的功与上述结果只相差一个符号，即 $W' = -W = -\nu RT\ln\frac{V_2}{V_1}$.

8.2 热力学第一定律

一、热力学第一定律的表述

系统状态发生改变且能量发生变化时，可以由外界向系统传递热量或者做功来实现. 一般情况下，热量传递和做功往往是同时存在的. 系统从内能为E_1的初态变化到内能为E_2的末态，外界向它传递了Q的热量，同时系统对外界做功W，根据能量转化和守恒定律，不论过程如何，总有

$$Q = E_2 - E_1 + W,$$

或

$$Q = \Delta E + W. \tag{8.3}$$

这就是热力学第一定律的数学表达式，它给出了热力学系统在状态变化过程中内能、热量及做功之间的数量关系. 它的物理意义是：系统从外界吸收的热量，一部分使系统的内能增加，另一部分转化为系统对外界所做的功. 不难看出，热力学第一定律其实是包括热现象在内的能量转化和守恒定律，适用于任何系统的任何过程.

若系统经历一微小变化过程，则热力学第一定律可以表示为

$$\mathrm{d}Q = \mathrm{d}E + \mathrm{d}W. \tag{8.4}$$

系统的内能E是状态量，气体内能的增量ΔE只取决于气体的始末状态，而与过程无关. 根据之前的讨论，做功是与过程有关的过程量，由热力学第一定律不难得出，热量Q也是过程量.

由热力学第一定律可知，要使系统对外做功，必然要消耗系统的内能或者从外界吸收热量，或二者兼而有之. 在热力学第一定律建立以前，有人试图制造一种机器，它不需要任何动力和燃料，工作物质的内能也不改变，却能不断地对外做功，这样的机器人们称之为第一类永动机. 然而，这样的机器是违背热力学第一定律的，对此进行的所有尝试均告失败，它是不可能造成的. 因此，热力学第一定律又可以表述为：第一类永动机是不可能造成的.

二、热力学第一定律在理想气体等值过程中的应用

本节中，我们来讨论热力学第一定律在理想气体几个准静态等值过程中

的应用．考虑到准静态过程中系统因体积变化所做的功，式（8.4）和式（8.3）可以分别表示为

$$dQ = dE + pdV, \tag{8.5}$$

$$Q = \Delta E + \int_{V_1}^{V_2} pdV. \tag{8.6}$$

1．等容过程

等容过程的特征是气体的体积保持不变．

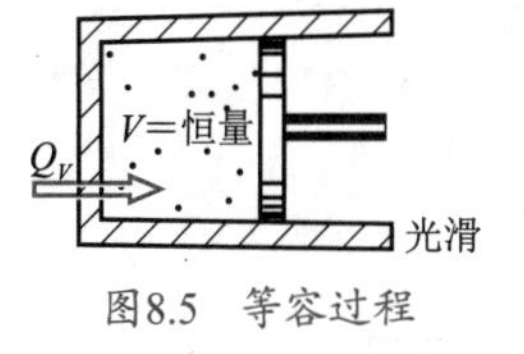

图8.5　等容过程

例如，固定一密闭气缸的活塞不动，再把气缸连续地与一系列有微小温度差的恒温热源相接触，让气缸中气体温度逐渐升高，压强增大，但气体体积保持不变．这样的一个准静态过程就是等容过程，如图8.5所示．

由于体积不变，等容过程在p–V图上是一条平行于p轴的直线，称为等容线，如图8.6所示．

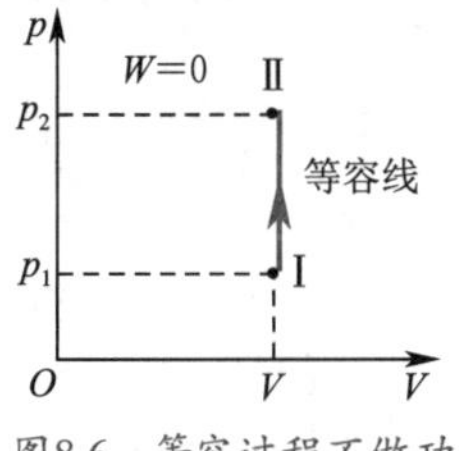

图8.6　等容过程不做功

等容过程体积不变，V为常量，dV=0，系统不对外做功，即$dW = pdV = 0$．所以，由热力学第一定律，在等容过程中有

$$dQ_V = dE.$$

对于有限的变化过程，则有

$$Q_V = E_2 - E_1. \tag{8.7}$$

式（8.7）表明，在等容过程中，因为不对外做功，所以系统吸收的热量全部用来增加气体的内能．

2．等压过程

等压过程的特征是气体的压强保持不变．

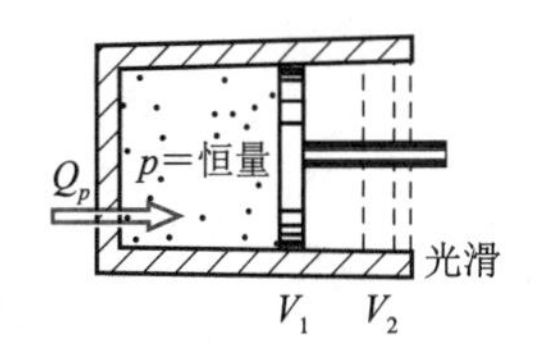

图8.7　等压过程

设想气缸与一系列恒温热源连续接触，热源的温度逐渐升高但变化细微，同时接触过程中活塞上所加外力保持不变．接触的结果，将有微小的热量传给气体，使气体的温度略微升高，压强也相应地有一个微小的增量，于是气体将推动活塞对外做功，气体的体积随之膨胀．气体体积膨胀之后，会使气体的压强降低，从而保证了气缸内外的压强随时保持不变．这样气缸中的气体就经历了一个准静态的等压过程，如图8.7所示．

由于压强不变，等压过程在p–V图上是一条平行于V轴的直线，称为等压线，如图8.8所示．

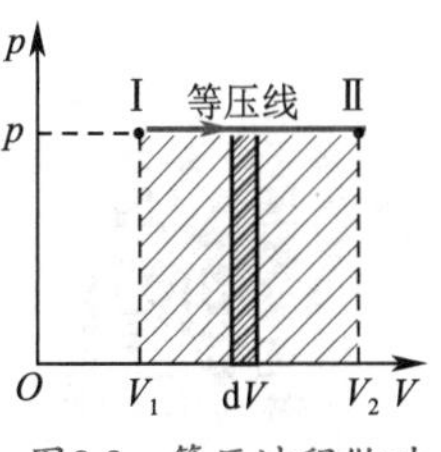

图8.8　等压过程做功

等压过程压强不变，p为常量，dp=0．假定气体压强为p，当气体体积从V_1变化到V_2时，系统对外所做的功为

$$W = \int_{V_1}^{V_2} pdV = p(V_2 - V_1). \tag{8.8}$$

很显然，功的数值等于等压线下矩形的面积．再根据理想气体物态方程，式（8.8）可写成

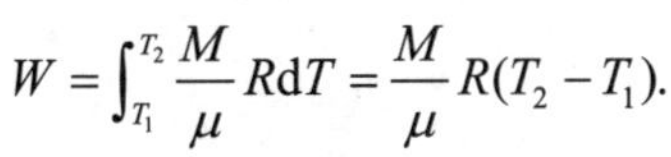

$$W = \int_{T_1}^{T_2} \frac{M}{\mu} RdT = \frac{M}{\mu} R(T_2 - T_1).$$

所以，对于等压过程，根据热力学第一定律有

$$\mathrm{d}Q_p = \mathrm{d}E + p\mathrm{d}V = \mathrm{d}E + \frac{M}{\mu}R\mathrm{d}T,$$

$$Q_p = \Delta E + p\left(V_2 - V_1\right) = E_2 - E_1 + \frac{M}{\mu}R(T_2 - T_1) . \qquad (8.9)$$

由此可见，在等压过程中，系统从外界所吸取的热量，一部分用来增加气体的内能，另一部分用于对外做功.

3. **等温过程**

等温过程的特征是系统的温度保持不变.

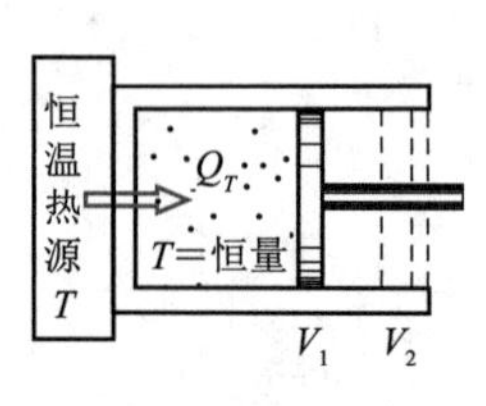

图8.9 等温过程

等温过程可以这样实现：设想一气缸内贮有一定质量的理想气体，气缸壁由绝热材料制成，是绝对不导热的，但其底部是热的良导体，并使气缸底部与一恒温热源相接触，如图8.9所示．当作用在活塞上的外界压强缓慢降低时，缸内气体体积随之膨胀对外做功，气体内能缓慢减少，温度也随之略有降低．由于气体始终与恒温热源接触，当气体温度比热源温度略低时，就有热量从恒温热源传入气缸中的气体，使气体温度维持不变，这样气缸中的气体就经历了一个准静态的等温过程.

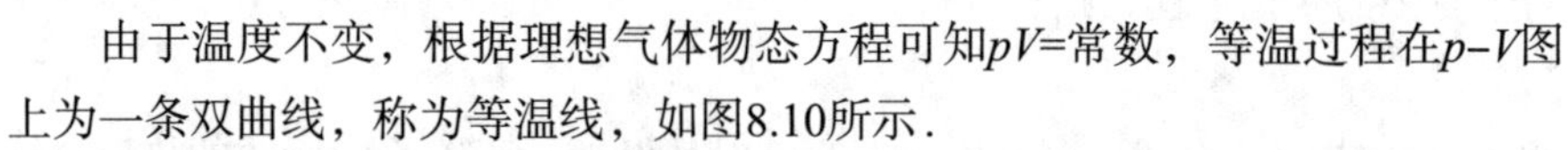
由于温度不变，根据理想气体物态方程可知pV=常数，等温过程在p-V图上为一条双曲线，称为等温线，如图8.10所示.

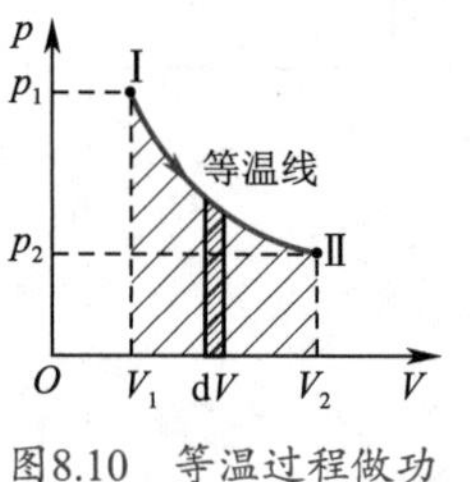

图8.10 等温过程做功

等温过程温度不变，T为常量，$\mathrm{d}T=0$．因为理想气体内能只是温度的函数，温度保持不变，则气体的内能保持不变，$\mathrm{d}E=0$．假定气体温度为T，当气体体积从V_1变化到V_2时，系统对外所做的功为

$$W = \int_{V_1}^{V_2} p\mathrm{d}V = \int_{V_1}^{V_2} \frac{M}{\mu}RT\frac{\mathrm{d}V}{V} = \frac{M}{\mu}RT\ln\frac{V_2}{V_1}. \qquad (8.10)$$

对于等温过程，根据热力学第一定律有

$$\mathrm{d}Q_T = p\mathrm{d}V,$$

$$Q_T = W = \frac{M}{\mu}RT\ln\frac{V_2}{V_1} = \frac{M}{\mu}RT\ln\frac{p_1}{p_2} . \qquad (8.11)$$

式（8.11）表明，在等温过程中，气体从外界所吸取的热量全部用来对外做功，系统的内能保持不变.

三、气体的摩尔热容

与摩尔热容有关的计算举例

1. **热容量**

为了计算系统从外界吸收或者放出的热量，常常要用到热容．若系统在某一无限小的过程中吸收的热量为$\mathrm{d}Q$，温度变化为$\mathrm{d}T$，则定义

$$C = \frac{\mathrm{d}Q}{\mathrm{d}T}$$

为系统在该过程中的热容量．它表示在该过程中，温度升高1K时系统所吸收的热量，单位是$J \cdot K^{-1}$．单位质量的热容量称为比热容，用c表示，单位是$J \cdot (K \cdot kg)^{-1}$；1mol物质的热容量称为摩尔热容，用$C_m$表示，其单位是$J \cdot (K \cdot mol)^{-1}$．它们之间的关系为

$$C = Mc, \quad C = \nu C_m. \tag{8.12}$$

2．理想气体的摩尔定容热容

对于同一种理想气体，不同过程中的热容量是不同的，其中最常用的是摩尔定容热容和摩尔定压热容．我们先来讨论理想气体的摩尔定容热容．假设1mol气体在等容过程中吸取了dQ_V热量，气体的温度由T升高到了$T+dT$，则气体的摩尔定容热容为

$$C_{V,m} = \frac{dQ_V}{dT}. \tag{8.13}$$

等容过程中$dQ_V = dE$，对于理想气体，$dE = \frac{i}{2}RdT$，代入式（8.13）即可得理想气体的摩尔定容热容

$$C_{V,m} = \frac{i}{2}R. \tag{8.14}$$

这里i是分子的自由度，可见理想气体的摩尔定容热容只与分子的自由度有关，与气体的温度无关．对于单原子分子气体，$i=3$，$C_{V,m} = \frac{3}{2}R$；对于双原子分子气体，$i=5$，$C_{V,m} = \frac{5}{2}R$；对于多原子分子气体，$i=6$，$C_{V,m} = 3R$．以上都没有考虑分子内原子间的振动，是把原子当作刚性的来处理的．

根据式（8.13）可知

$$dQ_V = C_{V,m}dT,$$

对于质量为M、物质的量为ν的理想气体，在整个等容过程中，温度由T_1变化到T_2时，系统所吸取的热量为

$$Q_V = \frac{M}{\mu}C_{V,m}\left(T_2 - T_1\right) = \nu C_{V,m}\left(T_2 - T_1\right). \tag{8.15}$$

理想气体内能的变化只与温度的改变量有关，而与状态的变化过程无关，所以无论经历什么样的状态变化过程，只要起始和终了状态的温度相同，理想气体内能的改变量都是

$$\Delta E = Q_V = \frac{M}{\mu}C_{V,m}\left(T_2 - T_1\right).$$

根据上式，得到理想气体内能的表达式为

$$E = \frac{M}{\mu}C_{V,m}T = \nu\frac{i}{2}RT. \tag{8.16}$$

3．理想气体的摩尔定压热容

若1mol气体在等压过程中吸取了dQ_p热量，气体的温度由T升高到了

$T+\mathrm{d}T$，则气体的摩尔定压热容为

$$C_{p,m}=\frac{\mathrm{d}Q_p}{\mathrm{d}T}. \tag{8.17}$$

等压过程中$\mathrm{d}Q_p=\mathrm{d}E+p\mathrm{d}V$，代入式（8.17）得

$$C_{p,m}=\frac{\mathrm{d}E}{\mathrm{d}T}+p\frac{\mathrm{d}V}{\mathrm{d}T}.$$

对于1mol理想气体，$\mathrm{d}E=C_{V,m}\mathrm{d}T$．再对理想气体物态方程$pV_m=RT$两边取微分，并考虑到等压过程中$p$=常量，可得$p\mathrm{d}V_m=R\mathrm{d}T$，代入上式得理想气体的摩尔定压热容

$$C_{p,m}=C_{V,m}+R. \tag{8.18}$$

式（8.18）叫作迈耶公式，它表示理想气体的摩尔定压热容要比摩尔定容热容大一个恒量R．这说明和等容过程相比，1mol理想气体在等压过程中，温度每升高1K，要多吸取8.31J的热量．这是因为等压过程吸取的热量在增加系统内能的同时，还需要转化为膨胀时对外所做的功．将$C_{V,m}=\frac{i}{2}R$代入式（8.18）可得

$$C_{p,m}=\frac{i}{2}R+R=\frac{i+2}{2}R. \tag{8.19}$$

显然，系统的摩尔定压热容也只和分子的自由度有关，而与气体温度无关．在应用中常引入比热容比γ，即摩尔定压热容$C_{p,m}$和摩尔定容热容$C_{V,m}$的比值，

$$\gamma=\frac{C_{p,m}}{C_{V,m}}=\frac{i+2}{i}. \tag{8.20}$$

由于$C_{p,m}>C_{V,m}$，所以$\gamma>1$．对于单原子分子气体，$\gamma=\frac{5}{3}\approx1.67$；对于双原子分子气体，$\gamma=\frac{7}{5}=1.4$；对于多原子分子气体，$\gamma=\frac{8}{6}\approx1.33$．

表8.1给出了一些气体摩尔热容的实验数据．从表8.1可以看出：①对各种气体来说，两种摩尔热容之差$C_{p,m}-C_{V,m}$都接近于R；②室温下单原子及双原子气体的$C_{p,m}$，$C_{V,m}$，γ的实验数值和理论数值相近，这说明经典的热容理论近似地反映了客观事实；③对于分子结构相对复杂的3原子以上的多原子分子气体，理论数值和实验数值不太相符．

表8.1　常温下气体摩尔热容的实验数值

［$C_{p,m}$和$C_{V,m}$的单位：J/(mol·K)］

原子数	气体种类	$C_{p,m}$	$C_{V,m}$	$C_{p,m}-C_{V,m}$	$\gamma=\frac{C_{p,m}}{C_{V,m}}$
单原子	氦	20.9	12.5	8.4	1.67
	氩	21.2	12.5	8.7	1.65

续表

原子数	气体种类	$C_{p,m}$	$C_{V,m}$	$C_{p,m}-C_{V,m}$	$\gamma=\frac{C_{p,m}}{C_{V,m}}$
双原子	氢	28.8	20.4	8.4	1.41
	氮	28.6	20.4	8.2	1.41
	一氧化碳	29.3	21.2	8.1	1.40
	氧	28.9	21.0	7.9	1.40
多原子	水蒸气	36.2	27.8	8.4	1.31
	甲烷	35.6	27.2	8.4	1.30
	氯仿	72.0	63.7	8.3	1.13
	乙醇	87.5	79.2	8.2	1.11

不仅如此，上述这些摩尔热容和系统的温度也有关系，实验测得摩尔热容随温度变化．这是因为经典理论是建立在能量均分定理之上的，粒子能量可以连续变化．而实际上原子、分子等微观粒子的运动遵从量子力学规律，能量和能量的传递都是量子化的．因此，经典理论只在一定的范围内适用，只有量子理论才能对气体的摩尔热容做出较完满的解释，在此不做深入讨论．

另外，根据式（8.17）可知

$$\mathrm{d}Q_p = C_{p,m}\mathrm{d}T,$$

对于质量为M、物质的量为ν的理想气体，在整个等压过程中，温度由T_1变化到T_2时，系统所吸取的热量为

$$Q_p = \frac{M}{\mu}C_{p,m}\left(T_2 - T_1\right) = \nu C_{p,m}\left(T_2 - T_1\right). \tag{8.21}$$

四、绝热过程

绝热过程是系统在和外界无热量交换的条件下进行的过程，其特征是在任意微小过程中$\mathrm{d}Q=0$．实际上绝对的绝热过程是没有的，但一个用良好绝热材料包裹的系统，虽然系统与外界之间有热量传递，但所传递的热量很小，可以忽略不计；或者过程进行得很快，以至来不及和外界进行显著的热交换，这些过程都可以近似于绝热过程．如蒸汽机气缸中蒸汽的膨胀、内燃机中的气体急速地压缩等过程，都可以近似地当成绝热过程来处理．

下面讨论理想气体准静态绝热过程的规律．绝热过程中$\mathrm{d}Q=0$，由热力学第一定律有

$$0 = \mathrm{d}E + \mathrm{d}W.$$

由于理想气体内能仅是温度的函数，$\mathrm{d}E = C_{V,m}\mathrm{d}T$，对于一个有限过程，系统对外界所做的功为

$$W = -\Delta E = -\frac{M}{\mu}C_{V,m}\Delta T. \tag{8.22}$$

此式表明，在绝热过程中，只要通过计算系统内能的变化就能计算系统对外所做的功．这是因为气体对外做功是以内能的减少为代价来完成的，气体膨胀做功，内能减少，温度降低，压强也相应减小．在这个过程中，气体的温度、压强、体积3个状态参量同时改变．

如前所述，准静态绝热过程中$dQ=0$，根据热力学第一定律有

$$p\mathrm{d}V=-\nu C_{V,m}\mathrm{d}T. \tag{8.23}$$

对理想气体物态方程$pV=\nu RT$两边取微分，得

$$p\mathrm{d}V+V\mathrm{d}p=\nu R\mathrm{d}T, \tag{8.24}$$

则

$$\mathrm{d}T=\frac{p\mathrm{d}V+V\mathrm{d}p}{\nu R}.$$

将上式代入式（8.23）得

$$C_{V,m}p\mathrm{d}V+C_{V,m}V\mathrm{d}p=-Rp\mathrm{d}V.$$

因$C_{p,m}=C_{V,m}+R$，且$\gamma=\dfrac{C_{p,m}}{C_{V,m}}$，代入上式，得

$$\frac{\mathrm{d}p}{p}+\gamma\frac{\mathrm{d}V}{V}=0. \tag{8.25}$$

对一定质量的理想气体来说，γ在很宽的温度范围内近似为常数，通过对式（8.25）积分，可得

$$pV^{\gamma}=\text{常量}. \tag{8.26}$$

根据理想气体物态方程，式（8.26）还可以表示成

$$V^{\gamma-1}T=\text{常量}, \tag{8.27}$$

$$p^{\gamma-1}T^{-\gamma}=\text{常量}. \tag{8.28}$$

这些方程统称为理想气体的绝热过程方程，简称绝热方程．式中指数γ就是前面提到的理想气体的比热容比，这也是工程上将它称为绝热系数的原因．在具体应用时，可根据问题的具体情况来选取任一公式使用，但要注意式中各个常量互不相同．

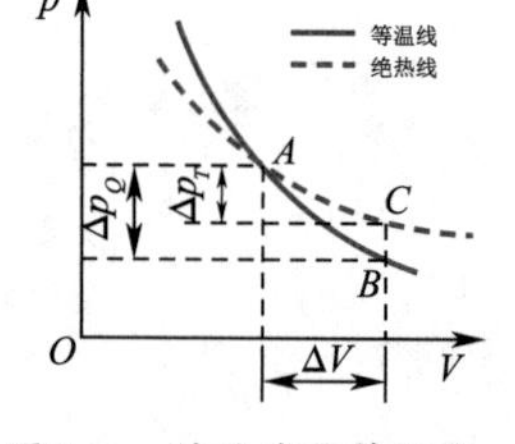

图8.11　绝热线和等温线

根据式（8.26）可以在p–V图上画出绝热过程曲线，称为绝热线，用实线表示；过A点我们可以画出同一气体的等温线，用虚线表示，如图8.11所示．可以观察到，绝热线和等温线的形状很相似，那么该如何区分它们呢？我们可以通过计算曲线的斜率（A点）来加以判断，因为绝热线和等温线的斜率是不同的．

绝热过程：$pV^{\gamma}=C$，两边取微分，整理后可得A处的斜率为

$$\left(\frac{\mathrm{d}p}{\mathrm{d}V}\right)_Q=-\gamma\frac{p_A}{V_A}.$$

等温过程：$pV=C$，两边取微分，整理后可得A处的斜率为

$$\left(\frac{\mathrm{d}p}{\mathrm{d}V}\right)_T=-\frac{p_A}{V_A}.$$

因为$\gamma>1$，所以按绝对值来说，绝热线的斜率比等温线的要大，从而绝热线比等温线陡. 我们也可以给出其物理原因：在等温过程中压强的减小$[(\Delta p)_T]$，仅仅是因为气体体积膨胀；而绝热过程中压强的减小$[(\Delta p)_Q]$，一方面是因为体积的增大，另一方面是因为内能减小、温度降低. 所以相较而言，绝热过程比等温过程压强下降得更多更快$[(\Delta p)_Q>(\Delta p)_T]$，所以绝热线比等温线陡.

例8.2 如图8.12所示，1mol理想气体由初态a经准静态过程ab(直线）变至终态b. 已知该理想气体的定容摩尔热容$C_{V,m}=3R$，求该理想气体在ab过程中的摩尔热容量（用R表示）.

解 设该过程中的摩尔热容为C_m，根据热力学第一定律有

$$C_m\mathrm{d}T=C_{V,m}\mathrm{d}T+p\mathrm{d}V, \quad ①$$

即

$$C_m=C_{V,m}+p\frac{\mathrm{d}V}{\mathrm{d}T}. \quad ②$$

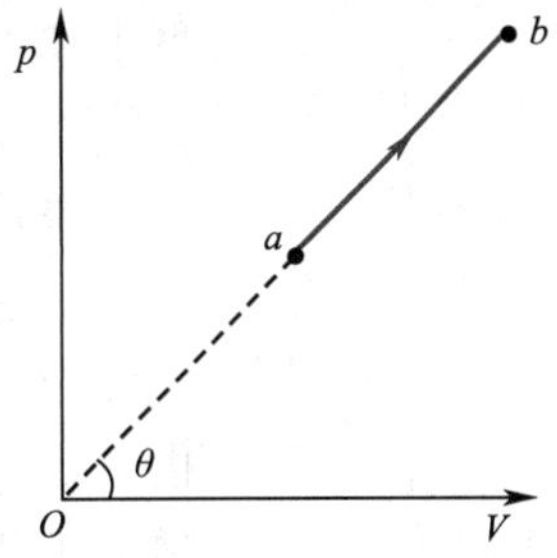

ab过程方程为$p=kV$，其中k为斜率. 由理想气体物态方程有

$$kV^2=RT, \quad ③$$

因此

$$\frac{\mathrm{d}V}{\mathrm{d}T}=\frac{R}{2kV}=\frac{R}{2p},$$

图8.12 例8.2图

代入②中可得

$$C_m=C_{V,m}+p\frac{R}{2p}=3R+\frac{R}{2}=\frac{7}{2}R.$$

例8.3 一定量的某单原子分子理想气体装在封闭的气缸里. 此气缸有可活动的活塞（活塞与气缸壁之间无摩擦且不漏气）. 已知气体的初压强p_1=1atm，体积V_1=1L，现将该气体在等压下加热，直到体积为原来的2倍，然后在等体积下加热，直到压强为原来的2倍，最后做绝热膨胀，直到温度下降到初温为止.

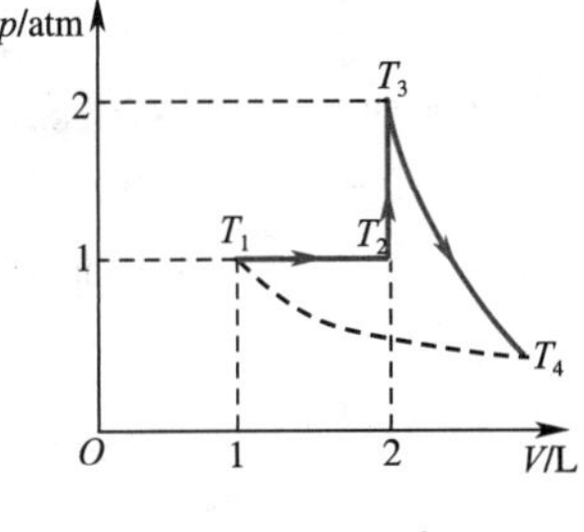

图8.13 例8.3图

（1）在p–V图上将整个过程表示出来.

（2）试求在整个过程中气体内能的改变量.

（3）试求在整个过程中气体所吸收的热量.

（4）试求在整个过程中气体所做的功.

解 （1）上述过程在p–V图的表示如图8.13所示.

（2）由于整个过程是一正循环，则$T_4=T_1$，气体内能的变量是$\Delta E=0$.

（3）只有等压和等容过程，气体吸热绝热过程气体与外界无热交换，因此，整个过程气体吸收的热量$Q=\nu C_{p,m}(T_2-T_1)+\nu C_{V,m}(T_3-T_2)$

$$=\frac{5}{2}p_1(2V_1-V_1)+\frac{3}{2}[2V_1(2p_1-p_1)]$$

$$=\frac{11}{2}p_1V_1$$

$$=5.6\times10^2(\mathrm{J}).$$

（4）由于整个过程是一正循环，用热力学第一定律$Q=\Delta E+W$，从而有$W=Q=5.6\times10^2$（J）.

五、循环过程和卡诺循环

在历史上，热力学理论最初是在研究热机工作过程的基础上发展起来的. 热机是利用热来做功的机器，如蒸汽机、内燃机、汽轮机等都是热机. 在生产技术上热机需要将热与功的转换持续进行下去，这就要利用循环过程. 一个热力学系统从某一状态出发，经过一系列状态变化以后，又回到初始状态，这样的过程称为循环过程，简称循环. 在热机中利用循环过程来实现吸热并对外做功的物质叫工作物质，简称工质. 研究循环过程的规律在实践上和理论上都有很重要的意义.

1. 循环过程

如果一个系统所经历的循环过程的每一个阶段都是准静态过程，这个循环过程就是准静态的循环过程，可以在p-V图上用一条闭合曲线来表示，图8.14所示的$abcda$就表示一个准静态循环过程，箭头表示循环过程进行的方向. 如果循环是沿着曲线顺时针方向进行的，则称为正循环；如果循环是沿着曲线逆时针方向进行的，则称为逆循环.

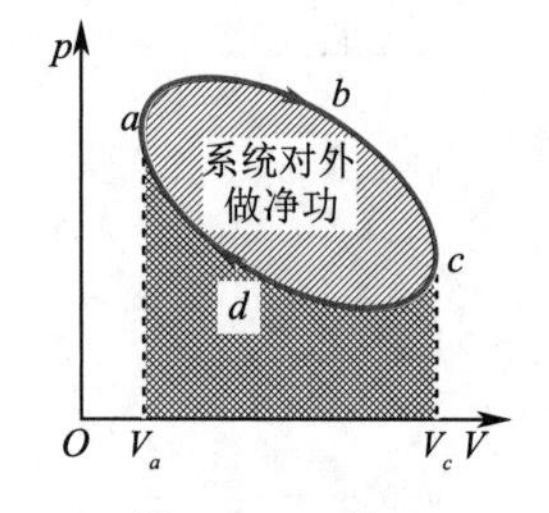

图8.14　正循环

由于工质的内能是状态的单值函数，工质在经历一个循环过程回到初始状态时，内能不变，所以循环过程的重要特征是$\Delta E=0$. 根据热力学第一定律有

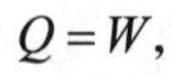

$$Q=W,$$

也就是说，系统吸收（或放出）的净热量等于系统对外所做的净功. 下面我们以图8.14为例来分析这个结果：在abc过程中，工质体积膨胀对外做功，其数值等于abc曲线下所围面积，假定为W_1. 在cda过程中，外界压缩工质对工质做功，其数值等于cda曲线下所围面积，假定为W_2. 显然$W_1>W_2$，因此，整个循环过程中工质对外所做的净功为$W_{净}=W_1-W_2$，其数值等于循环过程曲线所包围的面积. 再假设整个循环过程中，工质从外界吸取Q_1的热量并向外界放出Q_2（绝对值）的热量，则工质从外界吸取热量的净值为$Q_{净}=Q_1-Q_2$. 由于循环过程中$\Delta E=0$，所以循环过程中工质的净吸热$Q_{净}=W_{净}$.

2. 热机和制冷机

在上述循环过程中有$W_{净}>0$，这表示工质通过一次顺时针的正循环，从高温热源吸取了Q_1的热量，将其中的一部分转化为有用功$W_{净}$，另一部分以热量Q_2放给低温热源，实现了从热到功的转换，工程上把利用正循环来工作的装置称为热机. 热机循环的一个重要性能指标就是热机效率，用η表示. 它表示在一次循环中，工质吸收的热量Q_1中有多大的比例转变为对外输出的有用功，于是热机效率

$$\eta=\frac{W_{净}}{Q_1}=\frac{Q_{净}}{Q_1}=1-\frac{Q_2}{Q_1}. \tag{8.29}$$

如果工质经历的是一个逆时针的循环，那么情况完全相反（见图8.15）. 在一次循环过程中，工质的内能不变（$\Delta E = 0$），工质对外界做负功（$W_净 <0$），或者说外界对工质做功（$-W_净 > 0$），其大小也等于逆循环曲线所包围的面积. 与此同时，工质从低温热源处吸收了Q_2的热量，向高温热源放出了Q_1（绝对值）的热量，根据热力学第一定律可知

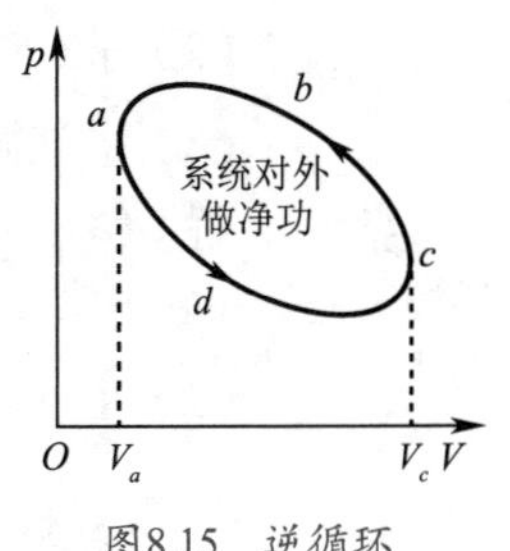

图8.15　逆循环

$$Q_净 = Q_2 - Q_1 = W_净,$$

或

$$Q_1 = Q_2 - W_净 = Q_2 + (-W_净).$$

由此可见，逆循环过程中工质从低温热源吸取的热量加上外界对它所做的功，最后以热量的形式放给了高温热源. 也就是说，逆循环过程要通过外界做功，才能实现工质从低温热源那里吸取热量，从而使低温热源温度降低，这就是制冷机的工作原理. 显然，制冷机是利用外界做功使热量由低温处流入高温处，从而获得低温，起到制冷效应.

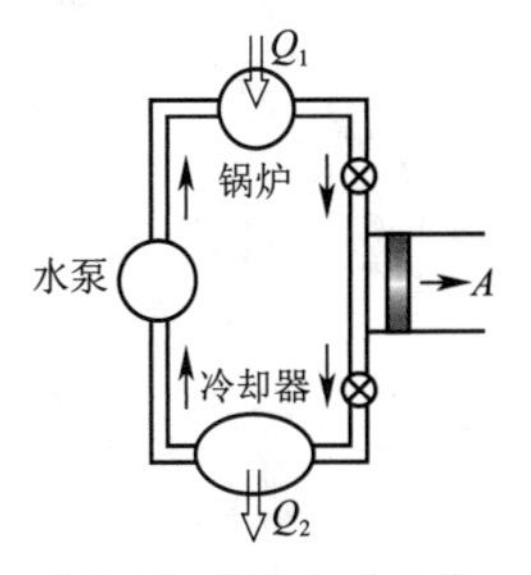

图8.16　蒸汽机动力装置的工作过程

制冷机的性能可以用制冷系数e表征，它常用一次循环过程中工质从低温热源吸取的热量Q_2和外界对它所做的功$|W_净|$的比值来衡量，即

$$e = \frac{Q_2}{|W_净|} = \frac{Q_2}{Q_1 - Q_2}. \tag{8.30}$$

需要特别指出的是，式（8.30）中出现的Q_1和Q_2均为绝对值.

图8.16展示的是蒸汽机动力装置的工作过程. 采用水和饱和蒸汽作为工质，工作循环为正循环. 水先由水泵压进锅炉（高温热源），吸取热量被加热变成高温高压的蒸汽进入汽缸，在汽缸内体积膨胀推动活塞对外做功，之后废汽进入冷却器（低温热源）中冷却放出热量凝结成水，这样就完成了一个循环，达到从高温热源吸热，一部分对外做功，另一部分放给低温热源，这样一个吸热做功的目的，然后再开始新的循环.

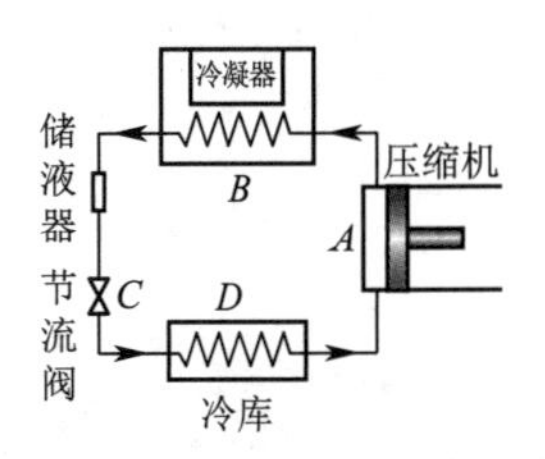

图8.17　蒸汽压缩制冷装置的工作过程

图8.17展示的是蒸汽压缩制冷装置的工作过程，一般的家用冰箱、空调等都利用此原理来工作. 工质选择常温下为气态但比较容易液化的气体（如氨或氟利昂），也叫作制冷剂，工作循环为逆循环. 先在压缩机A中将氨气绝热压缩升温升压，高压过热的氨气进入冷凝器B（高温热源），冷却放出热量凝结为液态氨进入储液器，再经节流阀膨胀降温后进入冷库（低温热源）. 冷库中的液态氨沸腾汽化需要吸收大量的热量，汽化后的氨气随后再度被吸入压缩机进行下一个循环. 可见，整个制冷过程就是通过压缩机做功，将制冷剂由气态变为液态放出热量，再变回气态吸取热量，周而复始来达到制冷降温的目的.

例8.4　如图8.18所示，一理想气体经历一个循环过程，其中ca为绝热过程，ab为等温过程，bc为等容过程. 已知a点的状态参量为(T_1,V_1)，b点的状态参量为(T_1,V_2)，并已知γ值. 试问：

（1）气体在$a\to b$和$b\to c$两过程中是否与外界交换热量?是吸热还是放热?

（2）求c点对应的(T_c,V_c).

（3）求该循环的效率.

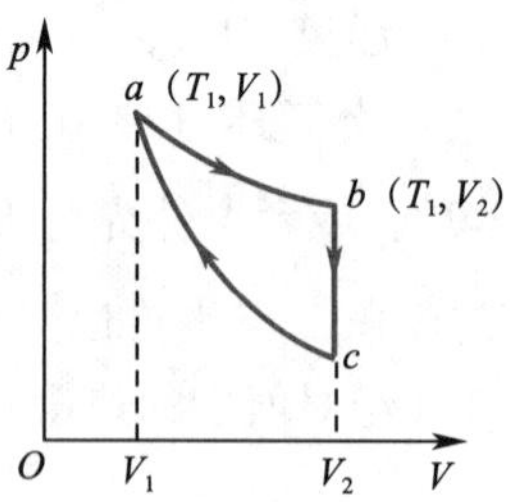

解 （1）$a \to b$：等温膨胀过程，吸热.

$b \to c$：等容压缩过程，放热.

（2）由于$b \to c$是等容压缩过程，则体积不变，故$V_c = V_2$，由于$c \to a$是绝热过程，由绝热过程方程得$T_c = T_1\left(\frac{V_1}{V_2}\right)^{\gamma-1}$.

图8.18 例8.4图

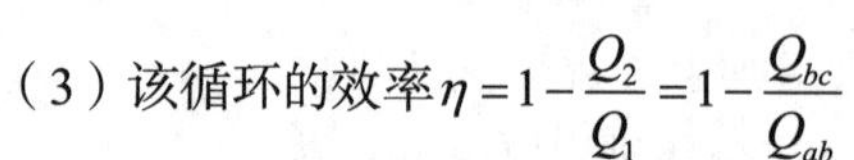

（3）该循环的效率$\eta = 1-\frac{Q_2}{Q_1} = 1-\frac{Q_{bc}}{Q_{ab}}$

$$=1-\frac{\nu C_{V,m}(T_1-T_c)}{\nu RT_1\ln\frac{V_2}{V_1}} = 1-\frac{1}{\gamma-1}\cdot\frac{1-\left(\frac{V_1}{V_2}\right)^{\gamma-1}}{\ln\frac{V_2}{V_1}}.$$

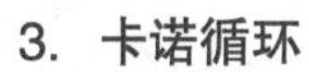

3. 卡诺循环

19世纪初，蒸汽机在工业上的应用越来越广泛，但效率很低，只有3%～5%，这意味着95%以上的能量都没有得到利用. 如何提高热机效率？热机效率有没有极限？不少科学家和工程师对此进行了理论上的研究. 在当时，人们已经从实践中认识到，要使热机有效地工作，必须具备至少两个不同温度的热源. 因此，对上面两个问题的研究，是从在两个温度一定的热源之间工作的热机开始的.

那么，在两个温度一定的热源之间工作的热机，所能达到的最大效率是多少呢？1824年，法国青年工程师卡诺（Carnot）从理论上回答了这个问题. 他提出了一种理想的热机循环：工质在循环过程中只与两个恒温热源接触，从高温热源T_1吸热，向低温热源T_2放热，并且过程是准静态的. 基于此，这个循环过程只可能是由两个等温过程和两个绝热过程组成的循环，称为卡诺循环，以卡诺循环工作的热机称为卡诺热机.

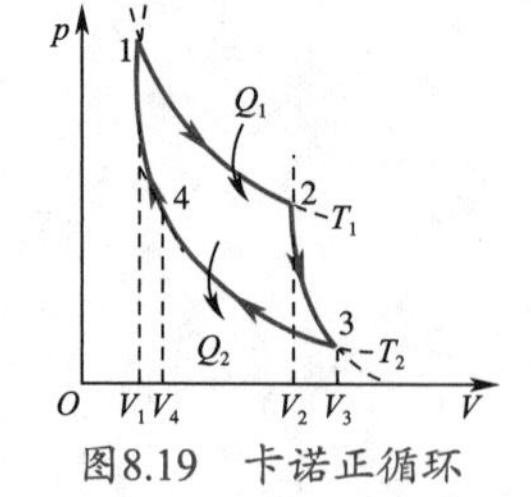

图8.19 卡诺正循环

卡诺循环对工质是没有规定的，为了方便讨论，我们以理想气体为工质进行卡诺正循环，求出卡诺热机的效率. 图8.19为理想气体卡诺循环的p–V图，它是由温度分别为T_1和T_2的两条等温线和两条绝热线组成的封闭曲线.

$1 \to 2$：气体和高温热源T_1接触做等温膨胀，体积由V_1增大到V_2，它从高温热源吸收的热量为

$$Q_1 = \frac{M}{\mu}RT_1\ln\frac{V_2}{V_1}.$$

$2 \to 3$：将气体从高温热源移开做绝热膨胀，体积增大到V_3，温度降到T_2. 因为过程绝热，所以无热量交换.

$3 \to 4$：气体和低温热源T_2接触做等温压缩，体积缩小到V_4，且保证状态4和状态1处于同一条绝热线上. 在这一过程中，气体向低温热源放出的热量

的绝对值为

$$Q_2=\frac{M}{\mu}RT_2\ln\frac{V_3}{V_4}.$$

$4\rightarrow1$：将低温热源移开并沿绝热线压缩气体，使它回到初始状态1完成一次循环，过程中同样无热量交换．

根据热机循环效率的定义，上述理想气体卡诺循环的效率为

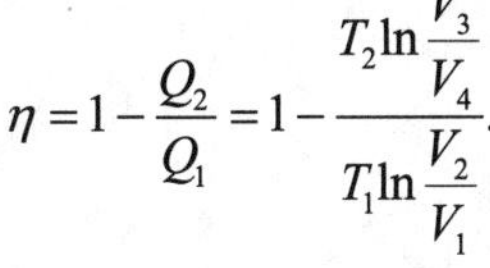

$$\eta=1-\frac{Q_2}{Q_1}=1-\frac{T_2\ln\dfrac{V_3}{V_4}}{T_1\ln\dfrac{V_2}{V_1}}.$$

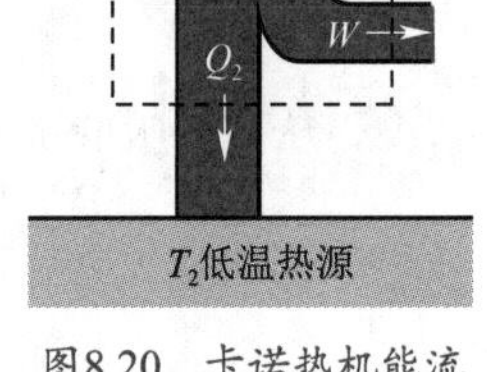

图8.20 卡诺热机能流示意

由理想气体绝热过程方程，对于两个绝热过程，有

$$T_1V_2^{\gamma-1}=T_2V_3^{\gamma-1}，\ T_1V_1^{\gamma-1}=T_2V_4^{\gamma-1}，$$

两式相比可得$\dfrac{V_3}{V_4}=\dfrac{V_2}{V_1}$，代入效率表达式则卡诺热机效率为

$$\eta=1-\frac{T_2}{T_1}=\frac{T_1-T_2}{T_1}.\tag{8.31}$$

卡诺制冷机的制冷系数

从以上的讨论可以看出以下几点．

（1）要完成一次卡诺循环必须有高温和低温两个热源．

（2）卡诺循环的效率只与两个热源的温度有关，高温热源的温度越高，低温热源的温度越低，卡诺循环的效率越大．也就是说，两热源的温差越大，从高温热源吸取的热量的利用率就越高．

（3）由于$T_2\neq0\text{K}$（热力学第三定律），卡诺循环的效率总是小于1．

在每一次卡诺循环过程中，工质从高温热源吸取的热量为Q_1，放给低温热源的热量为Q_2，同时对外所做的净功为$W_净$，简写为W．根据热力学第一定律可知$W=Q_1-Q_2$，所以卡诺循环的能量交换与转化关系的能流示意可以用图8.20来表示，图8.20也可叫作卡诺热机工作示意图．

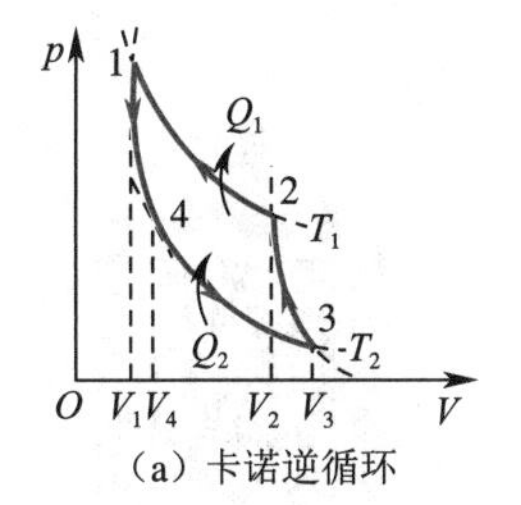

（a）卡诺逆循环

若进行卡诺逆循环，则可构成卡诺制冷机．其p–V图和能流示意如图8.21所示．

在一次卡诺逆循环过程中，外界将对气体做功W，又从低温热源吸取热量Q_2，向高温热源放出热量Q_1，根据热力学第一定律仍有$W=Q_1-Q_2$，代入制冷机制冷系数的定义式，不难得出卡诺制冷机的制冷系数为

$$e=\frac{T_2}{T_1-T_2}.\tag{8.32}$$

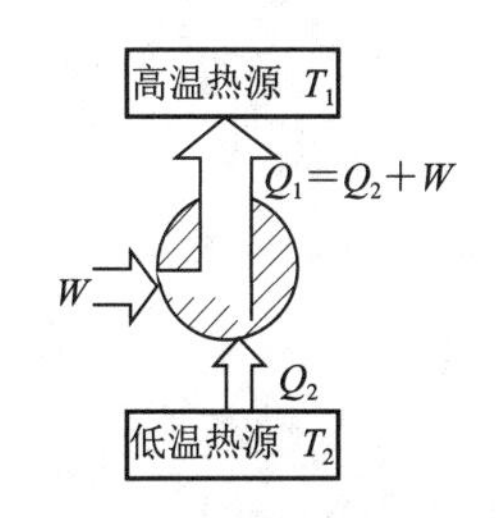

（b）卡诺制冷机能流示意

图8.21 卡诺逆循环和卡诺制冷机能流示意

由此可见，卡诺制冷机的制冷系数也只与两个热源的温度有关，但T_2越小，e也越小，这意味着从温度较低的低温热源中吸取相同的热量，外界需要做更多的功．

例8.5 一个用电动机带动的热泵，可从–5℃的室外吸取热量传到17℃的室内．问：在理想情况下，该热泵每消耗1000J的功，约有多少热量传到室内?

解　致冷系数为

$$e=\frac{Q_2}{W}=\frac{T_2}{T_1-T_2}=\frac{273-5}{22}=\frac{268}{22}\approx 12.18,$$

$$Q_2=eW\approx 12.18\times 1000\approx 1.22\times 10^4\,(\mathrm{J})$$

从室外吸收的热量，传给室内的热量是

$$Q_1=Q_2+W\approx(1.22+0.1)\times 10^4=1.32\times 10^4\,(\mathrm{J}).$$

8.3 热力学第二定律

热力学第二定律两种主要表述形式的等价性

热力学第一定律是包括热现象在内的能量守恒定律，在一切热力学过程中，能量一定守恒．但满足能量守恒的热力学过程是否都能自发地进行呢？人们在研究热机工作原理和效率时发现，一切实际的热力学过程都只能按一定的方向进行，反方向的热力学过程不可能自发地发生．本节即将讨论的热力学第二定律，就是关于自然过程进行方向的规律，它阐明了实际过程是否能够发生以及沿着什么方向进行的问题，是独立于热力学第一定律之外、反映自然界规律的一条基本定律．

一、热力学第二定律的两种表述

克劳修斯

第一类永动机因为违背能量守恒的热力学第一定律，所以不可能实现．那么，如何在不违背热力学第一定律的条件下，尽可能地提高热机效率呢？历史上曾经有人试图制造一种循环工作的热机，它只从单一热源吸取热量，并使之全部转化为功而不放出热量给低温热源，外界不产生任何变化．这种从单一热源吸热并将热量全部转化为功的循动工作的热机，不违反热力学第一定律，并且效率达到了100%，被称为第二类永动机．第二类永动机对人们有很大的诱惑力，有人曾经估算过，如果这种单一热源的热机可以实现从全世界海水中吸取热量做功的话，每当海水温度降低0.01K，就会提供10^{21}kJ的热量，这是一个多么庞大的数字！但长期的实践表明，和第一类永动机一样，第二类永动机也只是一种幻想，它是不可能实现的．

基于以上事实，开尔文在1851年总结出一条重要规律，叫作热力学第二定律，具体表述是这样的：不可能制成一种循环工作的热机，只从一个单一温度的热源吸取热量，并使之全部变为有用功，而不引起其他变化．如前所述，从单一热源吸热并全部转变为功的热机称为第二类永动机，所以热力学第二定律也可以表述成：第二类永动机是不可能实现的．应当注意，开尔文的表述指的是循环工作的热机，如果工质进行的不是循环过程，如气体做等温膨胀，那么是可以从一个热源吸取热量，全部转化为对外做功，但代价是气体的体积膨胀导致压强降低了，气体不可能自动回到原来的状态，如果要回到原来的状态，势必对外界造成影响．

1850年，德国物理学家克劳修斯（R.J.E.Clausius）在总结了前人大量事实的基础上，提出了热力学第二定律的另一种表述：热量不可能自动地由低温物体传向高温物体．在克劳修斯的表述中，“自动地”是一个关键词．从前面对卡诺制冷机的分析可以看出，要使热量从低温物体向高温物体传递，靠自发地进行是不可能的，制冷机是通过外力做功才迫使热量从低温物体流向高温物体．

可以证明，热力学第二定律的两种表述是等价的．事实上，除了开尔文的表述和克劳修斯的表述，热力学第二定律还有其他一些表述，这里就不一一列举了．应当指出，热力学第二定律和第一定律一样，是对大量实验和经验的总结，它表明在自然界中，功与热之间的转化和热量的传递都具有方向性．这种方向性就是：①功可以自动地转变为热，而热不可以自动地转变为功；②热量只能自动地从高温物体传向低温物体，而不能反向自动地进行．

两种表述的等价性证明

二、自然过程的方向性

自然界中一切与热现象有关的实际过程，都涉及功热转移或热传导，因此都有确定的进行方向．也就是说，热力学第二定律表明与热现象有关的宏观自然过程都按一定的方向进行．下面举3个典型的例子．

1．功热转换

转动的飞轮在动力被撤掉后，会因为转轴所在处的摩擦力做功而逐渐停下来，将飞轮的机械能转变为转轴和飞轮的内能，这是一个典型的功变热自发进行的过程．反过来，让转轴和飞轮自动地冷却，将内能转变为飞轮转动的机械能，使飞轮转动起来，却是不可能自动地发生的，尽管它并不违背热力学第一定律．所以正如开尔文表述中指出的那样，不可能把吸收的热量全部变为有用功，而不引起其他的任何变化或不产生任何影响．当然，通过热机我们可以将热变为功，但实际过程都是工质从高温热源吸取热量，一部分转化为对外做功，另一部分要放给低温热源．因此，热机循环除了实现热变功这一效用，还产生了其他影响，即有一定的热量传给了低温热源．

以上例子说明自然界的功热转换过程具有方向性．

2．热传导

将两个温度不同的物体相互接触，热量总是自动地从高温物体传向低温物体，最终达到温度相同的热平衡状态．反过来，热量自动地从低温物体流向高温物体，从而使高温物体温度越来越高，低温物体温度越来越低，这样的过程是不会自发地发生的，尽管它也不违背热力学第一定律，这与克劳修斯的表述一致．热量从低温物体传向高温物体是可能的，比如我们通过制冷机，就能实现从低温物体吸取热量放给高温物体，但此时外界必须做功. 正是由于外界参与其中，必然导致某些变化产生，因此这个过程不是自动自发地进行的.

这个事实说明，热传导过程也具有方向性.

3. 气体的绝热自由膨胀

考虑一绝热容器，当中有一个隔板将容器分为相等的两半，左半部充有气体，右半部为真空. 现将隔板抽去，气体会自动地向真空膨胀充满整个容器. 反过来，已经膨胀的气体不会自动地收缩到只占容器一半的原来的状态，而将另一半变为真空.

由此可见，气体的绝热自由膨胀过程也具有方向性.

关于自然过程具有方向性的例子还有很多，比如一滴墨水在水中可以自动地进行扩散，直至达到均匀分布，而已经均匀分布的墨水，不会自动地浓缩回到它扩散前的状态；两种不同气体放在一个容器里能自发地混合，却不能自发地再度分离成两种气体；等等.

以上所举的例子说明，自然界一切与热现象有关的实际过程都是按一定方向进行的，相反方向的过程（即逆过程）不能自动地发生，即便可以发生，但必然会产生其他后果.

三、可逆过程与不可逆过程

在自然界中，有关热力学过程的可逆性和不可逆性的讨论很多，为进一步研究热力学过程的方向性问题，需确切地引入可逆过程与不可逆过程的概念.

设有一个过程，使系统从状态A变为状态B. 如果存在一个逆过程，该逆过程能让系统进行反向变化，从状态B恢复到状态A，且外界同时复原（即系统恢复到原来的状态，且不对外界产生任何影响），则系统从状态A进行到状态B的过程就是一个可逆过程. 反之，如果对于某一过程，逆过程不具有上述性质，即无论采用什么方法都不能使系统和外界同时复原，则这个过程称为不可逆过程.

不考虑空气阻力和其他摩擦力的作用，单摆来回往复地周期性运动，可以看作可逆过程. 由此可以看出，单纯的无机械能耗散的机械运动过程是可逆过程. 如果系统进行的是状态变化无限缓慢的准静态过程，即在过程进行中，系统与外界时刻保持平衡且没有能量耗散，这样的过程也是可逆过程.

由以上所举例子可以看出，通过分析自然界中各种不可逆过程，可知不可逆过程产生的原因是：①系统内部出现了非平衡因素，如出现有限的压强差、密度差、温差等，使平衡态遭到了破坏；②存在能量耗散，如出现摩擦力、黏性力或其他耗散力做功，产生了能量的耗散. 因此，要实现可逆过程必须具备以下两个条件：首先过程中不能出现非平衡因素，即系统经历的过程必须是无限缓慢进行的准静态过程，以保证过程中每一中间态均是平衡态；其次是过程中无能量耗散效应．同时符合这两个条件的过程为可逆过程，其中任意一个不符合的为不可逆过程．

过程的不可逆性其实就是过程进行具有方向性．热力学第二定律的开尔文表述是关于功热转换的不可逆性，因为在功变热的过程中存在能量耗散；克劳修斯表述是关于热传递的不可逆性，因为高低温物体间存在温度的不平衡．如前所述，自然界中一切与热现象有关的实际过程，都涉及热功转移或热传导，存在各种差异和耗散，因此都是不可逆过程。也就是说，可逆过程实际上是不存在的．

不可逆过程在自然界是普遍存在的，它一旦发生，就给系统或者外界留下了无法消除的影响．同时，这些实际的不可逆过程之间有着内在关联，由一个热力学过程的不可逆性可以推断出其他过程的不可逆性．正是由于不可逆过程的多样性和相互依存，热力学第二定律可以有各种不同的表述，但其实质都揭示了实际宏观热力学过程进行的条件和方向．

可逆过程是一种理想的模型，它是对某些实际过程的近似，可以通过研究可逆过程去寻找实际过程的规律．除特别指明外，本章所讨论的热力学过程，都可视为可逆过程．

8.4 卡诺定理和克劳修斯熵

能否对热力学过程进行的方向做出定量表述？克劳修斯首先通过卡诺定理找到了一个态函数，并于1865年将这个态函数定名为熵（entropy）．

一、卡诺定理

卡诺在探讨如何提高热机效率的问题上取得了突出的成就，他在卡诺定理中指出，在温度为T_1的热源和温度为T_2的热源之间以循环动作工作的机器，必须遵守以下两条定理：

（1）在相同的高温热源和低温热源之间工作的一切可逆热机，不论用什么工质，其效率都相等；

（2）在相同的高温热源和低温热源之间工作的一切不可逆热机，不论用什么工质，其效率都不可能大于可逆热机的效率．

这里可逆热机是指工作循环为可逆循环（即组成循环的每一个过程都是可逆过程）的热机，否则为不可逆热机．考虑到可逆热机中以理想气体为工质的卡诺热机的效率为$1-\dfrac{T_2}{T_1}$，卡诺定理的数学表述为

$$\eta \leqslant 1-\frac{T_2}{T_1}.$$

卡诺定理指出了提高热机效率的途径，就是使实际的不可逆热机尽量地接近可逆热机．同时加大高温热源和低温热源的温差，温差越大，热量的利用率越高．但在实际应用中，如果要降低低温热源的温度，比如说低于室温，就要用到制冷机，而制冷机需要消耗外界的功，因而采用降低低温热源的温度这个做法来提高效率是不经济的，应当从提高高温热源的温度这方面着手．

卡诺定理可由热力学第二定律来证明，或者说卡诺定理是热力学第二定律的必然结果．

二、克劳修斯等式和不等式

根据卡诺定理可知，在温度为T_1和T_2的热源之间工作的热机效率满足

$$\eta \leqslant 1-\frac{T_2}{T_1},$$

根据热机效率的定义

$$\eta = 1-\frac{Q_2}{Q_1},$$

代入上式可得

$$1-\frac{Q_2}{Q_1} \leqslant 1-\frac{T_2}{T_1},$$

整理得

$$\frac{Q_2}{T_2} \geqslant \frac{Q_1}{T_1} \text{或} \frac{Q_1}{T_1}-\frac{Q_2}{T_2} \leqslant 0,$$

式中Q_1和Q_2是工质在循环过程中吸收和放出热量的绝对值．如果仍采用热力学第一定律中对热量符号的规定，则吸收热量$Q_1>0$，放出热量$Q_2<0$，上式可以改写为

$$\frac{Q_1}{T_1}+\frac{Q_2}{T_2} \leqslant 0 , \tag{8.33}$$

式中$\frac{Q}{T}$为系统从热源吸收的热量同热源温度T的比值，称为热温比．式（8.33）说明，一个任意的热力学系统在只和两个热源接触进行热交换的循环过程中，系统循环一周的热温比之和不可能大于零．该结论是由卡诺定理直接得出的，所以是热力学第二定律导致的结果．事实上，不只是对系统只与两个热源进行热交换的循环过程，对任何循环过程，这个结论都是成立的，它是热力学第二定律导致的、循环过程所遵守的普遍规律．

比如任意的一个可逆循环，它的热温比之和的计算可以这样来进行．由

于可逆循环是准静态的循环过程，所以在$p-V$图上可以用闭合曲线来表示，并将可逆循环曲线所围的面积用一系列非常小的卡诺循环来分割，如图8.22所示．可以证明在极限情况下，也就是卡诺循环数目趋近于无穷大时，该可逆过程的热温比之和就等于这无穷多个小卡诺循环的热温比之和．因为式（8.33）对于每个小卡诺循环总是成立的，当循环数目趋于无穷大时，每个卡诺循环趋于无穷小，于是对于任一可逆循环有

$$\oint \frac{dQ}{T} = 0, \tag{8.34}$$

式中$\oint$表示积分沿整个循环过程进行，dQ为系统从温度为T的热源吸收的热量．如果将不可逆循环也考虑进去，不难得知，对于任意循环过程的热温比之和，有

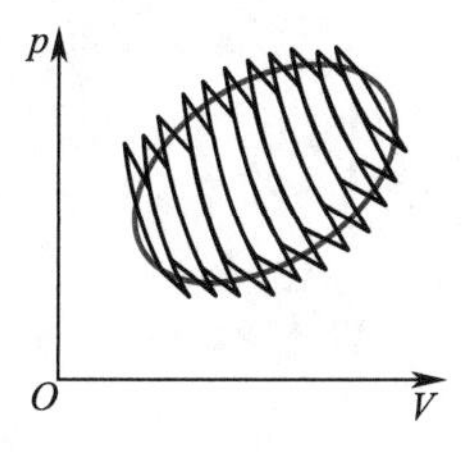

图8.22　可逆循环热温比之和计算示意

$$\oint \frac{dQ}{T} \leqslant 0. \tag{8.35}$$

这里等号适用于可逆循环，不等号适用于不可逆循环．式（8.35）称为克劳修斯不等式，它明确指出，系统经历一个可逆循环，热温比之和为零；系统经历一个不可逆循环，热温比之和小于零．克劳修斯不等式是热力学第二定律在可逆循环和不可逆循环过程中的反映，也是可逆循环和不可逆循环的判别式，它对我们即将要讨论的熵的概念非常重要．

三、克劳修斯熵

根据克劳修斯不等式，一个热力学系统经历一个任意的准静态循环过程（即可逆循环过程），其热温比之和恒等于零，即

$$\oint \frac{dQ}{T} = 0.$$

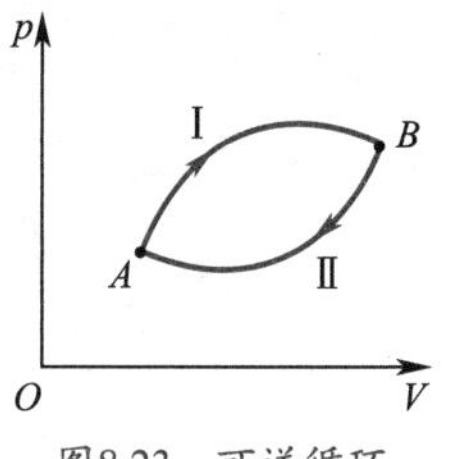

图8.23　可逆循环

这里的可逆循环是任意选取的．考虑此可逆循环这样进行：系统先由A态经历可逆过程Ⅰ变化到B态，再由B态，沿可逆过程Ⅱ回到A态，如图8.23所示．由上式可知该可逆过程的热温比

$$\int_{A\mathrm{I}}^{B} \frac{dQ}{T} + \int_{B\mathrm{II}}^{A} \frac{dQ}{T} = 0.$$

由于过程都是可逆的，正逆过程的热温比值相等且反号，则有

$$\int_{A\mathrm{I}}^{B} \frac{dQ}{T} + \int_{B\mathrm{II}}^{A} \frac{dQ}{T} = \int_{A\mathrm{I}}^{B} \frac{dQ}{T} - \int_{A\mathrm{II}}^{B} \frac{dQ}{T} = 0,$$

整理得

$$\int_{A\mathrm{I}}^{B} \frac{dQ}{T} = \int_{A\mathrm{II}}^{B} \frac{dQ}{T}. \tag{8.36}$$

这个结果表明，系统从状态A到达状态B，无论经历什么样的可逆过程，其热温比$\frac{dQ}{T}$的积分值不变．也就是说，当一个系统的初态和终态确定之后，连接

始末两态的任意准静态过程的热温比之和就一定了，与具体积分所沿的准静态过程路径无关，完全由初态和终态决定．这种情形和力学中保守力做功与路径无关，只取决于始末位置，从而引入了一个关于位置函数的势能非常相像．

考虑到$\int_{A\gamma}^{B}\frac{\mathrm{d}Q}{T}(\gamma=\mathrm{I},\ \mathrm{II})$只与初态$A$和终态$B$有关，而与连接此二状态的准静态过程无关，因此存在一个新的态函数，我们将这个新的态函数称为克劳修斯熵，用符号S表示．当系统由平衡态A变化到平衡态B时，$\int_{A\gamma}^{B}\frac{\mathrm{d}Q}{T}$正是此态函数$S$在终态$B$的函数值$S_B$和在初态$A$的函数值$S_A$之差，即

$$S_B-S_A=\int_A^B \mathrm{d}S=\int_A^B\frac{\mathrm{d}Q}{T}. \tag{8.37}$$

对于一段无限小的可逆过程，有

$$\mathrm{d}S=\frac{\mathrm{d}Q}{T}. \tag{8.38}$$

以上两式就是熵的定义式，在国际单位制中，熵的单位是$\mathrm{J\cdot K^{-1}}$．

熵这个物理量是由热力学第二定律引出的重要物理量，它与内能一样，完全由系统状态决定，一定系统状态对应一定的熵值．根据熵的定义，某一状态的熵值只有相对意义，与熵值参考零点的选择有关．值得注意的是，我们在定义态函数熵时，计算的是可逆过程的热温比．如果系统经历的是不可逆过程，在计算该过程始末两态的熵差时，必须设计一个可逆过程将始末两态连接起来，然后沿此可逆过程用式（8.34）来计算．此外，熵和内能一样都具有可加性，因此，系统的熵等于系统各个组成部分的熵的总和．

8.5 熵增加原理与热力学第二定律的统计意义

引入熵函数S以后，热力学第二定律就可以用熵增加原理来描述．

一、熵增加原理

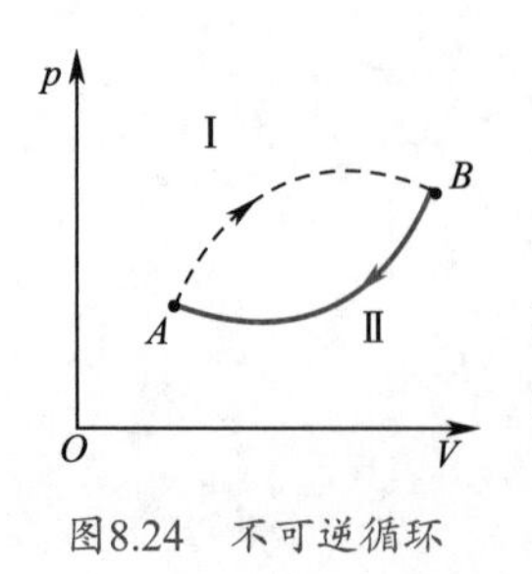

图8.24　不可逆循环

假定系统经历的是任意一个不可逆的循环过程，也就是说，在循环进行的过程中，一定有部分或者全部过程是不可逆的非准静态过程，在p–V图上这些过程我们用虚线来表示，如图8.24所示，Ⅰ就是不可逆过程，而Ⅱ是可逆过程．

根据克劳修斯不等式有

$$\int_{A\mathrm{I}}^{B}\frac{\mathrm{d}Q}{T}+\int_{B\mathrm{II}}^{A}\frac{\mathrm{d}Q}{T}=\int_{A\mathrm{I}}^{B}\frac{\mathrm{d}Q}{T}-\int_{A\mathrm{II}}^{B}\frac{\mathrm{d}Q}{T}<0,$$

整理可得

$$\int_{A\mathrm{I}}^{B}\frac{\mathrm{d}Q}{T}<\int_{A\mathrm{II}}^{B}\frac{\mathrm{d}Q}{T}.$$

由于Ⅱ是可逆过程，根据熵差的定义有

$$S_B-S_A=\int_{A\mathrm{II}}^{B}\frac{\mathrm{d}Q}{T},$$

因此

$$S_B-S_A>\int_{A\mathrm{I}}^{B}\frac{\mathrm{d}Q}{T}. \qquad (8.39)$$

这是不可逆过程热温比之和遵守的规律，任何不可逆过程的热温比之和都小于过程终态和初态的熵差.

对于孤立系统（绝热），系统与外界之间无热量交换，$\mathrm{d}Q=0$，因此，该系统进行的不可逆过程的熵变满足关系式

$$S_B-S_A>\int_{A\mathrm{I}}^{B}\frac{\mathrm{d}Q}{T}=0\ . \qquad (8.40)$$

式（8.40）表明，孤立系统中的不可逆过程，其熵要增加.

对于孤立系统中的可逆过程，同样有$\mathrm{d}Q=0$，则系统的熵变

$$S_B-S_A=\int_{A\mathrm{II}}^{B}\frac{\mathrm{d}Q}{T}=0\ . \qquad (8.41)$$

综合式（8.40）和式（8.41），对于孤立系统中发生的任意热力学过程，总有

$$S_B-S_A\geqslant 0. \qquad (8.42)$$

式（8.42）就是热力学第二定律的数学表达式，它表明孤立系统内所发生的一切不可逆过程的熵总是增加的，而可逆过程的熵不变，这就是熵增加原理.

自然界实际发生的一切过程都是不可逆过程，因此，孤立系统内发生的一切实际热过程都是使系统熵增加的过程. 或者说，在孤立系统中，一切实际过程只能朝着熵增加的方向进行，直到熵达到最大值为止. 若一个孤立系统最开始处于非平衡态（如系统内部各处温度不同、压强不同、密度不同等），它一定要逐渐向平衡态过渡，最终达到平衡态. 显然，这样的过程是一个不可逆过程，比如气体的绝热自由膨胀，或者两个不同温度的物体相互接触. 根据熵增加原理，系统在由非平衡态向平衡态过渡时，其熵要增加. 当它最终达到平衡态时，对应的熵值达到最大. 此后，如果系统的平衡态不被破坏，系统的熵值将保持不变.

热力学第二定律指明，一切与热现象有关的实际自然过程都按一定的方向进行. 比如气体绝热自由膨胀导致气体自动占据整个容器空间，而不会自动地缩回到原来的空间；热量自动地从高温物体传给低温物体，而不能自动地反向进行. 和上述熵增加原理表述对比可以看出，热力学第二定律和熵增加原理的表述是协调和等效的. 也就是说，熵增加原理是把热力学第二定律，也就是热现象中不可逆过程进行的方向和限度，用简明的数量关

系表达出来了，它原则上解决了实际热过程自发进行方向的判断问题，因此，熵增加原理实际上是热力学第二定律的普遍表述形式.

此外，熵增加原理看上去只限于孤立系统，其实它是一个十分普遍的规律. 对于任何一个热力学系统，只要我们将过程涉及的物体都看作系统的一部分，那么这个系统就是一个孤立系统了，过程中的熵变就一定满足熵增加原理. 但值得注意的是，熵增加指的是整个孤立系统的熵增加了，而组成系统的各个部分，其熵值有可能增加，也有可能减少.

例8.6 已知1mol理想气体的摩尔定容热容为$C_{V,m}$，开始时温度为T_1，体积为V_1，经过下列3个可逆过程：先等温膨胀到体积为V_2（$V_2=2V_1$），再等容升压使压强恢复到初始压强，最后等压压缩到原来的体积，如图8.25所示. 设该气体的热容比为γ. 试求

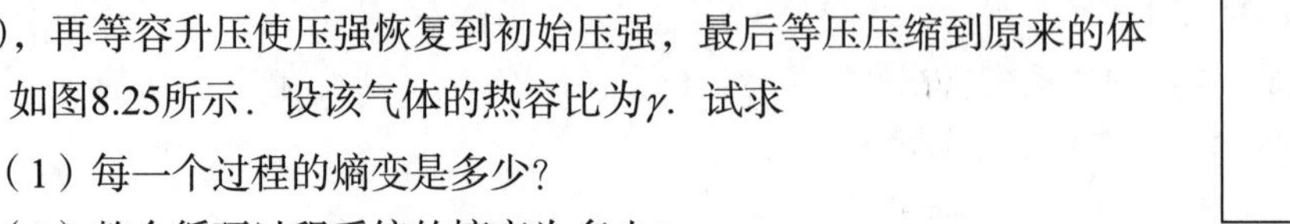

图8.25 例8.6图

（1）每一个过程的熵变是多少？

（2）整个循环过程系统的熵变为多少？

解 由于$1\to2$是等温膨胀过程，则$T_2=T_1$，$2\to3$是等容开压过程，有$V_3=V_2=2V_1$，$3\to1$是等压压缩过程，有$p_3=p_1$.

由理想气体状态方程有$T_1=\dfrac{p_1V_1}{R}$，$T_3=\dfrac{p_3V_3}{R}=\dfrac{2p_1V_1}{R}=2T_1$.

（1）$1\to2$等温膨胀过程的熵变是：$\Delta S_1=\int\dfrac{\mathrm{d}Q}{T}=\int\dfrac{p\mathrm{d}V}{T}=\int_{V_1}^{V_2}R\dfrac{\mathrm{d}V}{V}=R\ln\dfrac{V_2}{V_1}=R\ln2$.

$2\to3$等容升压过程的熵变是：
$$\Delta S_2=\int\frac{\mathrm{d}Q}{T}=\int\frac{C_{V,m}\mathrm{d}T}{T}=\int_{T_1}^{T_2}\frac{C_{V,m}\mathrm{d}T}{T}=C_{V,m}\ln\frac{T_3}{T_1}$$
$$=C_{V,m}\ln2.$$

$3\to1$等压压缩过程的熵变是：
$$\Delta S_3=\int\frac{\mathrm{d}Q}{T}=\int\frac{C_{p,m}\mathrm{d}T}{T}=\int_{T_3}^{T_1}\frac{\gamma C_{V,m}\mathrm{d}T}{T}=\gamma C_{V,m}\ln\frac{T_1}{T_3}$$
$$=-\gamma C_{V,m}\ln2.$$

（2）整个循环过程系统的熵变
$$\Delta S=\Delta S_1+\Delta S_2+\Delta S_3=R\ln2+C_{V,m}\ln2-\gamma C_{V,m}\ln2=0.$$

例8.7 计算理想气体自由膨胀过程的熵变. 如图8.26所示，用隔板从正中间将容器隔成左右两部分，设理想气体开始集中在容器的左半边，状态参量为(T_1,V_1)，右半边为真空. 打开隔板后，气体自由膨胀均匀分布于整个容器，状态参量为(T_2,V_2).

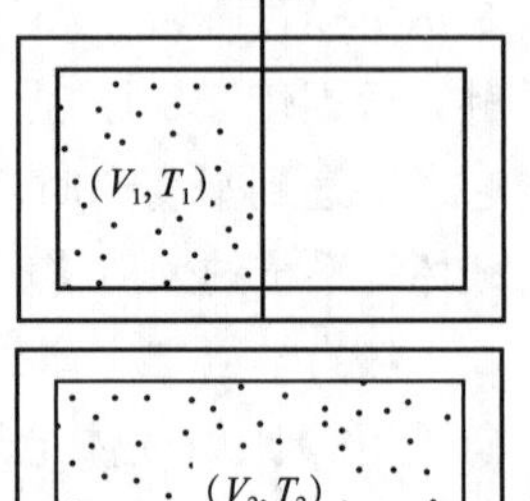

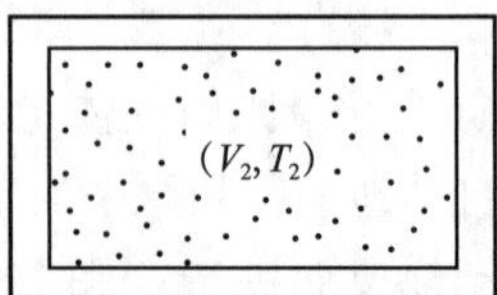

图8.26 例8.7图

解 由于理想气体是自由膨胀，系统不对外做功，不与外界交换能量，根据热力学第一定律，理想气体的内能不变，即
$$T_1=T_2.$$
考虑到膨胀过后系统始末两态温度不变，可用准静态等温膨胀过程来计算系统的熵变，有

$$\Delta S=\int_a^b\frac{\mathrm{d}Q}{T}=\int_a^b\frac{p\mathrm{d}V}{T}=\nu R\int_a^b\frac{\mathrm{d}V}{V}=\nu R\ln\frac{V_2}{V_1}.$$

又
$$V_2>V_1，即\frac{V_2}{V_1}>1,$$
所以
$$\Delta S>0.$$
熵增加表明理想气体的自由膨胀过程是一个不可逆的实际过程.

例8.8 已知冰的熔解热为$3.35\times10^5\,\mathrm{J\cdot kg^{-1}}$，试计算1kg 0℃的冰熔化为0℃的水这个过程的熵变.

解 冰的熔化是在等温情况下进行的，T=273K. 可以设想0℃的冰从一个温度为273K的恒温热源那里，等温准静态地吸收热量熔化为0℃的水，则

$$\Delta S=\int_a^b\frac{\mathrm{d}Q}{T}=\frac{Q}{T}=\frac{1\times3.35\times10^5}{273}\approx1.23\times10^3(\mathrm{J\cdot K^{-1}}).$$

可见这个过程沿着熵增加的方向进行，是一个实际的不可逆过程.

二、热力学第二定律的微观本质及统计意义

这一节我们将从微观观点出发，简要介绍熵的微观本质及热力学第二定律的统计意义.

1. 熵与无序度

热力学研究对象是包含大量原子、分子等微观粒子的系统，系统的无序度和分子无序运动状态相关联. 为了说明这一点，我们采用前面几个自然过程实例来定性说明.

首先考虑气体的绝热自由膨胀过程. 当气体由占据容器的左半边，逐渐弥散，最后均匀地分布在整个容器空间时，过程中气体体积增大，说明气体分子分布的空间范围变大了，也就是说，气体分子位置的不确定性变大了. 由于温度不变，气体分子位置不确定性变大意味着分子的运动状态更加无序. 气体分子的扩散使系统无序度增大，当气体最后达到均匀分布时，气体的无序度达到极限. 因此，从微观上看，气体的绝热自由膨胀过程，是大量分子从无序程度小的运动状态向无序程度大的运动状态转化的过程.

再来看功热转换过程. 功转变成热，是将机械能转化为内能的过程. 机械能是大量分子定向运动所具有的能量，而系统的内能是因为大量分子无规则的热运动. 定向运动相对有序，无规则热运动相对无序. 因此，从微观上来看，功变热的过程，就是大量分子从有序的定向运动状态向无序的热运动状态转化的过程.

最后看一下热传导. 当两个温度不同的物体相互接触时，热量会自动地从高温物体传向低温物体，最后达到相同的温度. 在上一章我们讨论过，温度是大量分子无规则热运动剧烈程度的量度，跟分子的平均平动动能有关.

温度较高的物体分子平均平动动能较大，温度较低的物体分子平均平动动能较小，也就是说，可以通过分子平均平动动能来区分两物体，这是相对有序的情况．当两个物体温度相同时，再用分子平均平动动能来区分两物体就不可能了，此时系统的无序度增加了．因此，从微观上来看，热传导的过程，也是大量分子从无序程度小的运动状态向无序程度大的运动状态转化的过程．

热力学第二定律指明了上述实际过程进行的方向，从上面的分析可知：一切宏观自然过程总是沿着无序性增大的方向进行．根据上一节的讨论，这个方向也是系统熵增加的方向．因此可以说，熵是孤立系统无序度的一种量度，这正是熵的微观本质．

2．无序度与热力学概率

能否用数量关系来表示系统的无序度呢？要回答这个问题，我们需要先了解宏观态和微观态，以及无序度和微观态数之间的关系．现在我们以气体自由膨胀时分子的位置分布为例，来对这个问题做一粗略介绍．

如图8.27所示，假设容器被分成容积相等的A和B两部分，且容器中有4个可分辨的气体分子a,b,c,d．这4个分子在容器中可能的分布状态如表8.2所示．这里宏观态指的是在气体分子不可分辨的情况下，容器的A和B两部分出现的分子数目；而微观态就是认为分子是可分辨的，要指出这个或者那个分子到底处在容器的哪一侧．

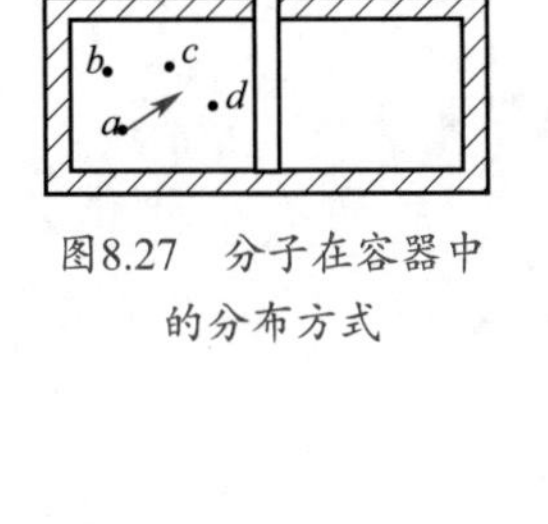

图8.27　分子在容器中的分布方式

由表8.2可以看出，分子在容器中的分布共有5种可能的宏观态，每一种宏观态由于分子的微观组合不同，又对应多种不同的微观态．比如宏观态$A3B1$，即容器左边3个分子右边1个分子，其中就包含4种微观态．

表8.2　4个分子在容器中的分布

宏观态（分配种类）	Ⅰ		Ⅱ		Ⅲ		Ⅳ		Ⅴ	
	A	B	A	B	A	B	A	B	A	B
	4	0	3	1	2	2	1	3	0	4
微观态（分子分布方式）	*abcd*		*abc* *bcd* *cda* *dab*	*d* *a* *b* *c*	*ab* *ac* *ad* *bc* *bd* *cd*	*cd* *bd* *bc* *ad* *ac* *ab*	*a* *b* *c* *d*	*bcd* *cda* *dab* *abc*		*abcd*
一个宏观态对应的微观态数	1		4		6		4		1	

统计理论认为，在孤立系统内任一微观态出现的概率都是相同的，并且把与某一宏观态相对应的微观态数称为热力学概率，用W表示．由于每一个宏观态对应的微观态数不相同，因此每一个宏观态出现的概率也不相同．在

上述例子中，微观态一共有$2^4=16$种．其中4个分子全部分布在A部分或者全部分布在B部分的概率最小，各只有$\frac{1}{16}=\frac{1}{2^4}$．而气体分子均匀分布在$A$和$B$两部分的宏观态包含的微观态达到6种，数量最多，因此出现的概率最大，为$\frac{6}{16}=\frac{6}{2^4}$．相应的计算可以证明，如果上述系统有$N$个分子，同样将容器分为$A$和$B$两部分，则微观态共有$2^N$种，其中$N$个分子全部集中在容器左半边或右半边的概率最小，为$\frac{1}{2^N}$．考虑到一般热力学系统包含的分子数十分巨大，如1mol气体分子数量级达10^{23}，则所有分子全部分布在A部分或者B部分的概率几乎为零，实际上根本观察不到．而A和B两部分的分子数相等或者差不多相等的宏观态对应的微观态数最多，占微观态总数的比例最大．计算表明，这一比例几乎接近100%，因此，这些宏观态出现的概率最大．

我们知道，在气体自由膨胀的过程中，气体分子最后总是倾向于均匀地分布在整个容器空间，由开始的非平衡态过渡到平衡态．由上面的分析可知，气体分子均匀地分布在整个容器空间时，所对应的热力学概率最大，所以我们说孤立系统总是从热力学概率较小的状态向热力学概率较大的状态进行，这就是热力学第二定律的统计意义．再由前面的讨论可知，一切宏观自然过程总是沿着无序度增大的方向进行，因此，热力学概率其实就是分子运动无序性的一种量度．

三、玻尔兹曼关系

由熵增加原理可知，孤立系统内进行的实际过程，其熵要增加，而熵增加的同时系统的无序度也增大．热力学概率是系统无序度的量度，孤立系统内实际过程的方向是朝着热力学概率增大的方向，也就是系统无序度增加的方向进行的．那么，一个孤立系统的熵增加时，系统的无序度增加，也即热力学概率增加，也就是说，这二者之间是有对应关系的．玻尔兹曼提出，这二者之间应取如下形式：

$$S=k\ln W. \tag{8.43}$$

这里k为玻尔兹曼常数，S叫作玻尔兹曼熵．式（8.43）称为玻尔兹曼关系，它表明对于热力学系统的每一个宏观态，都有一个热力学概率与之相对应．熵是宏观量，是系统的状态函数；而热力学概率是微观量，是分子运动无序性的量度．所以式（8.43）的重要意义在于，它把宏观量熵与微观量热力学概率联系起来了，给予了熵统计解释．

如果一个孤立系统的热力学概率由W_1变为W_2，且$W_2>W_1$，那么由式（8.43）可得

$$\Delta S=S_2-S_1=k\ln\frac{W_2}{W_1}>0.$$

这说明，孤立系统熵增加过程就是热力学概率增大的过程，是系统无序度增大的过程，是系统从非平衡态向平衡态过渡的过程，也是一个宏观不可逆的过程.

下面我们用熵的玻尔兹曼关系，来说明理想气体绝热自由膨胀过程的不可逆性.

假定理想气体物质的量为νmol，最开始气体集中于容器的左半边，右半边为真空. 容器隔板拿开之后，νmol理想气体从初态（T,V）自由膨胀到末态（$T,2V$）. 也就是说，N个气体分子占据的体积增大了一倍，即单个气体分子可运动的空间扩大了一倍，因而单个气体分子的可能运动状态数目增加了一倍，那么N个分子的微观态数就增加了2^N倍. 假定初态（T,V）对应的微观态数是W_1，那么末态（$T,2V$）对应的微观态数就是$2^N W_1$. 代入上面的式子，可得理想气体自由膨胀的熵变为

$$\Delta S = k\ln\left(2^N W_1\right) - k\ln W_1 = k\ln 2^N$$

$$= Nk\ln 2 = \nu N_A k\ln 2 = \nu R\ln 2.$$

这个结果和我们采用克劳修斯熵计算出来的结果是相同的，且$\Delta S > 0$，说明玻尔兹曼熵增加的本质和克劳修斯熵增加的本质是相同的，即自然界的实际过程都是朝着熵增加的方向进行的，是不可逆的.

*8.6 耗散结构与信息熵

一、耗散结构

按照热力学第二定律，孤立系统内的热力学过程都是朝着熵增加的方向进行的，系统状态从有序向无序转变. 若系统与外界有能量和物质交换变为开放系统，那么系统状态的改变也可以由无序变为有序，从而出现系统熵减小. 这是因为外界对开放系统提供了足够的负熵流，使系统的熵减小，从而出现了系统从无序向有序的转变.

如果开放系统远离平衡态，那么通过与外界交换能量和物质，系统可能在一定的条件下形成一种新的稳定有序的结构，这种新结构称为耗散结构，它是由比利时科学家伊里亚 · 普里戈金（I.Prigogine）首先提出的. 耗散结构的特点：①存在于开放系统中，要靠不断地与外界产生能量和物质的交换引入负熵流，使系统熵减少，从而形成并保持这种有序结构；②系统要远离平衡态；③耗散结构一旦出现，不会因外界条件的微小改变而消失.

耗散结构也是一种自组织现象，其中典型例子就是贝纳尔对流．贝纳尔对流现象是1900年法国物理学家贝纳尔（H. Benard）在做热对流实验时发现的．在一个扁平容器内充入一薄层液体，并让液体的上下两底层保持一定的温度差．当上下液面温度差较小时，系统内部进行的是通常的热传递过程．若持续加热使温度差增大到某一临界值，液面上就会出现一个个规则排列的六角形对流结构，如图8.28所示．原来的热传导被这种宏观对流方式取代，液流从六角形中心涌起，并从边缘向下流动，这种传热方式就叫作贝纳尔对流．

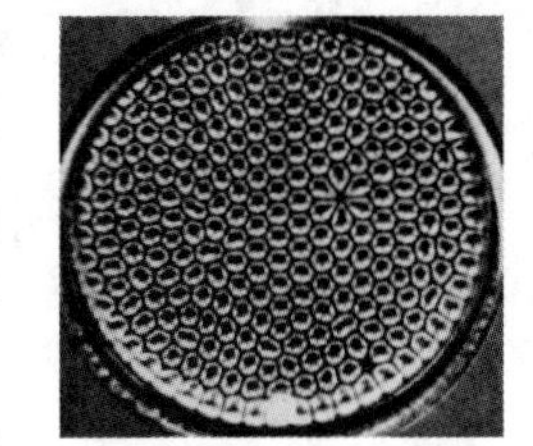

图8.28 贝纳尔对流

这种液体系统有序结构是系统在远离平衡态且温度差达到临界值后出现的．此时液面的分子好似信息相通，在统一的命令下自动地由无序状态变成有序状态，所以这种现象也被称为自组织现象．这种从无序到有序的有趣现象，也可以在日常生活中观察到，如大气中的对流、海洋中的洋流、天空中一块块整齐规则的云彩等．

我们知道，生命物质系统是一种复杂且高度有序的系统，它是由原子结合成的高度有序的生物有机体，且极为复杂的化学反应过程、能量与物质的交换和流动每时每刻都在生物有机体内有序地进行．这表明，生命体是一个开放系统，且生命物质系统处于偏离平衡态很远的非平衡态，通过不断地与外界进行能量和物质的交换形成负熵流，使系统一直维持在低熵有序的状态并加以发展，即生命过程是一个从无序到有序的演化过程．

二、信息熵

当今世界正处在高度信息化的时代，信息已成为现代科学技术普遍使用的一个概念，但信息是什么？要确切地给信息下个严格的定义还是比较困难的，因为信息涉及的范围很广，不仅包括所有的知识体系，还包括我们的感官能感知的一切．实质上，信息是人类认识世界、改造世界的知识源泉，人类社会的发展速度，在一定程度上取决于人类对信息利用的水平．

信息是一个很难量化的概念，通常人们在谈到信息的多寡时，其实很难说清楚信息量到底有多少．但信息科学要发展，就必须对信息进行定量的测度．1948年，信息论创始人香农（C. E. Shannon）借用了热力学中熵的概念，提出了“信息熵”，解决了对信息的量化量度问题．热力学中的熵，是描述分子运动混乱程度的物理量，那么，信息熵是如何与热力学中的熵来做类比的呢？

一般来说信息量越大，就越有利于做出判断得出结果．但是换个角度，信息量越大表示可能性越多，要做出准确判断恰恰又是最难的．这是因为，信息中包含有效信息的同时，也包含不确定的信息．所谓信息熵，就是信息不确定程度的量度，之所以称为“熵”，正是类比了热力学中的熵用来描述分子运动混乱程度这一概念．下面简要地对信息熵做个定量讨论．

通常一个信息源发送出什么信息符号是随机的、不确定的，事件结果无法事先预料，但衡量它可以根据其出现的概率来度量，即出现机会多，概率就大，不确定性就小；反之不确定性就大．假定收到的一个信号包含N个可能性相等的结果，那么不确定程度H和N是相关联的．很显然，N越大，事件的不确定程度也就越大．考虑一个极端的情况，如果信息源只发出一种信号，即N=1，那么事件的不确定程度就为零．据此，香农认为事件的不确定程度H应和N的对数成正比，有

$$H = K\ln N = \frac{1}{\ln 2}\ln N. \tag{8.44}$$

不确定程度H的定义式和玻尔兹曼关系十分相似，统计学家哈特利（R.V.L.Hartley）将该式称为信息量．这里的K为常数，大小为$\frac{1}{\ln 2}$，利用式（8.44）计算出的信息量的单位为比特（bit）．上面提到的信息熵就是平均信息量．可以证明，对于等概率事件，信息熵的表达式为

$$S = K\ln N = \frac{1}{\ln 2}\ln N. \tag{8.45}$$

由此可见，N越大，信息熵S就越高，信息的不确定程度就越大．信息熵的引入为信息学的定量研究提供了方便．

1. 基本概念

气体内能 $E=E(T,V)$

理想气体内能 $E=\frac{M}{\mu}\cdot\frac{i}{2}RT$或$E=\frac{M}{\mu}\cdot C_{V,m}T$

准静态过程的功 $\mathrm{d}W=p\mathrm{d}V$或$W=\int_{V_1}^{V_2}p\mathrm{d}V$

热容量 $C=\frac{\mathrm{d}Q}{\mathrm{d}T}$

气体定容摩尔热容 $C_{V,m}=\frac{\mathrm{d}Q_V}{\mathrm{d}T}$

气体定压摩尔热容 $C_{p,m}=\frac{\mathrm{d}Q_p}{\mathrm{d}T}$

理想气体定容摩尔热容 $C_{V,m}=\frac{i}{2}R$

迈耶公式 $C_{p,m}=C_{V,m}+R$

绝热系数 $\gamma=\frac{C_{p,m}}{C_{V,m}}$

定容过程热量的计算 $\mathrm{d}Q_V=C_{V,m}\mathrm{d}T$或$Q_V=\frac{M}{\mu}C_{V,m}(T_2-T_1)$

定压过程热量的计算 $\mathrm{d}Q_p=C_{p,m}\mathrm{d}T$或$Q_p=\frac{M}{\mu}C_{p,m}(T_2-T_1)$

一般过程热量的计算 $Q=\Delta E+\int_{V1}^{V_2}p\mathrm{d}V$

2. 基本定律和定理

（1）热力学第一定律

能量守恒 $\mathrm{d}Q=\mathrm{d}E+\mathrm{d}W$或$Q=\Delta E+W$

（2）热力学第二定律

过程进行有方向性 $\Delta S>0$

（3）卡诺定理

工作在相同高低温热源T_1和T_2之间的一切热机，其效率满足

$$\eta\leqslant 1-\frac{T_2}{T_1}.$$

等号对应可逆热机，小于号对应不可逆热机.

3．循环效率

热机效率 $\eta=\frac{W_{净}}{Q_1}=1-\frac{Q_2}{Q_1}$

卡诺热机效率 $\eta=1-\frac{T_2}{T_1}$

制冷系数 $e=\frac{Q_2}{|W_{净}|}=\frac{Q_2}{Q_1-Q_2}$

卡诺制冷系数 $e=\frac{T_2}{T_1-T_2}$

4．熵

（1）克劳修斯熵

克劳修斯不等式 $\oint\frac{\mathrm{d}Q}{T}\leqslant 0$

克劳修斯熵 $\mathrm{d}S=\frac{\mathrm{d}Q}{T}$或$S_B-S_A=\int_A^B\frac{\mathrm{d}Q}{T}$

（2）玻尔兹曼熵

熵增加原理 $S_B-S_A=\Delta S\geqslant 0$

玻尔兹曼熵 $S=k\ln W$

5．理想气体准静态过程的主要公式

理想气体准静态过程的主要公式如表8.3所示．

表8.3 理想气体准静态过程的主要公式

过程	过程方程	对外做功	吸收热量	内能增量	摩尔热容
等体积	$\frac{p}{T}=$常量	0	$\frac{M}{\mu}C_{V,m}(T_2-T_1)$	$\frac{M}{\mu}C_{V,m}(T_2-T_1)$	$C_{V,m}=\frac{i}{2}R$
等压	$\frac{V}{T}=$常量	$p(V_2-V_1)$ 或$\frac{M}{\mu}R(T_2-T_1)$	$\frac{M}{\mu}C_{p,m}(T_2-T_1)$	$\frac{M}{\mu}C_{V,m}(T_2-T_1)$	$C_{p,m}=C_{V,m}+R$
等温	$pV=$常量	$\frac{M}{\mu}RT\ln\frac{V_2}{V_1}$ 或$\frac{M}{\mu}RT\ln\frac{p_1}{p_2}$	$\frac{M}{\mu}RT\ln\frac{V_2}{V_1}$ 或$\frac{M}{\mu}RT\ln\frac{p_1}{p_2}$	0	$+\infty$
绝热	$pV^{\gamma}=$常量 $V^{\gamma-1}T=$常量 $p^{\gamma-1}T^{-\gamma}=$常量	$-\frac{M}{\mu}C_{V,m}(T_2-T_1)$ 或$\frac{p_1V_1-p_2V_2}{\gamma-1}$	0	$\frac{M}{\mu}C_{V,m}(T_2-T_1)$	0

8.1 热力学第一定律表明（　　）.

A．系统对外所做的功不可能大于系统从外界吸收的热量

B．系统内能的增量等于系统从外界吸收的热量

C．系统内能的增量等于外界对系统所做的功

D．系统内能的增量等于外界对系统所做的功与系统从外界吸收的热量的总和

8.2 1mol的单原子分子理想气体从状态A变为状态B，如果不知是什么气体，变化过程也不知道，但A和B两态的压强、体积和温度都知道，则可求出（　　）.

A．气体所做的功　　B．气体内能的变化

C．气体传给外界的热量　　D．气体的质量

8.3 某理想气体状态变化时，内能随体积的变化关系如图8.29中AB直线所示．$A \rightarrow B$表示的过程是（　　）.

A．等压过程　　B．等容过程

C．等温过程　　D．绝热过程

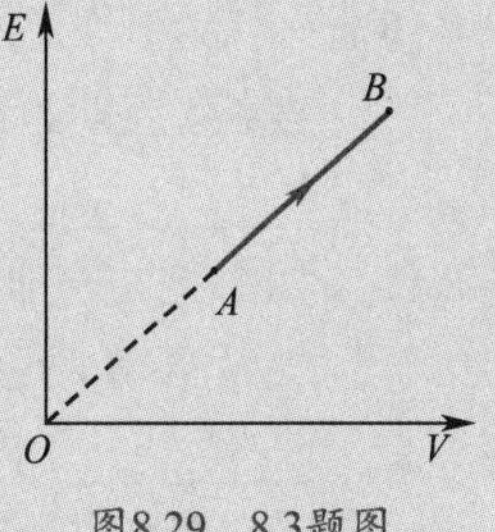

图8.29　8.3题图

8.4 一理想气体，经图8.30所示的各过程，则（　　）.

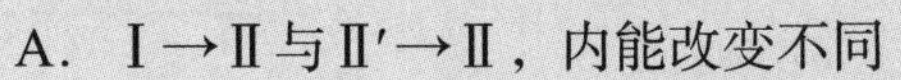

A．Ⅰ→Ⅱ与Ⅱ′→Ⅱ，内能改变不同

B．Ⅰ→Ⅱ与Ⅱ′→Ⅱ，吸收的热量相同

C．Ⅰ→Ⅱ与Ⅱ′→Ⅱ，做功相同

D．Ⅰ→Ⅱ为吸热过程

E．Ⅱ′→Ⅱ为吸热过程

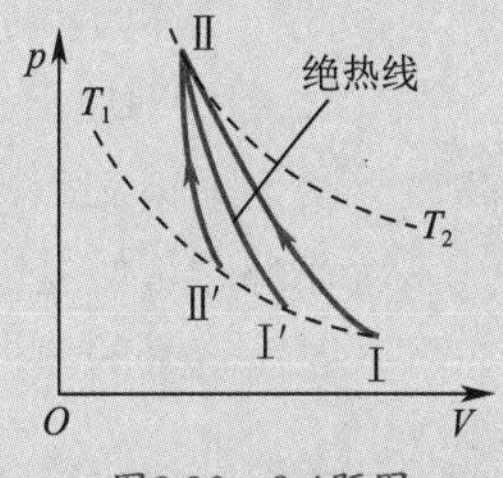

图8.30　8.4题图

8.5 根据热力学第二定律可知（　　）.

A．功可以全部转化为热，但热不能全部转化为功

B．热可以从高温物体传到低温物体，但不能从低温物体传到高温物体

C．不可逆过程就是不能向相反方向进行的过程

D．一切自发过程都是不可逆的

8.6 一绝热容器被隔板分成两半，一半是真空，另一半是理想气体．若把隔板抽出，气体将进行自由膨胀，达到平衡后（　　）.

A．温度不变，熵增加　　B．温度升高，熵增加

C．温度降低，熵增加　　D．温度不变，熵不变

8.7 指出下列理想气体方程的微分形式与哪一种热力学准静态过程相对应，并填在括号内.

A. $p\mathrm{d}V = \dfrac{m}{M}R\mathrm{d}T$（　　）.　　B. $V\mathrm{d}p = \dfrac{m}{M}R\mathrm{d}T$（　　）.

C. $p\mathrm{d}V + V\mathrm{d}p = 0$（　　）.　　D. $\mathrm{d}Q = \dfrac{m}{M}C_{V,m}\mathrm{d}T$（　　）.

8.8 一定质量的理想气体经过一个过程，体积由V_0缩小为$\dfrac{V_0}{2}$，这个过程可以是绝热或等温过程，也可以是等压过程，则外界对系统做功最大的是________，做功最小的是________.

8.9 图8.31为一理想气体几种状态变化过程的p–V图，其中MT为等温线，MQ为绝热线，在AM,BM,CM 3种准静态过程中，温度降低的是________过程，气体放热的是________过程.

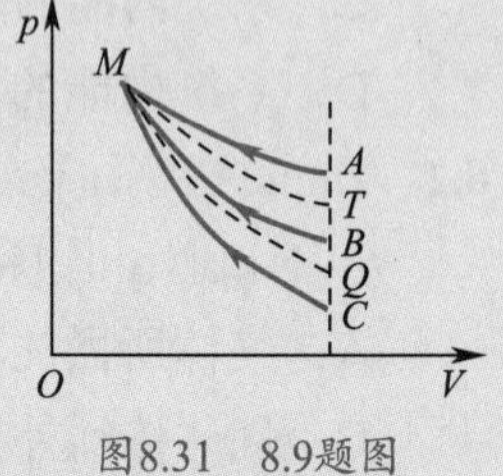

图8.31　8.9题图

8.10 一定量理想气体，从A状态$(2p_1, V_1)$经历图8.32所示直线过程变到B状态$(2p_1, V_2)$，则AB过程中系统做功________，内能改变________.

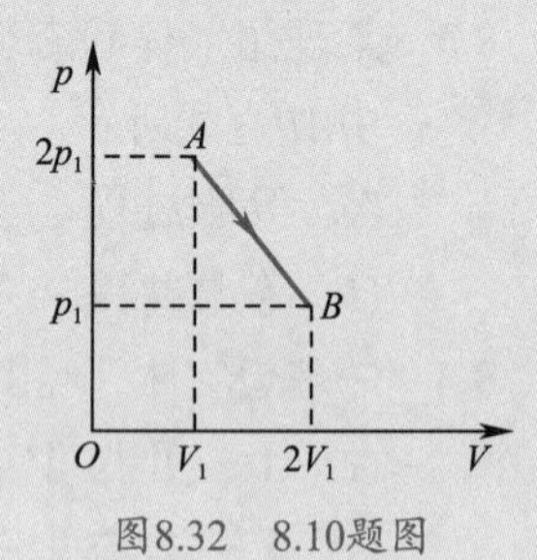

图8.32　8.10题图

8.11 如果把空气假设为双原子分子，则在等压过程中，空气从外界吸收的热量有________用于对外做功，有________用于使内能增加.

8.12 一定量的某种理想气体在等压过程中对外做功为200J．若此种气体为单原子分子气体，则该过程中需吸热________J；若为双原子分子气体，则需吸热________J.

8.13 可逆卡诺制冷机高温热源的温度为450K，低温热源的温度为300K，若机器逆向循环时从低温热源吸热400J，则机器逆向循环一次，外界必须做功________J.

8.14 某一定量的理想气体，由初始状态(p_1, V_1)分别经等温和绝热两个可逆过程体积压缩至$\dfrac{V_1}{2}$，两种过程中气体的熵变分别为________、________.

8.15 一理想气体由压强$p_1=1.52\times10^5\mathrm{Pa}$、体积$V_1=5\times10^{-3}\mathrm{m}^3$等温膨胀到压强$p_2=1.01\times10^5\mathrm{Pa}$，然后再经等压压缩到原来的体积．试求气体所做的功.

8.16 1mol气体做准静态等温膨胀，由初体积V_1变成终体积V_2，其物态方程为

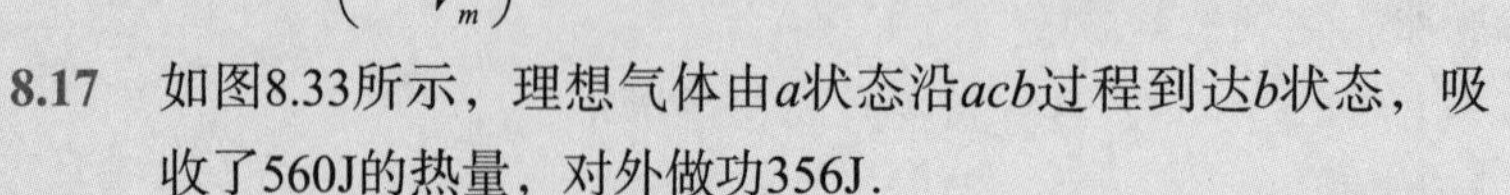

$pV_m = RT\left(1-\dfrac{B}{V_m}\right)$，试计算该过程中系统对外界所做的功.

8.17 如图8.33所示，理想气体由a状态沿acb过程到达b状态，吸收了560J的热量，对外做功356J.

（1）如果它沿 adb 过程到达 b 状态时，对外做功 220J，它将吸收多少热量？

（2）当它由 b 状态沿曲线 ba 返回 a 状态时，外界对它

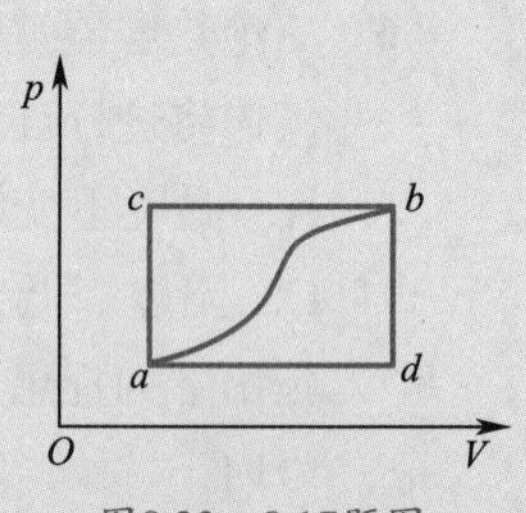

图8.33　8.17题图

做功 282J，它将吸收或放出多少热量？

8.18 温度为27℃、压强为1.01×10^5 Pa的一定量氮气，经绝热压缩，体积变为原来的$\frac{1}{5}$，求压缩后氮气的压强和温度．

8.19 理想气体的过程方程可表示为“pV^n=常数”的过程叫多方过程，n叫多方指数．

（1）说明$n=0,1,\gamma$时各是什么过程？

（2）证明：多方过程中外界对理想气体做的功为$\dfrac{p_2V_2-p_1V_1}{n-1}$．

（3）证明：多方过程中理想气体的摩尔热容为$C_m=C_{V,m}\left(\dfrac{\gamma-n}{1-n}\right)$．

8.20 设有一以理想气体为工质的热机，如图8.34所示，试证明其效率为$\eta=1-\gamma\dfrac{V_1/V_2-1}{p_1/p_2-1}$．

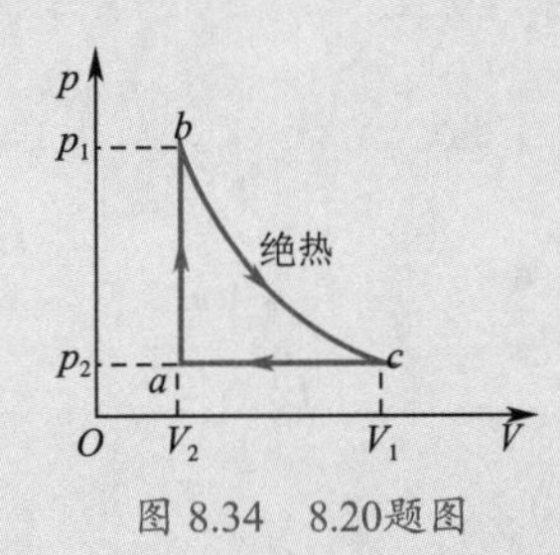

图 8.34　8.20题图

8.21 1mol理想气体在400K和300K之间完成一卡诺循环，在400K的等温线上，起始体积为0.001m³，最后体积为0.005m³．试计算气体在此循环中所做的功，以及从高温热源吸收的热量和传给低温热源的热量．

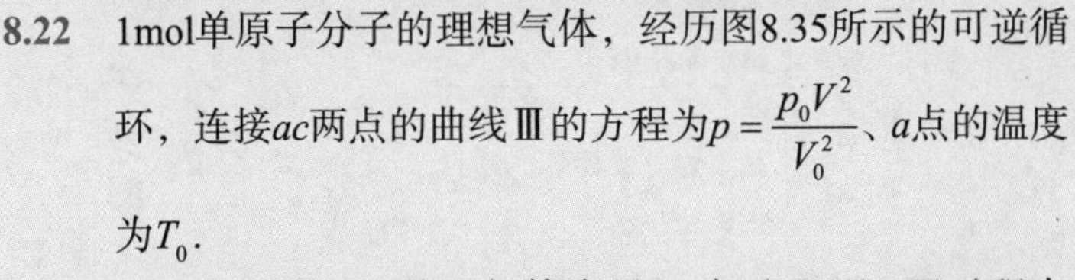

8.22 1mol单原子分子的理想气体，经历图8.35所示的可逆循环，连接ac两点的曲线Ⅲ的方程为$p=\dfrac{p_0V^2}{V_0^2}$、a点的温度为T_0．

（1）试以T_0、普适气体常量R表示Ⅰ，Ⅱ，Ⅲ过程中气体吸收的热量．

（2）求此循环的效率．

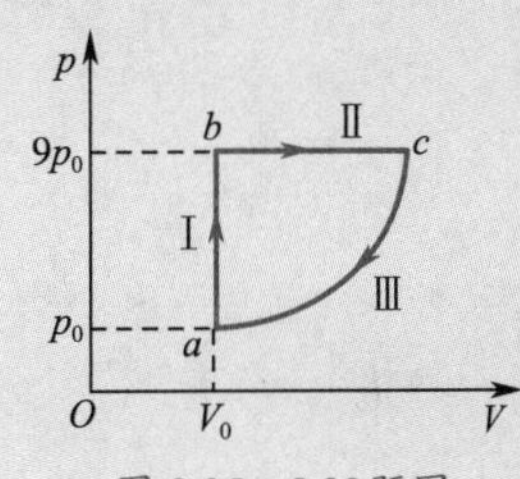

图 8.35　8.22题图

8.23 一定量的某种理想气体进行图8.36所示的循环过程．已知气体在状态A的温度为T_A=300K，求：

（1）气体在状态B和C的温度；

（2）各过程中气体对外所做的功；

（3）整个循环过程，气体从外界吸收的总热量（各过程吸收热量的代数和）．

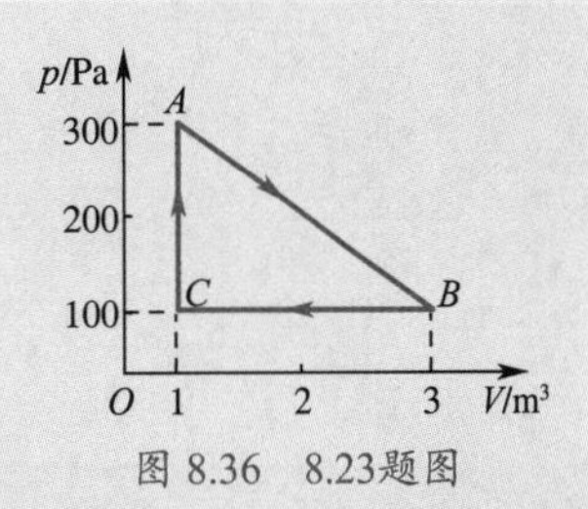

图 8.36　8.23题图

8.24 比热容比γ=1.4的理想气体进行图8.37所示的循环．已知状态A的温度为300 K．求：（1）状态B和C的温度；（2）每一过程中气体所吸收的净热量．

图8.37　8.24题图

8.25 一可逆卡诺热机低温热源的温度为7℃，效率为40%．若要将其效率提高到50%，则高温热源的温度需要提高几摄氏度？

8.26 一台家用冰箱（设为理想卡诺制冷机）放在室温为27℃的房间里，当制作一块−13℃的冰块时吸热1.95×10^5J，求：

（1）该冰箱的制冷系数；

（2）制作该冰块时所需做的功；

（3）若该冰箱以 1.95×10^2J/s 速率吸取热量，则所要求的电功率为多少瓦？

8.27 1mol理想气体从初态（T,V）经过等温膨胀过程到末态（$T,2V$），过程前后的熵变（熵差）为多少？如果是自由膨胀过程，则熵变为多少？

8.28 某热力学系统从状态1变化到状态2，已知状态2的热力学概率是状态1热力学概率的2倍，试确定系统熵的增量.

本章习题参考答案

附录I 矢量

矢量是物理学的基本概念，是既有数值大小，又有方向，才能完全确定的物理量．物理学中的位移、速度、力、动量、磁矩等，都是矢量．与矢量概念相对的物理量是只有大小而没有方向的标量，如时间、质量、路程、热量等．标量之间的运算遵循一般的代数法则．矢量之间的运算并不遵循一般的代数法则，而遵循特殊的运算法则．这里主要介绍矢量的概念、矢量的合成和分解、矢量的标积和矢积、矢量的导数和积分等基本知识．

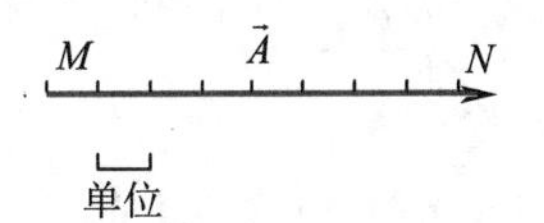

图I.1 矢量的图示

一、矢量的表示

矢量通常用一个带箭头的线段表示，如图I.1所示．线段的长度表示矢量的大小，而箭头所指的方向就是矢量的方向．在物理学中，矢量通常用带箭头的字母（如$\vec{A}$）（本书中矢量采用此种表示方式）或黑体字母（如$\boldsymbol{A}$）表示．矢量的大小又称为矢量的模．如果矢量的模等于1，则称为单位矢量，可用$\overrightarrow{e_A}$表示，因而矢量$\vec{A}$可表示为

$$\vec{A}=\left|\vec{A}\right|\overrightarrow{e_A}. \tag{I.1}$$

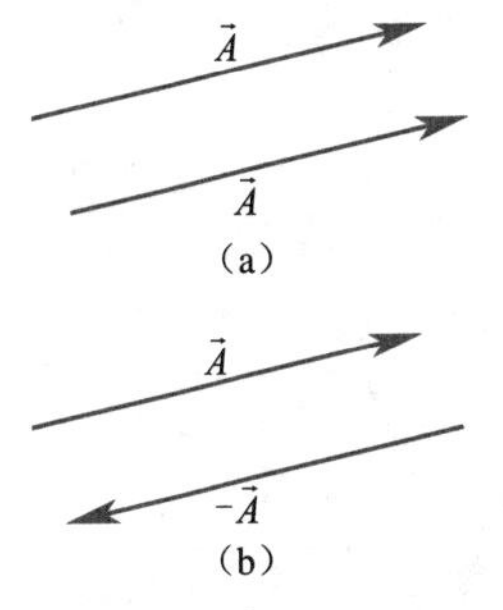

图I.2 等矢量和负矢量

因为矢量既有大小又有方向，所以两个相等的矢量必须同时满足大小相等、方向相同，如图I.2（a）所示．如果两个矢量大小相等，但方向相反，这两个矢量互为负矢量，如图I.2（b）所示．

在比较矢量之间的关系或在进行运算时，往往需要将矢量平移．将图I.3（a）中矢量$\vec{A}$平移到图I.3（b）所示位置，或将矢量$\vec{B}$平移到图I.3（c）所示位置，平移后矢量的大小和方向都保持不变．这就是矢量的平移性质．

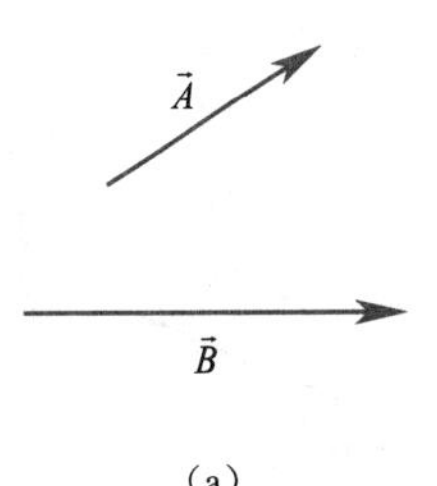

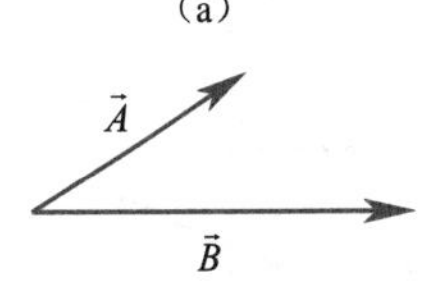

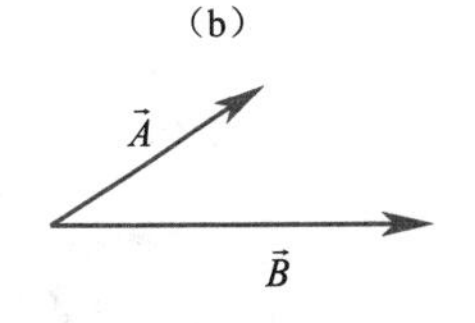

图I.3 矢量的平移

在很多实际问题中，需要把矢量分解在坐标系中．比如直角坐标系$Oxyz$中，如图I.4所示，沿坐标轴Ox,Oy,Oz正方向的单位矢量分别为$\vec{i},\vec{j},\vec{k}$，矢量$\vec{A}$可表示为

$$\vec{A}=\overrightarrow{A_x}+\overrightarrow{A_y}+\overrightarrow{A_z}, \tag{I.2}$$

其中$\overrightarrow{A_x},\overrightarrow{A_y},\overrightarrow{A_z}$分别为矢量$\vec{A}$沿$Ox,Oy,Oz$坐标轴正方向的分矢量；或表示为

$$\vec{A}=A_x\vec{i}+A_y\vec{j}+A_z\vec{k}, \tag{I.3}$$

其中A_x, A_y, A_z分别为矢量$\vec{A}$沿Ox,Oy,Oz坐标轴正方向的投影．

矢量$\vec{A}$的模为

$$\left|\vec{A}\right|=\sqrt{A_x^2+A_y^2+A_z^2}\ . \tag{I.4}$$

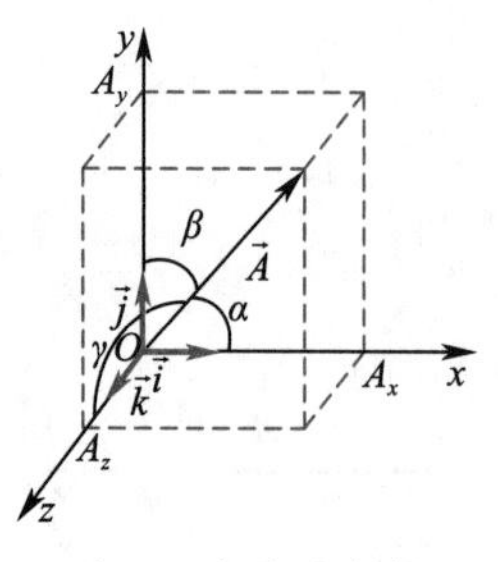

图I.4　矢量的直角坐标系表示

矢量$\vec{A}$的方向由该矢量与坐标轴的夹角α,β,γ来确定：

$$\cos\alpha=\frac{A_x}{|\vec{A}|},\cos\beta=\frac{A_y}{|\vec{A}|},\cos\gamma=\frac{A_z}{|\vec{A}|}. \tag{I.5}$$

二、矢量的加法和减法

矢量和矢量相加，也称合成，必须满足平行四边形法则．矢量相加除了用平行四边形法则，还可用三角形法则、多边形法则或正交分解法等．

设相加的两个矢量为$\vec{A}$和$\vec{B}$，如图I.5所示．将它们相加时，先把两矢量平移，将两矢量的起点相交于一点，再以这两个矢量$\vec{A}$和$\vec{B}$为邻边作平行四边形，从两矢量的交点作平行四边形的对角线，该对角线代表两个矢量的和，这就是平行四边形法则．合矢量$\vec{C}$可表示为

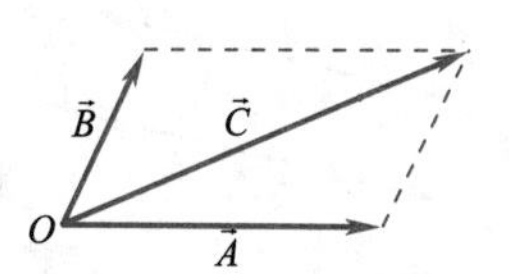

图I.5　矢量合成的平行四边形法则

$$\vec{C}=\vec{A}+\vec{B}. \tag{I.6}$$

根据平行四边形的对边平行且相等的性质，两个矢量的合成可简化为三角形法则，如图I.6所示．根据矢量的平移性质，可以将矢量$\vec{B}$平移到矢量$\vec{A}$的末端，由矢量$\vec{A}$的起点作到矢量$\vec{B}$的末端的矢量，即合矢量$\vec{C}$．同理，将矢量$\vec{A}$平移到矢量$\vec{B}$的末端，由矢量$\vec{B}$的起点作到矢量$\vec{A}$的末端的矢量，也就是合矢量$\vec{C}$．式（I.6）中的合矢量$\vec{C}$也可表示为

$$\vec{C}=\vec{B}+\vec{A}, \tag{I.7}$$

这表明矢量的加法满足交换律．

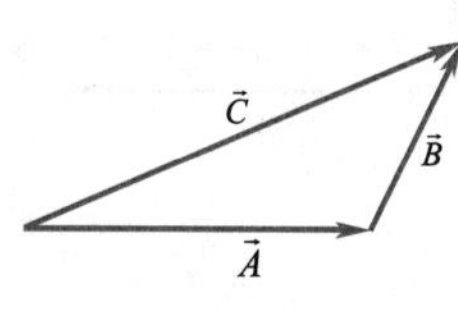

合矢量的大小和方向可以根据几何学中的余弦定理和图I.7中的几何关系得到（设$\vec{A},\vec{B},\vec{C}$的模分别为A, B, C）．

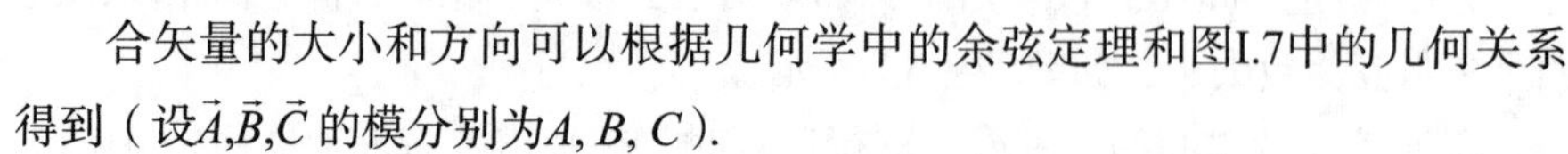

$$C=|\vec{C}|=\sqrt{(A+B\cos\theta)^2+(B\sin\theta)^2}=\sqrt{A^2+B^2+2AB\cos\theta}, \tag{I.8}$$

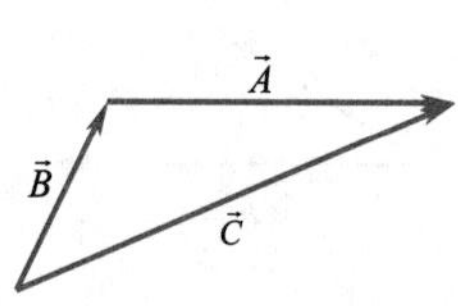

图I.6　矢量合成的三角形法则

$$\tan\varphi=\frac{B\sin\theta}{A+B\cos\theta}. \tag{I.9}$$

此外，还可用直角坐标系$Oxyz$来表示矢量的加法．两个相加的矢量$\vec{A}$和$\vec{B}$在直角坐标系中分别表示为

$$\vec{A}=A_x\vec{i}+A_y\vec{j}+A_z\vec{k},$$

$$\vec{B}=B_x\vec{i}+B_y\vec{j}+B_z\vec{k},$$

合矢量$\vec{C}$可表示为

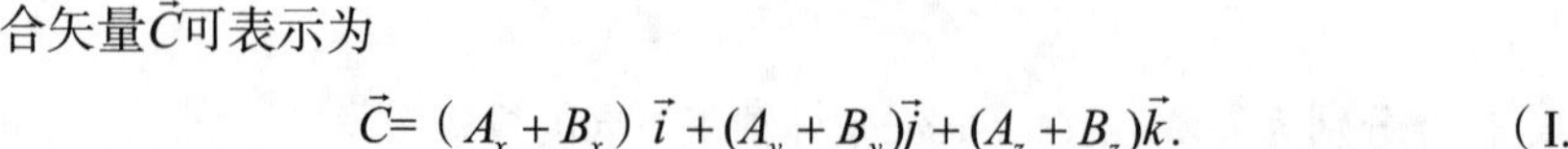

$$\vec{C}=(A_x+B_x)\vec{i}+(A_y+B_y)\vec{j}+(A_z+B_z)\vec{k}. \tag{I.10}$$

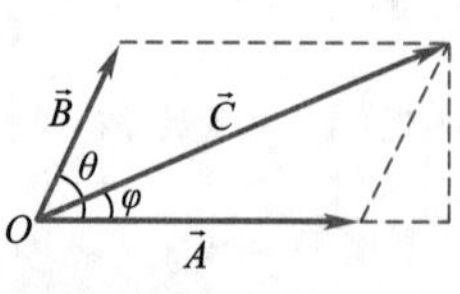

图I.7　合矢量的计算

矢量减法是矢量加法的逆运算，矢量$\vec{A}$减去另一个矢量$\vec{B}$，等于加上矢量$\vec{B}$的负矢量，即$\vec{A}-\vec{B}=\vec{A}+(-\vec{B})$．

三、矢量的乘法

矢量除了能相加、相减，还能相乘．矢量的乘法一般有以下3种．

1．矢量的数乘

物理学中，动量、牛顿第二定律分别表示为$\vec{p}=m\vec{v}$和$\vec{F}=m\vec{a}$，这种数和矢量的乘积叫数乘．矢量$\vec{A}$和数B（标量）相乘，相乘后得到的$B\vec{A}$为新矢量，新矢量的大小等于数B的大小乘以矢量$\vec{A}$的大小，方向与矢量$\vec{A}$的方向相同（$B>0$）或与矢量$\vec{A}$的方向相反（$B<0$）．

2．矢量的点乘

物理学中，功、功率的计算公式分别为$W=\vec{F}\cdot\vec{S}$和$P=\vec{F}\cdot\vec{v}$．这种矢量间用点连接的乘积，构成标量，矢量间这样的乘积叫标积，又称点乘或点积．

设两个矢量分别为$\vec{A}$和$\vec{B}$，它们的夹角为θ，模分别为A和B，如图I.8所示．它们的标积可表示为

$$\vec{A}\cdot\vec{B}=AB\cos\theta. \quad \text{(I.11)}$$

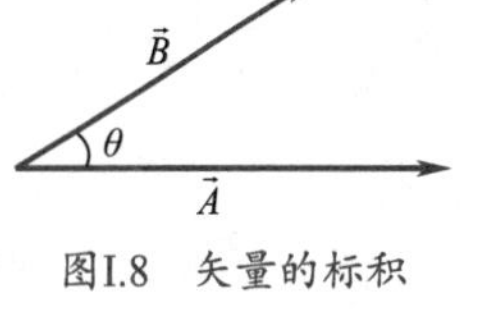

图I.8　矢量的标积（点乘）

这说明$\vec{A}$和$\vec{B}$的标积等于矢量$\vec{B}$在矢量$\vec{A}$的方向上的投影与矢量$\vec{A}$的模的乘积，也等于矢量$\vec{A}$在矢量$\vec{B}$的方向上的投影与矢量$\vec{B}$的模的乘积．

由式（I.11）可知，当两矢量$\vec{A}$和$\vec{B}$平行同向，即$\theta=0$时，$\vec{A}\cdot\vec{B}=AB$；当两矢量$\vec{A}$和$\vec{B}$平行异向，即$\theta=180°$时，$\vec{A}\cdot\vec{B}=-AB$；当两矢量$\vec{A}$和$\vec{B}$垂直，即$\theta=90°$时，$\vec{A}\cdot\vec{B}=0$．矢量的点乘还具有以下性质：

$$\vec{A}\cdot\vec{B}=\vec{B}\cdot\vec{A};$$
$$\vec{A}\cdot(\vec{B}+\vec{C})=\vec{A}\cdot\vec{B}+\vec{A}\cdot\vec{C}.$$

根据以上性质可以得到直角坐标系$Oxyz$的单位矢量有如下关系：

$$\vec{i}\cdot\vec{i}=\vec{j}\cdot\vec{j}=\vec{k}\cdot\vec{k}=1;$$
$$\vec{i}\cdot\vec{j}=\vec{i}\cdot\vec{k}=\vec{j}\cdot\vec{k}=0.$$

因而，在直角坐标系$Oxyz$中，矢量的点乘可以写为

$$\begin{aligned}\vec{A}\cdot\vec{B}&=(A_x\vec{i}+A_y\vec{j}+A_z\vec{k})\cdot(B_x\vec{i}+B_y\vec{j}+B_z\vec{k})\\&=A_xB_x+A_yB_y+A_zB_z.\end{aligned} \quad \text{(I.12)}$$

3．矢量的叉乘

物理学中，力矩和洛伦兹力分别表示为$\vec{M}=\vec{r}\times\vec{F}$和$\vec{F}=q\vec{v}\times\vec{B}$．这种矢量和矢量的乘积，构成新的矢量，矢量间这样的乘积叫矢积，又称叉乘或叉积．

若两矢量$\vec{A}$和$\vec{B}$相乘得到一个矢量$\vec{C}$，定义为

$$\vec{C}=\vec{A}\times\vec{B}. \quad \text{(I.13)}$$

矢量$\vec{C}$的大小为$C=AB\sin\theta$（A ,B, C分别为$\vec{A}$, $\vec{B}$, $\vec{C}$的模）．矢量$\vec{C}$的方向由右手

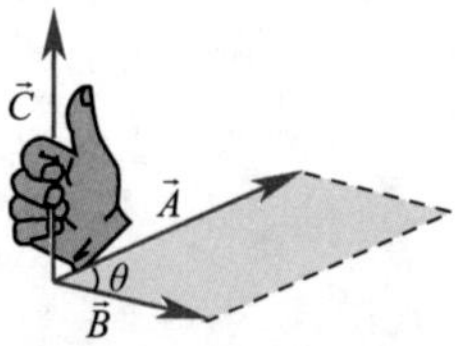

图I.9　矢量的矢积（叉积）

螺旋法则决定，垂直于矢量$\vec{A}$和$\vec{B}$构成的平面，如图I.9所示.

矢量的叉乘还具有以下性质：

（1）$\vec{A}\times\vec{B}=-\vec{B}\times\vec{A}$;

（2）$\vec{A}\times(\vec{B}+\vec{C})=\vec{A}\times\vec{B}+\vec{A}\times\vec{C}$;

（3）当$\theta=0$时，$\vec{A}\times\vec{B}=0$;

（4）当$\theta=\dfrac{\pi}{2}$时，$\left|\vec{A}\times\vec{B}\right|=AB$.

根据以上性质可以得到直角坐标系$Oxyz$的单位矢量有如下关系：

$$\vec{i}\times\vec{j}=\vec{k},\vec{j}\times\vec{k}=\vec{i},\vec{k}\times\vec{i}=\vec{j},$$
$$\vec{i}\times\vec{i}=\vec{j}\times\vec{j}=\vec{k}\times\vec{k}=\mathbf{0}.$$

因而，在直角坐标系$Oxyz$中，矢量的叉乘可以写为

$$\begin{aligned}\vec{A}\times\vec{B}&=(A_x\vec{i}+A_y\vec{j}+A_z\vec{k})\times(B_x\vec{i}+B_y\vec{j}+B_z\vec{k})\\&=\begin{vmatrix}\vec{i}&\vec{j}&\vec{k}\\A_x&A_y&A_z\\B_x&B_y&B_z\end{vmatrix}\\&=(A_yB_z-A_zB_y)\vec{i}+(A_zB_x-A_xB_z)\vec{j}+(A_xB_y-A_yB_x)\vec{k}.\end{aligned}\tag{I.14}$$

四、矢量的微分

在物理上某一矢量$\vec{A}$与变量t之间存在一定的关系，当变量t取定某个值后，矢量有唯一确定的值（大小和方向）与之对应，则称$\vec{A}$为t的矢量函数，可表示为

$$\vec{A}(t)=A_x(t)\vec{i}+A_y(t)\vec{j}+A_z(t)\vec{k}.$$

若变量t为时间参数，则设t时刻的矢量为$\vec{A}(t)$，$t+\Delta t$时刻的矢量为$\vec{A}(t+\Delta t)$，在Δt时间间隔内，矢量的改变量为$\Delta\vec{A}=\vec{A}(t+\Delta t)-\vec{A}(t)$，如图I.10所示.

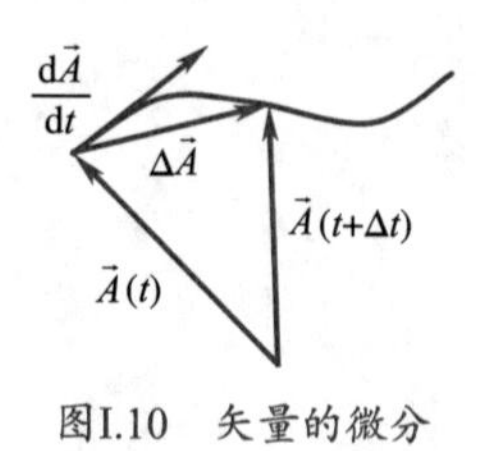

图I.10　矢量的微分

当Δt趋于无限小时，极限存在时有

$$\frac{d\vec{A}(t)}{dt}=\lim_{\Delta t\to 0}\frac{\Delta\vec{A}}{\Delta t}.\tag{I.15}$$

式（I.15）是矢量函数$\vec{A}$对时间t的微分，也称导数.

在直角坐标系$Oxyz$中，因为单位矢量$\vec{i},\vec{j},\vec{k}$的大小和方向均不变，矢量函数的导数可表示为

$$\frac{d\vec{A}(t)}{dt}=\frac{dA_x(t)}{dt}\vec{i}+\frac{dA_y(t)}{dt}\vec{j}+\frac{dA_z(t)}{dt}\vec{k}.\tag{I.16}$$

由式（I.16）可知，矢量函数的导数仍然为一矢量．在运动学中讨论速度

与位置、加速度与速度之间的关系时会用到矢量函数的导数.

此外，矢量函数的导数还有以下性质：

（1）$\frac{\mathrm{d}}{\mathrm{d}t}(\vec{A}\pm\vec{B})=\frac{\mathrm{d}\vec{A}}{\mathrm{d}t}\pm\frac{\mathrm{d}\vec{B}}{\mathrm{d}t}$;

（2）$\frac{\mathrm{d}}{\mathrm{d}t}(m\vec{A})=m\frac{\mathrm{d}\vec{A}}{\mathrm{d}t}$;

（3）$\frac{\mathrm{d}}{\mathrm{d}t}(\vec{A}\cdot\vec{B})=\frac{\mathrm{d}\vec{A}}{\mathrm{d}t}\cdot\vec{B}+\vec{A}\cdot\frac{\mathrm{d}\vec{B}}{\mathrm{d}t}$;

（4）$\frac{\mathrm{d}}{\mathrm{d}t}(\vec{A}\times\vec{B})=\frac{\mathrm{d}\vec{A}}{\mathrm{d}t}\times\vec{B}+\vec{A}\times\frac{\mathrm{d}\vec{B}}{\mathrm{d}t}$.

五、矢量的积分

积分是导数的逆问题，但矢量函数的积分比矢量函数的导数复杂，在这里介绍简单的积分式.

若矢量函数$\vec{A}(t)$的导数$\vec{B}(t)$已知时，求得

$$\frac{\mathrm{d}\vec{A}(t)}{\mathrm{d}t}=\vec{B}(t),$$

则矢量函数 $\vec{A}(t)$称为矢量函数$\vec{B}(t)$的积分.

在直角坐标系$Oxyz$中，矢量函数 $\vec{A}(t)$和 $\vec{B}(t)$分别表示为

$$\vec{A}(t)=A_x(t)\vec{i}+A_y(t)\vec{j}+A_z(t)\vec{k},\quad \vec{B}(t)=B_x(t)\vec{i}+B_y(t)\vec{j}+B_z(t)\vec{k},$$

则

$$\begin{aligned}\vec{A}(t)&=\int\vec{B}(t)\mathrm{d}t=\int\left[B_x(t)\vec{i}+B_y(t)\vec{j}+B_z(t)\vec{k}\right]\mathrm{d}t\\&=\left[\int B_x(t)\mathrm{d}t\right]\vec{i}+\left[\int B_y(t)\mathrm{d}t\right]\vec{j}+\left[\int B_z(t)\mathrm{d}t\right]\vec{k}\\&=A_x\vec{i}+A_y\vec{j}+A_z\vec{k}.\end{aligned}$$

矢量函数的积分还有以下性质：

（1）$\int(\vec{A}\pm\vec{B})\,\mathrm{d}t=\int\vec{A}\mathrm{d}t\pm\int\vec{B}\mathrm{d}t$;

（2）$\int m\vec{A}\mathrm{d}t=m\int\vec{A}\mathrm{d}t$（$m$为常量）；

（3）$\int(\vec{A}\cdot\vec{B})\,\mathrm{d}t=\int\left(A_xB_x+A_yB_y+A_zB_z\right)\mathrm{d}t$;

（4）$\int(\vec{A}\times\vec{B})\,\mathrm{d}t=$

$$\int\left[(A_yB_z-A_zB_y)\vec{i}+(A_zB_x-A_xB_z)\vec{j}+(A_xB_y-A_yB_x)\vec{k}\right]\mathrm{d}t.$$

物理量的矢量表示方法是由物理学家吉布斯首先创立的，矢量为表述物理定律提供了简单明了的形式，且使这些定律的推导简单化，因此，矢量是学习物理学的有用工具.

附录Ⅱ 国际单位制（SI）

由于历史的原因，世界各国一直有各种不同的单位体系，混乱复杂．不同行业采用的单位也不尽相同，这给人们的生产、生活和科技交流等方面带来极大的不便．于是人们尝试建立通用的测量方法．1875年，17国签署《米制公约》并正式同意推行统一的国际测量体系，规定以米为长度单位，以千克为质量单位，以秒为时间单位．1954年，第10届国际计量大会决定将实用单位制扩大为6个基本单位，即米、千克、秒、安培、开尔文和坎德拉．1960年，第11届国际计量大会将以米、千克、秒、安培、开尔文和坎德拉这6个基本单位为基础的单位制命名为国际单位制，并以SI表示．1971年，第14届国际计量大会增补了一个基本物理量和一个单位，即物质的量及其单位“摩尔”．国际单位制是全球一致认可的单位体系，单位间换算简便，适用于任何一个科学技术部门，也适用于社会日常生活，更重要的是每个单位都有严格的定义和精确的基准．

国际单位制共有7个基本物理量及其基本单位，量的名称和单位名称分别为：时间及其单位“秒”、长度及其单位“米”、质量及其单位“千克”、电流及其单位“安[培]”（表示可简称“安”，以下类同）、热力学温度及其单位“开[尔文]”、物质的量及其单位“摩[尔]”、发光强度及其单位“坎[德拉]”．人们对时间单位“秒”、长度单位“米”、发光强度单位“坎[德拉]”先后进行了重新定义，把测量体系建立在不变的常数上．2018年，第26届国际计量大会赋予质量单位“千克”、电流单位“安[培]”、热力学温度单位“开[尔文]”、物质的量单位“摩[尔]”这4个基本单位全新的定义，并于2019年 5月20日正式生效．自此，国际测量体系全部建立在不变的常数上，保证了国际单位制的长期稳定性．表Ⅱ.1对国际单位制基本单位的详细信息进行了归纳．

表Ⅱ.1　国际单位制基本单位介绍

量的名称	单位名称	单位符号	单位定义
长度	米	m	1m是1/299792458s的时间间隔内光在真空中行程的长度（第17届国际计量大会，1983）
质量	千克	kg	1kg对应普朗克常数为6.62607015×10^{-34}J · s时的质量（第26届国际计量大会，2018）
时间	秒	s	1s是铯-133原子基态的两个超精细能级之间跃迁所对应的辐射的9192631770个周期的持续时间（第13届国际计量大会，1967）
电流	安[培]	A	1A是单位时间内通过$(1/1.602176634)\times10^{19}$个电子对应的电流（第26届国际计量大会，2018）
热力学温度	开[尔文]	K	1K对应玻尔兹曼常数为$1.380\ 649\times10^{-23}$J · K^{-1}的热力学温度（第26届国际计量大会，2018）
物质的量	摩[尔]	mol	1mol为精确包含6.02214076×10^{23}个原子或分子等基本单元的系统的物质的量（第26届国际计量大会，2018）
发光强度	坎[德拉]	cd	坎德拉是一个光源在给定方向上的发光强度，该光源发出频率为540×10^{12}Hz的单色辐射，且在此方向上的辐射强度为$\frac{1}{683}$W（第16届国际计量大会，1979）

除了7个国际单位制基本单位，还有由国际单位制导出的单位，它们也是国际单位制的一部分．国际单位制导出单位如表Ⅱ.2所示．

表Ⅱ.2　国际单位制导出单位

量的名称	单位名称	单位符号	SI基本单位和导出单位的关系
力	牛[顿]	N	$1N=1kg\cdot m\cdot s^{-2}$
压强、应力	帕[斯卡]	Pa	$1Pa=1N\cdot m^{-2}$
能量、功、热量	焦[耳]	J	$1J=1N\cdot m$
功率、辐[射能]通量	瓦[特]	W	$1W=1kg\cdot m^{2}\cdot s^{-3}$
频率	赫[兹]	Hz	$1Hz=1s^{-1}$
电荷[量]	库[仑]	C	$1C=1A\cdot S$
电动势、电压	伏[特]	V	$1V=1kg\cdot m^{2}\cdot s^{-3}\cdot A^{-1}$
电容	法[拉]	F	$1F=1A^{2}\cdot s^{4}\cdot kg^{-1}\cdot m^{-2}$
电阻	欧[姆]	Ω	$1\Omega=1kg\cdot m^{2}\cdot s^{-3}\cdot A^{-2}$
电导	西[门子]	S	$1S=1\Omega^{-1}$
磁通[量]	韦[伯]	Wb	$1Wb=1V\cdot s$
磁通[量]密度、磁感应强度	特[斯拉]	T	$1T=1Wb\cdot m^{-2}$
电感	亨[利]	H	$1H=1Wb\cdot A^{-1}$
摄氏温度	摄氏度	℃	-273.15℃ = 0 K，Δ1℃ = Δ1K
光通量	流[明]	lm	$1lm=1cd\cdot sr$
[光]照度	勒[克斯]	lx	$1lx=1lm\cdot m^{-2}$